国家科学技术学术著作出版基金资助出版
西安交通大学研究生“十四五”规划精品系列教材

新型微纳传感器技术

Micro and Nano Sensor Technology

赵玉龙 蒋庄德 著

化学工业出版社
·北京·

内容简介

本书围绕微纳传感与测试技术的知识架构，阐述微纳传感器的基本原理、优势特点与应用。本书主要介绍单晶硅压阻原理、加速度传感器、压力传感器、谐振传感器、机床刀具测力和振动传感器、薄膜测力传感器、爆轰爆速传感器、MEMS电热执行器、气体传感器等典型微纳传感器的设计与制造方法。

本书可供高等院校传感器技术、微机电系统、测控技术与仪器、自动化工程、机电一体化及仪器仪表等专业的师生作为教材使用，也可供从事传感器、MEMS、仪器仪表等相关专业的技术人员学习参考。

图书在版编目（CIP）数据

新型微纳传感器技术/赵玉龙，蒋庄德著. —北京：化学工业出版社，2022.10（2023.11重印）

ISBN 978-7-122-42346-7

Ⅰ.①新… Ⅱ.①赵… ②蒋… Ⅲ.①微电机-传感器 Ⅳ.①TP212

中国版本图书馆CIP数据核字（2022）第190217号

责任编辑：王　烨　陈　喆　　装帧设计：刘丽华

责任校对：王　静

出版发行：化学工业出版社（北京市东城区青年湖南街13号　邮政编码100011）

印　　装：北京虎彩文化传播有限公司

787mm×1092mm　1/16　印张16　字数352千字　2023年11月北京第1版第2次印刷

购书咨询：010-64518888　　售后服务：010-64518899

网　　址：http://www.cip.com.cn

凡购买本书，如有缺损质量问题，本社销售中心负责调换。

定　　价：128.00元

序

基于 MEMS 技术的微纳传感与测试技术是国家重点支持的研究与产业方向，对中国智能制造、机器人、武器装备等领域具有重要的技术支撑。《新型微纳传感器技术》一书从传感器基本概念和特性入手，系统地阐述了微纳传感器的基础理论、特性以及各种传感器的检测原理、关键技术和应用，深入浅出地介绍了压阻式传感器、高温压力传感器、微加速度传感器、微陀螺、 MEMS 力传感器、气体传感器等典型微纳传感器的设计与研究方法，并融入丰富的传感器设计案例。该书取材新颖、实用性强，反映了当前微纳传感器技术在我国的最新发展与成就。

西安交通大学微纳传感器及测试技术研究团队针对国家重点领域和市场需求，在国家 863 计划、国家自然科学基金重点项目、国防基础研究等项目的支持下，历时数十年突破了典型 MEMS 传感器、微型化高动态 MEMS 传感器、高精度传感器设计、制造和应用等共性关键技术，开发了具有自主知识产权的系列 MEMS 传感器产品。研究成果和产品技术已经在国防、工业自动化、石油化工等领域实现了工程应用和产业化，相关多项技术和产品填补了国内空白。

该书具有内容新颖、案例众多的鲜明特色，能够为本领域人员开展创新研究提供新的研究思路和技术方法，对推动微纳传感器技术的进步和产业化具有重要的学术和应用价值。既可以用作相关专业领域研发和工程技术人员的专业技术参考书，也可以成为各大高校本科生、研究生课程教材，适用于机械工程、测控、仪器科学与技术、微电子等专业。

中国工程院院士：

2022.09.06

前　言

微纳传感与测试技术是国家重点支持的研究与产业方向，是中国制造、机器人、武器装备等领域重要的技术支撑。得益于 MEMS 技术低成本、微型化、高精度的特点，微纳传感器具有庞大的市场占有率，必将长期成为研究的重点和热点。

为进一步满足微纳传感与测试技术在研究和教学领域的应用需求，本书从传感器基本概念和特性入手，阐述微纳传感器的基本原理、优势特点与应用，主要介绍单晶硅压阻原理、加速度传感器、压力传感器、谐振传感器、机床刀具测力和振动传感器、薄膜测力传感器、爆轰爆速传感器、 MEMS 执行器等典型微纳传感器的设计与制造方法，分析了最新的传感器应用案例和实验。本书凝聚了著者所在团队二十多年的研究经验，涵盖了微纳传感器领域最新的研究成果和技术，是作者研究团队在国家 863、973、国防基础研究、国家自然基金等重大项目中的主要研究成果，具有众多的实例，同国内外的类似著作对比，具有内容新颖、体系全面、案例众多的特点。本书与市场需求、国家发展战略紧密相关，具有强大的国家重大项目研究背景和西安交通大学 MEMS 传感器研究特色。

本书遵循理论联系实际的原则，总结了国内外传感器研制和使用的经验。其取材新颖、实用性强，可作为检测技术与仪器、自动化仪表、自动控制、石油化工、机械工程和能源动力等专业的高年级本科生、研究生的教材或参考书，也可供从事传感器、 MEMS、仪器仪表等相关专业的技术人员学习参考。

本书在完成过程中得到了团队成员田边教授、任炜研究员、李村副教授、张琪高工、赵友副研究员、胡腾江副研究员、张国栋助理研究员、李波助理教授的帮助和支持。

承蒙中国工程院院士、华中科技大学校长尤政教授在百忙之中为本书作序，使本书增辉。在此表示最崇高的敬意和最深切的谢意。

由于时间仓促，不妥之处在所难免，望读者不吝赐教。

著　者

2022 年 10 月于西安交通大学

目　录

第1章 传感器的基本概念

1.1 传感器的定义

"传感器"这一名词日益广泛地为人们所知晓，但其定义，至今尚无统一规定，各国都有不同解释。在国内，传感器也有许多别名，如变换器、变送器、探测器、敏感元件、换能器及一次仪表等。我国国家标准《传感器通用术语》中对传感器有如下定义："传感器是能感受规定的被测量并按照一定规律将其转换为有用信号的器件或装置。传感器通常由直接响应于被测量的敏感元件和产生可用信号输出的转换元件以及相应的电子线路所组成。"这一定义同美国仪表学会（ISA）的定义相类似，是比较确切的。

传感器实质上是代替人的五种感觉（视、听、嗅、味、触）器官的装置，但又比人的五官更胜一筹。它不但能够检测出人的五官所不能感知的现象（如红外、小能量超声波等），而且对于远远超出人的五官所能感知的有用能量（包括各种极端状态），它也能检测出来。因此，传感器也被形象地喻为与"电脑"相配套的"电五官"。

1.2 传感器的组成

传感器的组成按其定义一般由敏感元件、变换元件、信号调理电路三部分组成，有时还需辅助电源提供转换能量，如图 1-1 所示。图中的敏感元件能直接感受被测量（一般为非电量）并将其转换为易于转换成电量的其他物理量，再经变换元件转换成电参量（电压、电流、电阻、电感、电容等），最后信号调理电路将这一电参量转换成易于进一步传输和处理的形式。

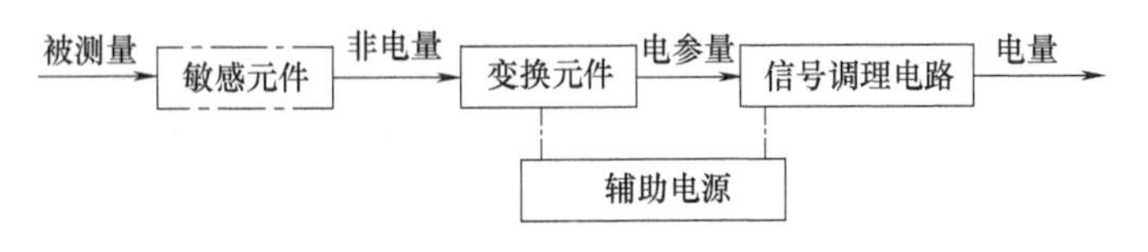

图 1-1 传感器组成框图

当然，不是所有的传感器都有敏感、变换元件之分，有些传感器将两者合二为一，还有些新型的传感器将敏感元件、变换元件及信号调理电路集成为一个器件。

1.3 传感器的分类

传感器的种类繁多，往往同一种被测量可以用不同类型的传感器来测量，而同一原理的传感器又可测量多种物理量，因此传感器有许多种分类方法。可以用不同的观点对传感器进行分类。目前，采用较多的分类方法有：

① 按信号变换的特征，分为物性型传感器和结构型传感器。物性型传感器是指依靠敏感元件材料本身物理变化来实现信号的变换。例如水银温度计是利用水银的热胀冷缩现象把温度的变化变成水银柱的高低来实现温度的测量。结构型的传感器是依靠传感器结构参数的变化来实现信号的转换。例如：极距变化型电容式传感器就是通过极板间距离的变化来实现测量。

② 按用途，分为力传感器、加速度传感器、位移传感器、温度传感器、流量传感器等。

③ 按工作的物理基础，分为电气式传感器、光学式传感器、机械式传感器等。

④ 按能量关系，分为有源传感器和无源传感器。有源传感器能将非电能量转换为电能量，也称为能量转换型传感器，通常配有电压测量和放大电路，例如光电式传感器、热电式传感器属此类传感器。无源传感器本身不能换能，被测非电量仅对传感器中的能量起控制或调节作用，所以必须具有辅助能源（电源），故又称为能量控制型传感器。例如电阻式、电容式和电感式等参数型传感器属此类传感器，此类传感器通常使用的测量电路有电桥和谐振电路。

⑤ 按测量方式，分为接触式传感器和非接触式传感器。接触式传感器与被测物体接触，如电阻应变式传感器和压电式传感器。非接触式传感器与被测物体不接触，如光电式传感器、红外线传感器、涡流式传感器和超声波传感器等。

⑥ 按输出信号的形式，分为模拟式传感器和数字式传感器。模拟式传感器输出信号是连续变化的模拟量，如电容式传感器。数字式传感器的输出信号是数字量，如光栅。

1.4 传感器的地位与作用

传感器技术是一项当今世界令人瞩目的迅猛发展起来的高新技术之一，也是当代科学技术发展的一个重要标志，它与通信技术和计算机技术构成信息产业的三大支柱。如果说计算机是人类大脑的扩展，那么传感器就是人类五官的延伸。当集成电路、计算机技术飞速发展时，人们才逐步认识到信息摄取装置——传感器没有跟上信息技术的发展，从而惊呼“大脑发达，五官不灵”。于是传感器受到普遍重视，从 20 世纪 80 年代起，逐步在世界范围内掀起了“传感器热”。美国国防部将传感器技术视为 20 世纪 80 年代 20 项关键技术之一，日本把传感器技术与计算机、通信、激光、半导体及超导技术并列为 6 大核心技术，德国把军用传感器作为优先发展技术，英、法等国对传感器的研发投资逐步升级。正是由于世界各国普遍重视和投入开发，传感器发展十分迅速，在近二十几年来其产量及市场需求年增长率均在10%以上。目前世界上从事传感器研制生产的单位已发展到5000余家，美国、俄罗斯和欧洲各国各自拥有从事传感器研究和生产的厂家1000余家，日本有800余家。其中不少是世界著名厂商，例如美国福克斯波罗（Foxbpro）公司。

随着科技的进步，传感器技术已渗透到各行各业，同时对国民经济的发展起到了推动作用。传感器在国民经济中的地位和作用主要表现在以下几个方面。

（1）自然科学

自然科学的产生与发展离不开检测，科学技术的进步是与检测方法、检测技术的不断完善分不开的。著名科学家门捷列夫曾说过："科学，只有当人类懂得测量时才开始。"这说明，测量是人类认识自然的主要武器。只有借助于检测技术，人们才有可能发现、掌握自然界中的规律，并利用这些规律为人类服务。

（2）应用科学

现代应用科学的发展就更离不开检测技术。在科学技术迅速发展的今天，机械工程、电子通信、交通运输、军事技术、空间技术等许多领域都离不开检测技术。我国的检测技术是在近50年发展起来的，在工业生产中的产品质量和技术进步方面起到了一定的保驾护航作用。传感器作为检测技术的重要组成部分，其发展的快速性及应用的广泛性越来越引起各国的重视。

（3）工业生产

在机械制造行业中，通过对机床的诸多静态、动态参数如工件的加工精度、切削速度、床身振动等进行在线检测，从而控制加工质量。在化工、电力等行业中，通过传感器对生产工艺过程中的温度、压力、流量等参数进行自动检测，控制整个生产过程。一台汽车装备的传感器就有十几种，分别用于检测车速、方位、转矩、振动、油压、油量、温度等。

（4）国防航天

在国防科研中，检测技术用得更多，许多尖端的检测技术都是因国防工业需要而发展起来的。例如，研究飞机在空中的受力情况，就要在机身、机翼上贴上几百片应变片进行动态测量，从而根据得出的数据资料为产品的下一步更新改进提供技术依据。在导弹、卫星、飞船的研制中，检测技术更为重要。例如阿波罗宇宙飞船上使用了1218个传感器，其运载火箭部分用了2077个传感器，对运行中的加速度、温度、压力、应变、振动、流量、位置、声学等进行测量。

（5）日用家电

近年来，随着家电工业的兴起，检测技术也进入了日常生活中，如冰箱通过温控器来控制压缩机的开关而达到温度控制的目的，空调通过自动检测系统调节房间的温度等。

1.5 传感器的发展动向

传感器所涉及的技术非常广泛，渗透到各个学科领域。但是它们的共性是利用物理定理和物质的物理、化学和生物特性将非电量转化成电量。所以，如何采用新技术、新工艺、新材料以及探索新理论从而使传感器达到高的质量，是总的发展途径。

当今，传感器技术的主要发展动向包括：一是注重基础研究，发现新现象，开发传感器的新材料和新工艺；二是实现传感器的集成化与智能化。

（1）发现新现象

利用物理现象、化学反应和生物效应是各种传感器工作的基本原理，所以发现新现象与新效应是发展传感器技术的重要工作，是研究新型传感器的重要基础，其意义极为深远。

（2）开发新材料

传感器的材料是传感器技术的重要基础。由于材料科学的进步，人们在制造时，可任意控制它们的成分，从而设计制造出用于各种传感器的功能材料。例如，半导体氧化物可以制造各种气体传感器；陶瓷传感器工作温度远高于半导体；光导纤维的应用是传感器材料的重大突破。用这些新材料研制的传感器与传统传感器相比有突出特点。有机材料作为传感器材料的研究对象，正引起国内外学者的极大兴趣。

（3）采用微细加工技术

半导体技术中的加工方法，如氧化、光刻、扩散、沉积、平面电子工艺、各向异性腐蚀以及蒸镀、溅射薄膜工艺都可用于传感器制造，从而制造出各式各样的新型传感器。例如，利用半导体技术制造出压阻式传感器，利用薄膜工艺制造出快速响应的气敏、湿敏传感器等。日本横河公司利用各向异性腐蚀技术进行高精度三维加工，在硅片上进行孔、沟棱锥、半球等各种开孔，制作出全硅谐振式压力传感器。

（4）传感器的集成化与多功能化

传感器的集成化是半导体集成电路技术和微加工工艺技术发展的必然趋势。所谓集成化，一方面是将传感器与后续的调理补偿等电路集成一体化；另一方面，是传感器本身的集成化，即将众多同一类型的单个传感器件集成为一维线型或二维阵列（面）型传感器，例如CCD器件等，或者将不同类型的敏感器件集成在一起实现多功能化。前一种集成化使传感器由单一的信号变换功能扩展为兼有放大运算、干扰补偿等多功能；后一种集成化使传感器的检测参数由点到线、再由面到体，实现多维图像化，变单参数检测为多参数检测。

（5）传感器的智能化

传感器与微处理器相结合，就是传感器的智能化。智能化传感器不仅具有信号检测转换功能，而且具有信息处理功能（如记忆、存储、自诊断、自校准、自适应等）。

（6）仿生传感器研究

仿生传感器是指模仿人或动物的感觉器官的传感器，即视觉传感器、听觉传感器、嗅觉传感器、味觉传感器、触觉传感器等。例如鸟的视觉（视力为人的8～50倍）；蝙蝠、海豚、飞蛾的听觉（主动型生物雷达——超声波传感器）；蛇的接近觉等，这些生物的感官性能，是当今传感器技术所望尘莫及的。研究它们的机理、开发仿生传感器，也是值得注意的一个发展方向，应该予以高度重视。

第2章 传感器的特性

传感器的特性是指传感器所特有性质的总称。传感器应准确并快速地响应被测量（物理量、化学量及生物量等）各种各样的变动。例如，在测量某一液压系统的压力时，压力值在一段时间内可能很稳定，而在另一段时间内则可能有缓慢起伏，或者呈周期性的脉动变化，甚至出现突变的尖峰压力。因此，要反映被测量的这种变动特性，就得研究传感器的一些基本特性。传感器的输入-输出特性是其基本特性，一般把传感器作为二端网络研究时，输入-输出特性是二端网络的外部特性，即输入量和输出量的对应关系。由于输入作用量的状态（静态、动态）不同，同一个传感器所表现的输入-输出特性也不一样，因此有静态特性、动态特性之分。而对传感器性能特性的研究，一般可从这两个方面进行，即静特性研究和动特性研究。在某些应用场合下，传感器只需测量不变的和变化缓慢的量，这时便可确定传感器的一套静态性能指标，这些指标的确定不必借助解微分方程。在另外一些情况下，传感器可能涉及快变量的测量，因而必须用微分方程研究传感器输入输出之间的动态关系。传感器的动态性能指标便反映了传感器的动态性能，即动态特性。

实际上，静态特性也能影响动态条件下的测量品质。即某些静态特性常常表现为在描述动态特性的本来可为线性的微分方程中产生非线性影响或统计性影响，从而使微分方程变得不可解。因此，通常的做法是分别处理传感器性能问题的两个方面。为此，在描述动态性能的微分方程中，一般忽略掉干摩擦、游隙、迟滞、统计分散性等的影响，即使这些影响可能改变动态特性。不过，上述现象若作为静态特性来处理，就方便得多。本章主要研究传感器的两个基本特性，即静态特性与动态特性。

2.1 传感器的静态特性

静态特性是指当输入量为常量或极慢的变化量时传感器的输入-输出特性。衡量传感器静态性能的主要指标是测量范围、量程和满量程输出，分辨力、阈值和灵敏度，迟滞，重复性，线性度，零漂与温漂和总精度。

2.1.1 测量范围、量程和满量程输出

传感器所能测量被测量（即输入量）的最大数值称为测量上限，最小数值则称为测量

下限，而用测量下限和测量上限表示的测量区间，则称为测量范围，简称范围。

测量范围有单向的（只有正向或负向）、双向对称的、双向不对称的和无零值的。测量上限和测量下限的代数差称为量程。

如果以 x_{max}、x_{min} 来表示最大、最小被测量，则量程可用下式表示：

$$量程=x_{max}-x_{min} \tag{2-1}$$

通过测量范围，可以知道传感器的测量下限和测量上限，以便正确使用传感器；通过量程，可以知道传感器的满量程输入值，这是决定传感器性能的一个重要数据。

传感器测量上限输出值与测量下限输出值之差的绝对值（以理论特性直线的计算值为依据）为满量程输出，表示为：

$$Y_{FS}=|Y_{max}-Y_{min}| \tag{2-2}$$

2.1.2 分辨力、阈值和灵敏度

传感器的输入输出关系不可能都做到绝对连续。有时，输入量开始变化，但输出量并不随之相应变化，而是输入量变化到某一程度时输出才突然产生一小的阶跃变化。这就出现了分辨力和阈值的问题。该问题的实质可从微观来分析，实际上传感器的特性曲线并不是十分平滑的，而是有许多微小的起伏，如图 2-1 所示。

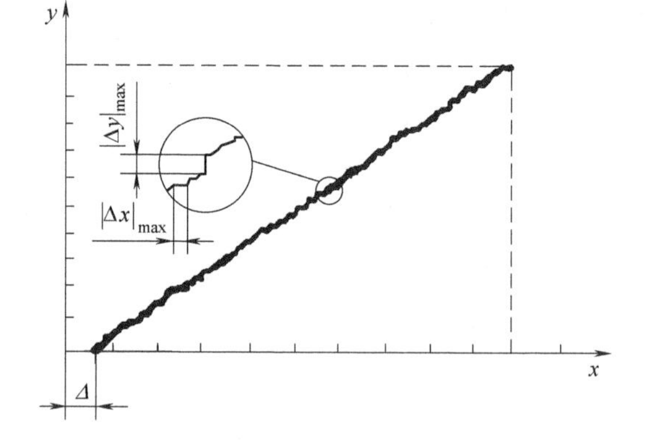

图 2-1 传感器的分辨力和阈值

(1) 分辨力

通常，分辨力有如下两种表示方法：

① 以输入量来表示　这种分辨力可称为输入分辨力，它定义为：在传感器的全部工作范围内都能产生可观测的最小输入量变化，以满量程输入的百分比表示：

$$R_x=\frac{|\Delta x_{i,min}|_{max}}{x_{max}-x_{min}}\times 100\% \tag{2-3}$$

上式中的输入量变化 $|\Delta x_{i,min}|_{max}$ 乃是取在全部工作范围测得的各最小输入量变化中的最大值。

② 以输出量来表示　这种分辨力可称为输出分辨力，它定义为：在传感器的全部工作范围内，在输入量缓慢而连续变化时所观测到的输出量的最大阶跃变化，以满量程输出的百分比表示：

$$R_y=\frac{\Delta Y_{max}}{Y_{max}-Y_{min}}\times 100\% \tag{2-4}$$

应当注意，分辨力是一个可反映传感器能否精密测量的指标，即适用于传感器的正行程（输入量渐增），也适用于反行程（输入量渐减），而且输入分辨力和输出分辨力之间并无确定关系，造成传感器具有分辨力的因素很多，例如机械运动部件的干摩擦和卡塞等，

还有数字系统的有限运算位数、线绕电位器的匝数有限等。

（2）阈值

阈值通常又可称为灵敏限、灵敏阈、失灵阈、死区、钝感区等，它实际上是传感器在正行程时的零点分辨力（以输入量表示时）。阈值可定义为：输入量由零变化到使输出量开始发生可观测变化的输入量值。

（3）灵敏度

传感器灵敏度是指传感器在稳态工作情况下，其单位输入所产生的输出。更严格地说为传感器的静态灵敏度。它是输出-输入特性曲线的斜率，如图 2-2 所示。通常来讲，如果说传感器很灵敏，指其灵敏度高，亦指其分辨力高。

灵敏度在数值上等于输出-输入特性曲线的斜率。如果传感器的输出和输入之间是线性关系，则灵敏度 S 是一个常数。否则，它将随输入量的变化而变化。灵敏度的量纲是输出、输入量的量纲之比。

$$S=\lim_{\Delta x\to 0}\left(\frac{\Delta Y}{\Delta x}\right)=\frac{\mathrm{d}Y}{\mathrm{d}x} \tag{2-5}$$

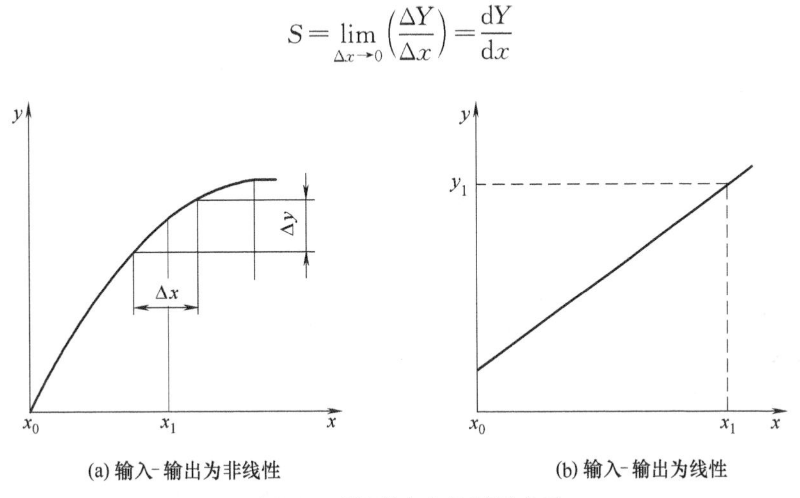

(a) 输入-输出为非线性　　(b) 输入-输出为线性

图 2-2　灵敏度定义的图解表示

例如，某位移传感器，在位移变化 1mm 时，输出电压变化为 200mV，则其灵敏度应表示为 200mV/mm。当传感器的输出、输入量的量纲相同时，灵敏度可理解为放大倍数。提高传感器灵敏度，可得到较高的测量精度。但灵敏度愈高，测量范围愈窄，稳定性也往往愈差。

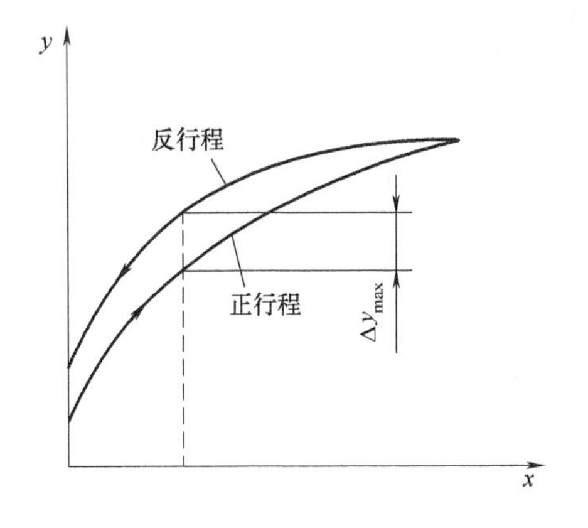

图 2-3　传感器的迟滞特性

2.1.3　迟滞

对于某一输入量，传感器在正行程时的输出量明显地、有规律地不同于其在反行程时在同一输入量下的输出量，这一现象称为迟滞，也称为回程误差。图 2-3 所示为传感器的某种迟滞特性。迟滞作为一种静态指标，是无量纲的。造成迟滞的原因有多种，诸如磁性材料的磁滞、弹性材料的内摩擦、运行部件的干摩擦及间隙等。

迟滞可用传感器正行程和反行程平均校准特性之间的最大差值，以满量程输出的百分比来表示：

$$\xi_{H}=\frac{|\overline{Y}_{U_i}-\overline{Y}_{D_i}|_{max}}{Y_{FS}}\times 100\% \tag{2-6}$$

式中，$\overline{Y}_{U_i}$、$\overline{Y}_{D_i}$ 分别是同一校验点上正、反行程示值的平均值；Y_{FS} 为满量程输出。

2.1.4 重复性

在相同的工作条件下，在一段短的时间间隔内，输入量从同一方向做满量程变化时，同一输入量值所对应的连续的、先后多次测量的一组输出量值，它们之间相互偏离的程度便反映了传感器的重复性。重复性可由一组校准曲线的相互偏离值直接求得。由于重复性反映的是传感器的随机误差，因而按照随机误差的实际概率分布，用相应的标准差来表示重复性是更为合理的。图 2-4 表示了重复性的概念，图中只显示出了两个测量循环。值得指出的是，重复性也是一个可反映传感器能否精密测量的性能指标。

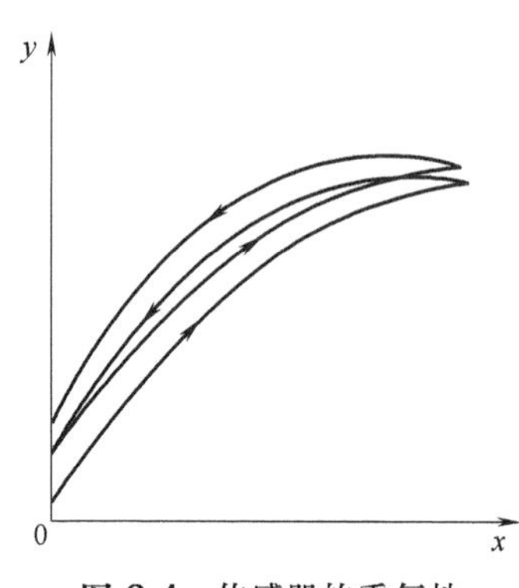

图 2-4 传感器的重复性

对于一个有足够容量的测得值的样本，测得值相对于其均值做正态分布。在这种情况下可用样本的标准偏差 S 来估计总体的标准偏差。而重复性则可定义为此随机误差在一定置信概率下的极限值，以满量程输出的百分比来表示：

$$\xi_{R}=\frac{\lambda S}{Y_{max}-Y_{min}}\times 100\% \tag{2-7}$$

式中，λ 为置信概率系数。对于正态分布，当置信概率系数 λ 取 2 时，置信概率为 95.44%；λ 取 3 时，则为 99.73%。传感器的校准实验，一般只做 3～5 个循环，其测得值属于小样本情况。对于小样本，T 分布比正态分布更接近实际分布情况。在 T 分布情况下，若取置信概率系数 λ 为 3，将相当于置信概率为 96.01%。这种做法在传感器校准实践中是常被采用的。

样本标准偏差的求法有多种，现介绍两种比较简单的常用方法。

(1) 用贝塞尔（Bessel）公式计算

采用贝塞尔公式分别计算每个校验点上正、负行程的子样标准偏差：

正行程子样标准偏差 S_{U_i} 按式（2-8）计算：

$$S_{U_i}=\sqrt{\frac{1}{n-1}\sum_{j=1}^{n}(Y_{U_{ij}}-\overline{Y}_{U_i})^2} \tag{2-8}$$

式中，$Y_{U_{ij}}$ 为正行程第 i 个校准点上的第 j 个测得值；$i=1\sim m$，m 为校准点个数；$j=1\sim n$，n 为每个校准点的重复实验次数；$\overline{Y}_{U_i}$ 为正行程在第 i 个校准点上的算术平均值，如式（2-9）所示。

$$\overline{Y}_{U_i}=\frac{1}{n}\sum_{j=1}^{n}Y_{U_{ij}} \tag{2-9}$$

反行程子样标准偏差 S_{D_i} 按式（2-10）计算：

$$S_{D_i}=\sqrt{\frac{1}{n-1}\sum_{j=1}^{n}(Y_{D_{ij}}-\overline{Y}_{D_i})^2} \tag{2-10}$$

式中，$Y_{D_{ij}}$ 为反行程第 i 个校准点上的第 j 个测得值；$\overline{Y}_{D_i}$ 为反行程在第 i 个校准点上的算术平均值，如式（2-11）所示。

$$\overline{Y}_{D_i}=\frac{1}{n}\sum_{j=1}^{n}Y_{D_{ij}} \tag{2-11}$$

按照 GB/T 15478—2015 的规定，传感器在整个测量范围内的子样标准偏差 S 按式（2-12）计算，然后将 S 代入式（2-7）计算重复性。

$$S=\sqrt{\frac{1}{2m}\left(\sum_{i=1}^{m}S_{U_i}^2+\sum_{i=1}^{m}S_{D_i}^2\right)} \tag{2-12}$$

（2）用极差计算

为求第 i 个测点的标准偏差 S_i，可以用下列方法计算：

$$S_i=\frac{\omega_i}{d_n} \tag{2-13}$$

式中，ω_i 为极差，即在第 i 个校准点上的 n 个测得值中最大值与最小值之差的绝对值；d_n 为极差系数，取决于测量循环数，即测量次数或样本容量 n。极差系数 d_n 与测量次数 n 的关系见表 2-1。

表 2-1　极差系数 d_n 与测量次数 n 的关系

n	2	3	4	5	6	7	8	9	10	11	12
d_n	1.41	1.91	2.24	2.48	2.67	2.83	2.96	3.08	3.18	3.26	3.33

在传感器的校准实践中，通常 $n\leqslant 15$，这时还有更简单的计算公式可用来粗略计算 S_i：

$$S_i=\frac{\omega_i}{\sqrt{n}} \tag{2-14}$$

如果测量校准点为 m 个，便算出 m 个样本标准偏差 S。通常最简单的做法是选择一个最大的 S 来参与式（2-7）的计算，以求得重复性，但这种做法偏于保守。还应指出，当传感器具有迟滞特性时，应当在每一校准点上分别计算正行程和反行程的 S 值，并从 $2m$ 个 S 值中选取最大者来计算重复性。通常情况下，应按照 GB/T 15478—2015 的规定，根据式（2-12）计算重复性。

2.1.5　线性度

衡量线性传感器线性特性好坏的指标称为线性度。根据参考直线的性质和引法不同，线性度有多种，但主要是以下几种。

（1）绝对线性度

有时又称理论线性度，为传感器的实际平均输出特性曲线对在其量程内事先规定好的理论直线的最大偏差，以传感器满量程输出的百分比来表示：

$$\xi_{L_{ab}}=\frac{\Delta Y_{ab,max}}{Y_{ab,max}-Y_{ab,min}}\times 100\% \tag{2-15}$$

由于绝对线性度的参考直线是事先确定好的，所以绝对线性度反映的是一种线性精度，与后面的几种线性度在性质上有很大不同。在几种线性度的要求中，绝对线性度的要求是最严格的，如果要求传感器具有良好的互换性，就应当要求其绝对线性度。在变送器中，一般采用绝对线性度。

（2）端基线性度

指传感器实际平均输出特性曲线对端基直线的最大偏差，以传感器满量程输出的百分比来表示。端基直线则定义为由传感器量程所决定的实际平均输出特性首、末两端点的连线。

$$\xi_{L_{te}}=\frac{\Delta Y_{te,max}}{Y_{te,max}-Y_{te,min}}\times 100\% \tag{2-16}$$

端基线性度的定义示于图 2-5 中，按图所示，可以写出端基直线方程为

$$y_{te}=\left(y_{min}-\frac{y_{max}-y_{min}}{x_{max}-x_{min}}x_{min}\right)+\frac{y_{max}-y_{min}}{x_{max}-x_{min}}x \tag{2-17}$$

$$y_{te}=a+bx \tag{2-18}$$

式中，$b=\frac{y_{max}-y_{min}}{x_{max}-x_{min}}$为端基直线斜率；$a=y_{min}-bx_{min}$ 为端基直线截距。

在一般情况下，按端基直线算出的最大正、负偏差绝对值并不相等。为了尽可能减小最大偏差，可将端基直线平移，以使最大正、负偏差绝对值相等，从而得到所谓的“平移端基直线”，按该直线算出的线性度便是“平移端基线性度”。

平移端基直线的斜率和端基直线的相同，其截距可表示为

$$a'=a+\frac{1}{2}[(+\Delta Y_{max})+(-\Delta Y_{max})] \tag{2-19}$$

在求偏差时，规定一律是实际值减理论值，即：

$$\Delta Y=Y-Y_{te} \tag{2-20}$$

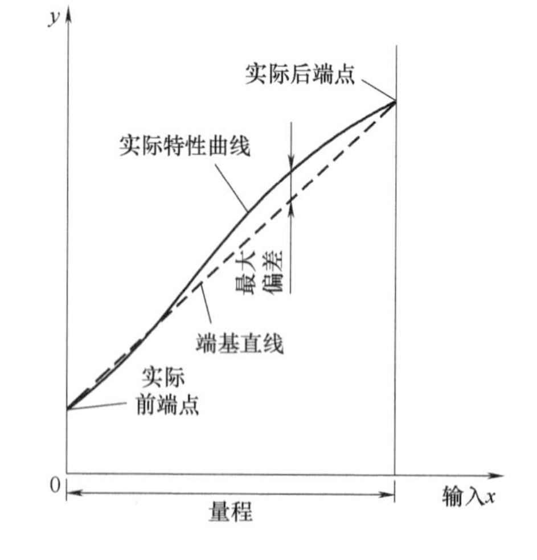

图 2-5 端基线性度定义

端基直线，定义清楚，求法简便，但无严格准则可寻。按它算出的端基线性度一般偏于保守，故在精密传感器或需要精确评定线性度的情况下，其应用受到一定的限制。平移端基直线是端基直线的一种改进或补

充。当校准特性曲线呈单调渐增或单调渐减时，虽然此时按端基直线计算的线性度最保守，但若采用平移端基直线，却能得到最高的独立线性度，因此此时的平移端基直线就是最佳直线。

（3）零基线性度

指传感器实际平均输出特性曲线对零基直线的最大偏差，以传感器满量程输出的百分比来表示。而零基直线则定义为这样一条直线：它位于传感器的量程内，但可通过或延伸通过传感器的理论零点，并可改变其斜率，以把最大偏差减至最小。

$$\xi_{L_{ze}}=\frac{\Delta Y_{ze,\max}}{Y_{ze,\max}-Y_{ze,\min}}\times 100\% \tag{2-21}$$

零基线性度的定义示于图 2-6 中，按照定义，可以写出零基直线方程为：

$$Y_{ze}=bx \tag{2-22}$$

式中，b 为零基直线斜率，即传感器理论零点（$x=0$）和最小的最大正、负偏差点重心连线的斜率。

零基直线的特点是：通过理论零点并保证最大偏差最小。故零基直线有时又称为强制过零的最佳直线。显然，最大偏差最小，必然有最大正、负偏差的绝对值相等。

理论零点和最小的最大正、负偏差点的重心连线不是一次就能算出的，而只能逐渐逼近。所谓最小的最大正、负偏差点，是说各次逼近都会产生一对最大正、负偏差点，而需要的是其中一对最小的最大正、负偏差点（其特性便是这对最大正、负偏差绝对值相等）。具体求法可参看下面的示例。

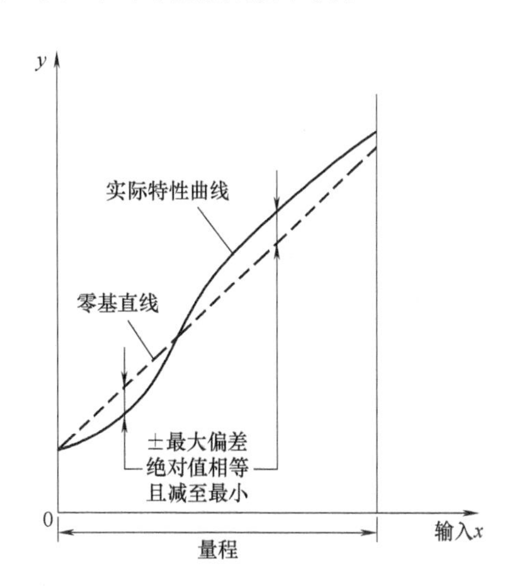

图 2-6　零基线性度定义

【例题】 有一台传感器，其一组静态校准数据（平均值）如表 2-2 所示，试求其零基直线及零基线性度。

表 2-2　静态校准数据

测试点	1	2	3	4	5	6
x	0.00	1.00	2.00	3.00	4.00	5.00
y	0.03	10.05	20.20	29.60	39.90	50.00

解： 先求第一次逼近直线。将理论零点和后端点连线作为零基直线的第一次逼近直线，其方程为：

$$Y_{ze,(1)}=10.00x \tag{2-23}$$

据此算出的各点偏差如表 2-3 所示。

▣ 表 2-3 各点偏差

测试点	1	2	3	4	5	6
x	0.00	1.00	2.00	3.00	4.00	5.00
$\Delta y_{ze,(1)}$	+0.0300	+0.0500	+0.2000	−0.4000	−0.1000	0.0000

再求第二次逼近直线。从表 2-3 可以看出，第 3、4 点分别具有最大正、负偏差。为此，求第 3、4 点的重心坐标：

$$x_{3,4}=\frac{2+3}{2}=2.5;y_{3,4}=\frac{20.20+29.60}{2}=24.90 \tag{2-24}$$

故零基直线的第二次逼近直线方程为：

$$y_{ze,(2)}=\frac{y_{3,4}}{x_{3,4}}x=\frac{24.90}{2.50}x=9.9600x \tag{2-25}$$

据此算出的各点偏差如表 2-4 所示。

▣ 表 2-4 各点偏差

测试点	1	2	3	4	5	6
x	0.00	1.00	2.00	3.00	4.00	5.00
$\Delta y_{ze,(2)}$	+0.0300	+0.00900	+0.2800	−0.2800	+0.0600	+0.2000

显然，最大正、负偏差绝对值相等，所以此第二次逼近直线即为所求之零基直线。而零基线性度则为

$$\xi_{L_{ze}}=\frac{0.2800}{(5-0)\times 9.9600}\times 100\%=0.56\% \tag{2-26}$$

传感器的工作特性直线如能用零基直线表示，无疑在方程形式上和使用上都是最理想的。但是，零基直线一般不能把一组试验点沿一直线分布的线性潜力挖尽。

(4) 独立线性度

指传感器实际平均输出特征曲线对最佳直线的最大偏差，以传感器满量程输出的百分比来表示。而最佳直线则定义为在传感器量程内部既互相靠近而又能包容所有试验点的两条平行线中间位置的一条直线。最佳直线点的本质特征是它能保证最大偏差为最小。

$$\xi_{L_{in}}=\frac{\Delta Y_{in,max}}{Y_{in,max}-Y_{in,min}}\times 100\% \tag{2-27}$$

求独立线性度的关键在于求最佳直线。求最佳直线的方法有计算法和图解法，但以图解法较为简单（当然，也可按图解法的思路编制计算机程序）。

独立线性度是各种线性度中可以达到的最高的线性度，也是获得优良的其他线性度的基础。独立线性度是衡量传感器线性特性的最客观标准，现已在国际上获得广泛使用，国内也正在使用推广中。

(5) 最小二乘线性度

这里是用最小二乘法求得校准数据的理论直线。该直线的方程式为：

$$Y_{es}=a+bx \tag{2-28}$$

式中，x 为传感器的输入量，即被测量；Y_{es} 为传感器的理论输出；a、b 为直线方程的截距和斜率，由校准数据的最小二乘直线拟合求出。

设有 m 个校准测试点，传感器的实际输出为 y，则第 i 个校准数据与理论直线上相应值之间的偏差为：$\Delta_i=y_i-(a+bx_i)$。最小二乘法理论直线的拟合原则就是使 $\sum_{i=1}^{m}\Delta_i^2$ 为最小值，也就是说，$\sum_{i=1}^{m}\Delta_i^2$ 对 b 和 a 的一阶偏导数等于零，从而求出 b 和 a 的表达式：

$$b=\frac{m\sum x_iy_i-\sum x_i\sum y_i}{m\sum x_i^2-(\sum x_i)^2} \tag{2-29}$$

$$a=\frac{\sum x_i^2\sum y_i-\sum x_i\sum x_iy_i}{m\sum x_i^2-(\sum x_i)^2} \tag{2-30}$$

式中，$\sum x_i=x_1+x_2+\cdots+x_m$；

$\sum y_i=y_1+y_2+\cdots+y_m$；

$\sum x_iy_i=x_1y_1+x_2y_2+\cdots+x_my_m$；

$\sum x_i^2=x_1^2+x_2^2+\cdots+x_m^2$；

m 为校准点数。

以最小二乘直线作为理论特性的特点是各校准点上的偏差的平方之和最小。但是，整个测量范围内的最大偏差的绝对值并不一定最小，最大正偏差值与最大负偏差值的绝对值也不一定最小，且不一定相等。

2.1.6　零漂与温漂

传感器的漂移大小是表示传感器性能的重要指标。图 2-7 所示为零点漂移（零漂）和灵敏度漂移两种漂移的叠加。

下面介绍一些常用的计算方法。

(1) 零点漂移

规定传感器一定小时内的零点漂移 D 按下式计算，以满量程输出的百分比表示：

$$D=\frac{\Delta Y_0}{Y_{max}-Y_{min}}\times100\%=\frac{|Y_0'-Y_0|_{max}}{Y_{max}-Y_{min}}\times100\% \tag{2-31}$$

式中，ΔY_0 为传感器零点输出漂移的最大绝对值；Y_0 为传感器零点初始输出值；Y_0' 为不同测试时间点的传感器零点输出值。

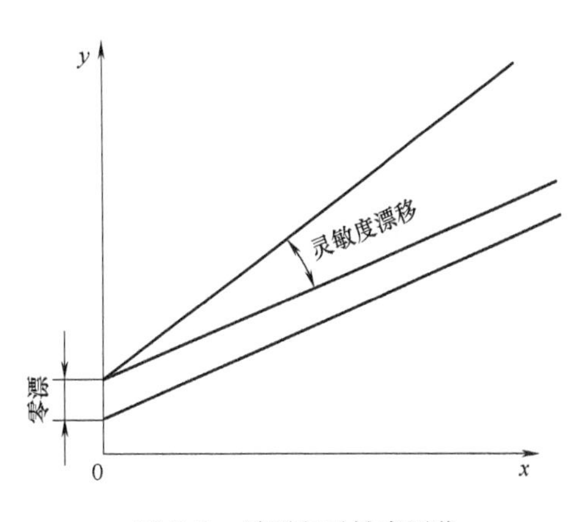

图 2-7　零漂和灵敏度漂移

测试传感器的零点漂移应在规定的恒定环

境条件下进行。传感器接通电源后要有一定预热时间，在无输入量作用的情况下可每隔一定时间记录一次传感器的零点输出，从开始记录连续进行的时间不应少于2h。

（2）热零点漂移

传感器的零点温漂γ可按下式计算：

$$\gamma=\frac{\overline{y}_0(t_2)-\overline{y}_0(t_1)}{Y_{FS}(t_1)(t_2-t_1)}\times 100\% \tag{2-32}$$

式中 $\overline{y}_0(t_1)$——在室温t_1时，传感器的零点平均输出值；

$\overline{y}_0(t_2)$——在规定的高温或低温t_2保温一定时间后，传感器的零点平均输出值；

$Y_{FS}(t_1)$——在t_1温度下传感器的理论满量程输出，为了计算方便，此处也可用实际的满量程输出平均值代替，$\overline{y}_{FS}(t_1)\approx Y_{FS}(t_1)$。

根据式（2-32），可分别计算高温或低温检定的零点温漂γ_+或γ_-。零点温漂测试通常应进行三次，然后再计算γ值。

（3）热灵敏度漂移

热灵敏度漂移又称作热满量程输出漂移，传感器的热灵敏度漂移β可按下式计算：

$$\beta=\frac{Y_{FS}(t_2)-Y_{FS}(t_1)}{Y_{FS}(t_1)(t_2-t_1)}\times 100\% \tag{2-33}$$

Y_{FS}表示传感器按拟合特性计算的理论满量程输出，为计算方便，可以用$\overline{y}_{FS}$代替Y_{FS}，因而

$$\beta=\frac{\overline{y}_{FS}(t_2)-\overline{y}_{FS}(t_1)}{\overline{y}_{FS}(t_1)(t_2-t_1)}\times 100\% \tag{2-34}$$

式中 $\overline{y}_{FS}(t_1)$——在室温t_1时，传感器的满量程输出平均值；

$\overline{y}_{FS}(t_2)$——在规定的高温或低温t_2恒温规定的时间后，传感器的满量程输出平均值。

根据式（2-33）或式（2-34），可分别计算高温或低温检定时的热灵敏度漂移β_+或β_-。热灵敏度漂移测试通常应进行三次，然后再计算β值。

2.1.7 总精度

为综合地评价一台传感器的优劣，一般用总精度或总不确定度。总精度反映的是传感器的实际输出在一定置信概率下对其理论特性或工作特性的偏离皆不超过一个范围。下面以线性传感器为例简要地介绍两种方法。

（1）方和根法与简单代数和法

用迟滞、重复性和线性度这三项误差的方和根或简单代数和表示总精度，即

$$A_1=\sqrt{\xi_H^2+\xi_L^2+\xi_R^2} \tag{2-35}$$

$$A_2=\xi_H+\xi_L+\xi_R \tag{2-36}$$

由于不同的理论直线将影响各分项指标的数值，所以在提出总精度的同时应说明使用何种理论直线。

迟滞和线性误差属于系统误差，重复性误差则属于随机误差，这三种误差的最大值也不一定出现在同一位置上，所以上述处理误差分析的方法，虽然计算简单，但理论根据不足。一般来说，方和根把总精度算得偏小，而简单代数和法则把精度算得偏大。

（2）极限点法

本法并不着眼于研究分项误差与综合误差的关系，而是试图从一组校准试验数据直接求出综合误差或总精度或总不确定度，分项误差仍可按常规方法计算。前面介绍的方法假定被校准的传感器是等精度的，即这种传感器各测量点上的重复性的期望值相同。但是，校准设备和过程等精度性并不意味着被校准的传感器就一定是等精度的。等精度的校准试验完全有可能校准出一些不等精度的传感器。

下面介绍的方法可称为极限点法。从原理上讲，它既适用于等精度传感器，也适用于不等精度传感器；既适用于线性传感器，也适用于非线性传感器。

我们来研究一台名义上的线性传感器。其总精度取决于线性、迟滞及重复性这三个分项性能指标。如图2-8所示，例如在 x_i 测点上分别求出正行程平均点 $\overline{y}_{U,i}$ 和反行程平均点 $\overline{y}_{D,i}$，并在正、反行程平均点上分别减 $3S_{U,i}$ 和加 $3S_{D,i}$ 以求得一组极限点。这里，S 为一组测量值的子样标准偏差的估值，3为所选的置信概率系数。

于是，可在 x_i 测点上求出两个极限点

$$y_{U,i,\min}=\overline{y}_{U,i}-3S_{U,i} \tag{2-37}$$

$$y_{D,i,\max}=\overline{y}_{D,i}+3S_{D,i} \tag{2-38}$$

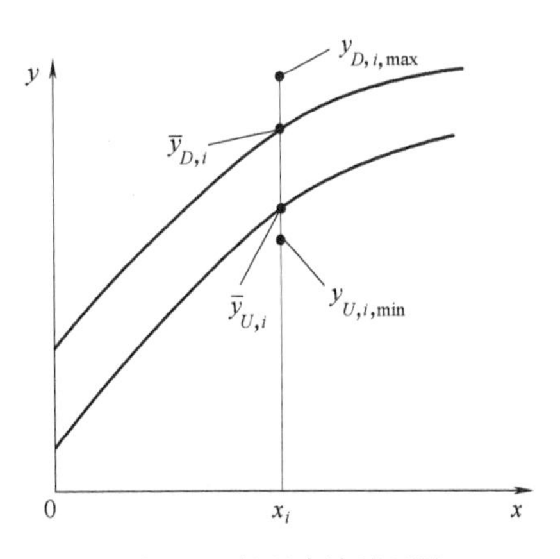

图2-8　极限点法原理图

这样，便可算出两个极限点，而这组极限点的置信概率都将是99.73%。因此，可以把这组数据看成是在一定置信概率意义上的“确定点”，它们将限定出传感器特性的一个“实际不确定区域”。为此，可使用逼近的概念，最好用一条最佳直线来拟合这组数据，以使拟合的最大偏差最小。传感器的总精度为一组极限点对拟合直线偏差的最大值（以满量程输出的百分比表示）。与其他逼近方法相比，本法的人为规定因素最小，其计算结果既不偏大，也不偏小。

在极限点法中，综合指标（总精度）和分项指标并无数学关系上的联系。但是，在不少情况下，使用者又想知道传感器的各分项指标。为了体现以极限偏差作为衡量传感器性能的总原则，在极限点法中规定：

线性误差为：

$$\xi_{\mathrm{L}}=\frac{\Delta Y_{\mathrm{L,max}}}{Y_{\mathrm{FS}}}\times 100\% \tag{2-39}$$

迟滞误差为：

$$\xi_{\mathrm{H}}=\frac{\Delta Y_{\mathrm{H,max}}}{Y_{\mathrm{FS}}}\times 100\% \tag{2-40}$$

重复性误差为：从各测点的 $2m$ 个标准偏差的估值中，选取最大者 S_{max}，按下式计算：

$$\xi_R=\frac{3S_{max}}{Y_{FS}}\times100\% \tag{2-41}$$

（3）总精度计算示例

为了说明传感器总精度的主要计算方法，现将某型电感式差压传感器的校准数据列于表 2-5 中，分别计算其总精度和各分项指标。

表 2-5　传感器校准所得原始数据

行程	传感器输入压力	传感器输出压力				
		第一循环	第二循环	第三循环	第四循环	第五循环
正行程 U	2	190.9	191.1	191.3	191.4	191.4
	4	382.8	383.2	383.5	383.8	383.8
	6	575.8	576.1	576.6	576.9	577.0
	8	769.4	769.8	770.4	770.8	771.0
	10	963.9	964.6	965.2	965.7	966.0
反行程 D	10	964.4	965.1	965.7	965.7	966.0
	8	770.6	771.0	771.4	771.4	772.0
	6	577.2	577.4	578.1	578.1	578.5
	4	384.1	384.2	384.7	384.9	384.9
	2	191.0	191.2	191.3	191.4	191.3

为了方便后面的计算，把一些中间计算结果列于表 2-6 中。然后，再分别按上面介绍的两种方法来计算。

① 方和根法与简单代数和法　工作直线选择最小二乘直线（当然，选用别的直线亦可，但应说明），置信概率系数一律取为 3，参照表 2-6 可算得：

$$\xi_H=\frac{\Delta Y_{H,max}}{Y_{FS}}=\frac{1.38}{773.96}=0.178\% \tag{2-42}$$

$$\xi_L=\frac{\Delta Y_{L,max}}{Y_{FS}}=\frac{0.57}{773.96}=0.074\% \tag{2-43}$$

$$\xi_R=\frac{3S_{max}}{Y_{FS}}=\frac{3\times0.76}{773.96}=0.295\% \tag{2-44}$$

因而

$$A_1=\sqrt{\xi_H^2+\xi_L^2+\xi_R^2}=0.352\%$$

$$A_2=\xi_H+\xi_L+\xi_R=0.547\%$$

表 2-6　中间计算结果

输入量(x)计算项目	2	4	6	8	10	备注
正行程平均输出($\overline{y}_U$)	191.22	383.42	576.48	770.28	965.08	
反行程平均输出($\overline{y}_D$)	191.24	384.56	577.86	771.28	965.38	
迟滞(ΔY_H)	0.02	1.14	1.38	1.00	0.30	$\Delta Y_{H,max}=1.38$
总平均输出($\overline{y}$)	191.23	383.99	577.17	770.78	965.23	
最小二乘拟合直线(Y)	190.70	384.19	577.68	771.17	964.66	$Y_{FS}=773.96$ $a=-2.789$ $b=96.7435$
线性偏差(ΔY_L)	0.53	0.20	0.51	0.39	0.57	$\Delta Y_{L,max}=0.57$
正行程标准偏差(S_U)	0.19	0.38	0.46	0.60	0.76	$S_{U,max}=0.76$
反行程标准偏差(S_D)	0.14	0.34	0.48	0.47	0.57	$S_{D,max}=0.57$

② 极限点法　首先，根据表 2-7 数据，建立极限点法所需的中间数据，即求出一组 $2m$ 个极限点。这里，极限点的置信概率系数取为 3，计算结果列于表 2-7 中。

然后，用一条最小二乘直线来拟合这 $2m=10$ 个极限点。这时，采用带有双变量统计功能的计算器或用计算机计算较为方便。所得拟合直线方程为：

$$y=-2.716+96.713x \tag{2-45}$$

表 2-7　极限点法计算用表

计算	输入量(x)项目	2	4	6	8	10
正行程 U	平均点($\overline{y}_{U,i}$)	191.22	383.42	576.48	770.28	965.08
	$3S_{U,i}$	0.58	1.14	1.39	1.80	2.27
	极限点 $y_{U,i}=(\overline{y}_{U,i}-3S_{U,i})$	190.64	382.28	575.09	768.48	962.81
反行程 D	平均点($\overline{y}_{D,i}$)	191.24	384.56	577.86	771.28	965.38
	$3S_{D,i}$	0.41	1.03	1.45	1.40	1.71
	极限点 $y_{D,i}=(\overline{y}_{D,i}+3S_{D,i})$	191.65	385.59	579.31	772.68	967.09

因而，便可求出正、反行程极限点拟合直线的偏差，列于表 2-8 中。

表 2-8　正、反行程极限点对拟合直线的偏差

输入量 / 计算项目	2	4	6	8	10	备注
拟合值(y)	190.71	384.14	577.56	770.99	964.41	$Y_{FS}=773.70$
正行程极限点的偏差	0.07	1.86	2.47	2.51	1.61	
反行程极限点的偏差	0.94	1.46	1.75	1.69	2.68	$\Delta Y_{max}=2.68$

在极限点法中，传感器的总精度在数值上就是一组极限点对拟合直线的偏差

$$A=\frac{\Delta Y_{max}}{Y_{FS}}\times 100\%=\frac{2.68}{773.70}\times 100\%=0.346\% \tag{2-46}$$

2.2 传感器的动态特性

实际中，大量的被测量信号是动态信号，传感器的输出能否良好地追随输入量的变化是一个很重要的问题。有的传感器尽管静态性能非常好，但不能很好地追随输入量的快速变化而导致产生严重误差，这就要求我们认真对待传感器的动态响应特性。

如前所述，由于数学上的困难，在研究传感器的动态响应特性时，一般都忽略了传感器的非线性和随机变化等复杂因素，把传感器看成是线性、定常系统。另外在多数情况下还可以把传感器简化为一个集总参数系统，因而定常系统的线性 n 阶常微分方程足以满足绝大多数传感器动态响应特性分析的要求，方程的一般形式为

$$a_n \frac{\mathrm{d}^n y}{\mathrm{d}t^n}+a_{n-1} \frac{\mathrm{d}^{n-1} y}{\mathrm{d}t^{n-1}}+\cdots+a_1 \frac{\mathrm{d}y}{\mathrm{d}t}+a_0 y=bx \tag{2-47}$$

式中，$x=x(t)$ 是输入信号，$y=y(t)$ 是输出信号，对于不同的传感器它们是不同的物理量；a_i（$i=0, 1, 2, \cdots, n$）和 b 是与传感器内部结构和材料有关的各种物理参数组成的。方程的阶数由传感器的结构和工作原理决定，一般将传感器简化为集总参数系统后，系统由包含的储能元件的个数决定着相应方程的阶数。因而阶数越高，各储能元件之间的能量交换和转变的过程越复杂，导致其动态性能也越复杂。

各种工作原理和用途迥然不同的传感器，如果其微分方程的数学形式相同就具有相同的动态响应特性。因此只有在建立微分方程时要考虑传感器的物理特性，在分析动态响应特性时仅从数学上考虑微分方程的特性。后面将要说明，任一高阶的系统总可以看成是若干个低阶系统串联或并联组成的，因此分析的重点可以集中在低阶系统。

有了描述传感器输入输出信号之间关系的微分方程，如果已知输入信号 $x(t)$，则可以代入微分方程而求得其相应的输出 $y(t)$，然后比较 $x(t)$ 和 $y(t)$ 即可知道其失真的状况和特点。然而这样做有几个实际困难。首先，$x(t)$ 是我们要测的量，事先并不确切知道其波形；其次，被测信号是千变万化的，不可能一一代入方程求解。解决的办法是选定几种最典型又最简单的输入函数，代入几种典型的低阶微分方程，找出其动态响应特性及动态误差形成的规律，并据此确定一些评定传感器动态响应特性的指标。工程上用得最多的典型输入信号是冲激函数（δ 函数）、阶跃函数和正弦函数。这几种函数不仅在波形上有典型性，而且在物理上也较易实现，不仅便于理论分析，而且有利于实验研究。相应的输出信号分别被称为冲激响应、阶跃响应和频率响应。

2.2.1 传感器动态响应的基本特点

传感器的输入输出关系既然可以用式（2-47）所示的微分方程描述，那么传感器的动态响应的基本特点必然会由该微分方程的解反映出来。下面就利用常微分方程经典解的形式来说明传感器动态响应的基本特点。

根据微分方程基本理论可知，式（2-47）的解由两个独立的部分组成：

$$y=y_1+y_2 \tag{2-48}$$

式中，$y_1=y_1(t)$ 是与式（2-47）对应的齐次方程［即令 $x(t)=0$ 的通解，在数学上称为余函数，在工程上则称为零输入响应］，因为它与输入信号 $x(t)$ 无关，而只与系统本身的特性及其起始条件［即 $y(0)$、$y'(0)$ 等］有关，因此又称为系统的固有响应。从物理上讲，如果系统是稳定的，这种没有外来能量补充而仅靠系统起始储能的运动，最终总是要衰减掉的，因而是一种暂态响应。

式（2-48）中的 $y_2=y_2(t)$ 则是式（2-47）的一个特解。换句话说，将 $y_2(t)$ 代入式（2-47）应保证左边等于右边。显然 $y_2(t)$ 不仅与系统本身的特性有关，而且与输入信号 $x(t)$ 有密切关系，是 $x(t)$ 作用于系统所引起的响应，因此数学上称为特积分，而工程上称为强迫响应，又考虑到在求 $y_2(t)$ 时是假设系统处于静止的起始状态，所以又称为零（起始）状态响应。

综上所述，式（2-48）可以按解的物理意义改写成

$$\text{系统总响应}=\text{零输入响应}+\text{零状态响应}=\text{固有响应}+\text{强迫响应} \tag{2-49}$$

很显然，零输入响应与被测信号毫无关系，它是由测量系统的起始状态引起的输出。因此，对于测量来讲，这纯粹是一种干扰，是一种造成信号失真的因素。但这个问题并不很令人为难。因为在测量稳定的信号（如直流信号或周期信号）时，我们可以等零输入响应衰减到可忽略的程度再取数据。在测瞬变信号时，也不难令传感器处于起始静止状态（即零起始状态），这样零输入响应也为零。

由上所述，零状态响应是由被测信号引起的输出信号。它应当与被测信号尽可能地成简单的正比关系。因此研究传感器的动态响应特性，就是研究它在什么条件下，能使零状态响应与被测信号近似成比例关系，以及其近似的程度如何。应当指出的是，不要错误地把传感器的零状态响应与其稳态响应混为一谈。当瞬变的被测信号及其各阶导数在起始点（通常取为时间的零点）处不连续时，在 $t=0+$ 的瞬间，传感器就有可能存在着某种变化。如果我们从 $t=0+$ 开始，而不是从 $t=0$ 开始考察传感器的输出，那么就等于是又有了“起始条件”，相应地又出现了与零输入响应相似的暂态响应。换句话说，在这种情况下传感器的零状态响应也可以分为暂态响应和稳态响应两部分。只有当被测信号的起始端十分光滑的情况下零状态响应才等于稳态响应。将以上分析推而广之，当输入信号 $x(t)$ 在任意瞬间如果出现突变，即 $x(t)$ 及其各阶导数中的一项或几项出现不连续点，那么系统的响应会紧跟着出现一段暂态响应。根据以上分析，系统的响应又可以按暂态及稳态的观点写成

$$\text{系统总响应}=\text{暂态响应}+\text{稳态响应} \tag{2-50}$$

其中暂态响应部分，不论形成原因是什么，其波形都与系统的零输入响应相似，因此关于零输入响应的波形有必要做一点分析。

如上所述，零输入响应是如下形式齐次方程的解

$$a_n\frac{\mathrm{d}^n y}{\mathrm{d}t^n}+a_{n-1}\frac{\mathrm{d}^{n-1} y}{\mathrm{d}t^{n-1}}+\cdots+a_1\frac{\mathrm{d}y}{\mathrm{d}t}+a_0 y=0 \tag{2-51}$$

设通解的形式为

$$y_1(t)=\mathrm{e}^{pt} \tag{2-52}$$

代入式（2-51）得

$$(a_n p^n + a_{n-1} p^{n-1} + \cdots + a_1 p + a_0) e^{pt} = 0 \tag{2-53}$$

由于 e^{pt} 不可能恒等于零，故式（2-53）只有当左边括号内的多项式为零才能成立。由多项式理论可知，实系数 n 次多项式有 n 个根，设为 $p_i(i=1, 2, \cdots, n)$。只有当 $p=p_i$ 时，式（2-52）才是式（2-51）的解。p_i 称为特征根，只能有以下四种情况：

① 相异的实根：设有 k 个相异的实数特征根，设为 $p_j(j=1, 2, \cdots, k)$，则对应每个根有一项解：

$$y = \sum_{j=1}^{k} C_j e^{p_j t} \tag{2-54}$$

式中，系数 p_j、C_j 由起始条件决定。

② 重复的实根：设有 k 个阶重复的实根 $p_1 = p_2 = \cdots = p_k$，则相应的 k 项解为

$$y = (c_1 + c_2 t + \cdots + c_k t^{k-1}) e^{pt} \tag{2-55}$$

③ 相异的复根：若有一个形如 $p_1 = \delta + j\omega_d$ 的复数特征根，则必有形如 $p_2 = \delta - j\omega_d$ 的共轭复根，否则式（2-53）的多项式系数中要出现虚数。相应于每一对复根有一项解为

$$y = e^{\delta t}(c_1 \cos\omega_d t + c_2 \sin\omega_d t) \tag{2-56}$$

式中，常数 c_1 和 c_2 由起始条件决定。

④ 重复的复根：设有重复出现 q 次的复根 $\partial \pm j\beta$，则有 q 项相应的解为

$$y = e^{\partial t}[(C_1 + C_2 t + \cdots + C_q t^{q-1})\cos\omega_d t + (D_1 + D_2 t + \cdots + D_q t^{q-1})\sin\omega_d t] \tag{2-57}$$

式中，常数 C_q 和 D_q 由起始条件决定。

将对应于 n 个特征根的 n 项解加起来就是方程式（2-51）的通解，也就是系统的零输入响应。

分析一下四种解的形式可知，当实根及复根的实部为正数时，解是发散的，随着时间 t 增大而无限制地增大，这说明系统不稳定，是不希望出现的情况。当实根及复根的实部为负数时解是收敛的，随着 t 增大最终将趋于零。

以上关于传感器动态响应的分析，基本上适用于绝大部分传感器，只要其响应特性能用式（2-47）的常微分方程描述，其响应的特点都符合本节所介绍的基本特点。

2.2.2 传递函数与频响特性

传感器的动态响应特性中最重要的还是其零状态响应或称为强迫响应的特性。本节介绍的传递函数和频响特性是用拉普拉斯和傅里叶变换方法分析系统而引出的两个重要的分析强迫响应特性的工具。

定义：设传感器的输入信号为 $x(t)$，零状态下的输出信号为 $y(t)$，则传感器的传递函数定义为其 $y(t)$ 与 $x(t)$ 的拉普拉斯变换之比，记为 $H(s)$

$$H(s) = \frac{Y(s)}{X(s)} \tag{2-58}$$

式中，s 是拉普拉斯变量，$s=\delta+j\omega$，δ 为收敛因子，ω 是角频率，$j=\sqrt{-1}$；$Y(s)$ 和 $X(s)$ 分别为 $y(t)$ 和 $x(t)$ 的拉普拉斯变换

$$Y(s)=\int_0^{\infty} y(t)e^{-st}dt \tag{2-59}$$

$$X(s)=\int_0^{\infty} x(t)e^{-st}dt \tag{2-60}$$

传感器的频响函数则定义为 $y(t)$ 与 $x(t)$ 的傅里叶变化之比

$$H(j\omega)=\frac{Y(j\omega)}{X(j\omega)} \tag{2-61}$$

式中，$Y(j\omega)$ 和 $X(j\omega)$ 分别为 $y(t)$ 和 $x(t)$ 的傅里叶变换。

$$Y(j\omega)=\int_{-\infty}^{\infty} y(t)e^{-j\omega t}dt \tag{2-62}$$

$$X(j\omega)=\int_{-\infty}^{\infty} x(t)e^{-j\omega t}dt \tag{2-63}$$

比较式（2-59）和式（2-62）可知，当被积函数 $y(t)$ 为因果函数［即当 $t<0$ 时，$y(t)=0$］时，只要简单地将拉普拉斯定义式中的变量 s 用 $j\omega$ 代换就得到了傅里叶变换。因此将传递函数 $H(s)$ 中的变量 s 用 $j\omega$ 代换即可得到频响函数 $H(j\omega)$

$$H(j\omega)=\lim_{\delta\to 0}H(s) \tag{2-64}$$

从数学上讲，这样做的前提是 $\delta\to 0$ 时 $H(s)$ 的极限应当存在。对工程上常见的函数来讲，这一点一般不成问题。因此在工程分析上只要求得系统的传递函数，就可以得到系统的频响函数，而频响函数一般是个复函数，它的模是系统的幅频特性，幅角即其相频特性：

$$K(\omega)=|H(j\omega)| \tag{2-65}$$

$$\varphi(\omega)=\arg\tan[H(j\omega)] \tag{2-66}$$

式中，$K(\omega)$ 就是幅频特性。它的物理意义是：当系统输入正弦信号时，输出的信号也为正弦信号，其输出幅度与输入幅度之比（即灵敏度）随输入信号的频率变化而变化的函数关系。式中的 $\varphi(\omega)$ 为相频特性，是指输出信号的起始相位与输入信号的起始相位之差（简称相位移）作为频率的函数。

（1）传递函数的分析

若已知传感器的微分方程，设为式（2-47）的形式。在零起始条件下对该方程两边都进行拉普拉斯变换得

$$(a_n s^n+a_{n-1}s^{n-1}+\cdots+a_1 s+a_0)Y(s)=bX(s) \tag{2-67}$$

根据式（2-58）的定义可得传递函数

$$H(s)=\frac{b}{a_n s^n+a_{n-1}s^{n-1}+\cdots+a_1 s+a_0} \tag{2-68}$$

由式（2-68）可知，传递函数与输入信号的波形没有关系，它完全由系统的微分方程形式及其中的各个系数确定。因此它反映了系统的固有特性，可以根据它来分析系统。

由式（2-58）可知，只要已知传递函数 $H(s)$ 和输入信号的拉普拉斯变换 $X(s)$，则

可求得输出拉普拉斯变换式

$$Y(s)=H(s)X(s) \tag{2-69}$$

对 $Y(s)$ 进行拉普拉斯反变换即可得输出信号

$$y(t)=\frac{1}{2\pi j}\int_{\delta-j\infty}^{\delta+j\infty}Y(s)e^{st}\,ds \tag{2-70}$$

这是工程上对系统进行时域响应分析的重要方法之一。对于传感器来讲，主要涉及三种类型系统。

零阶系统，传递函数为：

$$H(s)=K \tag{2-71}$$

一阶系统，传递函数为：

$$H(s)=\frac{1}{\tau s+1} \tag{2-72}$$

二阶系统，传递函数为：

$$H(s)=\frac{1}{t_1 s^2+t_2 s+1} \tag{2-73}$$

(2) 频响函数的分析

由于频响函数 $H(j\omega)$ 与传递函数 $H(s)$ 之间具有式（2-64）所示的简单关系，上一节关于传递函数的分析也都适用于频响函数。频响函数一般是复函数，可以分为实部和虚部

$$H(j\omega)=R(\omega)+jI(\omega) \tag{2-74}$$

系统的幅频和相频特性分别为

$$K(\omega)=|H(j\omega)|=\sqrt{R^2(\omega)+I^2(\omega)} \tag{2-75}$$

$$\varphi(\omega)=\arctan|H(j\omega)|=\arctan\frac{I(\omega)}{R(\omega)} \tag{2-76}$$

当 $\omega=0$ 时，即输入为直流信号时，应有

$$K(0)=k \tag{2-77}$$

$$\varphi(0)=0 \tag{2-78}$$

即幅频特性应等于静态灵敏度 k，而相位差为零。通常习惯于按 $K(\omega)/k$ 以 ω 为横坐标（或以 $f=\omega/2\pi$ 为横坐标）绘曲线图，称为归一化幅频特性曲线。

工程上广泛应用的伯德图（Bode）则以 $20\lg[K(\omega)/K]$ 为纵坐标，以 $\lg\omega$ 为横坐标绘制曲线图。纵坐标的单位为分贝（dB），横坐标若采用对数分度则直接标以 ω（弧度/秒）。

以 $R(\omega)$ 为横坐标，以 $I(\omega)$ 为纵坐标，以 ω 为参变量绘制曲线图，由坐标原点指向曲线任意一点的矢量，其模为 $K(\omega)$，矢量与横坐标的夹角为 $\varphi(\omega)$，故又称极坐标图，工程上常称为奈奎斯特（Nyquist）图。它与伯德图一样在系统的频率响应特性的分析上有重要的用途。

无失真系统的频响特性，所谓无失真系统是指系统的输出信号与输入信号成简单的正

比例关系，或者放宽一点要求，容许输出相对于输入有一个固定的延迟，即满足

$$y(t)=Kx(t) \tag{2-79}$$

或

$$y(t)=Kx(t-\tau) \tag{2-80}$$

其传递函数分别为：

$$H(s)=K \tag{2-81}$$

或

$$H(s)=K\mathrm{e}^{-\tau s} \tag{2-82}$$

其频响函数则分别为：

$$H(\mathrm{j}\omega)=K \tag{2-83}$$

或

$$H(\mathrm{j}\omega)=K\mathrm{e}^{-\mathrm{j}\tau\omega} \tag{2-84}$$

根据式（2-83）和式（2-84），不难证明无失真系统的幅频特性是一条水平线（高度为 K），在伯德图上则是一条水平零线。而相频特性对前一种定义的系统则为零线，对后一种定义的系统是一条斜直线。由以上分析可知，无失真系统应该是零阶系统，其幅频特性应为水平线，相频特性应为直线（水平或斜的）。

2.2.3　一阶系统的动态响应

如前所述，凡是输入与输出信号之间的关系用下列一阶常系数微分方程描述的传感器称为一阶系统（或环节）。

$$a_1\frac{\mathrm{d}y}{\mathrm{d}t}+a_0y=b_0x \tag{2-85}$$

再改写为

$$\tau\frac{\mathrm{d}y}{\mathrm{d}t}+y=kx \tag{2-86}$$

式中，$\tau=a_1/a_0$，根据方程中的各项应具有相同因次的原理，不难判明 τ 必须具有时间的因次，故称为时间常数；$k=b_0/a_0$ 是系统的静态灵敏度。

对式（2-86）两边做拉普拉斯变换（假设其起始条件为零），可得其传递函数：

$$H(s)=\frac{Y(s)}{X(s)}=\frac{k}{\tau s+1}=\frac{k/\tau}{s+\frac{1}{\tau}} \tag{2-87}$$

（1）一阶系统的零输入响应

当输入信号 $x=x(t)$ 为零时的输出为零输入响应，即下列齐次方程的解

$$\tau\frac{\mathrm{d}y}{\mathrm{d}t}+y=0 \tag{2-88}$$

设其解的形式为 $y_1=\mathrm{e}^{pt}$，代入上式得特征方程 $\tau p+1=0$，即

$$p=-1/\tau \tag{2-89}$$

故其零输入响应（余函数）为

$$y_1=c_1\mathrm{e}^{-t/\tau} \tag{2-90}$$

其中，常数 c_1 由起始条件 $y_0=y(0)$ 决定，不难看出 $c_1=y_0$。

（2）一阶系统的冲激响应

对在 $t=0$ 时突然出现又突然消失的信号加以理想化可用冲激函数（δ 函数）表示

$$\delta(t)=\begin{cases}\infty, t=0\\ 0, t\neq 0\end{cases} \tag{2-91}$$

并应满足

$$\int_{-\infty}^{\infty}\delta(t)\mathrm{d}t=1 \tag{2-92}$$

如果处于静止状态的一阶系统在冲激函数输入时，其冲激响应即为下列方程的零状态响应

$$\tau\frac{\mathrm{d}y}{\mathrm{d}t}+y=k\delta(t) \tag{2-93}$$

两边做拉普拉斯变换得

$$(\tau s+1)Y(s)=k \tag{2-94}$$

即

$$Y(s)=\frac{k}{\tau s+1}=\frac{k}{\tau}\times\frac{1}{s+1/\tau} \tag{2-95}$$

$Y(s)$ 的原函数即为冲激函数

$$y_s(t)=\frac{k}{\tau}\mathrm{e}^{-t/\tau} \tag{2-96}$$

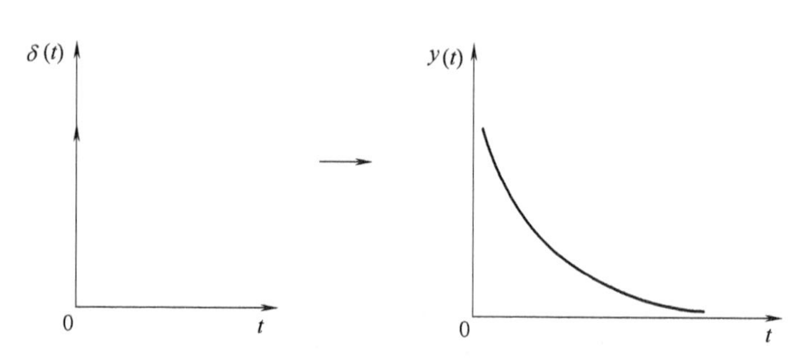

图 2-9　冲激函数

由图 2-9 可知，在冲激信号出现的瞬间（即 $t=0$）响应函数也突然跃升，其幅度与 k 成正比，而与时间常数 τ 成反比，在 $t>0$ 时作指数衰减，τ 越小衰减越快，响应的波形也越接近冲激信号。

（3）一阶系统的阶跃响应

若一个起始静止的传感器输入为单位阶跃信号 $u(t)$：

$$u(t)=\begin{cases}0, t\leqslant 0\\ 1, t>0\end{cases} \tag{2-97}$$

则其输出信号称为阶跃响应，在数学上为下列方程的零状态响应，即

$$\tau \frac{\mathrm{d}y}{\mathrm{d}t}+y=ku(t) \tag{2-98}$$

不难证明其解为

$$y_u=k(1-\mathrm{e}^{-t/\tau}) \tag{2-99}$$

其响应曲线如图 2-10 所示。

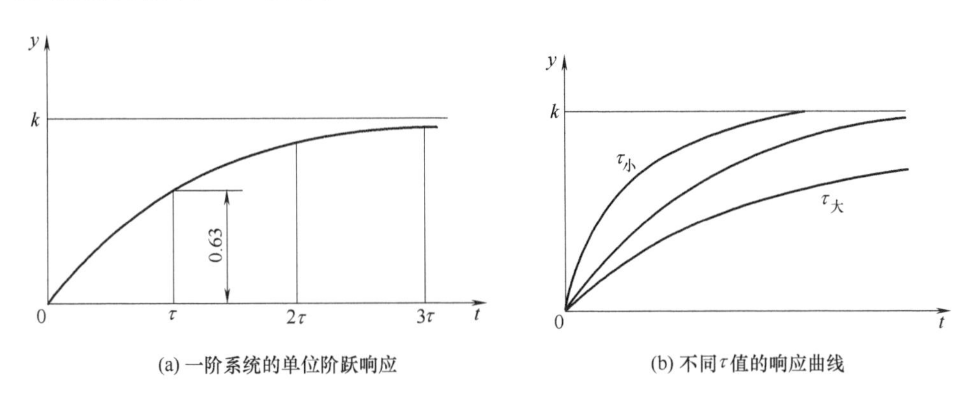

(a) 一阶系统的单位阶跃响应　　(b) 不同τ值的响应曲线

图 2-10　单位阶跃函数响应曲线

根据式（2-99）和图 2-10 可知，稳态响应是输入阶跃值的 k 倍，暂态响应是指数函数，稳态响应要等到 t 趋于∞时才能达到。当 $t=\tau$ 时，$y(\tau)=k(1-\mathrm{e}^{-1})=0.632k$，即达到稳态值的 63.2%。由此可知，$\tau$ 越小，响应曲线越接近于阶跃曲线，所以时间常数 τ 是反映一阶系统动态响应优劣的关键指标。

（4）一阶系统的频率响应特性

一阶系统的微分方程为

$$\tau \frac{\mathrm{d}y}{\mathrm{d}t}+y=k\sin\omega t \tag{2-100}$$

其零状态响应为

$$y=K(\omega)\sin(\omega t+\varphi) \tag{2-101}$$

其中幅频特性

$$K(\omega)=\frac{k}{\sqrt{\omega^2\tau^2+1}} \tag{2-102}$$

相频特性

$$\varphi(\omega)=-\arctan(\omega\tau) \tag{2-103}$$

根据以上结果绘制伯德图如图 2-11 所示，为了使曲线有普遍意义横坐标改为 $\omega\tau$ 值。图中上面一条曲线是对数幅频曲线，下面则是相频特性。由图可知，一阶系统只有在 $\omega\tau$ 值很小时才近似于零阶系统的特性 [即 $K(\omega)=k$，$\varphi(\omega)=0$]。当 $\omega\tau=1$ 时灵敏度下降了 3dB（即 $K=0.707k$）。如果取这一点为系统工作频带的上限，则一阶系统的上截止频率为 $\omega_H=1/\tau$，所以时间常数 τ 越小则工作频带越宽。图中二条虚线是对数幅频曲线的二条渐进线，它们在 $\omega\tau=1$ 处相交。其中一条是过零点的水平线，另一条是过（1，0）点的斜线，其斜率为-20dB/10oct，这里 oct 代表倍频程，10oct 即频率增加 10 倍。

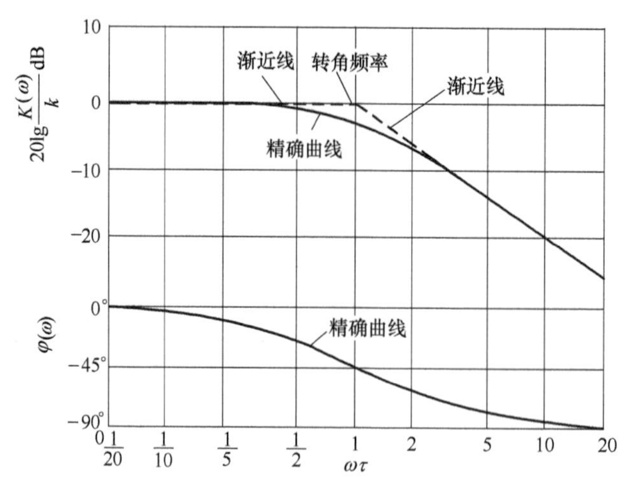

图 2-11 一阶系统的频率响应特性（伯德）图

综上所述，用一阶系统描述的传感器，其动态响应特性的优劣主要取决于时间常数 τ。τ 越小越好，τ 越小，阶跃响应的上升过程越快，频率响应的上截止频率越高。

2.2.4 二阶系统的动态响应

相当多的传感器，如测压、测力和加速度传感器等都可以近似地看成是二阶系统。常微分方程为

$$a_2\frac{\mathrm{d}^2y}{\mathrm{d}t^2}+a_1\frac{\mathrm{d}y}{\mathrm{d}t}+a_0y=b_0x \tag{2-104}$$

或改写成

$$\frac{1}{\omega_n^2}\times\frac{\mathrm{d}^2y}{\mathrm{d}t^2}+\frac{2\zeta}{\omega_n}\times\frac{\mathrm{d}y}{\mathrm{d}t}+y=kx \tag{2-105}$$

式中，$k=b_0/a_0$ 为静态灵敏度；$\omega_n=\sqrt{a_0/a_2}$ 为无阻尼固有角频率；$\zeta=a_1/2\times\sqrt{1/(a_0-a_2)}$ 为阻尼比。

（1）二阶系统的零输入响应

当输入信号 $x(t)=0$ 时，式（2-105）变为

$$\frac{1}{\omega_n^2}\times\frac{\mathrm{d}^2y}{\mathrm{d}t^2}+\frac{2\zeta}{\omega_n}\times\frac{\mathrm{d}y}{\mathrm{d}t}+y=0 \tag{2-106}$$

设其解的形式为 $y_1(t)=\mathrm{e}^{pt}$，代入上式得

$$\frac{1}{\omega_n^2}p^2+\frac{2\zeta}{\omega_n}p+1=0 \tag{2-107}$$

这个二次方程有二个根

$$\left.\begin{aligned}p_1&=\omega_n(-\zeta+\sqrt{\zeta^2-1})\\p_2&=\omega_n(-\zeta-\sqrt{\zeta^2-1})\end{aligned}\right\} \tag{2-108}$$

若 $\zeta>1$，则 $p_1 \neq p_2$ 且均为实根，解为

$$y_1(t)=c_1 \mathrm{e}^{-(\zeta-\sqrt{\zeta^2-1})\omega_n t}+c_2 \mathrm{e}^{-(\zeta+\sqrt{\zeta^2-1})\omega_n t} \tag{2-109}$$

若 $\zeta=1$，则 $p_1=p_2$ 且为实根，解为

$$y_1(t)=c_1 \mathrm{e}^{-\zeta\omega_n t}+c_2 t \mathrm{e}^{-\zeta\omega_n t} \tag{2-110}$$

若 $\zeta<1$，则 p_1、p_2 为一对共轭复根，解为

$$y_1(t)=\mathrm{e}^{-\zeta\omega_n t}\left[c_1 \sin(\sqrt{1-\zeta^2}\,\omega_n t)+c_2 \cos(\sqrt{1-\zeta^2}\,\omega_n t)\right] \tag{2-111}$$

由此可知，当 $\zeta \geqslant 1$ 时，由于阻尼较强，因此零输入响应不呈现振荡现象。当 $\zeta<1$ 时，由于阻尼较弱，因此呈现一种衰减振动，振荡频率为 $\sqrt{1-\zeta^2}\,\omega_n$，称为有阻尼的固有频率，这频率与输入信号无关，是由系统本身的参数决定的。当没有阻尼，即 $\zeta=0$ 时振荡频率为 ω_n，称为无阻尼的固有频率，振荡永不衰减，这只是理论上才存在的现象。零输入响应各公式中的常数 c_1、c_2 等均由起始条件 $y(0)$、$y'(0)$ 决定。

（2）二阶系统的冲激响应

将 $x(t)=\delta(t)$ 代入式（2-105）得

$$\frac{1}{\omega_n^2}\times\frac{\mathrm{d}^2 y}{\mathrm{d}t^2}+\frac{2\zeta}{\omega_n}\times\frac{\mathrm{d}y}{\mathrm{d}t}+y=k\delta(t) \tag{2-112}$$

将上式两边都做拉普拉斯变换得

$$\left(\frac{1}{\omega_n^2}s^2+\frac{2\zeta}{\omega_n}s+1\right)Y(s)=k \tag{2-113}$$

解出 $Y(s)$ 得

$$Y(s)=\frac{k}{\frac{1}{\omega_n^2}s^2+\frac{2\zeta}{\omega_n}s+1}=\frac{k}{(s-p_1)(s-p_2)}=k\left[\frac{1/(p_1-p_2)}{s-p_1}-\frac{1/(p_1-p_2)}{s-p_2}\right] \tag{2-114}$$

显然这里的 p_1、p_2 也由式（2-108）确定，而且根据 ζ 的大小分为三种情况。对 $Y(s)$ 做拉普拉斯反变换得冲激响应 $y_\delta(t)$ 如下：

当 $\zeta>1$（过阻尼）时

$$y_\delta(t)=\frac{k\omega_n}{2\sqrt{\zeta^2-1}}\left[\mathrm{e}^{-(\zeta-\sqrt{\zeta^2-1})\omega_n t}-\mathrm{e}^{-(\zeta+\sqrt{\zeta^2-1})\omega_n t}\right]\quad(t>0) \tag{2-115}$$

当 $\zeta=1$（临界阻尼）时

$$y_\delta(t)=k\omega_n^2 t \mathrm{e}^{-\omega_n t}\quad(t>0) \tag{2-116}$$

当 $\zeta<1$（欠阻尼）时

$$y_\delta(t)=\frac{k\omega_n}{\sqrt{1-\zeta^2}}\mathrm{e}^{-\zeta\omega_n t}\sin(\sqrt{1-\zeta^2}\,\omega_n t)\quad(t>0) \tag{2-117}$$

二阶系统的冲激响应波形与零输入响应相同，只是其幅度不同。其曲线见图 2-12。

（3）二阶系统的阶跃响应

将 $x(t)=u(t)$ 代入式（2-105）得

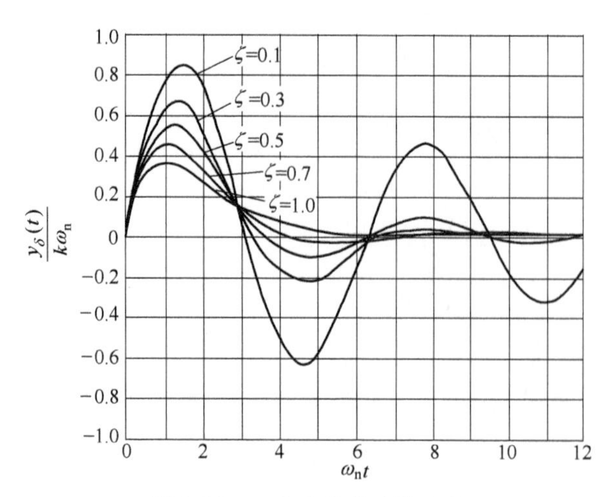

图 2-12 二阶系统的冲激响应

$$\frac{1}{\omega_n^2}\times\frac{d^2y}{dt^2}+\frac{2\zeta}{\omega_n}\times\frac{dy}{dt}+y=ku(t) \tag{2-118}$$

将上式两边做拉普拉斯变换并整理得

$$Y(s)=\frac{k}{s\left[\frac{1}{\omega_n^2}s^2+\frac{2\zeta}{\omega_n}s+1\right]}=\frac{k}{s(s-p_1)(s-p_2)}$$

$$=k\left[\frac{1/p_1p_2}{s}+\frac{1/p_1(p_1-p_2)}{s-p_1}-\frac{1/p_2(p_1-p_2)}{s-p_2}\right] \tag{2-119}$$

式中，p_1、p_2 同上。做反变换得阶跃响应。

当 $\zeta>1$（过阻尼）时

$$y_n(t)=k\left[1+\frac{\zeta-\sqrt{\zeta^2-1}}{2\sqrt{\zeta^2-1}}e^{(-\zeta-\sqrt{\zeta^2-1})\omega_n t}-\frac{\zeta+\sqrt{\zeta^2-1}}{2\sqrt{\zeta^2-1}}e^{(-\zeta+\sqrt{\zeta^2-1})\omega_n t}\right] \tag{2-120}$$

当 $\zeta=1$（临界阻尼）时

$$y_n(t)=k[1-(1+\omega_n t)e^{-\omega_n t}] \tag{2-121}$$

当 $0<\zeta<1$（欠阻尼）时

$$y_n(t)=k\left[1-\frac{e^{-\zeta\omega_n t}}{\sqrt{1-\zeta^2}}\sin\left(\sqrt{1-\zeta^2}\,\omega_n t+\theta\right)\right] \tag{2-122}$$

式中，$\theta=\arcsin\sqrt{1-\zeta^2}$。

当 $\zeta=0$（欠阻尼）时

$$y_n(t)=k(1-\cos\omega_n t) \tag{2-123}$$

图 2-13 绘出了各种情况下的阶跃响应曲线。由图可以得知，固有频率 ω_n 越高则响应曲线上升越快。而阻尼比 ζ 越大，则过冲现象减弱，当 $\zeta\geqslant1$ 则完全没有过冲，也不存在振荡。如果在稳态响应值（即 $y_n/k=1$）上下取±10%的误差带，而定义响应曲线进入这个误差带（不再越出）的时间为建立时间，那么当 $\zeta=0.6$ 时建立时间最短，约为

$2.4/\omega_n$，若误差带取为±5%，则 $\zeta=0.7\sim0.8$ 最好。

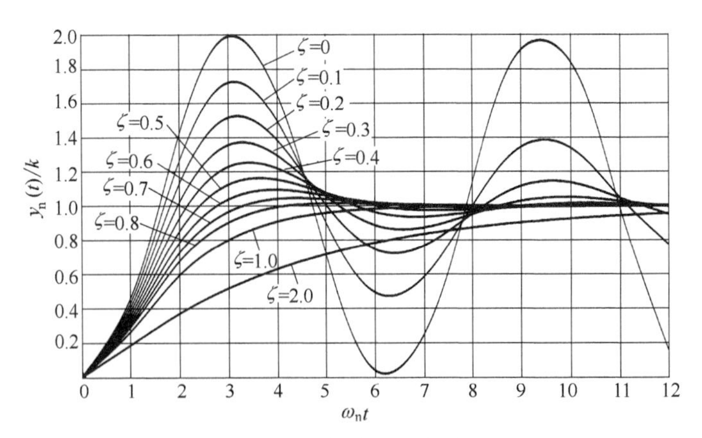

图 2-13　二阶系统的阶跃响应

（4）二阶系统的频率响应

将微分方程式（2-105）在起始状态下做拉普拉斯变换得

$$\left(\frac{1}{\omega_n^2}s^2+\frac{2\zeta}{\omega_n}s+1\right)Y(s)=kX(s) \tag{2-124}$$

根据传递函数的定义式（2-58）

$$H(s)=\frac{Y(s)}{X(s)}=\frac{k}{\frac{1}{\omega_n^2}s^2+\frac{2\zeta}{\omega_n}s+1} \tag{2-125}$$

可得频响函数为

$$H(j\omega)=\frac{k}{1-\left(\frac{\omega}{\omega_n}\right)^2+j2\zeta\left(\frac{\omega}{\omega_n}\right)}=R(\omega)+jI(\omega) \tag{2-126}$$

实频特性

$$R(\omega)=\frac{k\left[1-\left(\frac{\omega}{\omega_n}\right)^2\right]}{\left[1-\left(\frac{\omega}{\omega_n}\right)^2\right]^2+4\zeta^2\left(\frac{\omega}{\omega_n}\right)^2} \tag{2-127}$$

虚频特性

$$I(\omega)=\frac{-2k\zeta\left(\frac{\omega}{\omega_n}\right)}{\left[1-\left(\frac{\omega}{\omega_n}\right)^2\right]^2+4\zeta^2\left(\frac{\omega}{\omega_n}\right)^2} \tag{2-128}$$

幅频特性

$$K(\omega)=\sqrt{R^2+I^2}=\frac{k}{\sqrt{\left[1-\left(\frac{\omega}{\omega_n}\right)^2\right]^2+4\zeta^2\left(\frac{\omega}{\omega_n}\right)^2}} \tag{2-129}$$

或以分贝表示

$$G(\omega)=20\lg\frac{K(\omega)}{k}=-10\lg\left\{\left[1-\left(\frac{\omega}{\omega_n}\right)^2\right]^2+4\zeta^2\left(\frac{\omega}{\omega_n}\right)^2\right\} \tag{2-130}$$

相频特性

$$\varphi(\omega)=\arctan\frac{I(\omega)}{R(\omega)}=\arctan\frac{2\zeta}{\frac{\omega}{\omega_n}-\frac{\omega_n}{\omega}} \tag{2-131}$$

根据式（2-130）和式（2-131）绘制二阶系统频响的伯德图如图 2-14 所示。根据公式及图可得下列结论。

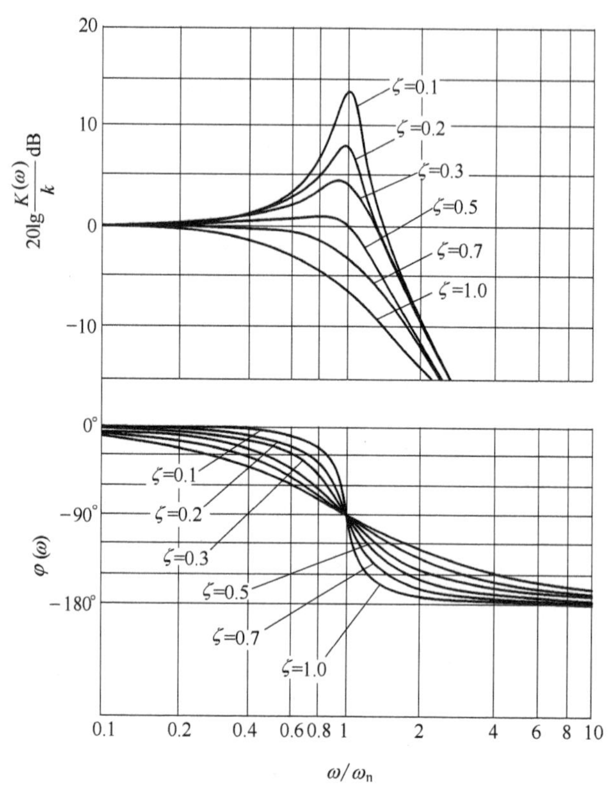

图 2-14 二阶系统频响的伯德图

① 当 $\omega/\omega_n \leqslant 1$ 即 $\omega \ll \omega_n$ 时

$$k(\omega)=k,\varphi(\omega)=0 \tag{2-132}$$

即近似于理想的系统（零阶系统）。要想使工作频带加宽，最关键的是提高无阻尼固有频率 ω_n。

② 当 $\omega/\omega_n \to 1$（即 $\omega \to \omega_n$）时，幅频特性、相频特性都与阻尼比有着明显的关系。可以分为三种情况：

当 $\zeta<1$（欠阻尼）时，$K(\omega)$ 在 $\omega/\omega_n \approx 1$（即 $\omega \to \omega_n$）时，出现极大值，换句话讲就是出现共振现象。当 $\zeta=0$ 时，有阻尼的共振频率为 ω_n，当 $\zeta>0$ 时，有阻尼的共振频率为 $\omega_d=\sqrt{1-2\zeta^2}\,\omega_n$，值得注意的是，这与有阻尼的固有频率 $\sqrt{1-\zeta^2}\,\omega_n$ 稍有不同，不能混为一谈。另外 $\varphi(\omega)$ 在 $\omega \to \omega_n$ 时趋近于 -90。一般在 ζ 很小时，取 $\omega=\omega_n/10$ 的区域

作为传感器的通频带。

当 $\zeta \approx 0.7$（最佳阻尼）时，幅频特性 $K(\omega)$ 的曲线平坦段最宽，相频特性 $\varphi(\omega)$ 接近于一条斜直线。这种条件下若取 $\omega=\omega_n/2$ 为通频带，其幅度失真不超过 2.5%，但输出曲线要比输入曲线延迟 $\Delta t=\pi/2\omega_n$。

当 $\zeta=1$（临界阻尼）时，幅频特性曲线永远小于 1。相应地，其共振频率 $\omega_d=0$，不会出现共振现象。但因为幅频特性曲线下降太快，平坦段反而变得小了。值得注意的是临界阻尼并非最佳阻尼，不应混为一谈。

③ 当 $\omega/\omega_n \gg 1$（即 $\omega > \omega_n$）时，幅频特性曲线趋于零，几乎没有响应。

综上所述，用二阶系统描述的传感器动态特性的优劣主要取决于固有频率 ω_n 或共振频率 $\omega_d=\sqrt{1-2\zeta^2}\,\omega_n$。对于大部分传感器而言，$\zeta \ll 1$，故 ω_n 与 ω_d 相差无几，就不再详细区分。另外适当地选取 ζ 值也能改善动态响应特性，它可以减少过冲、加宽幅频特性的平直段，但相比之下增加固有频率的效果更直接更明显。

2.2.5　高阶系统的动态响应

有的传感器结构比较复杂，因此其输入输出信号之间的关系需要用阶数较高的微分方程描述。然而，高阶系统总可以看成由若干个低阶系统组合而成。最简单的方法就是将高阶系统的传递函数分解为一系列低阶传递函数的乘积，相当于多个低阶系统的串联

$$H(s)=H_1 H_2 \cdots H_k \tag{2-133}$$

频响函数也可以做相应的分解

$$H(j\omega)=H_1(j\omega)H_2(j\omega)\cdots H_k(j\omega) \tag{2-134}$$

其幅频特性

$$|H(j\omega)|=|H_1(j\omega)|\,|H_2(j\omega)|\cdots|H_k(j\omega)|$$

或

$$K(\omega)=K_1(\omega)K_2(\omega)\cdots K_k(\omega) \tag{2-135}$$

其对数幅频特性

$$G(\omega)=20\lg K_1(\omega)\times 20\lg K_2(\omega)\cdots 20\lg K_k(\omega) \tag{2-136}$$

相频特性

$$\arg[H(j\omega)]=\arg[H_1(j\omega)]+\arg[H_2(j\omega)]+\cdots+\arg[H_k(j\omega)]$$

或

$$\varphi(\omega)=\varphi_1(\omega)+\varphi_2(\omega)+\cdots+\varphi_k(\omega) \tag{2-137}$$

由式（2-136）和式（2-137）可知，高阶系统的伯德图，可以由低阶的子系统的伯德图在纵坐标方向叠加而得。低阶（即零阶、一阶和二阶）系统的伯德图的求法和特点前面已做了介绍。

分析任意信号输入传感器的响应曲线可以利用式（2-133）求出输出信号的拉普拉斯变换，然后通过拉普拉斯反变换求得响应的函数。

2.2.6　传感器动态响应的指标

尽管大部分传感器的动态特性可以近似地用一阶系统或二阶系统来描述，但这仅仅是

近似的描述而已。实际的传感器往往比这种简化的数学描述（数学模型）要复杂。因此动态响应特性一般并不能直接给出其微分方程，而是通过实验给出传感器的阶跃响应曲线和幅频特性曲线上的某些特征来表示传感器的动态响应特性。

（1）与阶跃响应有关的指标

图 2-15 画出两条典型的阶跃响应曲线，其中点画线是近似于一阶系统的阶跃响应、实线是近似二阶系统的阶跃响应。与这两种阶跃响应有关的动态响应指标有：

① 时间常数（time constant）τ　凡是能近似用一阶系统描述的传感器（如测温传感器），一般用阶跃响应曲线由零上升到稳态值的 63.2%所需的时间作为时间常数。这种方法的缺点是曲线的起点往往难以准确判断。

② 上升时间（rise time）T_r　通常指阶跃响应曲线由稳态值的 10%上升到 90%的时间，有时也采用其他的百分数。

③ 建立时间（settling time）T_s　它表示传感器建立起一个足够精确的响应所需的时间。一般在稳态响应值 y_c 的上下规定一个$\pm\Delta\%$的公差带，当响应曲线开始进入这个公差带的瞬间就是建立时间 T_s。为了明确起见，往往说百分之 Δ 建立时间。对于理想的一阶系统来讲，5%的建立时间为：$T_s=3\tau$。对于理想的二阶系统来讲，当 $\zeta=0.6$ 时，10%的建立时间为：$T_s=0.38T_n$（T_n 为固有周期）。

上述表示响应快慢的三个“时间”通常根据情况给出其中之一。

④ 冲量（超调量）（overshoot，overswing）a_1　阶跃响应曲线超过稳态值的最大峰高，即 $a_1=y_{max}-y_0$。显然过冲量越小越好。

⑤ 衰减率（percertage decrement）ψ　相邻两个波峰（或波谷）高度下降的百分数。

$$\psi=\frac{a_n-a_{n+2}}{a_n}\times 100\% \tag{2-138}$$

⑥ 衰减比（decrement ratio）δ　相邻两个波峰（或谷波）高度的比值。

$$\delta=a_n/a_{n+2} \tag{2-139}$$

⑦ 对数缩减（logarithmic decrement）σ　衰减比的自然对数值。对于二阶系统可以证明阻尼 ζ 与对数缩减 σ 的关系为

$$\zeta=\frac{\sigma}{\sigma^2+4\pi^2} \tag{2-140}$$

上述三个表示振荡衰减快慢的特征量，一般给出其中某一个。

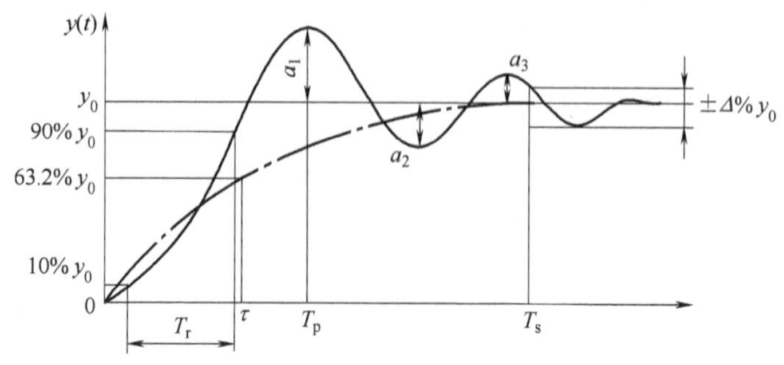

图 2-15　两条典型的阶跃响应曲线

(2) 与频率响应有关的指标

由于相频特性与幅频特性之间有着一定的内在关系，通常在表示传感器的动态特性时，主要用幅频特性。如图 2-16 所示的是一个典型的对数幅频特性曲线图。

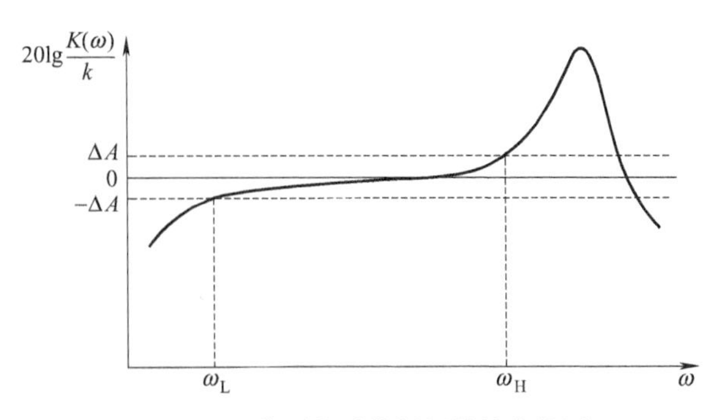

图 2-16　典型的对数幅频特性曲线图

图中 0dB 的水平线是理想的零阶（比例）系统的幅频特性。因为 $K(\omega)=k$，故 $20\lg K(\omega)/k=0\text{dB}$。如果某传感器的幅频特性曲线偏离理想直线，但还不超过某个允许的公差带，仍然认为是可用的范围。在声学和电学仪器中往往规定±3dB 的公差带，这相当于 $K(\omega)/k=0.70\sim1.41$。对传感器来讲，这个公差一般显得过大，故应根据所需的测量精度来定公差带，例如取±10%，甚至取±5% [即 $K(\omega)/k=0.9\sim1.1$ 或 $0.95\sim1.05$]。幅频特性曲线超出公差带所对应的频率分别称为下截止频率 ω_L 和上截止频率 ω_H，或改用自然频率 f_L 和 f_H($f=\omega/2\pi$)。相应的频率区间（f_L，f_H）称为传感器的工作频带或频响范围（frequency response range），在选择频响范围时，应使被测信号的有用谐波频率都在这个范围之内。

对于有的传感器，考虑到它可以较好地用一阶系统加以描述（如测温传感器），则只给出时间常数 τ，其幅频特性则可以根据一阶系统的频率响应关系推算，例如 3dB 的上截止频率 $\omega_H=1/\tau$ 等。

对于某些可以用二阶系统很好地描述的传感器（如加速度计、测压传感器等），有时只给出其固有频率值 ω_n，而不再给出有关频率响应的其他指标。

2.2.7　实验确定传递函数的方法

通过实验确定传递函数的问题可分为两种情况：其一，已经确定传感器是一阶或二阶系统，问题就集中于如何确定关键的系数，如一阶系统的时间常数 τ，或二阶系统的固有频率 ω_n 和阻尼比 ζ。有了这些系数，传递函数也就完全确定了。其二，传递函数的形式、阶数及有关系数都有待定，这属于系统辨识的问题，本节只作简要说明。

(1) 一阶系统时间常数确定法

对于一阶系统只要确定其时间常数 τ，其传递函数就完全确定了。一般是设法给传感器输入一个阶跃信号并记录其响应曲线，然后确定其时间常数。方法有多种。

① 作图法　根据一阶系统响应曲线可知，在输出 $y_u(t)=0.632k$ 时，其对应的时间 $t=\tau$。因此只要记录足够长的阶跃响应曲线，从而得到稳定响应值的高度，取该高度的

63.2%作一水平线与曲线相交，相交点对应的时间即为时间常数。

② 计算法　由式（2-99）可知一阶系统阶跃响应函数为

$$1-\frac{y_u}{k}=e^{-t/\tau} \tag{2-141}$$

取一个新变量 z

$$z=\ln\left(1-\frac{y_u}{k}\right) \tag{2-142}$$

则式（2-141）变为

$$z=-t/\tau \tag{2-143}$$

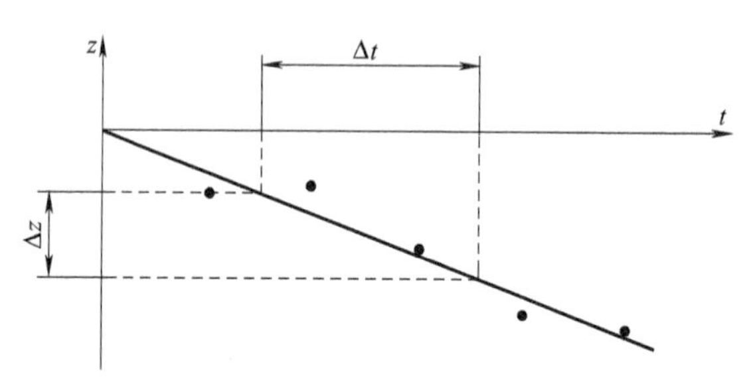

图 2-17　一阶系统 z-t 图

在实验的阶跃响应曲线上取若干个点并测取每个点相应的 t 和（y_u/k）值并计算 z 值。设得到 n 组这样的数据，就可在 t 和 z 组成的直角坐标图上标出 n 个点，对这 n 个点拟合一条直线，该直线的斜率就是 $-1/\tau$（参阅图 2-17），即

$$\tau=-\frac{\Delta t}{\Delta z} \tag{2-144}$$

由于这个方法利用了响应曲线上多个点，而且通过直线拟合，有效地消除了随机干扰的影响和零点难以准确判断等困难，其结果较可靠。同时通过 z-t 图上数据点与直线靠近的程度，可以判断该传感器的响应特性是否可以用一阶系统加以可靠的描述。

（2）二阶系统传递函数的确定方法

如果已经确认传感器是个二阶系统，那么只要确定其固有频率 ω_n 和阻尼比 ζ，整个传递函数就都定了。确定 ω_n 和 ζ 的方法可以是通过阶跃响应实验，也可以通过频率响应实验进行。

① 由频率特性求传递函数　有的传感器通过实验测取幅频和相频特性比较方便，特别是测取幅频特性比较多，其典型的实测幅频特性曲线如图 2-18 所示。若确认该传感器是二阶系统则其幅频特性应符合式（2-129），将其改写成归一化幅频特性（如图 2-18 所示）

$$A(\omega)=\frac{K(\omega)}{k}=\frac{1}{\sqrt{\left[1-\left(\frac{\omega}{\omega_n}\right)^2\right]^2+4\zeta^2\left(\frac{\omega}{\omega_n}\right)^2}} \tag{2-145}$$

只要在实测的幅频特性曲线上任选两个幅频值 ω_1 和 ω_2 并测取相应的幅值 $A(\omega_1)$ 和

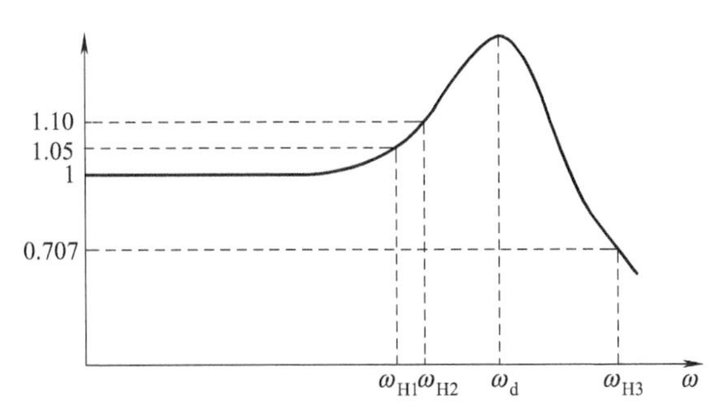

图 2-18　归一化幅频特性

$A(\omega_2)$ 代入式（2-145）得到两个相似的方程。原则上，这两个方程联立就可以解出 ω_n 和 ζ 这两个未知数。然而解这个联立方程的计算比较麻烦，若利用幅频特性的一些特征值则可以大大简化计算，现举例说明。

例：利用共振峰求 ω_n 和 ζ 值。

通过式（2-145）求 $A(\omega)$ 的极值，可得共振峰值

$$A(\omega)=[A(\omega)]_{\max}=\frac{1}{\sqrt{1+4\zeta^2}} \tag{2-146}$$

出现在

$$\omega=\omega_d=\sqrt{1-2\zeta^2}\,\omega_n \tag{2-147}$$

在实测幅频特性曲线上读取共振峰幅值 A_m 及其对应的频率 ω_d 代入式（2-146）及式（2-147）即可求得 ζ 及 ω_n 值。然而这个方法对于没有共振峰（$\zeta \geqslant 1$），或共振峰不明显的传感器就不适合了，可改用其他方法。

例：利用工作频带求 ω_n 及 ζ 值。

在理论上可由式（2-145）计算出对应于 $1+\Delta A$ 这个幅值公差带的上截止频率 ω_H 值，即将 $A(\omega_H)=1+\Delta A$ 代入式（2-145）可解出

$$\omega_H=\omega_n\left[1-\zeta^2\pm\sqrt{(1-2\zeta^2)^2-c}\right]^{1/2} \tag{2-148}$$

式中，$c=1-\dfrac{1}{(1+\Delta A)^2}$。

取两个不同的值（例如取 0.05 及 0.1，相当于 5%及 10%公差带）并在实测的幅频特性曲线上找到相应的 ω_{H1} 和 ω_{H2} 值代入式（2-145）可得

$$\left.\begin{aligned}\omega_{H1}&=\omega_n\left[1-\zeta^2\pm\sqrt{(1-2\zeta^2)^2-c_1}\right]^{1/2}\\ \omega_{H2}&=\omega_n\left[1-\zeta^2\pm\sqrt{(1-2\zeta^2)^2-c_2}\right]^{1/2}\end{aligned}\right\} \tag{2-149}$$

根据式（2-149）可以解出 ω_n 及 ζ 值。然后可在实验曲线上取另一 ΔA_3 值（例如取 0.707，即 −3dB 公差带）及其对应的频率 ω_{H3} 来验证计算结果。

② 由阶跃响应求 ω_n 及 ζ　有的传感器直接做频响实验比较困难，做阶跃响应比较容易。可以通过记录实测的阶跃响应曲线求传感器的固有频率 ω_n 及阻尼的 ζ 值。

a. 间接方法　在确认输入信号为阶跃函数，即 $x(t)=u(t)$ 的情况下，记录传感器

的输出信号即为阶跃响应，即 $y(t)=y_u(t)$。分别进行傅里叶变换（一般用 FFT 法）得 $X(j\omega)$ 和 $Y(j\omega)$，可得频响函数 $H(j\omega)=Y(j\omega)/X(j\omega)$。然后可以求得幅频特性 $K(\omega)$。在此基础上再按前面介绍的方法求 ω_n 及 ζ 值。这种方法又称为二步法。

b. 直接方法　二阶系统的传感器多半是小阻尼的，少数传感器能调节阻尼且多半调到所谓最佳阻尼值 $\zeta=0.7\sim0.8$，因此都属于欠阻尼（$\zeta<1$）的状态。其理论的阶跃函数为式（2-122），将其归一化（即令稳态响应的幅值取为 1）可得

$$A(t)=\frac{y_u(t)}{k}=1-\frac{e^{-\zeta\omega_n t}}{\sqrt{1-\zeta^2}}\sin(\sqrt{1-\zeta^2}\,\omega_n t+\theta) \tag{2-150}$$

式中，$\theta=\arcsin\sqrt{1-\zeta^2}$。

原则上只要在实测曲线上任选两个时间 t_1 和 t_2 并读取相应点的幅值 $A(t_1)$ 及 $A(t_2)$，分别代入式（2-150）得到一对联立方程即可解出 ω_n 及 ζ 这两个未知数。然而这样的计算太烦琐，选取一些特征值计算更方便。

小阻尼二阶系统的阶跃响应，最大特点就是响应曲线围绕稳态响应水平线有一个明显的衰减振荡曲线，由式（2-150）可知理论上其振动频率为$\sqrt{1-\zeta^2}\,\omega_n$，而由实验曲线上可测得其振动周期 T 值，应有

$$\sqrt{1-\zeta^2}\,\omega_n=2\pi\frac{1}{T} \tag{2-151}$$

测取 T 值时可多取几个周期测量再取平均值，参阅图 2-19。

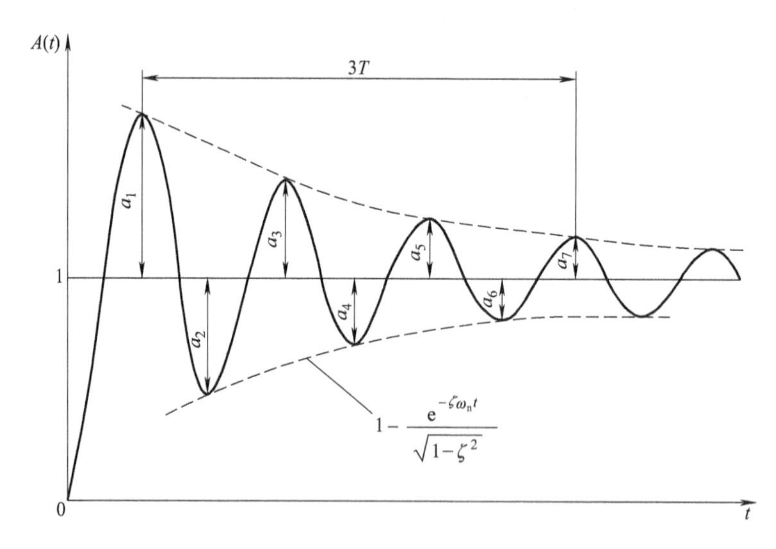

图 2-19　二阶系统阶跃响应曲线

由式（2-150）可知曲线围绕纵坐标为 1 的水平线上下振荡的衰减函数为

$$\frac{e^{-\zeta\omega_n t}}{\sqrt{1-\zeta^2}}$$

因此每经一个振荡周期 T，其幅值的衰减比 δ 为

$$\delta=\frac{a_1}{a_3}=\frac{e^{-\zeta\omega_n t}}{e^{-\zeta\omega_n(t_1+T)}}=e^{\zeta\omega_n T} \tag{2-152}$$

将式（2-151）与式（2-152）联立即可解出 ω_n 及 ζ 两个值。例如将式（2-151）代入式（2-152）消去 $\omega_n T$ 并整理得

$$\zeta=\frac{\sigma}{\sqrt{\sigma^2+4\pi^2}} \tag{2-153}$$

式中，σ 为对数减缩

$$\sigma=\ln\delta \tag{2-154}$$

求得阻尼比 ζ 值再代入式（2-151）即可求得 ω_n 值。具体计算 ζ 值时可多取几个衰减比 $\delta_1=a_1/a_3$，$\delta_2=a_2/a_4$，$\delta_3=a_3/a_5$……计算出多个 ζ 值。比较这些值，如果差异甚大应怀疑二阶系统模型是否适用，如果差异不大，则取其平均值作为计算结果更为可靠。

第3章 MEMS压阻式传感器

3.1 概述

利用硅的压阻效应和微电子技术制作的压阻式力敏传感器是近30年来发展非常迅速的一种新的物性型传感器。它具有灵敏度高、响应速度快、可靠性好、精度较高、功耗低、易于微型化与集成化等一系列突出优点。早在20世纪70年代中期，就已成为航空航天工业优选的传感器品种，从而奠定了它的技术地位。70年代中期后，由于集成电路新技术和微机械加工技术的进展，以及汽车电子化和医学保健仪器等应用新市场的开发，大批量生产方式制造的低成本压阻式压力传感器年产已达数千成万只，微型化的压阻式压力传感器外径已小于0.8mm，压阻式加速度传感器的质量已小到蜜蜂可以负载的程度，冲击加速度传感器的量程已超过压电式器件而达到200000g的水平。从世界范围看，80年代后，压阻式压力传感器已取代了应变计式传感器在压力传感器市场的领先地位。压阻式加速度传感器已与压电式加速度传感器在冲击振动测量领域平分秋色。

早在1932年，布里奇曼（Bridgman）等人就对晶体的压阻效应进行了初步研究。布里奇曼还计算了N型锗在流体静压力作用下电阻率变化的压力系数值。但人们普遍承认的是史密斯（Smith）的工作，他在1954年发表了“锗和硅的压阻效应”的论文，论述了这两种半导体电阻率的应力效应，首先用实验方法测量了一系列的压阻系数值。紧接着，赫林（Herring）提出了半导体受单轴应力下各向异性的压阻效应的理论解释模型：半导体多谷能带理论。在这之后，压阻效应的实用化研究受到重视。1958年，美国贝尔实验室率先研制出硅体型应变计，并于1960年商品化。硅应变计灵敏度高出金属应变计百倍，但由于其温度系数较大，而且也需粘贴制成传感器，并未能克服金属应变计式传感器蠕变的缺点，所以发展不快。随着20世纪60年代初硅平面集成工艺技术的蓬勃发展，塔夫特（Tufte）等对硅扩散层压阻性能的深入研究，贝尔、霍尼韦尔、库利特等公司相继推出各种一体化的梁式、圆平膜片式的压阻式力敏传感器。这些传感器用硅平面集成工艺技术在硅片上制作四个连接成惠斯顿电桥的扩散电阻作为应力敏感元件，用机械研磨加各向同性化学腐蚀方法将其硅衬底加工成周边固支的圆平膜片弹性力学结构，或应力集中的梁式弹性力学结构，这样就将敏感元件和弹性元件一体化了，大大地改善了蠕变、滞后、重复性、稳定性以及温度漂移性。合理的设计可以获得万分之几的线性精度，加之其小型化、重量轻、可靠性高的优势，成功地被用于航空航天工业和石油化工工业仪表中，从而，在 60 年代末到 70 年代初形成压阻式力敏传感器的第一个发展高潮。

在 70 年代，压阻式传感器的品种有了很大发展。各种规格品种和敏感膜片设计等层出不穷。但发展中最突出的还是微机械加工技术的研究和实用化，是随着压阻式传感器微型化和廉价化两项需求而发展起来的，并形成了从 70 年代中期到 80 年代中期压阻式传感器的第二个发展高潮。微型化是从两个方面的需求开始：一是航空工业中风洞等空气动力学研究及航天器、导弹等需要更加小型化、轻量化及性能优秀的传感器；二是美国航天等高技术向生物医学技术的转移，出现了生物医学研究和医学临床对埋藏、植入的微型传感器及微型导管端传感器的需求。以机械研磨和各向同性化学腐蚀来形成弹性元件的第一代压阻式传感器生产技术已无法满足这些需求。廉价化的需求也主要源自两个方面：一是 70 年代初的世界能源危机和现代化造成的环境污染迫使人们加速了汽车发动机燃油电控喷射系统的推行，它要求所用的大量传感器廉价化；二是消费类电子仪器如电子自动血压计用简易血压传感器、医学临床用可弃式血压传感器等均要求很低的成本与价格。

1971 年，斯坦福大学的萨姆（Samaun）发表了他的博士论文“一种用于生物医学仪器集成式压阻式压力传感器”，拉开了第二代压阻力敏传感器生产技术——现被称为微机械加工技术的研究序幕。他用双面光刻技术解决硅杯制作中的双面对准问题，用各向同性和各向异性的硅腐蚀技术代替了机械研磨工艺，用静电封接技术解决了薄硅片衬底对固支边界的不足及封装应力的隔离问题。这些工艺技术都与制作集成惠斯顿电桥的硅平面工艺相兼容。这一方面解决了压阻力敏传感器敏感元件的微型化问题，同时也展示了如同集成电路生产那样用大规模生产技术制造压力敏感元件的前景，解决了压阻式压力传感器的廉价化的关键问题。其后，魏斯（K. D. Wise）、葛文勋（W. H. Ko）、安格尔（J. B. Angell）、克拉克（S. K. Clark）等许多学者和科技工作者发展和完善了这些技术。各种导管端和导管侧壁微型压力传感器、高性能探针式微型压阻式压力传感器、高性能微型压阻加速度传感器相继被库利特公司、恩德福克公司、恩特兰公司等推入市场。这一技术同时促成了廉价汽车用压阻式压力传感器的批量生产化。霍尼韦尔公司、福克斯波罗公司、通用汽车公司、日立公司等先后研制成功并批量生产了用于汽车工业的价格仅数美元的压力敏感元件及传感器。而 IC Sensors 公司、Nova Sensor 公司、SenSym 公司等则以数以百万计的年产量，大量生产医用血压传感器和各种低成本压力敏感元件，价格极为低廉。压阻式压力传感器的第二个发展高潮最终确定了它在压力测量领域的主导地位。

80 年代后期以来，虽然日臻完善的微机械加工技术已将其研究重点转向各种微机械和微执行器，但是，压阻式力敏传感器仍在发展。利用各种精密各向异性腐蚀技术，人们已使千帕以下量程的微压传感器高性能化与市场化成为现实；集压力、压差、温度多种敏感功能及信号处理集成电路于一体的复合型、智能型压阻式压力、流量传感器已商品化。压阻加速度传感器的进一步微型化与高性能化仍在研究进展中，人们还把目光投向用 MEMS 技术制作的碳化硅薄膜开发耐更高温度的压力传感器上。同时，压阻式压力传感器的计算机辅助设计、辅助制造、优化线性、提高稳定性、进一步减小温漂等都得到广泛深入的研究。压阻力敏传感器的研究与发展热潮还在持续。

我国硅压阻体型应变计的研究始于20世纪60年代中期，并很快实现了商品化。“十三五”期间，西安交通大学、北京大学、复旦大学等先后开展了微机械加工技术的研究，并用于产品的生产中。西安交通大学的研究团队针对航空航天、兵器工业、危化品储运等领域的特殊需求，通过一系列的结构、工艺和封装方法研究，解决了MEMS传感器的耐高温、高动态难题，打破了国外技术垄断。就整个压阻式力敏传感器的科研和生产看，我国科研院、校、所中不乏国际先进水平的科研成果，然而产业却因投入和市场基础薄弱而存在一定的差距，尤其是传感器大批量生产技术更显得落后。目前，经过产业调整后，国内市场上各种压阻力敏传感器的品种已比较齐全，为使用者提供了诸多的选择。

3.2 压阻效应

3.2.1 压阻效应的定义与特点

随着固体物理学的发展，固体的各种效应逐渐被人们发现。固体材料在应力作用下发生形变时，其电阻率就要发生变化，这种效应称为压阻效应。

根据欧姆定律，长为L、截面积为A、电阻率为ρ的条形材料受轴向应力后的电阻变化率为：

$$\frac{\mathrm{d}R}{R}=\frac{\mathrm{d}\rho}{\rho}+\frac{\mathrm{d}L}{L}-\frac{\mathrm{d}A}{A}=\pi\sigma+(1+2\mu)\frac{\mathrm{d}L}{L}=(\pi E+1+2\mu)\varepsilon=K\varepsilon \tag{3-1}$$

式中，π为压阻系数；σ为应力；μ为材料的泊松比；E为材料的弹性模量；ε为应变；$K=\pi E+1+2\mu$是应变ε引起电阻变化的灵敏系数，也称为G因子。

在灵敏系数K的表达式中，πE是电阻率变化的贡献，$1+2\mu$是电阻纵、横向尺寸变化的贡献。常用固体材料的泊松比$\mu=0.25\sim0.5$。对于一般金属材料，由于其压阻系数π几乎为零，因而金属丝、箔应变计的K值主要由电阻纵横向尺寸变化决定，所以$K\approx1+2\mu\approx1.5\sim2$。对于许多半导体材料来说，压阻系数$\pi$较大，压阻效应非常显著，例如常用电阻率范围内的P型硅，在适当的电阻取向和应力作用下，$\pi\approx(40\sim80)\times11^{-11}\mathrm{m}^2/\mathrm{N}$，其常用的弹性模量$E=1.7\times10^{11}\mathrm{Pa}$，所以有$K\approx\pi E\approx65\sim130$，而$1+2\mu$的作用可忽略不计。这就是压阻式传感器通常比金属应变计式传感器灵敏度要高1～2个数量级的原因。

多谷能带理论揭示了压阻效应的微观机理，半导体材料的电阻率取决于其载流子浓度和载流子迁移率。当单晶硅受到均匀分布的流体静压力时，其晶格对称性并不被破坏，但晶格间距缩小，从而使禁带宽度发生变化。这种变化导致各能谷中电子的重新分布，因而使载流子的迁移率也发生变化，这样就使电阻率发生比较大的变化。传感器中更常用到的是另一种受力状况，当半导体导电材料受到一个单轴应力的作用时，它除了在受力方向上产生应变外，还在其他方面产生切应变。这种受力状态既改变了晶格间距，也改变了晶格对称性。它造成各能谷中能量极值改变，载流子重新分布，产生从一个能谷到另一个能谷的散射，改变了沿电阻纵向和横向的平均有效质量，使载流子迁移率发生显著变化，而且变化的大小明显地与力的方向有关，即压阻效应是各向异性的。这就是压阻效应微观机理的物理解释。

3.2.2　晶面与晶向

结晶体是由分子、原子或离子有规则周期性地排列而成。这种周期性由代表分子、原子或离子的晶格点阵表示。而反映其对称性的最小重复单元称为晶体原胞。为了说明晶格点阵的配置和确定晶面的方向，通常引进一组空间坐标系，称为晶轴坐标系，用 X、Y、Z 表示。硅晶体为面心立方晶体结构，其晶体原胞为边长 a 的立方体，在立方体的顶角与面心上都有一个格点，每个格点对应两个硅原子。一般就取立方晶体的三个相邻边为晶轴坐标系的三个轴 X、Y、Z。设某一晶面与晶轴相交的截距分别为 OA、OB、OC，则可由以下关系决定的 h、k、l 来表征该晶面

$$\frac{a}{OA} : \frac{a}{OB} : \frac{a}{OC} = h : k : l \tag{3-2}$$

式中，h、k、l 为没有公约数的简单整数，称为密勒指数。显然，晶格中的任一晶面都可以用一组相应的密勒指数来表征。由于密勒指数的上述规定仅定义了晶面的方向，因此，它实际上表征了一组相互平行的晶面簇。由于晶格点阵的周期重复性，一簇晶面中的所在晶面都是相同的，晶面符号规定为 (h, k, l)。与该晶面垂直的法线方向称为晶向，其符号为 $[h, k, l]$。当密勒指数均为 10 以内的整数时，通常略写其间的逗号。通常规定晶面所截的线段对于 X 轴 O 前为正，O 后为负；对于 Y 轴，O 点右边为正，左边则为负；对于 Z 轴，O 点之上为正，之下为负。当某个密勒指数为负整数时，则特殊规定的表示方法为：用正整数表示，但在其数顶上横标一个短横符号，例如 $(3\bar{1}1)$ 晶面，$[\bar{1}10]$ 晶向。通常还规定，若晶面与某一晶轴平行而无截距时，则相应的密勒指数用 0 表示。例如，某组晶面与 X、Y、Z 轴截距都相同且为正时，表示为 (111)；某组晶面与 X、Y 轴截距相同，与 Z 轴平行无截距，表示为 (110)；某组晶面与 X 轴相交，但与 Y、Z 轴都平行无截距，表示为 (100)，其余类推。硅立方晶体中几种不同晶向与晶面的表示如图 3-1 所示。

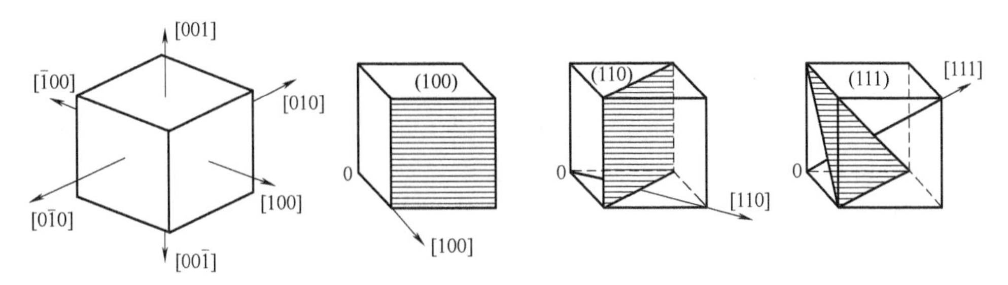

图 3-1　单晶硅中几种不同晶向与晶面

在压阻式传感器的设计中，常常要用到互相垂直的两个晶向。判断两晶向是否垂直，或者求解与已知晶向垂直的晶向时，可将两晶向作为向量看待，进行点乘。例如晶向 $A[h, k, l]$ 和晶向 $B[r, s, t]$ 垂直，则必定满足

$$hr+ks+lt=0 \tag{3-3}$$

反之亦然。此外，可以根据向量的叉乘，求解出与两晶向都垂直的第三晶向，即满足 $\boldsymbol{A}\times\boldsymbol{B}=\boldsymbol{C}$ 式的向量 $\boldsymbol{C}$ 必然与向量 $\boldsymbol{A}$ 及向量 $\boldsymbol{B}$ 都垂直。

硅是各向异性材料，不同晶向上压阻效应的强弱与性质差异很大。压阻式传感器总是选用最有利的晶向来设计布置其应变电阻，微机械加工技术中的各向异性腐蚀技术就利用了不同晶面腐蚀速率差异极大的特性，以获得设计需要的几何形状的传感器弹性体。

3.2.3 压阻系数

（1）半导体的锗和硅的压阻系数

由前述可知，具有压阻效应的材料的电阻受应力后的相对变化近似等于其电阻率的相对变化，而其电阻率的相对变化与应力成正比，二者的比例系数就是压阻系数。即

$$\frac{\mathrm{d}R}{R}\approx\frac{\mathrm{d}\rho}{\rho}=\pi\sigma \tag{3-4}$$

一般情况下，上式中的电阻变化率是一个二阶张量，对应有 9 个分量；上式中的应力 σ 也是二阶张量，也有对应的 9 个分量。因而，四阶张量 π 就应该有 81 个压阻系数分量。考虑到立方晶体中剪切应力分量有对称关系：$\sigma_{xy}=\sigma_{yx}$，$\sigma_{xz}=\sigma_{zx}$，$\sigma_{yz}=\sigma_{zy}$，因而应力张量 σ 只有 6 个独立分量，类似的电阻率也只有 6 个独立分量。这样，压阻张量也可以简化成有 36 个分量的矩阵。再考虑到立方晶体的对称特性，因此在晶轴坐标中压阻系数矩阵可简化成

$$\boldsymbol{\pi}=\begin{bmatrix} \pi_{11} & \pi_{12} & \pi_{12} & 0 & 0 & 0 \\ \pi_{12} & \pi_{11} & 0 & 0 & 0 & 0 \\ \pi_{12} & 0 & \pi_{11} & 0 & 0 & 0 \\ 0 & 0 & 0 & \pi_{44} & 0 & 0 \\ 0 & 0 & 0 & 0 & \pi_{44} & 0 \\ 0 & 0 & 0 & 0 & 0 & \pi_{44} \end{bmatrix} \tag{3-5}$$

在晶轴坐标系中电阻率张量、应力张量与压阻系数的一般关系为：

$$(\Delta)=(\pi)(\sigma)$$

可以看出，独立的压阻系数分量仅三个。π_{11} 称为纵向压阻系数分量，π_{12} 称为横向压阻系数分量，π_{44} 称为剪切压阻系数分量。必须强调的是，上列矩阵是相对晶轴坐标系推导出来的。因此，式（3-5）仅在晶轴坐标系中成立。表 3-1 给出了硅和锗中的独立压阻系数分量的值。

表 3-1 硅和锗中 π_{11}、π_{12}、π_{44}

材料类型	电阻率/Ω·cm	$\pi_{11}/(10^{-11}\mathrm{m}^2/\mathrm{N})$	$\pi_{12}/(10^{-11}\mathrm{m}^2/\mathrm{N})$	$\pi_{44}/(10^{-11}\mathrm{m}^2/\mathrm{N})$
P-Si	7.8	6.6	−1.1	138.1
N-Si	11.7	−102.2	53.4	−13.6
P-Ge	1.1	−3.7	3.2	96.7
N-Ge	9.9	−4.7	−5.0	−137.9

在同类型的压阻材料中，影响三个独立压阻系数分量大小的主要因素是杂质浓度和温度。

对于薄的扩散层电阻来说，浓度指扩散层表面浓度。压阻系数分量与扩散层表面杂质浓度的关系见图 3-2。图中上面一条曲线是 P 型硅中压阻系数 π_{44} 与表面杂质浓度的关系，下面一条曲线是 N 型硅中压阻系数分量 π_{11} 与表面杂质浓度的关系。其他压阻系数分量与表面杂质浓度的关系类似，图中曲线是在 27℃下实测得出的。可以看出，压阻系数随表面杂质浓度的增大而显著地单调减小。

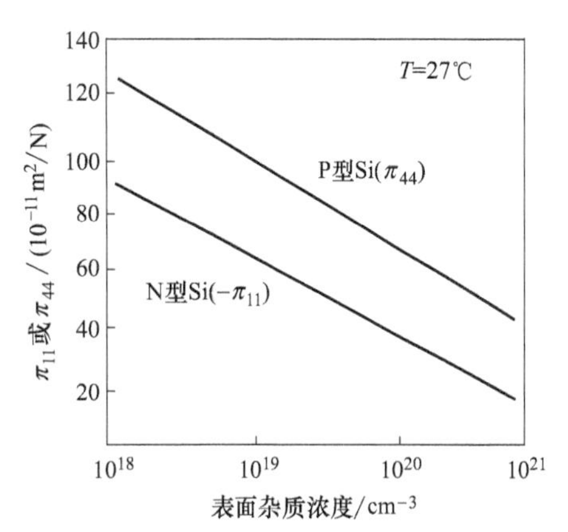

图 3-2　压阻系数与表面杂质浓度的关系

压阻系数与温度的关系见图 3-3。图（a）是 P 型硅中 π_{44} 与温度的关系，每簇曲线分别代表不同的扩散层表面杂质浓度；图（b）是 N 型硅中 π_{11} 与温度的关系，一簇曲线也是分别代表不同的扩散层表面杂质浓度。显然，无论是 P 型硅的 π_{44}，还是 N 型硅的 π_{11}，在实际常用的杂质浓度范围内，它们总是随温度升高而减小的，换言之，具有负的压阻系数温度系数。在杂质浓度较低时，减小的斜率较大，即温度系数大。杂质浓度较高时，温度系数小，但压阻系数的值也比较小。

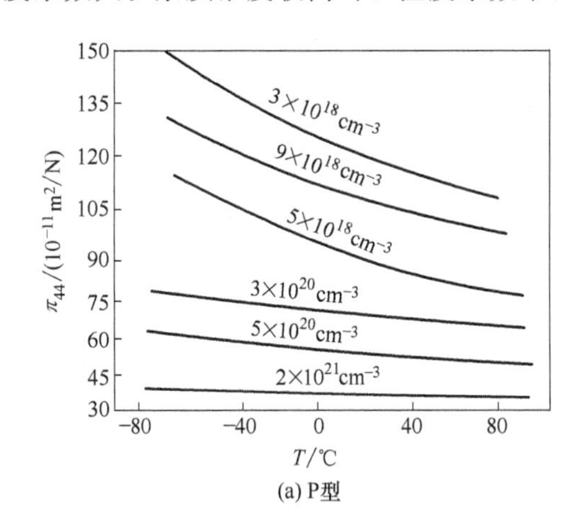

(a) P型

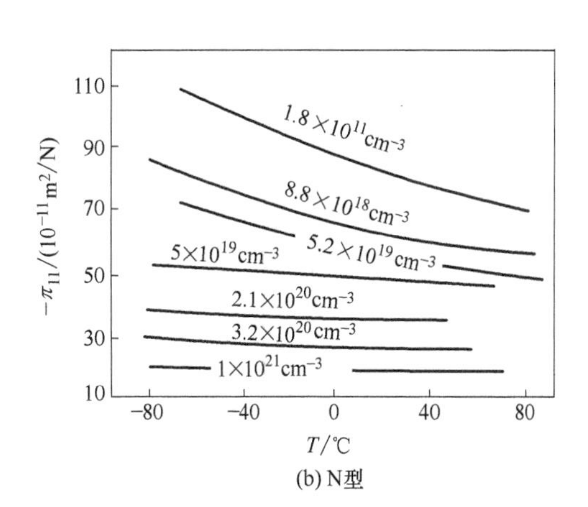

(b) N型

图 3-3　压阻系数与温度的关系

（2）纵向与横向压阻系数

前已讲明，在晶轴结构之中硅单晶只有三个独立压阻系数分量，但是通过张量变换，用它们可求出晶轴坐标系中任一晶向的压阻系数。

设某一平面压阻元件的纵向顺着晶向 $A[h\ k\ l]$ 排列，流过其上的电流也顺此方向。它与三个晶轴坐标的夹角分别为 α、β、γ，它的方向余弦值设为 l_l、m_l、n_l；与 A 晶向垂直的 $B[r\ s\ t]$ 与三个晶轴的夹角分别为 α'、β'、γ'，它的方向余弦设为 l_t、m_t、n_t。该压阻元件受到的应力有三个分量，一个是沿元件纵向的纵向应力 σ_l，一个是垂直于纵向的横向应力 σ_t，还有一个剪切应力 σ_τ。可以推出，当应力方向与电阻中电流方向一致

时的纵向压阻系数 π_l 为

$$\pi_l=\pi_{11}-2(\pi_{11}-\pi_{12}-\pi_{44})(l_l^2n_l^2+l_l^2m_l^2+m_l^2n_l^2) \tag{3-6}$$

当应力方向与电阻中电流方向垂直时横向压阻系数 π_t 为

$$\pi_t=\pi_{12}+(\pi_{11}-\pi_{12}-\pi_{44})(l_l^2l_t^2+m_l^2m_t^2+n_l^2n_t^2) \tag{3-7}$$

由于实际的压阻元件要么是体型薄片，要么是深仅数微米的扩散薄层，因而可以作为一个二维的问题处理，在实际的设计中，应力的剪切分量常常为零。因此，任一晶向上的压阻元件的电阻变化率可由下式求得：

$$\frac{\Delta R}{R}\approx\frac{\mathrm{d}\rho}{\rho}=\pi_l\sigma_l+\pi_t\sigma_t \tag{3-8}$$

把方向余弦用密勒指数表示

$$l_l=\cos\alpha=\frac{h}{\sqrt{h^2+k^2+l^2}} \tag{3-9}$$

$$m_l=\cos\beta=\frac{k}{\sqrt{h^2+k^2+l^2}} \tag{3-10}$$

$$n_l=\cos\gamma=\frac{l}{\sqrt{h^2+k^2+l^2}} \tag{3-11}$$

同理可得出 l_t、m_t、n_t 的密勒指数表达式。把它们代入式（3-6）、式（3-7）中，可得

$$\pi_l=\pi_{11}-2(\pi_{11}-\pi_{12}-\pi_{44})\frac{h^2k^2+k^2l^2+h^2l^2}{(h^2+k^2+l^2)^2} \tag{3-12}$$

$$\pi_t=\pi_{12}+(\pi_{11}-\pi_{12}-\pi_{44})\frac{h^2r^2+k^2s^2+l^2t^2}{(h^2+k^2+l^2)(r^2+s^2+t^2)} \tag{3-13}$$

利用式（3-12）、式（3-13），可以推导出硅中一些主要晶向的 π_l、π_t，见表 3-2。

表 3-2 典型常用晶向的 π_l 和 π_t

所在晶面	纵向晶向	纵向压阻系数 π_l	对应的横向晶向	横向压阻系数 π_t
(100)	[001]	π_{11}	[010]	π_{12}
			$[0\bar{1}0]$	π_{12}
	[011]	$\frac{1}{2}(\pi_{11}+\pi_{12}+\pi_{44})$	$[0\bar{1}1]$	$\frac{1}{2}(\pi_{11}+\pi_{12}-\pi_{44})$
			$[01\bar{1}]$	$\frac{1}{2}(\pi_{11}+\pi_{12}-\pi_{44})$
(110)	$[1\bar{1}0]$	$\frac{1}{2}(\pi_{11}+\pi_{12}+\pi_{44})$	[001]	π_{12}
			$[00\bar{1}]$	π_{12}
	$[\bar{1}1\sqrt{2}]$	$\frac{3}{8}\pi_{11}+\frac{5}{8}\pi_{12}+\frac{5}{8}\pi_{44}$	$[1\bar{1}\sqrt{2}]$	$\frac{3}{8}\pi_{11}+\frac{5}{8}\pi_{12}-\frac{3}{8}\pi_{44}$
			$[1\bar{1}\sqrt{2}]$	$\frac{3}{8}\pi_{11}+\frac{5}{8}\pi_{12}-\frac{5}{8}\pi_{44}$

绝大多数压阻式传感器都采用P型硅力敏电阻。对于P型硅，π_{44} 比 π_{11} 和 π_{12} 大了约两个数量级，因而可略去 π_{11} 和 π_{12} 不计，求解式（3-12）、式（3-13），可得

$$\pi_l \leqslant \frac{2}{3}\pi_{44}, \ |\pi_t| \leqslant \frac{1}{2}\pi_{44} \tag{3-14}$$

当 $|h|=|k|=|l|=1$ 时，即［111］晶向上纵向电阻系数有极大值，为 $\frac{2}{3}\pi_{44}$。但其横向压阻系数较小，为 $-\frac{1}{3}\pi_{44}$。

当 $|h|=|k|=1$ 且 $|l|=0$ 时，即在［110］晶向上纵向电阻系数为 $\frac{1}{2}\pi_{44}$，横向压阻系数为 $-\frac{1}{2}\pi_{44}$，等值而反号，这是一个值得注意的晶向。

下面，就压阻力敏传感器设计与制造中常用的三个晶面上的压阻系数与晶向的关系分别进行详细的讨论。

（3）（100）晶面内电阻的压阻系数

设晶向 $A[h\ k\ l]$ 为（100）晶面内的一任意晶向，它与 Y 轴的一夹角为 θ，与 Z 轴的夹角为 $90°-\theta$，与 X 轴的夹角为 $90°$。晶向 $B[r\ s\ t]$ 为其在晶面内的垂直方向，即横向。它与 Y 轴的夹角为 $90°-\theta$，与 X 轴的夹角为 $90°$，与 Z 轴的夹角为 θ。将它们的方向余弦值代入式（3-6）和式（3-7）得

$$\pi_l = \pi_{11} - \frac{1}{2}(\pi_{11} - \pi_{12} - \pi_{44})\sin^2 2\theta \tag{3-15}$$

$$\pi_t = \pi_{12} + \frac{1}{2}(\pi_{11} - \pi_{12} - \pi_{44})\sin^2 2\theta \tag{3-16}$$

对于P型硅，略去 π_{11} 和 π_{12} 后，得

$$\pi_l \approx \frac{1}{2}\pi_{44}\sin^2 2\theta, \ \pi_t \approx -\frac{1}{2}\pi_{44}\sin^2 2\theta$$

即在（100）晶面内任一晶向的纵、横向压阻系数等值而反号。纵向压阻系数为正，横向压阻系数为负。

由于正弦函数的周期性及其最大值为1的特点，P型硅在（100）晶面内的压阻系数分布是一个很好的对称图形。它既对 Y 轴（即［010］晶向）和 Z 轴（即［001］晶向）轴对称，而且对45°角直线［即［011］晶向和135°角直线（即 $[0\bar{1}1]$ 晶向）］也呈对称。在［011］和 $[0\bar{1}1]$ 晶向上取得极大值 $\frac{1}{2}\pi_{44}$，在［010］和［001］晶向上取得极小值0。它极像一朵四叶花，见图3-4。

从曲线不难看出，偏离［011］晶向约12°的［032］晶向，其压阻系数的值仅比［011］晶向的值小15%左右。这意味着在用（100）晶向制作传感器时，工艺中的晶向对

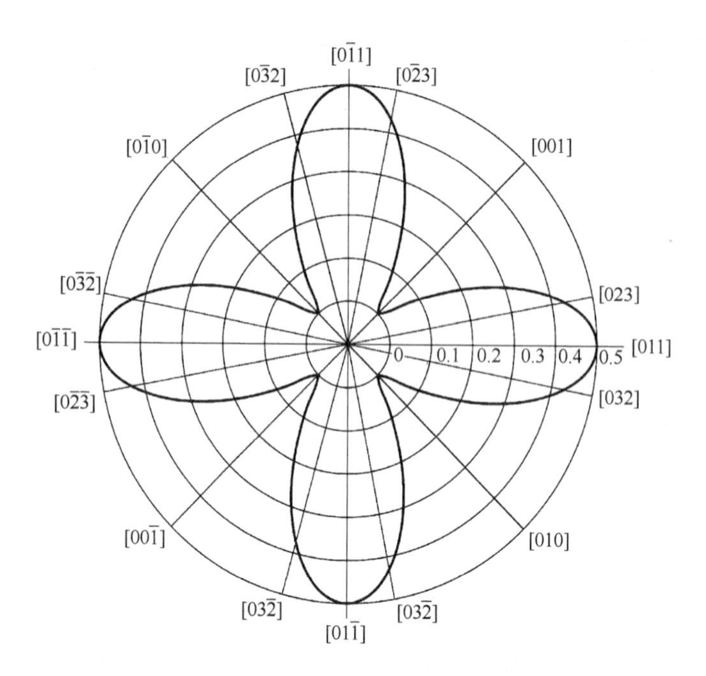

图 3-4 （100）晶面内的压阻系数曲线

准偏差影响较小。这是（100）晶面被选用最多的一个重要原因。

同时还不难看出，（100）晶面内任意一对互相垂直的晶向的压阻系数是相等的。这对于压阻式传感器的等臂等应变设计是非常重要的。加上上述原因，互相垂直又有最大压阻系数的［011］和［$0\bar{1}1$］晶向是压阻式传感器设计中用得最多的一对晶向。

（4）（110）晶面内电阻的压阻系数

由于（110）晶面内的压阻系数的三角函数表达式较为复杂，可改用另一种较简单的推导和表达方式。设晶向 $A[h\ k\ l]$ 为（110）晶面内的任意晶向，由于它与［110］晶向垂直，因此其密勒指数必然具有［$h\ \bar{h}\ l$］的形式。同理，它的横向即与它垂直的 B 晶向必然具有［$\bar{l}\ l\ 2h$］的形式。将它们代入式（3-12）和式（3-13）中，得

$$\pi_l = \pi_{11} - 2(\pi_{11} - \pi_{12} - \pi_{44}) \frac{h^2(h^2 + 2l^2)}{(2h^2 + l^2)^2} \tag{3-17}$$

$$\pi_t = \pi_{12} + (\pi_{11} - \pi_{12} - \pi_{44}) \frac{3h^2 l^2}{(2h^2 + l^2)^2} \tag{3-18}$$

对 P 型硅

$$\pi_l \approx \frac{2h^4 + 4h^2 l^2}{(2h^2 + l^2)^2} \pi_{44}, \ \pi_t \approx -\frac{3h^2 l^2}{(2h^2 + l^2)^2} \pi_{44}$$

显然，（110）晶面内任一晶向的纵、横向压阻系数是不相等的，而且纵向压阻系数总是明显大于横向压阻系数。也不难证明，任意一对互相垂直的晶向的纵、横向压阻系数都是不相等的。求解式（3-17）和式（3-18），可以得出，当 $|h| = |k| = 1$ 时即［$1\bar{1}1$］

晶向上有最大纵向压阻系数，但其横向压阻系数较小，$\pi_l=\dfrac{2}{3}\pi_{44}$，而 $\pi_t=-\dfrac{1}{3}\pi_{44}$。具有最大横向压阻系数的方向 P 与 $[1\bar{1}0]$ 晶向的夹角为 45°，其 $\pi_t=-\dfrac{3}{8}\pi_{44}$，$\pi_l=\dfrac{5}{8}\pi_{44}$。按严格计算，$P$ 方向应是 $[1\bar{1}\sqrt{2}]$，与它比较接近的晶向有 $[2\bar{2}3]$、$[3\bar{3}4]$、$[5\bar{5}7]$ 等。

(110) 晶面上有一对晶向值得注意：互相垂直的 $[1\bar{1}0]$ 和 [001] 晶向。晶向 $[1\bar{1}0]$ 具有较大的纵向压阻系数，其 $\pi_l=\dfrac{1}{2}\pi_{44}$，但 $\pi_t=0$。而 [001] 晶向的 π_l 和 π_t 都接近 0。这是一对利于压阻式传感器设计和制造的晶向。

(110) 晶面上的压阻系数曲线见图 3-5，黑实线为 π_l 曲线，虚线为 π_t 曲线。它们以 $[1\bar{1}0]$ 和 [001] 为轴而对称分布。

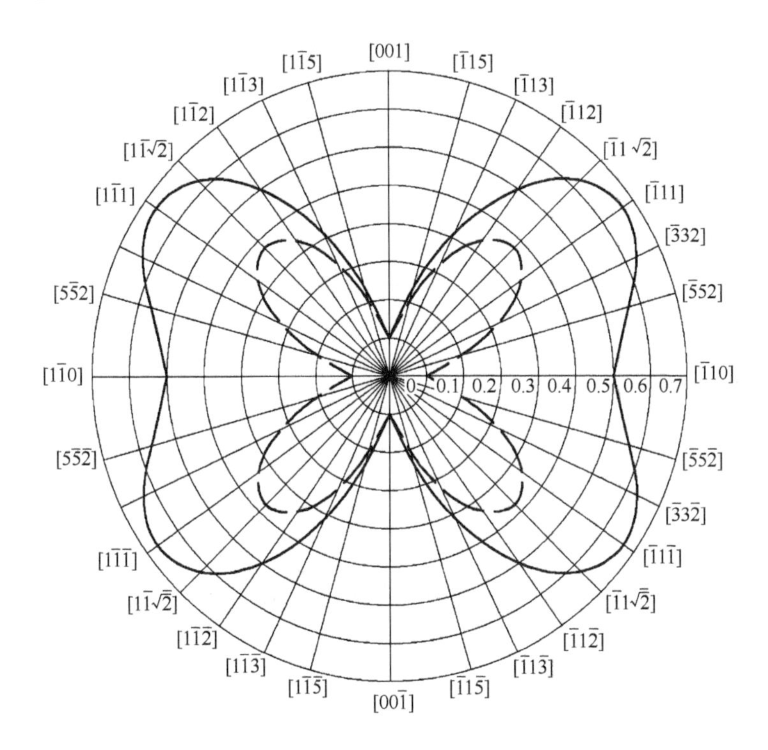

图 3-5　(110) 晶面内的压阻系数

(5) (111) 晶面内电阻的压阻系数

设 (111) 晶面内的任一晶向为 $A[h\ k\ l]$，它的横向，即垂直晶向为 $B[r\ s\ t]$。由于它们都与 [1 1 1] 晶向垂直，因而根据式 (3-3) 必有：

$$h+k+l=0,\quad r+s+t=0 \tag{3-19}$$

并可推算出它们的一般表示形式为

$$A[h\ k\ l], B[k-l, l-h, h-k] \tag{3-20}$$

代入式 (3-12) 和式 (3-13) 即可求出 π_l 为

$$\pi_l=\pi_{11}-2(\pi_{11}-\pi_{12}-\pi_{44})\frac{h^2k^2+k^2l^2+h^2l^2}{[(h+k+l)^2-2(hk+kl+hl)]^2}$$

$$=\frac{1}{2}(\pi_{11}+\pi_{12}+\pi_{44}) \tag{3-21}$$

同法可推得

$$\pi_t=\pi_{12}+(\pi_{11}-\pi_{12}-\pi_{44})\times\frac{1}{6}=\frac{1}{6}(\pi_{11}+5\pi_{12}-\pi_{44}) \tag{3-22}$$

显然，(111) 晶面上的压阻系数与晶向无关，是一个常数。对于 P 型硅

$$\pi_l=\frac{1}{2}\pi_{44},\pi_t=-\frac{1}{6}\pi_{44} \tag{3-23}$$

利用 (111) 晶面制作压阻式传感器的最大优点是不用定向，但缺点是实用灵敏度较低。

3.3 压阻式压力传感器

压阻式压力传感器的设计主要包括三个方面，一是敏感元件设计，它由力敏电阻全桥在弹性元件上的合理布局的光刻版图设计及实现既定电桥性能和既定弹性元件形状与尺寸的工艺设计两部分组成；二是装配结构设计，根据测压类型不同、使用介质不同等，它要完成密封、隔离、压力接口等功能，而其设计重点与难点在于实现敏感元件的无应力封装；三是补偿电路及接口电路设计。

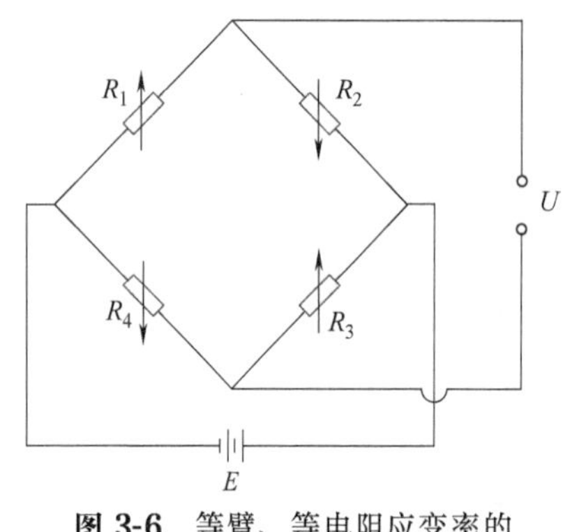

图 3-6　等臂、等电阻应变率的四差动臂惠斯顿全桥

由于差动臂惠斯顿全桥具有最高的灵敏度、最好的温度补偿性能和最高的输出线性度，因此，绝大多数压阻式压力传感器采用了等臂、等电阻应变率的四差动臂惠斯顿全桥作为敏感检测元件，如图 3-6 所示。实现等应变率的关键是在传感器选定弹性元件的合理位置上的合理布局。

选用周边固支的膜片作为弹性元件比之用需要附加隔离传压膜的梁式弹性元件，更适合于压阻式压力传感器。由于设计的灵活性，何种压力传感器选用何种弹性膜片很难一概而论。

3.3.1 平膜结构的力敏电阻电桥设计

(1) 圆平膜片设计

圆平膜片在受到均布压强作用时，各点的径向应力 σ_r 与切向应力 σ_t 可用下列二式表示：

$$\sigma_r=\frac{3P}{8h^2}[(1+\mu)r_0^2-(3+\mu)r^2]\ (\mathrm{N/m^2}) \tag{3-24}$$

$$\sigma_t=\frac{3P}{8h^2}[(1+\mu)r_0^2-(1+3\mu)r^2]\ (\mathrm{N/m^2}) \tag{3-25}$$

式中，r_0、r、h 分别代表膜片的有效半径、计算点处半径及厚度，m；μ 为材料的泊松比；P 为施加的压强，Pa。根据上列作出曲线，就可得到圆平膜片上应力分布图，见图 3-7。

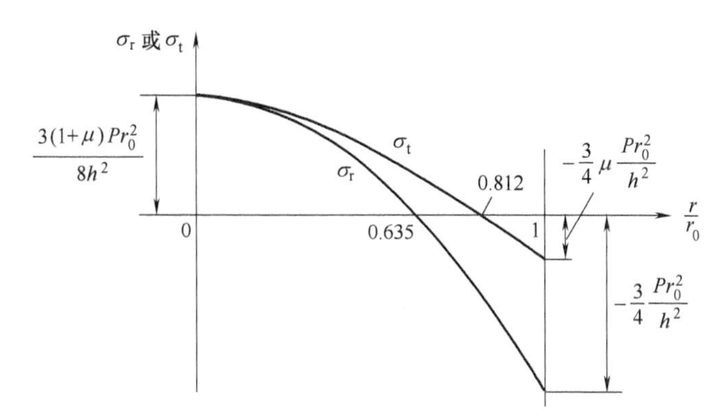

图 3-7　圆平膜片上的应力分布图

由图可见，径向应力和切向应力在圆膜中央皆取得正最大值，在圆膜边缘皆取得负最大值。径向应力在半径的 0.635 处过零点，切向应力在半径的 0.812 处过零点。

压阻式压力传感器在设计过程中为使输出线性度较好，限制硅膜片上最大应变不超过 $400\mu\varepsilon \sim 500\mu\varepsilon$ 微应变来保证。分析可知，圆平膜片上最大应变是膜片边缘处的径向应变 ε_{rmax}。

$$\varepsilon_{rmax}=-\frac{3P(1-\mu^2)}{4E}\left(\frac{r_0}{h}\right)^2 \tag{3-26}$$

求解上式可以确定一定量程传感器的径厚比。

圆平膜上惠斯顿电桥四臂电阻的布局设计一般有下面几种：

① (100) 面“边边”设计　在这种设计方案中，电桥的两对桥臂电阻分别布置在 (100) 晶面内互相垂直的 $[011]$ 和 $[0\bar{1}1]$ 晶向上，位于圆膜的边缘处。在 $[011]$ 晶向上的电阻顺着晶向排列，在 $[0\bar{1}1]$ 晶向上的电阻垂直于晶向排列。将纵、横向压阻系数值代入式 (3-8) 后，可以得到沿膜片半径方向布置的电阻 R_r、沿膜片切向布置的电阻 R_t 的变化率分别为：

$$\frac{\Delta R_r}{R_r}=\frac{1}{2}\pi_{44}(\sigma_r-\sigma_t) \tag{3-27}$$

$$\frac{\Delta R_t}{R_t}=\frac{1}{2}\pi_{44}(\sigma_t-\sigma_r)=-\frac{1}{2}\pi_{44}(\sigma_r-\sigma_t) \tag{3-28}$$

如果将电阻尺寸做得很小，相对膜片尺寸可视为点电阻，这将是一种很理想的方案。但实际上桥臂电阻的纵向尺寸不可能很小，因而以一定的设计，来保证两组电阻上的平均径向应力与平均纵向应力的差值相等就很重要。此外，从图 3-7 不难看出，径向和切向的差值离膜片边沿越远越小，因此压敏电阻离膜边沿越近越好。图 3-8 给出了两种典型的圆形膜片在（100）晶面内的设计。

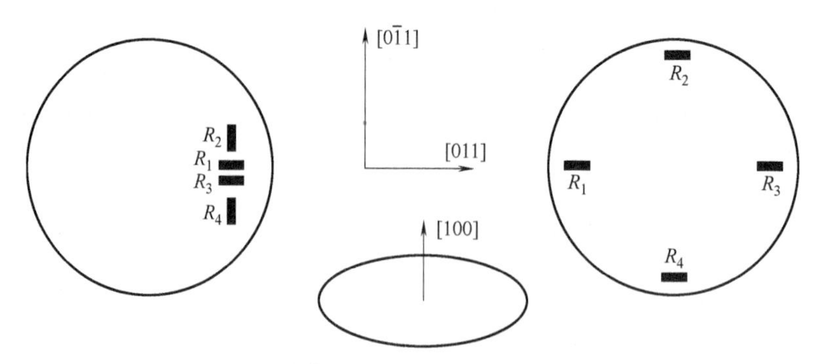

图 3-8 两种典型的（100）圆膜边缘电阻布局

图 3-8 中左图的设计布局的特点是四臂电阻位置集中，因而扩散杂质均匀性好，阻值误差小，有利于减小温度系数。图 3-8 中右图的设计布局的特点是两组电阻位于互相垂直的［011］和［0$\bar{1}$1］晶向上，由于分开布置，电阻可以尽量靠边，也容易实现应力差值相等的条件，不利之处是电阻分散，不利于一致性，但在膜片尺寸较小时，缺点相对减小，优点更突出，对于微机械加工的微型传感器非常适用。

② （110）面"中边"设计　如前所述，由于（110）晶面内所有晶向的纵向压阻系数都较其横向压阻系数大得多，因而不能采用边边设计。但（110）晶面内的［$\bar{1}$10］晶向纵向压阻系数很大，而横向压阻系数为零，很好利用。因此（110）晶面的压阻式压力传感器都采用中边设计，利用圆膜片中心和边缘最大的正负应力构成电桥。这种设计方案也有两种，见图 3-9。

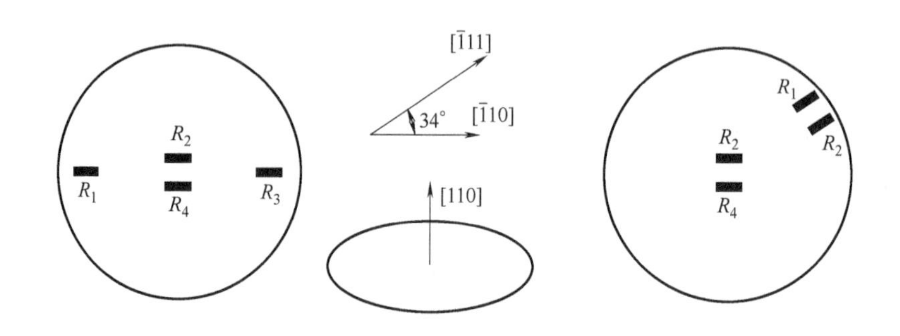

图 3-9 两种典型的（110）圆膜中心-边缘布局

图 3-9 左图的一种设计布局是将两对桥臂电阻都布置在［$\bar{1}$10］晶向上纵向排列，一对在膜片中心，另一对基本上在膜片边缘。由于它们的压阻系数都是 $\pi_l=\frac{1}{2}\pi_{44}$，$\pi_t=0$，因此只要对式（3-24）、式（3-25）进行简单的积分运算，求出中心和边缘电阻平均应力相等时的电阻布局区间即可。一般是先布局中心，再求解边缘电阻。图 3-9 右图的一种设计布局是将一对桥臂电阻布置在膜片中央，顺着［$\bar{1}$10］晶向，另一对桥臂电阻布置在膜片边缘，沿着［$\bar{1}$11］晶向，它与［$\bar{1}$10］晶向的夹角约 34°。由于［$\bar{1}$11］晶向具有最大

的纵向电阻系数 $\pi_l=\frac{2}{3}\pi_{44}$，而其横向压阻系数较小，$\pi_t=-\frac{1}{3}\pi_{44}$，且横向应力远小于纵向应力，只要膜片边缘电阻与圆心电阻受力后变化率相等即可。它与左面方案的共同优点是均可获得最高的输出灵敏度，但它的设计计算比左方案更复杂一些，而且受工艺中晶向对准误差的影响较大。

（2）方形平膜片设计

在制造压阻式力敏传感器的微机械加工技术中，一般是采用各向异性腐蚀技术来形成弹性膜片。在（100）面硅片的各向异性腐蚀中，形成的是以互相垂直的［011］和［$0\bar{1}1$］晶向为两直角边的正方形和矩形平膜片。从前面已给出的硅（100）面内压阻系数的特点看，这种设计非常简单，电阻顺着上述两组［011］晶向排列。然而方形膜片上的压力-挠度关系、应力分布状态比较复杂，不像圆形平膜那样有现成可采用的公式，得不到解析解，而只能给出工程可用的近似解。

满足柯克霍夫假设的小挠度方形平膜片的变形微分方程为

$$\nabla^2\nabla^2 w=\frac{P}{D} \tag{3-29}$$

式中，$\nabla^2=\frac{\partial^2}{\partial x^2}+\frac{\partial^2}{\partial y^2}$称为拉普拉斯算子；$w$ 为膜片 z 方向上的位移；P 为压强；D 为膜片抗挠刚度，$D=\frac{Eh^3}{12(1-\mu)}$；E，h，μ 分别为杨氏模量、膜厚和泊松比。显而易见，式（3-29）是一个空间四阶偏微分方程。在周边固支的边界条件下，往往采用单三角级数解法先求解周边简支的膜片，然后在其解的基础上利用叠加法求出周边固支边界条件下的精确解。然而，由于三角级数在数字计算上颇烦琐，利用挠度导数求解应力分布时，计算更冗长，实际上几乎得不出有意义的精确解的解析式。目前，利用计算机采用有限差分法和有限元法作为数值解法，可得到足够精确的近似解。下面引用国内学者用加权残量法得出的近似数字解结果，以及一些国内外学者的数字处理图表曲线，可以满足工程设计计算的需要。

由弹性力学的平板理论有

$$\sigma_x=-\frac{Eh}{2(1-\mu^2)}\left(\frac{\partial^2 w}{\partial x^2}+\mu\frac{\lambda^2 w}{\partial y^2}\right) \tag{3-30}$$

$$\sigma_y=-\frac{Eh}{2(1-\mu^2)}\left(\mu\frac{\partial^2 w}{\partial x^2}+\frac{\partial^2 w}{\partial y^2}\right) \tag{3-31}$$

做归一化处理，令

$$\overline{\sigma_x}=\sigma_x\sqrt{\frac{Pa^2}{4h^2}}\qquad \overline{\sigma_y}=\sigma_y\sqrt{\frac{Pa^2}{4h^2}}$$

$$\overline{x}=\frac{x}{a/2}\qquad \overline{y}=\frac{y}{b/2}\qquad K=\frac{b}{a}$$

可解得

$$\sigma_x=\pm\begin{bmatrix}m_4(a_1n_2+a_2n_1)\\+m_3(a_3n_2+a_4n_1)+\dfrac{\mu m_2(a_1n_4+a_2n_3)+\mu m_1(a_3n_4+a_4n_3)}{K^2}\end{bmatrix} \tag{3-32}$$

$$\sigma_y=\pm\left[\begin{array}{l}\mu m_4(a_1n_2+a_2n_1)\\+\mu m_3(a_3n_2+a_4n_1)+\dfrac{m_2(a_1n_4+a_2n_3)+m_1(a_3n_4+a_4n_3)}{K^2}\end{array}\right] \tag{3-33}$$

式中，$m_1=\overline{x}^6-2\overline{x}^4+\overline{x}^2$，$m_2=\overline{x}^4-2\overline{x}^2+1$，$m_3=-180\overline{x}^4+144\overline{x}^2-12$，

$m_4=-72\overline{x}^2+24$，$n_1=\overline{y}^6-2\overline{y}^4+\overline{y}^2$，$n_2=\overline{y}^4-2\overline{y}^2+1$，

$n_3=-180\overline{y}^4+1442\overline{y}^2-12$，$n_4=-72\overline{y}^2+24$。

而 a_1、a_2、a_3、a_4 及 K 值见表 3-3。

表 3-3 方平膜上应力分布计算常数表

$K=b/a$	a_1	a_2	a_3	a_4	w_0
1.0	0.02023	0.00535	0.00535	0.00624	$0.02023Pa^4/D$
1.1	0.02411	0.00823	0.00490	0.00759	$0.02411Pa^4/D$
1.2	0.02757	0.01185	0.00436	0.00910	$0.02757Pa^4/D$
1.3	0.03054	0.01618	0.00378	0.01072	$0.03054Pa^4/D$
1.4	0.03302	0.02118	0.00321	0.01238	$0.03302Pa^4/D$
1.5	0.03503	0.02679	0.00265	0.01398	$0.03503Pa^4/D$
1.6	0.03664	0.03293	0.00214	0.01547	$0.03664Pa^4/D$
1.7	0.03789	0.03952	0.00168	0.01679	$0.03789Pa^4/D$
1.8	0.03884	0.04644	0.00126	0.01791	$0.03884Pa^4/D$
1.9	0.03954	0.05362	0.00092	0.01882	$0.03954Pa^4/D$
2.0	0.04003	0.06094	0.00059	0.01953	$0.04003Pa^4/D$

显然，当 $K=1$ 时，即为正方形平膜。而当 $K>1$ 时，为矩形平膜。利用式（3-32）和式（3-33）及表 3-3，可求出各种规格方膜上的应力分布。对于正方形平膜，可以求得几个关键部位的应力分布数字表达式。

$$\left.\begin{array}{l}\overline{\sigma_x}\big|_{y=0}=0.01869\overline{x}^6-0.8526\overline{x}^4-0.9629\overline{x}^2+0.5689\\\overline{\sigma_y}\big|_{y=0}=0.05342\overline{x}^6-0.02238\overline{x}^4-1.0300\overline{x}^2+0.5689\\\overline{\sigma_x}\big|_{y=\frac{a}{2}}=-0.1948\overline{x}^6-0.04023\overline{x}^4+0.6647\overline{x}^2-0.4297\\\overline{\sigma_x}\big|_{y=\frac{a}{2}}=-0.5564\overline{x}^6-0.1150\overline{x}^4+1.8992\overline{x}^2-1.2278\end{array}\right\} \tag{3-34}$$

从式（3-34）可以求出，在 $y=0$，$x=\dfrac{a}{2}$处，σ_x 取得最大值；在 $y=\dfrac{a}{2}$，$x=0$ 处，σ_y 取得最大值。

$$\sigma_{x\max}=1.2278\times\frac{Pa^2}{4h^2}\approx0.307\frac{Pa^2}{h^2}$$

$$\sigma_{y\max}=1.2278\times\frac{Pa^2}{4h^2}\approx0.307\ \frac{Pa^2}{h^2}$$

与圆平膜的 $\sigma_{r\max}=0.75\times\dfrac{Pr_0^2}{h^2}$ 相比，在圆膜片直径 $2r_0$ 与正方形边长 a 相等的情况下正方形膜片有较高的灵敏度。而在圆膜直径与正方形膜片的对角线相等的情况下，圆膜的最大应力则比正方形膜的约大 26%，说明微型传感器设计宜用圆膜。

将式 (3-34) 中正方形膜片上的四条重要的等 y 应力曲线表示在图 3-10 中，其纵坐标用 $\dfrac{Pa^2}{h^2}$ 归一化，横坐标用 $\dfrac{2x}{a}$ 归一化，坐标原点对应于方膜中心，曲线表示的是无量纲应力分布。

由图 3-10 我们不难看出正方形平膜上的应力分布的几个特点：

① $\overline{\sigma_x}$、$\overline{\sigma_y}$ 是 $\overline{x}$、$\overline{y}$ 的二元函数，是在定义式 $-1\leqslant\overline{x}\leqslant1$、$-1\leqslant\overline{y}\leqslant1$ 上的一个曲面。在膜片的边长中点处，应力取得最大值，约为 $\dfrac{1.2278Pa^2}{h^2}$，而在四个角点处为零。

② 膜片中心附近和边缘附近的应力 $\overline{\sigma_x}$、$\overline{\sigma_y}$ 的符号相反，中心处若受拉伸应力，则边缘为压缩应力。$\overline{\sigma_x}$ 在 $\overline{x}=0.65$ 处过零点，$\overline{\sigma_y}$ 在 $\overline{x}\approx0.72$ 处过零点，这是 $\overline{y}=0$ 的应力曲线，随着 $\overline{y}\rightarrow\pm1$，应力曲线的过零点也逐渐趋于 1。

③ 在膜片中心处，$\overline{\sigma_x}$ 和 $\overline{\sigma_y}$ 大小相等，约为 $\dfrac{0.56Pa^2}{h^2}$；而在膜片边缘边长中点处，$\overline{\sigma_x}$ 和 $\overline{\sigma_y}$ 相差 μ 倍。

④ 在膜片中心附近 $\overline{\sigma_x}$ 和 $\overline{\sigma_y}$ 变化较为平缓，在边缘处变化则十分剧烈。在各边长的中点附近，$\overline{\sigma_x}$ 和 $\overline{\sigma_y}$ 在垂直于边长的方向变化较剧烈，而在沿着平行于边长的方向变化则相当平缓。

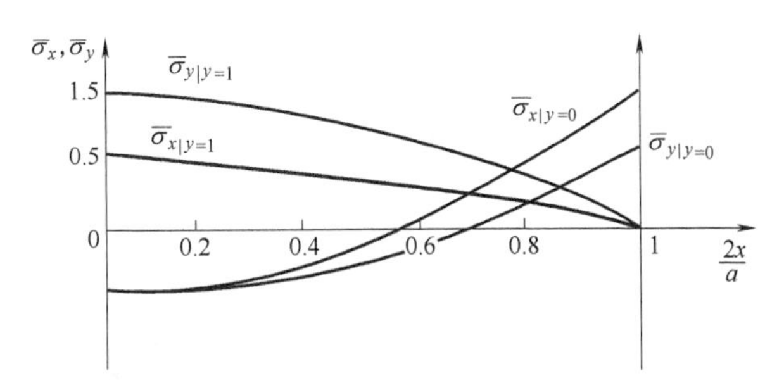

图 3-10　正方形膜上的应力分布曲线

由于硅的各向异性腐蚀只能在 (100) 晶面上形成以互相垂直的 [011] 和 [0$\overline{1}$1] 晶向为四条边的正方形膜片，因此，根据上述四个特点，惠斯通电桥的四个电阻应全部布置在四条边的中点处附近。在双面光刻套准精度允许范围内，图形应尽可能近边；在光刻分辨力及电流密度允许范围内，电阻条应较细，因而总长度可以短些；平行于边长布置的横向电阻，允许布置范围较宽，可以不打折；而垂直于边长布置的纵向电阻，则以折为两段较宜。当然，具体的设计还应视方膜尺寸的大小、要求的灵敏度是否为第一考虑重点而定。图 3-11 给出了（100）方膜的典型电阻布局，压敏电阻布置于四边中点附近，组成惠斯通全桥。

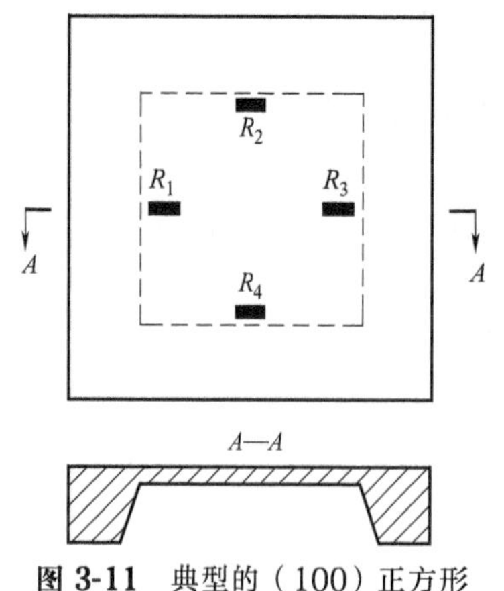

图 3-11 典型的（100）正方形平膜电阻布局

正方形平膜设计方案虽为国内外不少压阻式传感器科研单位及一些生产厂家选用，但其优点是建立在高精度的双面光刻套准和严格的工艺控制要求基础上的。无论 $\overline{\sigma_x}$ 还是 $\overline{\sigma_y}$，在垂直于边长方向变化都十分剧烈。因而，直接的双面光刻套准误差，或因量程调整，改变膜厚而造成的膜片边缘位置变化而产生的电阻距边缘偏差，都将使灵敏度发生变化。而且这种变化对于纵、横向电阻是不相等的，因而还将引起附加的非线性误差。图 3-12 给出了当膜厚不变时，力敏电阻偏离边缘距离 δ 时不同硅膜长度对灵敏度的影响。S_0 为力敏电阻位于边长中点处应力最大时的灵敏度，S 为力敏电阻偏离膜片边缘距离 δ 时实际力敏电阻的灵敏度。由图可以看出，当 $\delta=25\mu\text{m}$，硅膜边长为 $350\mu\text{m}$ 时，灵敏度下降了一半，硅膜边长 $650\mu\text{m}$ 时，灵敏度下降 30%。当 $\delta=50\mu\text{m}$，硅膜边长为 $650\mu\text{m}$ 时，灵敏度已下降了一半，这里还没有考虑力敏电阻本身尺寸的影响。

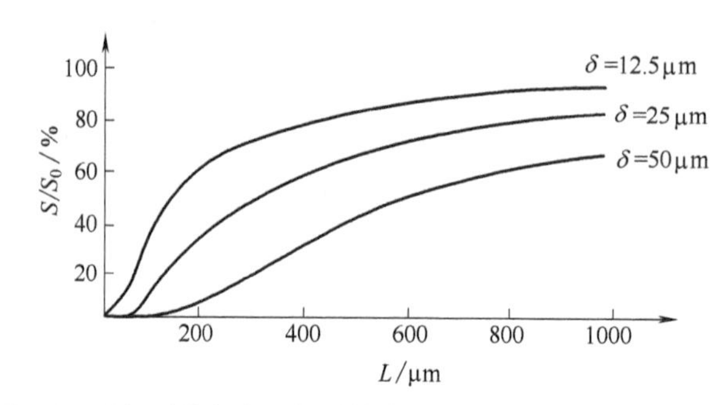

图 3-12 正方形膜上电阻位置偏差时相对灵敏度与硅膜尺寸关系

（3）矩形平膜设计

求解式（3-32）、式（3-33），可以得出任意长宽比形状的矩形方膜上的应力分布，图 3-13 给出了一个典型的矩形膜上的应力分布图，这是用计算机进行数据处理后得到的，图（a）为沿长轴方向，图（b）为沿短轴方向，矩形膜的长为 $2b$，宽为 $2a$。而表 3-4 则给出了不同 K 值时，$\overline{\sigma_x}$ 和 $\overline{\sigma_y}$ 沿短轴方向在中心处和边缘处的四个极值。从图 3-13 可以看出，沿短轴方向应力 $\overline{\sigma_x}$ 和 $\overline{\sigma_y}$ 在中心变化缓慢，两应力差值较大。两应力在长边中点附近变化较剧烈，差值较大。边缘与中心应力符号相反，这有利于传感器设计。而在长轴方向，应力 $\overline{\sigma_x}$ 和 $\overline{\sigma_y}$ 在边缘很小，但在中央很大，而且差值也大，且变化很缓。由表 3-4 可知，随着长宽比的增大，矩形平膜沿短轴方向，中心和边缘的 $\overline{\sigma_x}-\overline{\sigma_y}$ 都在增大，边缘两应力差值大，但随 K 值增大的幅度比中心处小。这说明，选择较大的长宽比，有利于获得优良的差动全桥设计。

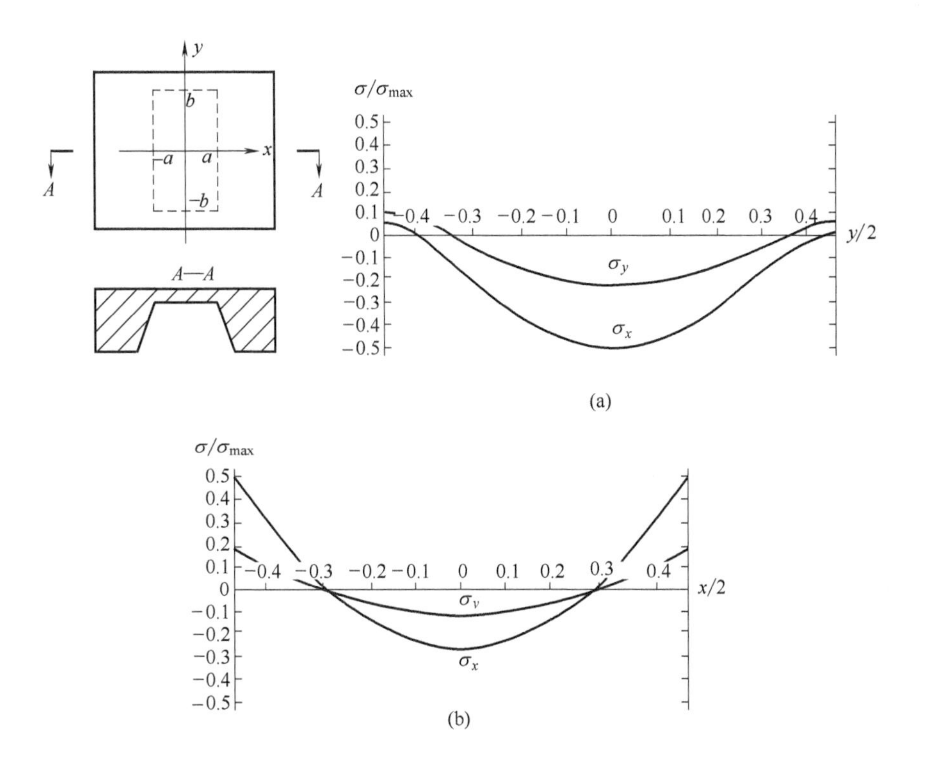

图 3-13　典型的矩形膜上的应力分布曲线

表 3-4　矩形膜上沿短轴方向 $\overline{\sigma_x}$ 和 $\overline{\sigma_y}$ 的值

$K=\frac{b}{a}$	$\overline{\sigma_x}\mid_{\overline{x}=\pm1,\overline{y}=0}$	$\overline{\sigma_y}\mid_{\overline{x}=\pm1,\overline{y}=0}$	$\overline{\sigma_x}\mid_{\overline{x}=0,\overline{y}=0}$	$\overline{\sigma_y}\mid_{\overline{x}=0,\overline{y}=0}$
1.0	−1.2278	−0.4297	0.5689	0.5689
1.1	−1.3923	−0.4874	0.6587	0.5685
1.2	−1.5326	−0.5364	0.7356	0.5640
1.3	−1.6474	−0.5766	0.7991	0.5595
1.4	−1.7386	−0.6085	0.8501	0.5385
1.5	−1.8089	−0.6331	0.8898	0.5140
1.6	−1.8614	−0.6515	0.9199	0.4879
1.7	−1.8991	−0.6646	0.9419	0.4618
1.8	−1.9248	−0.6736	0.9574	0.4366
1.9	−1.9411	−0.6793	0.9676	0.4129
2.0	−1.9497	−0.6824	0.9736	0.3911

在矩形膜长宽比较大的情况下，有关文献给出的较精确的经验公式可以用于计算电阻尺寸分布较宽时的平均应力：

$$w=\frac{P}{24D}\times\frac{(a^2-x^2)^2(b^2-y^2)^2}{a^4+b^4} \tag{3-35}$$

$$\sigma_x=-\frac{P}{h^2(a^4+b^4)}[(b^2-y^2)^2(3x^2-a^2)+\mu(a^2-x^2)^2(3y^2-b^2)] \tag{3-36}$$

$$\sigma_y = -\frac{P}{h^2(a^4+b^4)}[(a^2-x^2)^2(3y^2-b^2)+\mu(b^2-y^2)^2(3x^2-a^2)] \tag{3-37}$$

图 3-14 给出了矩形膜的两种常见的设计。左边的一种是电阻分别布置在短对称的中心和边缘处，电阻方向顺 y 轴。右边的一种是将电阻都布置在膜片中央，最靠近中心的一组电阻方向顺 x 轴，另一组顺 y 轴。这种设计以微量的灵敏度损失换得了更大的工艺宽裕度。

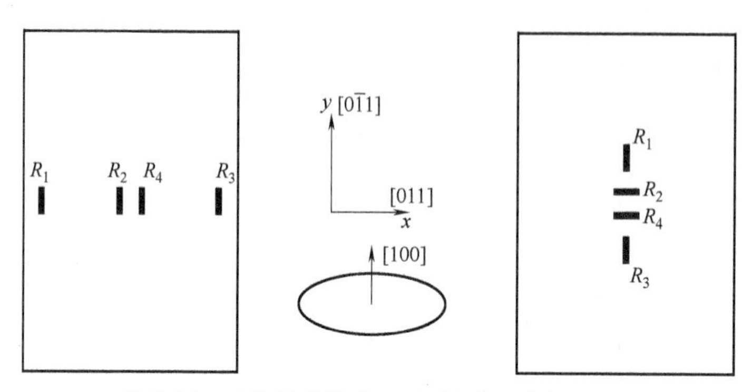

图 3-14 两种典型的（100）矩形平膜电阻布局

与图 3-12 相类似，也可以作出图 3-15，它是当 a/h 不变时，力敏电阻偏离膜片中心的距离 δ 对沿长轴和沿短轴方向灵敏度的影响。可以明显地看出，力敏电阻位于矩形膜中央的设计，比位于方膜边缘的设计对双面光刻套准精度要求低得多。沿短轴方向的偏离影响比长轴方向稍大，但仍比方膜有利得多。

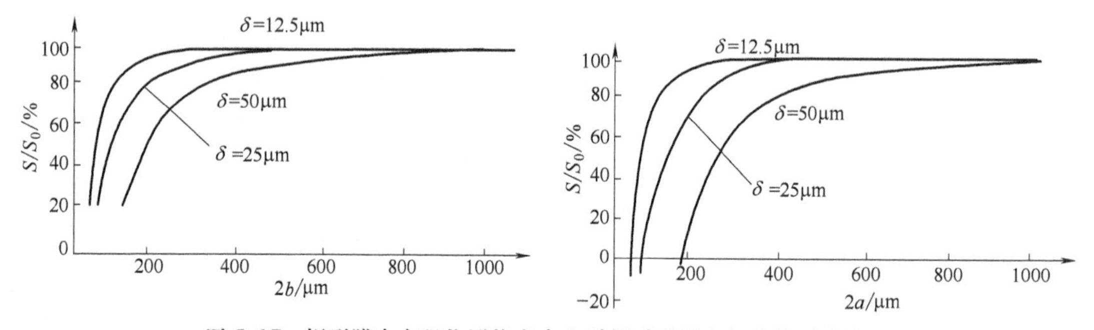

图 3-15 矩形膜上电阻位置偏离中心时相对灵敏度与硅膜尺寸关系

3.3.2 梁-岛膜结构的力敏电阻电桥设计

（1）E 形圆膜片设计

平膜片用于低量程传感器时，由于极薄硅片的中心处挠度过大，中性面明显弯曲拉长，从而偏离了小挠度的假设，会因所谓的“气球效应”产生较大的非线性误差。在制作有双向对称性要求的低量程差压传感器时，平膜片正负应力的不对称性还要附加误差。因而，对于量程在数千帕到数十千帕，要求线性度好，或有双向对称性差压要求的传感器设计中，常选用 E 形膜片的设计。如图 3-16 所示，E 形膜片即是周边固支的带硬心的变厚平膜片。圆平膜与方平膜均可带硬心，由于设计类似，下面的讨论均以圆形 E 形膜为例。

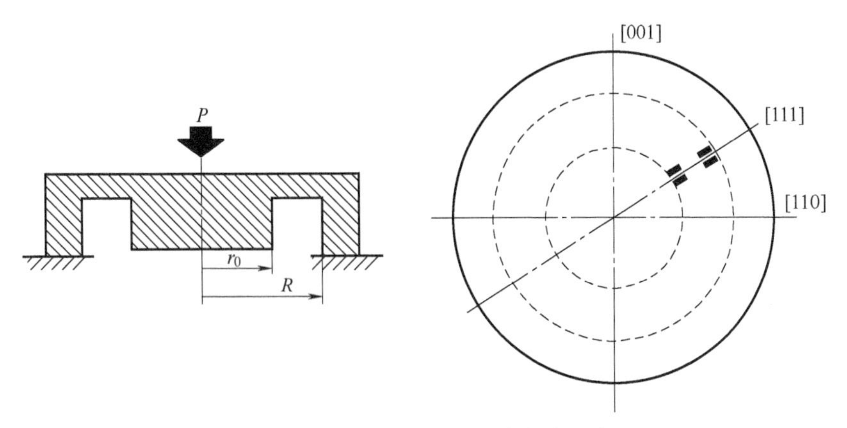

图 3-16 E形圆膜的结构示意与电阻布局

对于E形圆膜，当其圆膜外径为R，内径为r_0，即硬心外径为r_0时，其膜片部分表面的径向和切向应力为

$$\sigma_r = \pm \frac{3P}{8h^2}\left[-(1+\mu)(R^2+r_0^2)+(3+\mu)r^2-(1-\mu)\frac{R^2 r_0^2}{r^2}\right] \tag{3-38}$$

$$\sigma_t = \pm \frac{3P}{8h^2}\left[-(1+\mu)(R^2+r_0^2)+(1+3\mu)r^2+(1-\mu)\frac{R^2 r_0^2}{r^2}\right] \tag{3-39}$$

令上二式中，$\overline{\sigma_r}=\dfrac{\sigma_r}{PR^2/h^2}$，$\overline{\sigma_t}=\dfrac{\sigma_t}{PR^2/h^2}$，$\overline{r}=\dfrac{r}{R}$，可画出无量纲应力$\overline{\sigma_r}$、$\overline{\sigma_t}$与$\overline{r}$的关系曲线，如图3-17所示，图中的$c=\dfrac{r_0}{R}$。

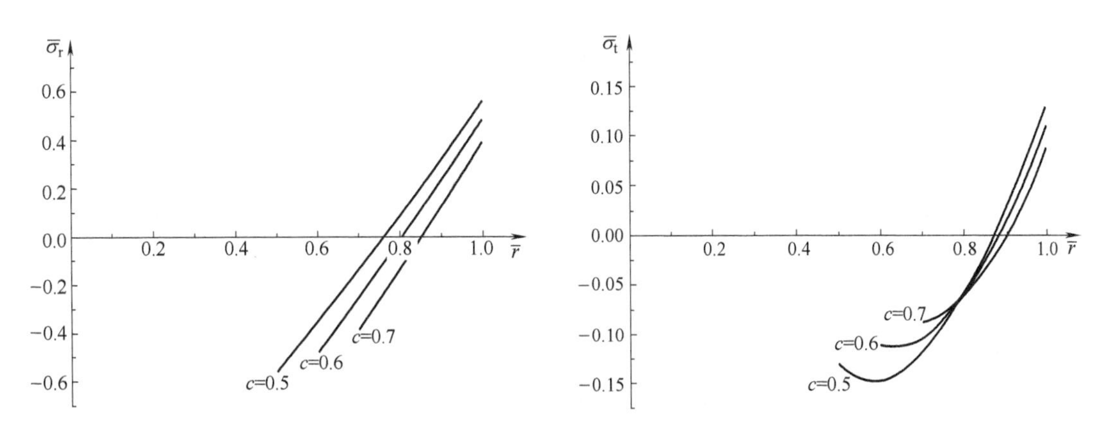

图 3-17 c=0.5、0.6、0.7时$\overline{\sigma_r}$、$\overline{\sigma_t}$与$\overline{r}$之间的关系曲线

由图3-17及式（3-38）、式（3-39）可以得出E形膜片应力分布的几个特点：

① 在$r=r_0$、$r=R$处，$\overline{\sigma_r}$和$\overline{\sigma_t}$均取得最大值，分别为$\pm\dfrac{3PR^2}{4h^2}(1-c^2)$和$\pm\dfrac{3PR^2\mu}{4h^2}(1-c^2)$，是圆平膜边缘应力的$1-c^2$倍。

② 应力 $\overline{\sigma_r}$ 和 $\overline{\sigma_t}$ 均近似对称，$\overline{\sigma_r}$ 的对称性较好。当 $c=0.5$ 时，$\sigma_r=0$ 的点在 $r\approx0.76R$ 处，$\sigma_t=0$ 的点却在 $r\approx0.87R$ 处。随着 c 值的增大，对称性越来越好，但应力极值减小。

③ 与圆平膜片相比，应力在边缘处的分布变得平缓。

E 形膜片的挠度表达式为

$$w=\frac{3PR^4(1-\mu^2)}{16Eh^3}\left(1+\frac{4r_0^2}{R^2}\ln\frac{r}{R}-\frac{2r_0^2r^2+2R^2r^2-2R^2r_0^2-r^4}{R^4}\right) \tag{3-40}$$

当 $r=r_0$ 为最大挠度处，代入为

$$w_{\text{Emax}}=\frac{3PR^4(1-\mu^2)}{16Eh^3}(1+4c^2\ln c-c^4) \tag{3-41}$$

半径为 R 的圆平膜片的中心最大挠度为

$$w_{\max}=\frac{3PR^4(1-\mu^2)}{16Eh^3} \tag{3-42}$$

比较两式，说明 E 形膜片的最大挠度降低，当 $c=0.5$ 时，仅约为圆平膜挠度的四分之一，显然，这对线性是很有利的。

典型的 E 形膜片设计的电阻布局见图 3-18。对于（110）面 $[1\bar{1}0]$ 设计方案，在 $c=0.5$ 时，电阻分布径向尺寸不宜超过 $R/10$，越短平均应力越大；对于 $[1\bar{1}1]$ 设计方案，电阻分布径向尺寸不宜超过 $R/20$，过长则不仅降低平均应力，而且平均应力的正负不对称性将明显增大。

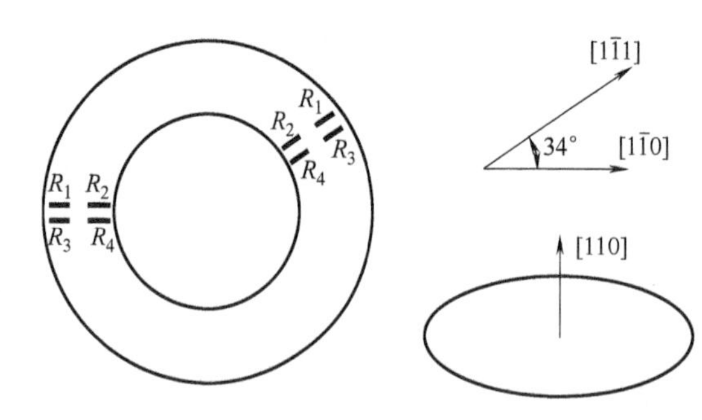

图 3-18　典型的 E 形膜设计电阻布局

仔细分析不难看出，E 形岛膜结构改善非线性是以牺牲部分灵敏度为代价的。对于低量程传感器，灵敏度恰恰又很重要。分析对比不难看出，当 E 形结构的 $c=0.5$ 时，若其环状薄膜外径 R 与圆平膜外径 R 相同时，灵敏度下降约 25%，但只要将环膜外径 R 增加 15%，则可以抵消这一灵敏度的下降。考虑到 E 形结构的挠度远小于 C 形平膜，因此，稍微增加一些膜片尺寸，即可达到在较低的量程范围内灵敏度与线性度的统一。在工程实际设计中，E 形膜结构芯片设计适用于 5～100kPa 量程的差压式压阻式传感器。

（2）梁-膜-岛膜片设计

为提升压力传感器的灵敏度，通过将岛结构和梁结构引入到平膜结构中组成梁膜岛结构方案，图 3-19 为西安交通大学研制的两种典型的梁-膜-岛压力传感器。其中，图 3-19（a）、（b）为梁膜单岛结构，图 3-19（c）、（d）为梁膜四岛结构。梁膜岛结构的背腔与玻璃基底通过真空密封键合可以形成绝对压力传感器。梁膜岛结构传感器通过岛结构支撑来提高抗过载能力，利用敏感梁形成应力集中来提高灵敏度。

梁膜岛结构传感器处于工作状态下的示意图如图 3-20（b）、（e）所示。位于芯片正面的梁和膜结构单元接触被测压强，气压会使梁膜结构单元发生应变并将其传递到梁根部形成应力集中，致使压敏电阻阻值发生较大变化，并将电桥的失衡转换为电压输出。传感

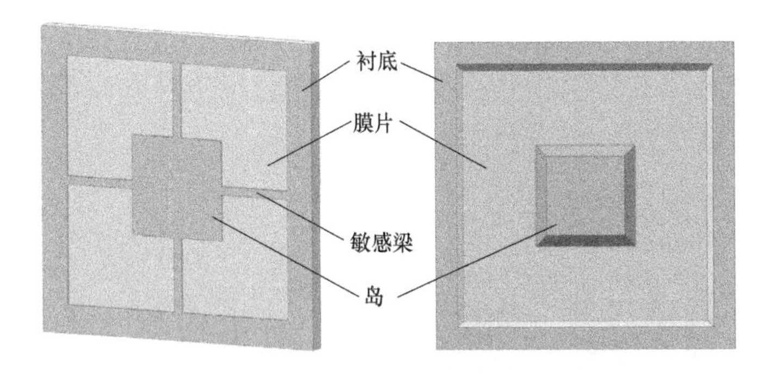

(a) 梁膜单岛结构正面示意图　(b) 梁膜单岛结构背腔示意图

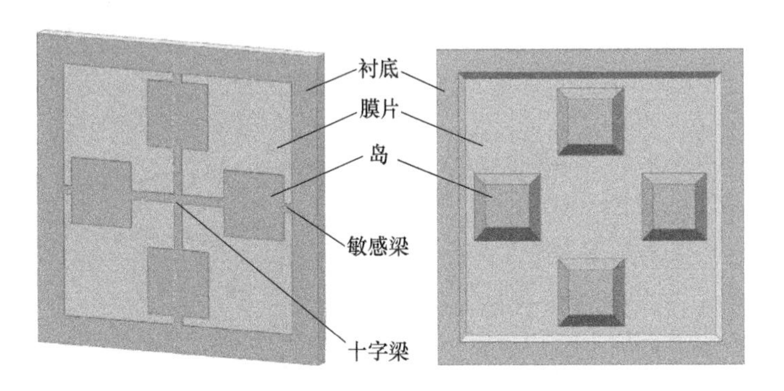

(c) 梁膜四岛结构正面示意图　(d) 梁膜四岛结构背腔示意图

图 3-19　梁膜岛结构示意图

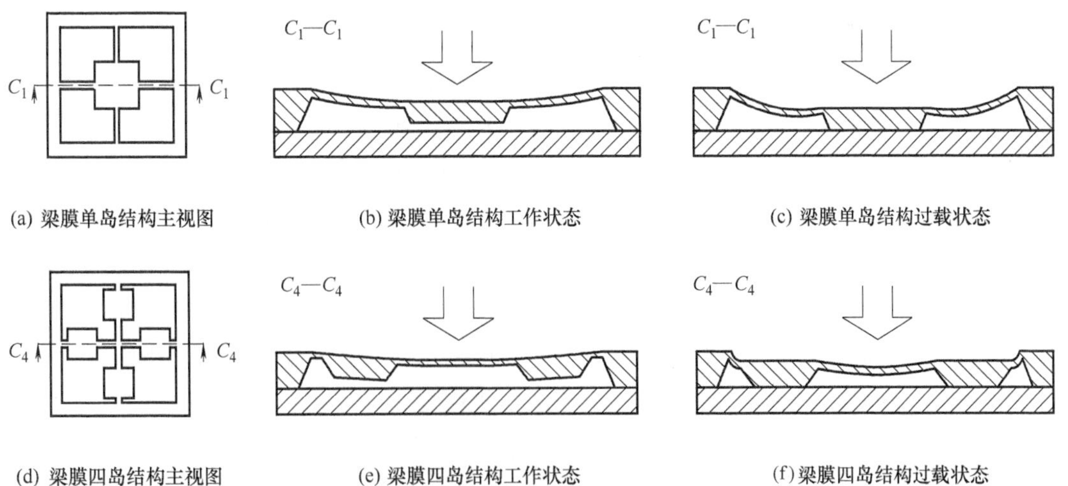

(a) 梁膜单岛结构主视图　(b) 梁膜单岛结构工作状态　(c) 梁膜单岛结构过载状态

(d) 梁膜四岛结构主视图　(e) 梁膜四岛结构工作状态　(f) 梁膜四岛结构过载状态

图 3-20　梁膜岛结构工作与过载状态示意图

器处于高过载状态下的示意图如图 3-20（c）、（f）所示。在高过载作用下，膜片发生明显挠曲变形，岛结构作为限位保护装置，防止膜片因产生过大应变而破碎。

与传统结构相比，梁膜岛结构的膜片在受到微压时即可产生较大的应力集中，并且在承受大过载时岛单元可以起到限位保护作用。同时，梁单元与岛单元的结合可提高结构整体刚度。较高的刚度不仅可改善传统结构当膜片很薄时由薄膜应力和弯曲应力产生的严重非线性问题，同时还可提高结构固有频率以增加工作带宽。因此，梁膜岛结构具备灵敏度高、抗过载能力强、线性误差小以及工作频带宽等优点，是用来检测帕级微压和承受200倍高过载的理想方案。

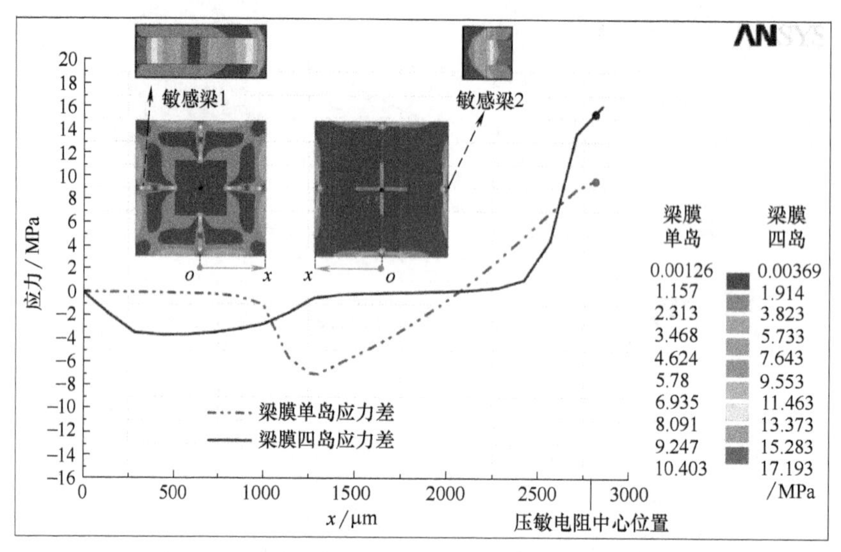

图 3-21 静态分析梁膜岛传感器应力分布及应力路径

为了分析梁膜岛传感器的压敏电阻布局，除了理论计算方法外，还可以通过有限元仿真方法获得压力载荷下膜片形变和应力分布值。在静力学分析中，施加压强载荷，芯片周围固支约束，采用应力路径的方式计算输出路径上的各方向应力。图 3-21 所示为由膜片中心沿 x 轴至膜片边缘的路径上，x 方向与 y 方向的应力差。根据静态分析结果，可得膜片边缘高应力区的分布范围，据此设定压敏电阻中心位置与膜片边缘间距离。

由以上分析可知，x 方向和 y 方向的应力差位于敏感梁与膜片的边缘，因此，为获得最大的灵敏度，应将压敏电阻布置在应力差最大值处，如图 3-22 所示。为获得合理的电阻值，压敏电阻一般采用多折结构，多折压敏电阻的阻值主要取决于其折数以及敏感电阻条的宽度和长度。在多折压敏电阻宽度的设计过程中除需兼顾微加工工艺限制外，还需综合考虑 x 向敏感梁的宽度以及 y 向敏感梁上高应力区范围，并结合之前在有限元分析中已设定的压敏电阻中心位置来确定。压敏电阻长度的设计则需顾及 y 向敏感梁的宽度与 x 向敏感梁上高应力区范围，并依据压敏电阻的中心位置来确定。图 3-22（a）表示 x 向敏感梁上的压敏电阻；图 3-22（b）表示 y 向敏感梁上的压敏电阻。

（3）梁膜结构膜片设计

图 3-23 给出了西安交通大学研制的“田”字形梁膜结构压力传感器结构设计图。两个相互垂直的双端固支硅梁附于敏感应力薄膜之上，用来检测垂直于梁及膜片表面的压力载荷；敏感膜片表面被两个双端固支梁均匀分割为四个部分，十字交叉梁增加薄膜片中心厚度以提高传感器刚度，而梁的末端与薄膜边缘中部相接，提高应力集中效果。该“田”字形梁膜结构压力传感器具有较高的灵敏度及线性度，并且相对于传统的平膜及岛膜结构压力传感器，该类型传感器在获得相同灵敏度输出的情况下具有小尺寸的特点。

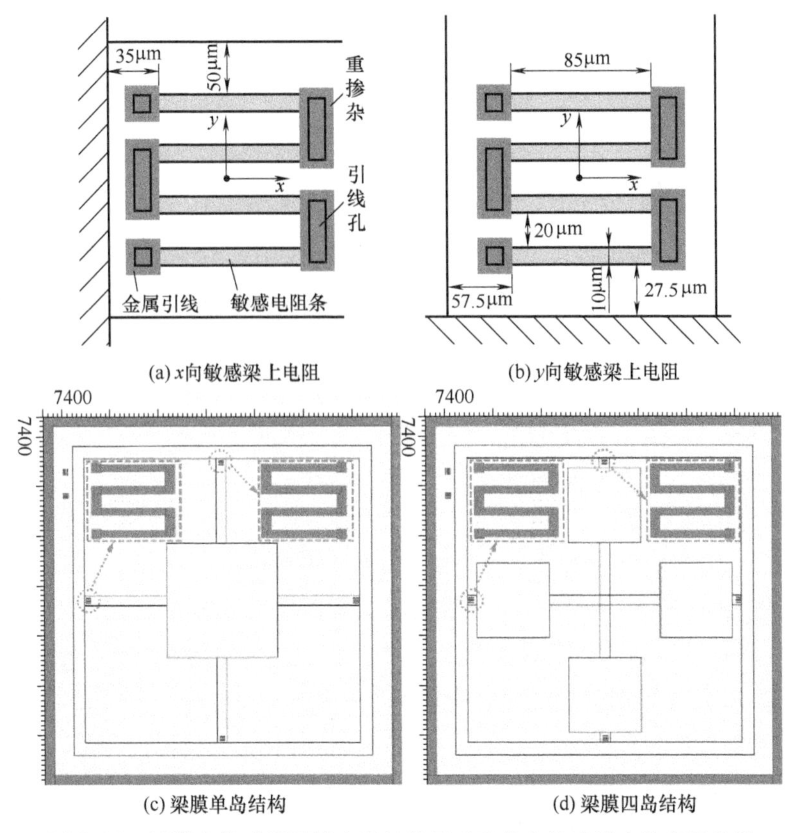

(a) x向敏感梁上电阻　(b) y向敏感梁上电阻

(c) 梁膜单岛结构　(d) 梁膜四岛结构

图 3-22　梁膜岛传感器压敏电阻结构尺寸及其在敏感梁上的布置位置

由梁膜结构压力传感器的十字梁膜结构可知，对于(100) 晶面内，多个压敏电阻可以分别分布在悬臂梁两端的应力集中区域，将各电阻连接可以分别构成检测与膜片垂直方向表面压力的惠斯通电桥，如图 3-24 所示。当传感器受到外界压力时，薄膜及交叉梁会把压力转化为机械应力，使悬臂梁及膜片发生形变，产生应力变化，导致压敏电阻的阻值发生变化，最后由惠斯通电桥输出相应电压的变化。

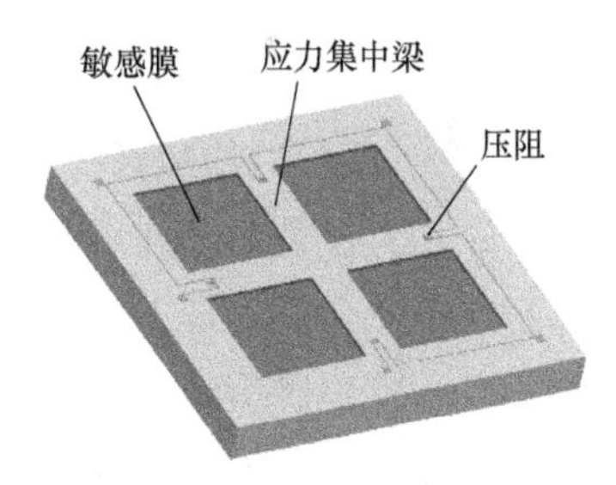

图 3-23　“田”字形梁膜结构压力传感器

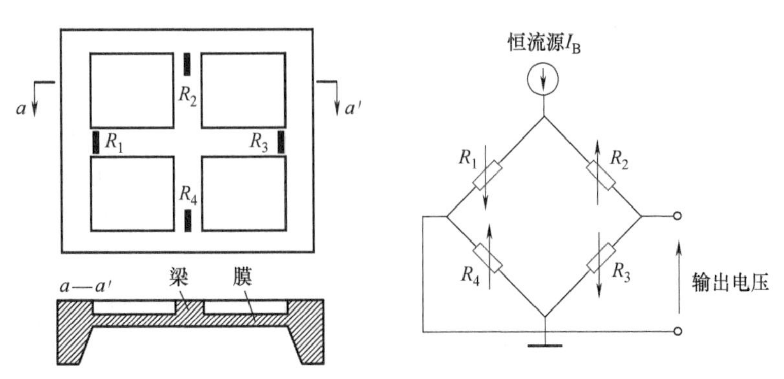

图 3-24　(100) 晶面内的梁膜结构微压传感器电阻布局

3.4 MEMS压阻式微加速度计

3.4.1 硅微加速度计概述

硅微加速度计是一种重要的力学量传感器，是最早受到研究的微机械惯性传感器之一。微机械加速度计是在硅片上用微机械加工制成的加速度传感器，其敏感单元由悬臂梁和检验质量块组成。敏感单元将加速度信号转换成应变量，再通过检测单元转换为电信号，最后根据一定的对应关系得到加速度的量值。它广泛应用于工业自动控制、汽车及其他车辆、振动及地震测试、科学测量、军事和空间系统等方面。

同一般加速度计相比较，硅微加速度计有以下特点：

① 体积小　由于采用半导体制作工艺，极大地减小了加速度计的体积。

② 重量轻　加速度计体积的减小必然带来重量的减轻。

③ 成本低　由于适合大批量生产，极大降低了加速度计的成本。

④ 可靠性高　可靠性提高来源于两个方面：其一，固态装置，工作寿命长，抗冲击、振动能力强；其二，由于硅微加速度计体积小、重量轻、成本低，特别适合于采用冗余配置方案，使可靠性进一步提高。

⑤ 数字化和智能化　与信号处理系统集成，形成微型化、数字化的智能微系统。

加速度传感器的主要性能指标包括测量灵敏度、固有频率、输出线性度以及可用量程等，其中测量灵敏度与固有频率是决定传感器应用范围的重要指标，尤其是振动监测、超高过载侵彻加速度测试等对这两个指标均有较高的要求。从理论分析可知，传感器灵敏度与固有频率为两个相互制约的参数。单位加速度引起的质量块位移与传感器固有频率的平方成反比。对于某一结构的传感器来说，提升固有频率则必须增加结构刚度、减小质量块，而这必然会减小结构的静态变形，造成敏感结构上的应力减小，降低传感器灵敏度；反之，提升传感器测量灵敏度也会造成传感器固有频率的下降。因此，缓解固有频率与测量灵敏度之间的制约关系，设计具有高频响、高灵敏度的敏感结构成为MEMS加速度传感器研制中的重点。

3.4.2 MEMS压阻式加速度计测量原理

（1） MEMS压阻式加速度计

压阻式加速度传感器实质上是一个力传感器，它是利用测量固定质量块在受到加速度作用时产生的力 F 来测得加速度 a 的。在目前的研究尺度内，可以认为其基本原理仍遵从牛顿第二定律。压阻式加速度传感器是最早开发的硅微加速度传感器。图3-25所示为典型的压阻式加速度计的微结构示意图。当一块半导体材料在某一晶向上受到应力时，其电阻率就会产生一定的变化，也就是所谓的压阻效应。压阻式加速度计利用了半导体材料的压阻效应，如图3-26所示，工作原理是：由于惯性力的作用，支撑横梁将在加速度场中发生形变，形变量和加速度的值成比例关系。支撑梁和质量块都为硅材料，产生压阻效

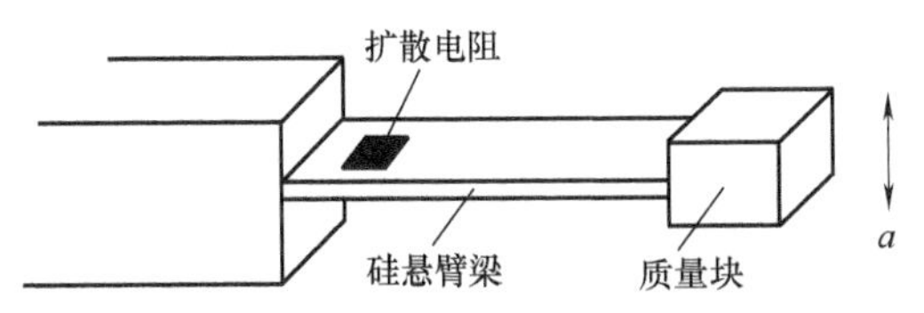

图 3-25 压阻式加速度计结构示意图

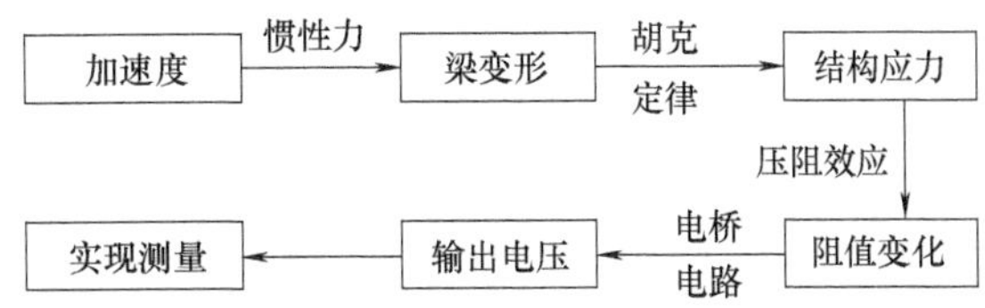

图 3-26 压阻式加速度传感器信号转换过程

应的压阻就放在梁的固定端，因为该端产生的形变量最大。这样，形变就可以转化为压阻值的变化，导致压阻两端的电压值变化，实现加速度信号的测量。

依据 Herring 关于半导体多能谷导带/价带模型的公式，当力作用于硅晶体时，晶体的晶格产生形变，它使载流子产生从一个能谷到另一个能谷的散射，载流子的迁移率发生变化，扰动了纵向和横向的平均有效质量，使硅的电阻率发生变化。这个变化随硅晶体的取向不同而不同，即硅的压阻效应与晶体的取向有关。

相对于晶轴的坐标系，压阻系数 π 将随应力方向和电流的不同而不同。当施力方向和电流方向相同时，称为纵向应力，以 σ_l 表示，这时所具有的压阻系数称为纵向压阻系数，以 π_l 表示。当施力方向和电流方向垂直时，称为横向应力，以 σ_t 表示，这时所具有的压阻系数称为横向压阻系数，以 π_t 表示。因此，当沿半导体某一晶向施加应力时，产生纵向应力和横向应力分别为 σ_l 和 σ_t，则该晶向方向的电阻变化率由式（3-43）给出：

$$\frac{\Delta R}{R}=\pi_l\sigma_l+\pi_t\sigma_t \tag{3-43}$$

式中 π_l——纵向压阻系数；

π_t——横向压阻系数；

σ_l——纵向应力；

σ_t——横向应力。

对于行业应用最为广泛的（100）晶面来说，互相垂直又有最大压阻系数的〈110〉晶族是 MEMS 压阻式加速度计用得最多的一对晶向。其电阻变化率可以表述为：

$$\frac{\Delta R}{R}=\frac{1}{2}\pi_{44}(\sigma_l-\sigma_t) \tag{3-44}$$

半导体优良的压阻特性与其完美的弹性性能相结合，构成了半导体压阻式加速度传感器的基础。

（2）微加速度计的数学模型

微加速度计由振动质量块和弹性支撑梁组成，可以简化为二阶单自由度弹簧阻尼振动系统，如图 3-27 所示。系统的加速度是依靠振动质量在振动环境中的惯性力来测量的。

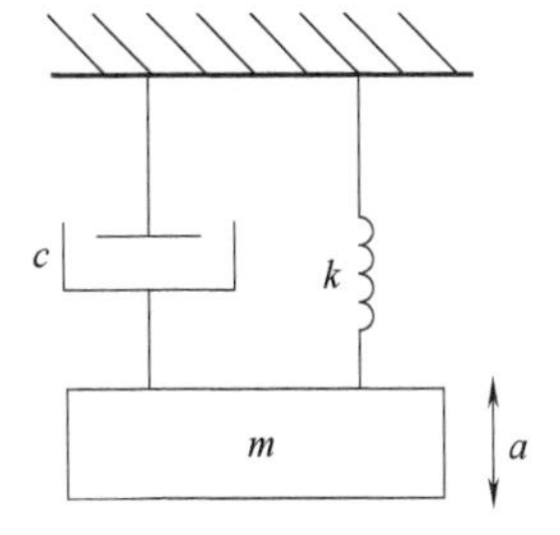

图 3-27 微加速度计模型示意图

由图 3-27 我们可以看出，微加速度计系统的数学模型可以描述为：

$$ma=kx+c\dot{x}+m\ddot{x} \tag{3-45}$$

式中 k——系统的等效弹性系数；

c——系统的等效阻尼系数；

m——系统的等效惯性质量；

a——系统感受的外部加速度；

x——质量块的位移。

应用拉氏变换可以求得系统的传递函数的表达式：

$$\frac{X(s)}{A(s)}=\frac{1}{s^2+\frac{c}{m}s+\frac{k}{m}} \tag{3-46}$$

由于器件尺寸的微型化，MEMS压阻式加速度计的固有频率比宏观尺寸加速度计大很多，有利于实现高频信号的测量。此外，随着结构的小型化，可以通过优化设计传感器结构，提高器件的抗过载能力，实现超大加速度值的测量。

3.4.3 复合多梁MEMS压阻式加速度计

随着MEMS微加工技术的发展，压阻式加速度传感器出现了很多不同的敏感结构，包括单悬臂梁、双悬臂梁、单桥梁、双桥梁、十字梁、双岛五梁等。这些结构的出现，解决了传感器性能方面的很多问题。如双悬臂梁结构相对于单悬臂梁降低了传感器的横向交叉灵敏度；四梁结构，如双桥梁、十字梁等则在考虑横向交叉灵敏度的同时，提高了传感器的固有频率；双岛五梁结构则是为了通过自身结构特点来消除横向交叉灵敏度的干扰而被提出的。各种敏感结构都是利用硅基检测质量块来感知外界加速度的变化，将其转换为自身的位移，引起支撑梁的变形，进而产生应力；由于压阻效应，应力将导致梁上布置的压敏电阻阻值变化，这一变化在经过电阻组成的惠斯通电桥转换为电压信号输出，实现从加速度信号到电信号的转换。各个结构中的梁可以是等截面梁、等强度梁或是具有应力集中孔的特殊截面梁，以满足实际应用对加速度传感器不同的性能要求。

复合多梁结构综合考虑传感器固有频率和测量灵敏度两个方面，如图3-28所示，一方面缓解固有频率与测量灵敏度之间的制约关系，获得高频响、高灵敏度的加速度传感器，同时以自身的结构特点来限制结构的横向灵敏度。

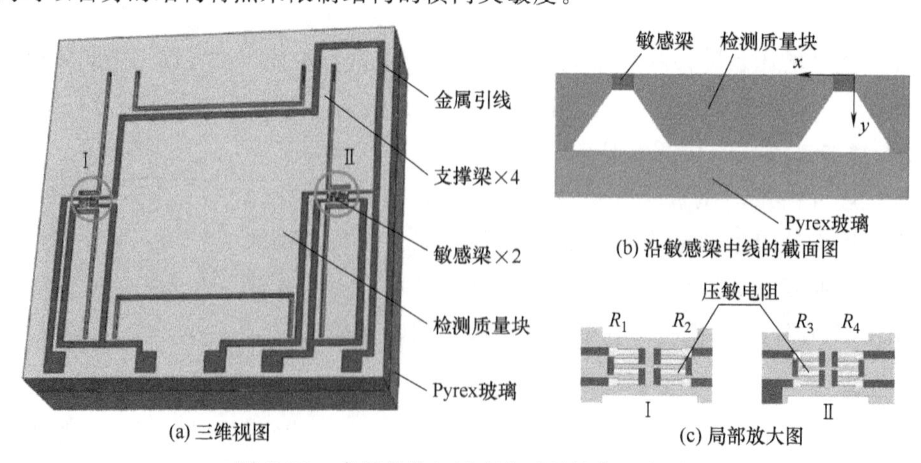

图 3-28 多梁结构加速度传感器结构示意图

在复合多梁结构中，传感器的检测质量块由四根宽大的支撑梁和两根短小的敏感梁支撑：支撑梁沿着质量块一组对边布置，且位于质量块的四角位置；敏感梁沿着质量块的另一组对边的中点连线布置，且每根敏感梁均布置有两个相同的压敏电阻。四个压敏电阻由金属引线连接，形成一个惠斯通全桥检测电路。该结构相对于普通双桥结构，多了两根短小的敏感梁，增加了敏感结构的支撑刚度，提升了传感器的固有频率；同时由于敏感梁结构尺寸较小，敏感梁在变形量相同的情况下会产生一定的应力放大作用，从而保证传感器灵敏度不会出现剧烈下降。这种长短梁相结合的方式，在一定程度上缓解了传感器结构固有频率和测量灵敏度的制约关系，提升了传感器的综合性能。

在横向交叉灵敏度方面，通过改变梁的分布位置可以在不影响传感器固有频率和测量灵敏度的情况下提升结构的横向刚度，降低横向灵敏度。总之，所设计的多梁结构一方面保证了传感器的固有频率和测量灵敏度，另一方面也控制了结构横向交叉干扰，使传感器具有较高的综合性能。

进一步采用有限元分析方法，仿真得到加速度计在 100g 加速度作用下的应力分布情况，如图 3-29 所示。图 3-29（a）为在 100g 加速度作用下多梁结构传感器芯片的 von Mises 等效应力图，图 3-29（b）为此时沿传感器敏感梁中线路径上梁的正向、横向（x、y 向）应力分布曲线。

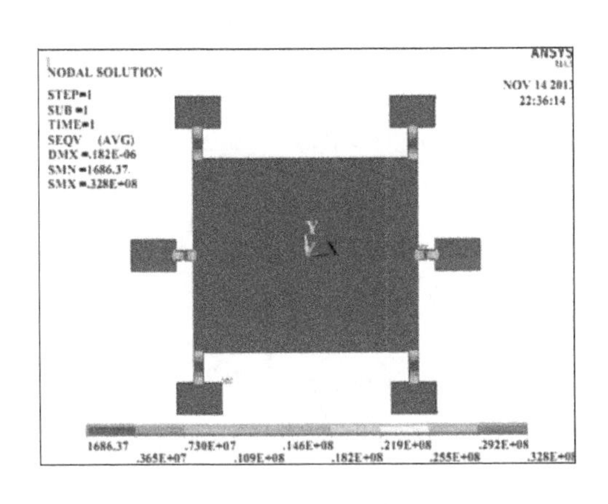

(a) 多梁结构von Mises等效应力图

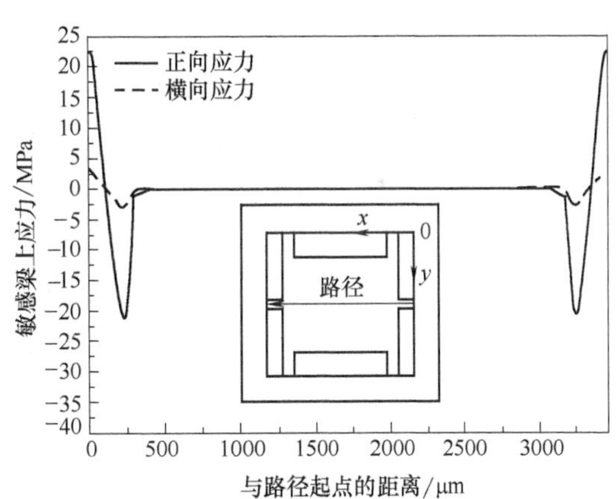

(b) 多梁结构沿敏感梁中线路径应力分布曲线

图 3-29　敏感梁的正向应力和横向应力

压敏电阻要求布置在平行敏感梁方向和垂直敏感梁方向的应力差别最大的区域，以保证电阻最大限度地利用弹性应力，产生最大的电阻变化率。根据之前的理论分析和 ANSYS 仿真分析的结果可知，在整个梁上沿梁方向（x 向）的应力远大于垂直于梁方向（y 方向）的应力，且越靠近梁的端部，应力值越大。但是在梁的端部，由于固支端的影响，梁的应力出现了一定的非线性，不便于布置压敏电阻。由 ANSYS 有限元仿真结果可知梁上 x 向和 y 向应力差值最大的区域的长度约为 65μm，且压敏电阻所受的纵向、横向应力差值的符号相反，纵向应力远大于横向应力。图 3-30 为所设计的压敏电阻的尺寸和相对敏感梁的位置，其中的深色区域是被短接的弯头无效区域。

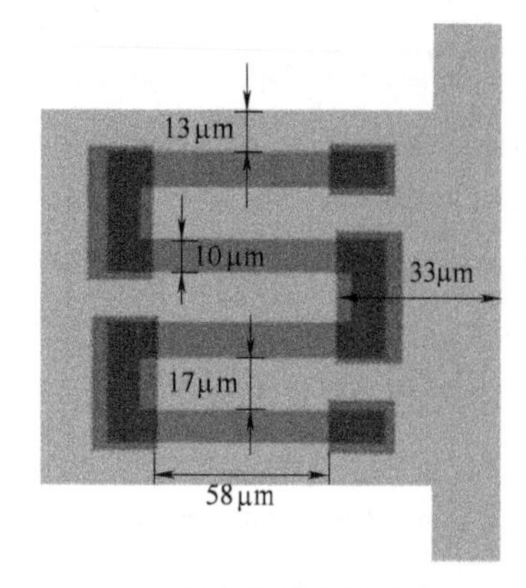

图 3-30 设计的传感器压敏电阻

所设计的多梁结构加速度传感器采用惠斯通全桥电路作为信号转换电路。一般来说，为了提高传感器的灵敏度和精度，构成惠斯通电桥的四个压敏电阻排布时应尽量满足如下条件：①等阻值，要求压敏电阻具有相同的几何形状和尺寸，掺杂浓度也尽量相同；②等平均应力，全桥电路中的各个电阻应受到应力值大小（绝对值）相等的应力；③等压阻系数，不同压敏电阻在受到大小相等的应力时，应产生相同的变化量；④等温度系数，且四根电阻位置应尽量靠近。通常，芯片上的压敏电阻是同时制作的，每个芯片中各个电阻的掺杂浓度和深度基本一样。因此，设计电阻条时只需使各电阻条的形状一样，并且长、宽一致即可。为了最大限度地利用硅的压阻效应和应力，选择在（100）晶面上沿［011］晶向分布。惠斯通全桥电路电阻的布置方案如图 3-31（a）所示。其中，R_1、R_4 布置在敏感梁靠近固支端的一侧，R_2、R_3 布置在敏感梁靠近质量块的一侧，两组电阻上的应力状态相反，构成惠斯通全桥电路，见图 3-31（b）。

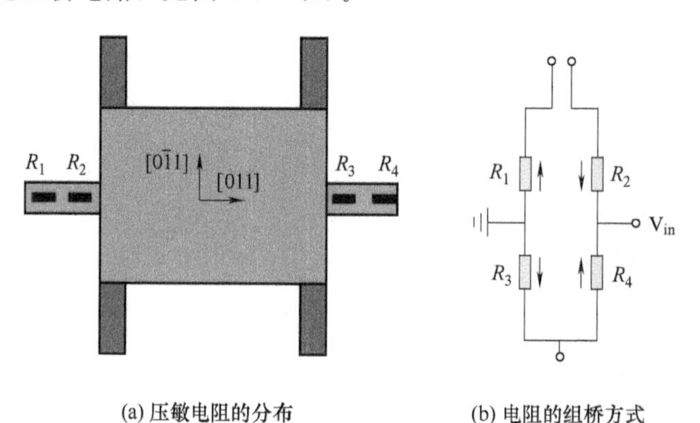

(a) 压敏电阻的分布　　(b) 电阻的组桥方式

图 3-31 压敏电阻的布置方案及其组成的惠斯通电桥

图 3-32（a）为加工完成的硅片照片，照片中硅片被贴于蓝膜上，并已经完成了划片。图 3-32（b）为单个多梁结构加速度传感器的照片。图 3-33 为传感器芯片不同部位的细节照片。

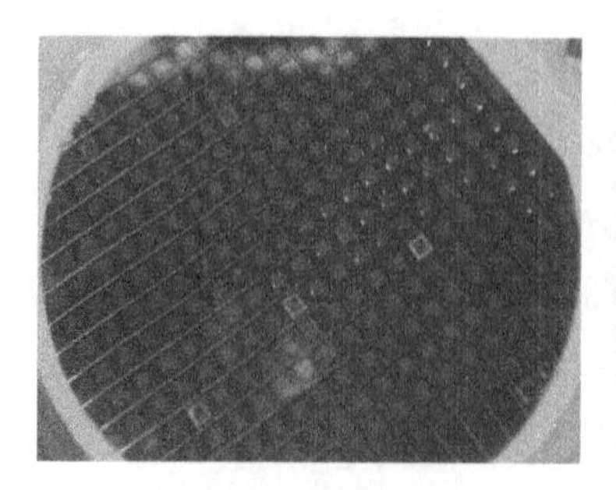

(a) 传感器芯片晶圆

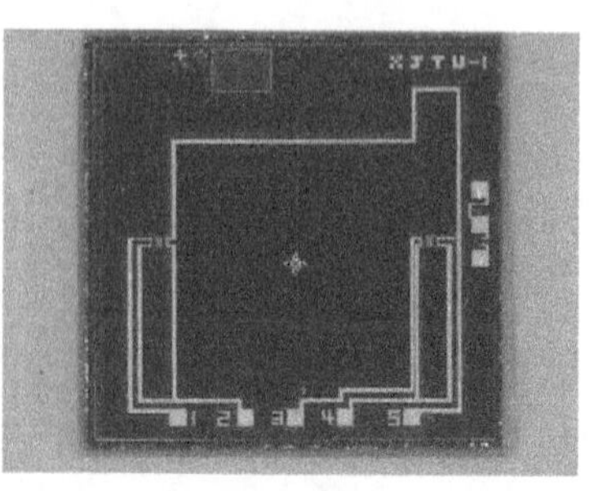

(b) 单个传感器芯片照片

图 3-32 加工完成的多梁结构高频加速度传感器芯片

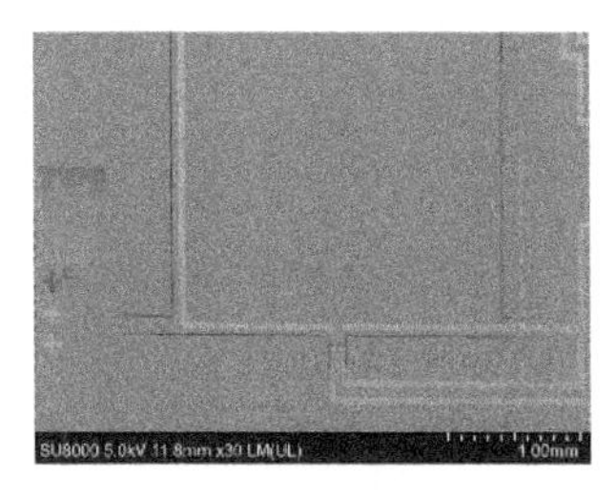

(a) 传感器芯片局部照片

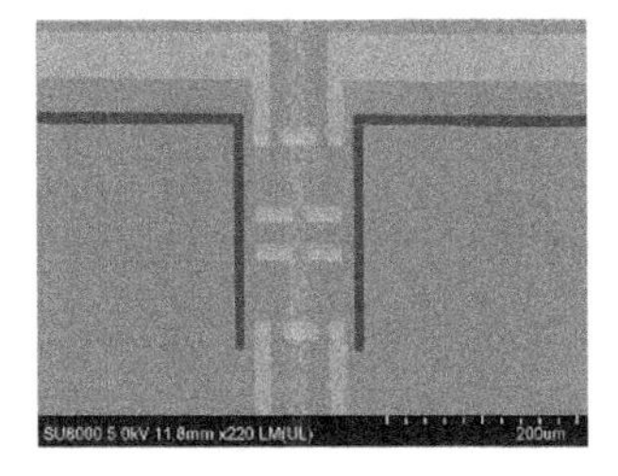

(b) 敏感梁

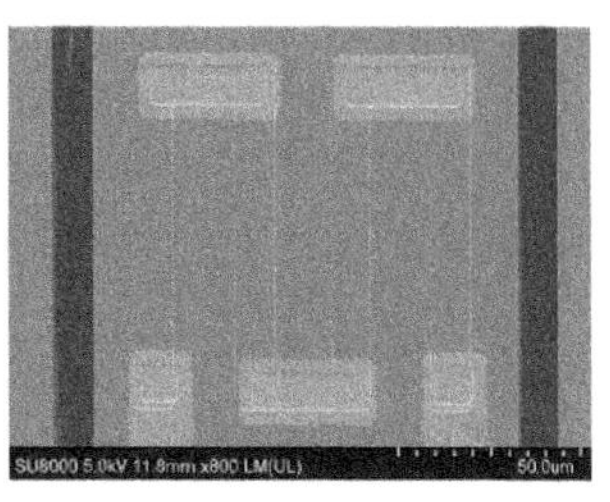

(c) 压敏电阻

图 3-33　多梁结构高频加速度传感器芯片细节照片

3.4.4　孔缝结构 MEMS 压阻式加速度计

为了实现高频响的加速度测量要求，同时保证传感器兼具良好的灵敏度，除了采用上一节的复合多梁结构外，还可以以传统的双桥梁结构为基础，采用孔缝敏感梁的结构形式（如图 3-34 所示）。其基本工作原理为：当外部加速度作用在孔缝双桥梁结构上时，敏感梁产生变形，根据压阻效应，梁的变形导致敏感梁上的压敏电阻阻值发生变化，通过惠斯通全桥测量电路，将电阻阻值的变化转变为电压输出，从而完成加速度与电信号的转变。

为了保证设计传感器具有足够的响应频率，本设计以双桥梁结构为基础，通过四梁支撑，来保证设计芯片具有足够的响应频率。同时，本设计尝试在敏感梁的中心部分引入应力集中孔，以实现敏感梁灵敏度的改善，保证设计芯片能够准确拾取振动中的微弱信号。传感器芯片如图 3-34 所示，双桥梁支撑保证了质量块具有足够的固有频率，同时应力集中孔的引入改善了传统双桥梁的应力分布，提高了传感器的灵敏度。此外，双桥梁与质量块边缘平行排列，降低了传感器的横向灵敏度。

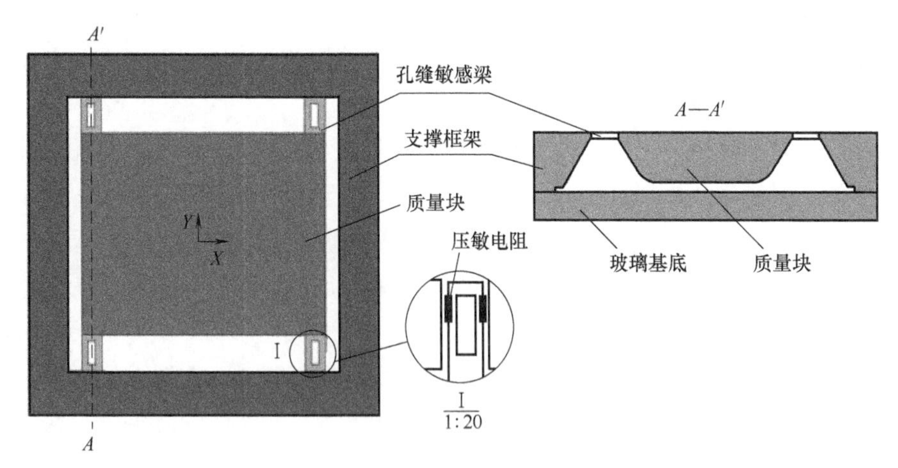

图 3-34　传感器芯片示意图

结合本设计中的芯片结构，进一步说明敏感梁上的应力分布，以验证敏感梁的应力分布符合平面应力分布。图 3-35 为加速度传感器在敏感方向上受到 $100g$ 作用时敏感梁上的应力分布曲线，从图上可以看出，敏感梁在外部加速度作用下，平行于敏感梁上的应力（纵向）要远大于垂直于敏感梁的弹性应力（横向）。因此，压敏电阻的相对变化可以简化

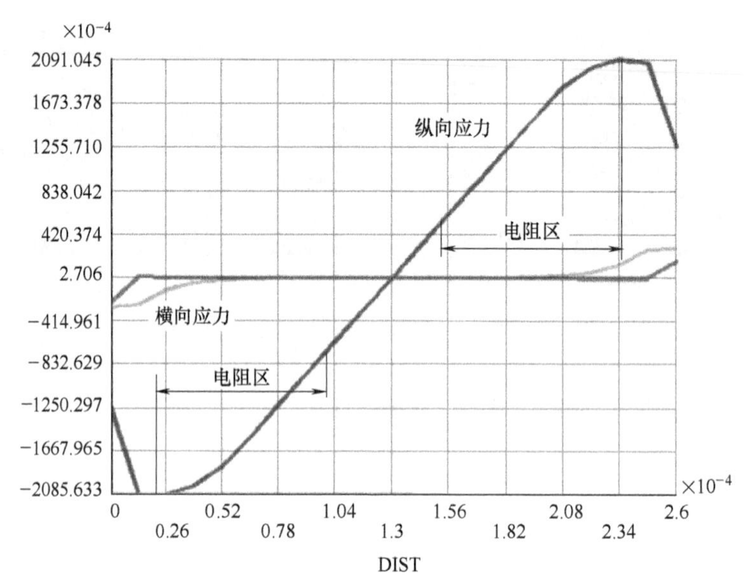

图 3-35 敏感梁在 Z 向 100g 作用下的应力分布

为仅由纵向应力引起，表示为：

$$\frac{\Delta R}{R} \approx \pi_l \sigma_l \tag{3-47}$$

为确定压敏电阻的具体位置，根据图 3-35 的分析结果可知，最大表面应力出现在应力集中孔的两端。同时，应力集中孔两侧的表面应力线性度非常好，为了保证电桥输出具有很好的输出特性，并充分利用有效应力，压敏电阻布置在该区域，如图 3-35 所示的"电阻区"，该区域的长度约为 75μm。同时应力集中孔两侧梁的应力关于中心处对称分布，在靠近传感器支撑基底的梁一侧，压敏电阻受到拉应力，靠近质量块梁的一侧，压敏电阻受到压应力。因此，结合应力特性，布置两个受拉电阻、两个受压电阻，构成惠斯通全桥电路，实现两两电阻的等值变化。

设计电阻条时应该使各电阻条的形状一样，并且长、宽一致，而且力敏电阻不同电阻条之间要越近越好，这样可以避免因掺杂不均匀引起的电阻阻值差距比较大，进而影响传感器的零位输出电压与零点温度漂移、灵敏度漂移。为了最大限度地利用硅的压阻效应和应力，本设计亦选择在（100）晶面上沿［$0\bar{1}1$］或［011］晶向分布。惠斯通电桥，采用全桥设计，电阻布置方案如图 3-36 所示。其中，R_1、R_4 布置在应力集中孔两侧靠近质量块的一侧，R_2、R_3 布置在应力集中孔两侧靠近固支端的一侧，两组电阻上的应力状态相反，构成惠斯通全桥电路。

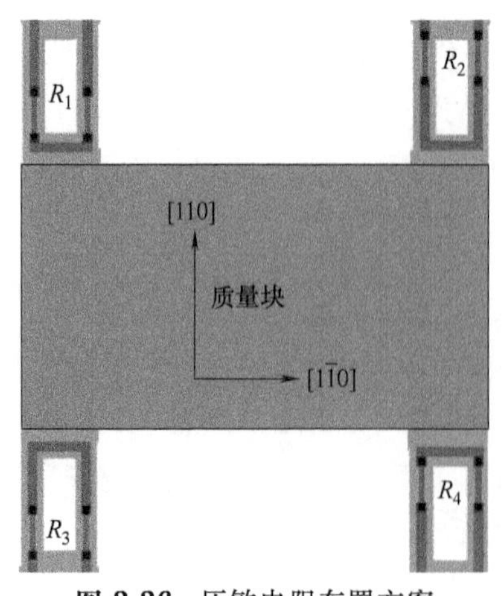

图 3-36 压敏电阻布置方案

力敏电阻的结构分为三个部分：敏感电阻条、欧姆接触区和引线孔。其中，敏感电阻条的作用是完成物理信号的转换；欧姆接触区与引线孔连接，保证它们之间的低阻接触；引线孔是金属与敏感电阻之间的接触孔。对加速度传感器来说，在结构上，压敏电阻的宽度要受到悬臂梁宽度、金属引线宽度、引线间的间距的限制，要求电阻条具有尽量小的宽度；在工艺上，压敏电阻的宽度还要受到制版和光刻的误差的限制，又要求电阻条具有尽量大的宽度以减少工艺误差的影响；最后电阻条的宽度还和电阻在电流流过的自加热效应有关，更大的电阻条宽度可以增大散热，抑制电阻的温度升高，减小温度效应，因此也要求电阻宽度尽量加大。综合考虑以上的因素，特别是悬臂梁宽度和加工工艺的限制，确定压敏电阻的宽度为 10μm。压敏电阻的长度由悬臂梁长度和应力区间限制，选择的压敏电阻的长度为 75μm，如图 3-37 所示。

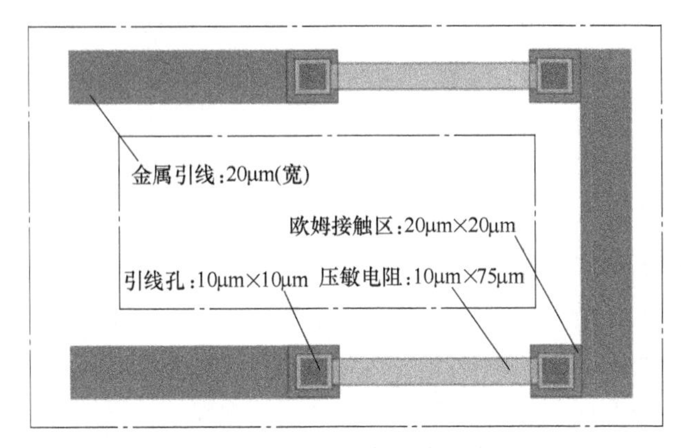

图 3-37　压敏电阻的设计

加工完成的孔缝四梁结构加速度传感器芯片如图 3-38 所示。

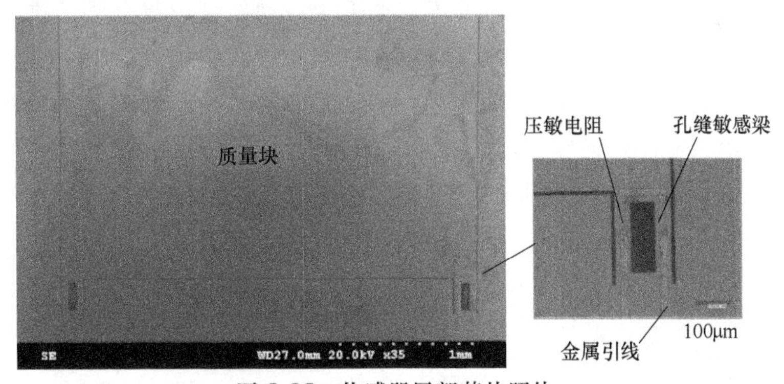

图 3-38　传感器局部芯片照片

3.4.5　高 g 值 MEMS 加速度计

当侵彻武器打击目标时，需要高速冲击掩体，只有武器运动到合适的位置处引爆，才能实现对打击目标的最大破坏，而不仅仅只是对掩体的冲击，这就要求侵彻武器的引信系统必须能够识别出多种掩体和目标，进而将识别信息转化并确定是否引爆，因此侵彻武器引信系统中的传感器工作性能至关重要。加速度传感器是侵彻武器常用的传感器之一，在武器的侵彻过程中，当冲击到不同掩体的材料时产生的加速度值（通常处于 10000g ~ 100000g 之间）是不同的，加速度传感器将加速度信号转化为电信号并反馈至引信系统的信号处理单元，信号处理单元经过识别和运算，计算武器侵彻深度并与设定值对比判断是否引爆，从而使得侵彻武器的打击效果最大化。

但是侵彻武器在攻击目标时的速度往往很高，一般为每秒几百米，而冲击时间往往很短，尤其是冲击混凝土、岩石、钢板等硬质掩体材料时，因此侵彻过程中会产生很大的加速度，其数值能够达到重力加速度的几万倍甚至几十万倍。如此恶劣的工作环境对于侵彻武器的加速度传感器要求较高，首先加速度传感器必须具有较高的量程，能够测量高冲击下的加速度信号，而且具有一定的抗冲击性能，能够在一定的高过载冲击下而不失效，同时传感器本身具有较好的固有频率以满足对于高频加速度信号的检测，除此之外，由于侵彻武器的自身限制，还要求加速度传感器具有体积小、可集成、高可靠性等特点，但是传统工艺和技术手段制作的加速度传感器往往很难同时满足这些要求。

但是随着 MEMS 技术的发展，越来越多的传感器开始朝着微型化方向发展，这也为侵彻武器引信系统的加速度传感器制作提供了解决方案。MEMS 工艺技术可以将加速度传感器中的敏感结构在微米尺度上加工制作，使传感器具有较小的体积和质量，在受到高 g 值的加速度信号冲击时产生的惯性力也相对较小，大大提高了敏感结构的抗冲击能力。

考虑到本节设计的加速度传感器主要应用于高冲击场合，对于传感器的抗冲击性能和固有频率具有较高的要求，因此加速度传感器的敏感结构基于四梁结构制作，并进行相应的改进，四梁对称分布并固支在传感器芯片基体上，在梁的末端设置压敏电阻以感应检测梁上应力的变化。目前应用的加速度传感器为了提高传感器的灵敏度，会在梁的中间设置质量块结构，使得梁的质量小于或者远小于质量块的质量。根据侵彻武器的实际应用需求，图 3-39 所示的加速度传感器芯片敏感结构采用一种新型的复合梁结构，同时具有膜结构的高抗冲击特性和梁结构的高灵敏度特性，整条梁厚度一样即不设置质量块，提高了传感器的抗冲击能力和固有频率，同时为了提高传感器的灵敏度，敏感梁采用变尺寸设计，即梁的固支端尺寸小于四梁交汇处的中间部分尺寸，使梁的应力集中在根部，根据前述分析，应力越大灵敏度越高，因此该设计可以在一定程度上提高传感器的灵敏度。

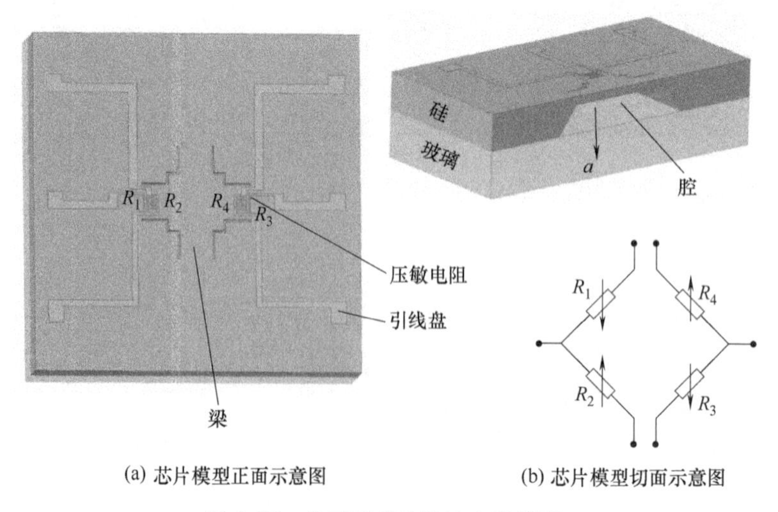

(a) 芯片模型正面示意图　　(b) 芯片模型切面示意图

图 3-39　传感器芯片设计方案模型

为了确定压敏电阻在梁上的最佳布置位置，采用 ANSYS 仿真分析的方法计算梁上表面任意一条对称线处的应力分布（$\sigma_{纵}-\sigma_{横}$），加速度载荷为 100000g，分布曲线如图 3-40 所示。从图中可以看出，在梁的固支端应力差较大，即在图中所示的压阻布置区布置压敏电阻可以充分利用梁的应力变化以提高传感器的灵敏度。

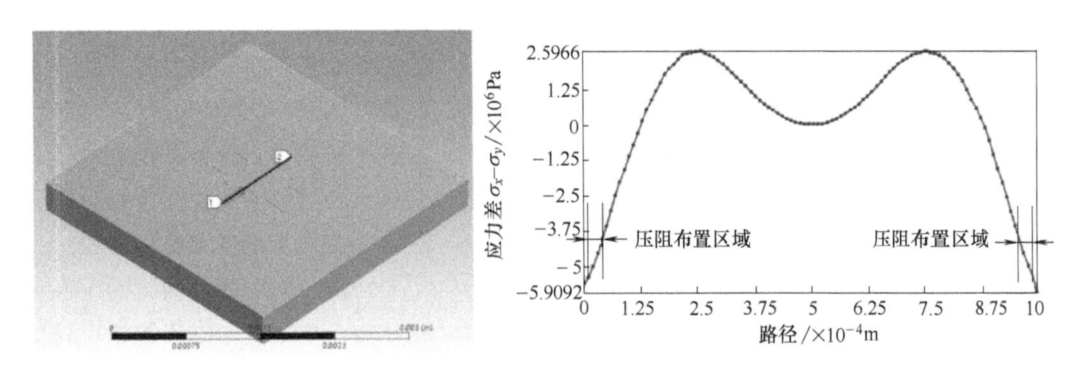

图 3-40　芯片上表面中轴线上应力（纵向应力与横向应力差）曲线

通过上述分析，最终确定压敏电阻采用多折型结构设计，每个压敏电阻的有效长度为 250μm，宽度为 10μm，电阻折间距为 20μm，折与折之间通过重掺杂硅和欧姆接触区互连以消除反向压阻效应，四个压敏电阻对称分布于敏感梁上应力最大处即梁的根部以提高传感器的灵敏度和准确性，如图 3-41 所示。制作完成的传感器芯片单个芯片的大小为 3mm×3mm×0.85mm。

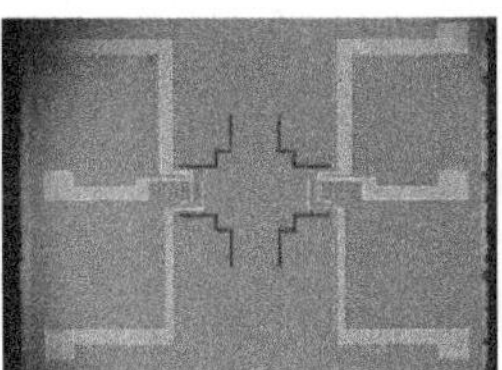
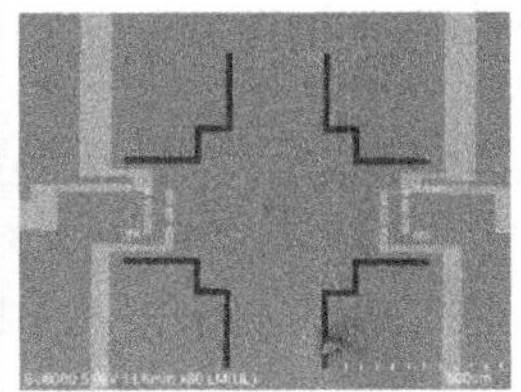
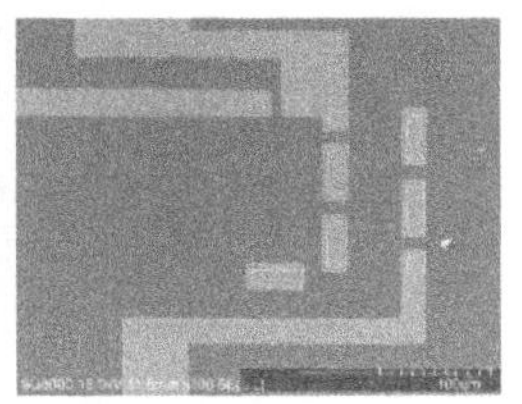

图 3-41　加工完成的传感器芯片实物图

本节研究的高 g 值加速度传感器在某训练基地进行了打靶测试，如图 3-42 所示。

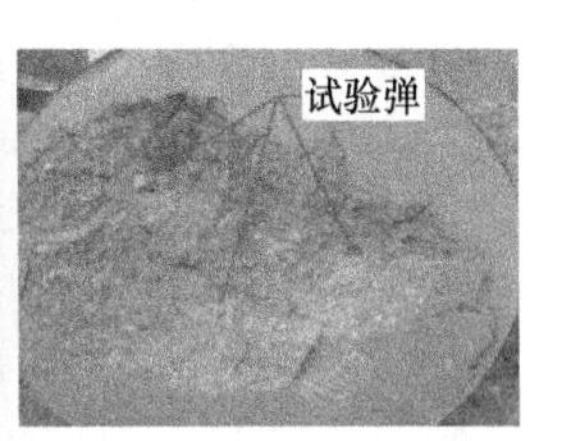

图 3-42　打靶测试

存储测试试验选用某型号试验弹测试了波形特征较好的高 g 值加速度传感器。为了测试传感器在不同加速度下相应曲线，试验弹选用钝头与尖头两种类型，钝头试验弹在侵彻过程中产生的加速度高，尖头试验弹产生的加速度相对低一些。测试过程中，试验弹的着靶速度为 500m/s。测试后进行实验数据分析并根据经验公式得出各传感器的加速度峰值，图 3-43 为传感器的实弹测试曲线。

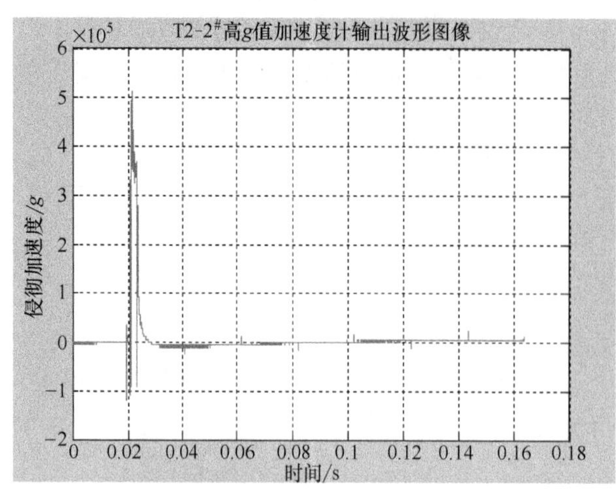

图 3-43 实弹测试曲线

由图可知，弹载测试的最高量程约有 5×10^5g，传感器响应曲线良好，说明传感器在侵彻过程中没有遭到破坏，因而可以说明研制的高 g 值加速度传感器成功地测取了弹体高速侵彻硬目标过程中的加速度信号，传感器的抗冲击抗过载性能好，能够应用于侵彻硬目标场合。

参考文献

[1] Kanda Y. Piezoresistance effect of silicon [J]. Sensors and Actuators A: Physical, 1991, 28 (2): 83-91.

[2] Richter J, Hansen O, Thomsen EV, et al. Piezoresistivity in microsystems [D]: Ph. D. dissertation, DTU Nanotech, Lyngby, 2008.

[3] Barlian AA, Park WT, Mallon JR, Jr. , et al. Review: Semiconductor Piezoresistance for Microsystems [J]. Proc IEEE Inst Electr Electron Eng, 2009, 97 (3): 513-552.

[4] Bogue R. Recent developments in MEMS sensors: a review of applications, markets and technologies [J]. Sensor Review, 2013, 33 (4): 300-304.

[5] Chang HC, Hsieh HS, Lo SC, et al. Piezoresistive Pressure Sensor with Ladder Shape Design of Piezoresistor [J]. 2012 IEEE Sensors Proceedings, 2012: 1404-1407.

[6] Bao M. Analysis and design principles of MEMS devices [M]. Elsevier, 2005.

[7] Gradolph C, Friedberger A, Mueller G, et al. Impact of high-g and high vibration environments on piezoresistive pressure sensor performance [J]. Sensors and Actuators a-Physical, 2009, 150 (1): 69-77.

[8] Tian B. , Zhao Y. , Jiang Z. The novel structural design for pressure sensors, Sensor Review, 2010, 30 (4): 305-313.

[9] Zhongliang Yu, Yulong Zhao, Lili Li, et al. Realization of a micro pressure sensor with high sensitivity and overload by introducing beams and islands [J]. Microsystem Technologies, 2015, 21 (4): 739-747.

[10] Yan Liu, Yulong Zhao, Weizhong Wang, et al. A high-performance multi-beam microaccelerometer for vibration monitoring in intelligent manufacturing equipment [J]. Sensors and Actuators A: Physical, 2013, 189: 8-16 (SCI: 085NX; EI: 20125015778285).

[11] Yu Z, Zhao Y, Sun L, et al. Incorporation of beams into bossed diaphragm for a high sensitivity and overload micro pressure sensor [J]. Review of Scientific Instruments, 2013, 84 (1): 015004.
[12] Zhao Y, Li X, Liang J, et al. Design, fabrication and experiment of a MEMS piezoresistive high-g accelerometer [J]. Journal of Mechanical Science and Technology, 2013, 27 (3): 831-836.
[13] 梁晶. 引信用 MEMS 高 g 值加速度计的研究 [D]. 西安：西安交通大学，2012.
[14] Partridge A, Reynolds JK, Chui BW, et al. A high-performance planar piezoresistive accelerometer [J]. Journal of Microelectromechanical Systems, 2000, 9 (1): 58-66.
[15] Li Y, Zheng Q, Hu Y, et al. Micromachined Piezoresistive Accelerometers Based on an Asymmetrically Gapped Cantilever [J]. Journal of Microelectromechanical Systems, 2011, 20 (1): 83-94.
[16] Huang S, Li X, Song Z, et al. A high-performance micromachined piezoresistive accelerometer with axially stressed tiny beams [J]. Journal of Micromechanics and Microengineering, 2005, 15 (5): 993-1000.
[17] Liu Y, Zhao YL, Sun L. Design & Fabrication of a MEMS Piezoresistive Accelerometer with Beam-Film Combined Structure [J]. Applied Mechanics and Materials, 2010, 44-47: 1305-1309.

第4章 高温压力传感器

高温压力测量技术在航空航天、石油化工、军事等关乎国计民生的各领域中都占有很重要的地位，而且随着测量环境的日益恶劣，对耐高温压力传感器的研究必不可少。由于半导体压力传感器建立在微机电系统（MEMS）技术的基础上，MEMS器件及传感器具有体积小、重量轻、易于大规模制造和集成、性能可靠、成本低等特点，已成为压力传感器中的佼佼者。传统扩散硅压力传感器由于其力敏电阻与硅基底是P-N结隔离，在使用温度大于120℃时，因P-N结产生漏电流而使传感器的性能恶化甚至失效，因而，传统扩散硅压力传感器难以解决高温120℃以上的压力测量难题。针对石油化工、航空航天、军工等领域对高温（120℃以上）、高频、瞬时高温冲击（≥2000℃）条件下的压力测量需求，本章主要介绍几种具有典型特点的耐高温压力传感器，包括利用不同材料（Polysi，SiC，SOS，SOI等），并着重介绍基于SOI材料的耐高温压力传感器，包括敏感元件的版图设计和制作工艺、封装工艺、传感器的机械结构设计及传感器的性能参数和特点。

4.1 耐高温压力传感器的应用需求和主要技术方法

4.1.1 耐高温压力传感器的应用需求

近几十年，微电子技术迅速发展起来，加上近几年MEMS技术的发展，基于MEMS技术的各种元器件和传感器也发展起来。在此基础上，研制出各种高温压力传感器。因应用MEMS技术制作的各种传感器具有体积小、灵敏度高和性能稳定等优点，引起了人们的广泛关注。目前高温MEMS压力传感器市场主要被瑞士KISTLER、美国Kulite、美国ENDEVCO等公司垄断。

这些国外产品主要应用在石油化工、发动机压力测量等领域。在满足耐高温的前提下，正朝着多功能化、集成化的方向发展。如美国ENDEVCO公司产品和Kulite公司产品，封装后传感器的直径可以做到ϕ2mm以内，有些产品还具有压力和温度同时检测的功能，如图4-1所示。但国外耐高温压力传感器对于国内用户市场仍存在着以下几个方面的问题：第一，不能满足特殊应用领域的要求，如对国内一些军事或尖端研究领域的高温压力测量的研究和应用进行严格的限制；其次，国外高温压力传感器有些产品不能适合国内用户的要求，包括接口、量程以及外形结构等，这就造成了国内需要的性能指标，国外

KRISTAL 产品

DRUCK 产品

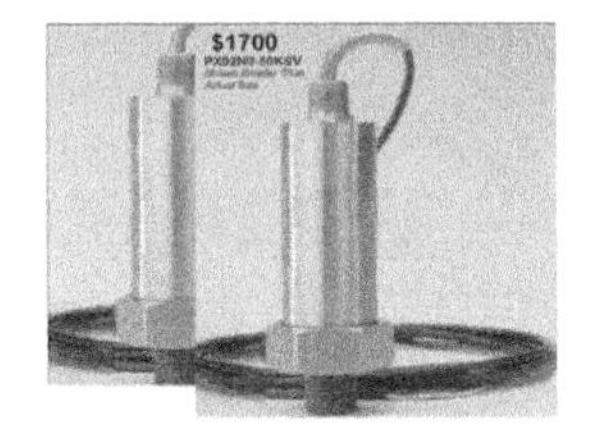

ENDEVCO 产品

DRUCK 产品

图 4-1　国外主要公司耐高温压力传感器产品

产品不能满足的局面；再次，国外产品存在价格昂贵和供货周期长的缺点。

我国科技部在 MEMS 重大专项中将耐高温压力传感器技术研究作为“863”重点项目进行资助，集西安交通大学、中电十三所、中电 49 所、昆山传感器研究所等多家高校、研究所和企业的产学研优势，解决了耐高温压力传感器的关键技术，提高了国内耐高温压力传感器的技术水平，填补了国内在此研究领域的空白，并促使该研究成果在国内实现产业化。

4.1.2　耐高温压力传感器主要技术方法

随着航空航天发动机、石油化工、汽车电子等科技和产业技术的发展，高温恶劣环境下的压力测量已逐渐成为重大测量需求，急需解决有关的基础技术与工程应用问题。基于 SOI（绝缘衬底上的硅）、SOS（蓝宝石衬底上的硅）、陶瓷-厚膜电阻、SiC（碳化硅）等敏感结构材料的 MEMS（微机电系统）压力传感器以其性能优越、易于批量制造、产品一致性高等优点，正成为国内外高温、高稳定性、高可靠性压力传感器的主流解决方案。

（1）采用 SOI 技术的耐高温高精度压力传感器及耐腐蚀性封装

采用压阻技术的硅 MEMS 压力传感器技术成熟、应用范围广，结构上主要由敏感弹性膜和硅压阻组成，其工作原理可描述为：压力作用于敏感膜，造成膜变形引起压阻上的应力发生变化，根据压阻效应原理，应力会引起阻值的变化，因此通过测量阻值的变化可以得到压力载荷的大小。一般在硅膜上根据其应力分布特点，设计四个压阻，组成惠斯通电桥，提高传感器的满量程输出和精度。典型的硅 MEMS 压阻式压力传感器如图 4-2 所示，包括普通硅压阻式压力传感器和 SOI 硅压阻式压力传感器。

传统扩散硅压力传感器的压阻通常采用在 N 型硅基底中掺入高浓度的硼杂质形成 P 型测量电阻，由于电子和孔穴的扩散运动，P 型电阻与 N 型硅基底间形成起隔离作用的 P-N 结，如图 4-2（a）所示。当工作温度升高到 120℃以上时，由于硅的杂质能级向本征

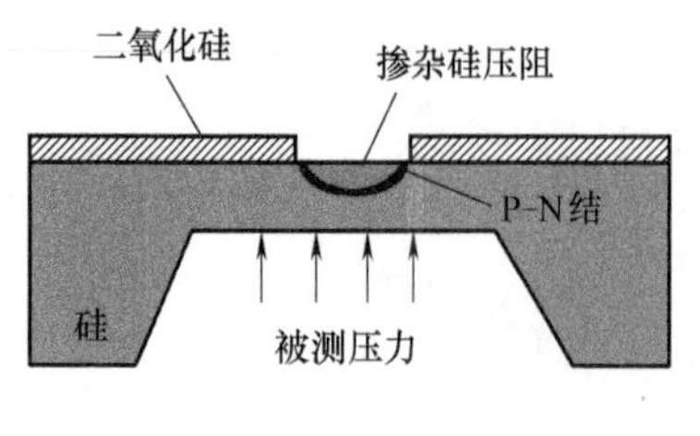

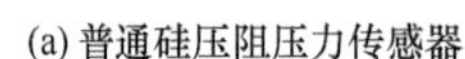
(a) 普通硅压阻压力传感器

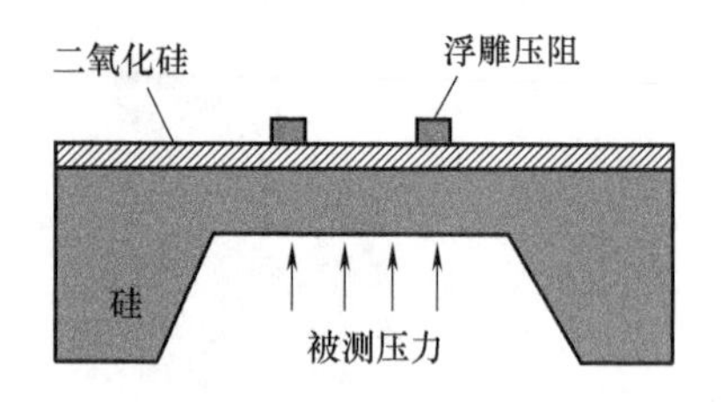

(b) SOI硅压阻压力传感器

图 4-2 普通以及采用 SOI 技术的硅压阻式压力传感器

能级靠拢，P-N 结处产生很大的漏电流，致使力敏芯片工作失效。用 SOI（Silicon on Insulator）材料可以通过 SiO_2 绝缘层将力敏芯片的检测电路层与硅基底隔离开，如图 4-2（b）所示，有效解决了普通硅压阻式压力传感器工作温度低的问题，可以用于研制耐高温压阻式 MEMS 压力传感器，避免了高温下检测电路与基底之间的漏电流产生，提高传感器的耐高温特性（达到 300℃）。

为了提高 SOI 压力传感器的灵敏度和精度，主要从结构和工艺层面进行优化和分析，目前的主要方法有：①采用方膜/厚矩形膜等方法，常用于大于 100MPa 的高压、高温压力传感器；②采用梁膜/岛膜/E 形膜等方式，在敏感膜上设计应力集中结构，可以提高传感器的灵敏度。

为了提高硅 MEMS 压力传感器的耐腐蚀性，主要从封装工艺着手，比如：英国 APPLIED MEASUREMENTS 的 P600HT 型号，采用钛合金封装来增强传感器的抗腐蚀性，其工作温度可以达到 250℃，但是没有具体说明耐什么气体或液体腐蚀；瑞士的 Keller 公司，采用耐腐蚀钛合金以及氢气钎焊技术，提高传感器对海水的抗腐蚀性，但使用温度只有－10～80℃；美国的 Validyne 公司采用了因科内尔铬镍铁合金以及在传感器敏感膜片上覆盖聚四氟乙烯的方法，传感器工作温度为－55～120℃，但是该公司声明由于腐蚀造成的损失该公司不承担责任。此外，美国的 Micron Instruments 公司也是采用钛合金（6AL4V）来提高传感器的抗腐蚀性；日本的 Pureron 公司，专门针对腐蚀性气体，尤其是 HBr 和 HCl，采用 HASTELLOY 金属（哈氏合金）研制了 PC-601 系列，工作温度为－1～71℃。

（2）蓝宝石压力传感器

SOS（Silicon on Sapphire）蓝宝石压力传感器通常利用蓝宝石（α-Al_2O_3）作为弹性体，在蓝宝石上异质外延生长单晶硅薄膜，通过腐蚀制作蓝宝石杯，然后刻蚀硅膜形成惠斯通压敏电桥，其典型结构如图 4-3 所示。由于采用了介质隔离，SOS 蓝宝石压力传感器的最高工作温度可达到 400℃。

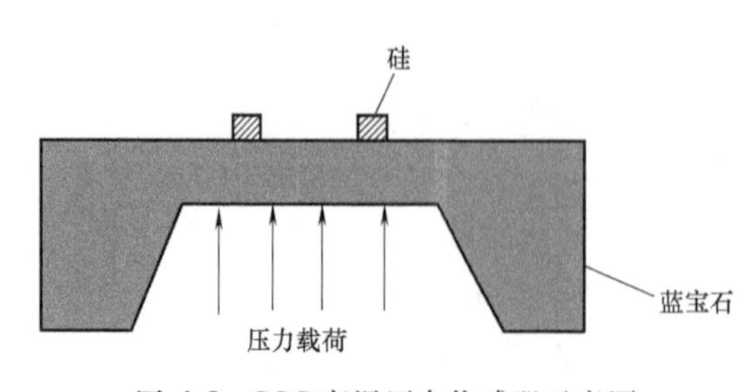

图 4-3 SOS 高温压力传感器示意图

SOS 蓝宝石传感器具有宽频响、耐腐蚀、耐高温、量程大等特点。SOS 蓝宝石压力传感器的最大劣势是其单晶片的制备成本较高，加工难度大且工艺较为复杂。

蓝宝石单晶片的成本是硅片的 10 倍以上，此外，蓝宝石材料的硬度较高，抗腐蚀能力较强，但同时也导致对其加工难度较大，机械方法制备敏感薄膜的成品率很低，在很大程度上限制了该传感器的批量生产和实用化。同时，外延单晶硅薄膜与蓝宝石间的晶格失配较大，存在很大的失配应力，传感器的长期稳定性难以保证。因此，SOS 压力传感器到目前为止进展缓慢。

（3）陶瓷（Al_2O_3）厚膜压阻式压力传感器

陶瓷厚膜压阻式压力传感器以陶瓷为基底，以陶瓷膜片为弹性载体，采用厚膜工艺制得压阻，具有耐腐蚀、耐磨损、抗冲击振动、低成本等优点，工作温度范围约为－40～135℃，已被广泛应用在各种腐蚀性气体或液体的压力测量场合。传感器的基本原理如图 4-4 所示。

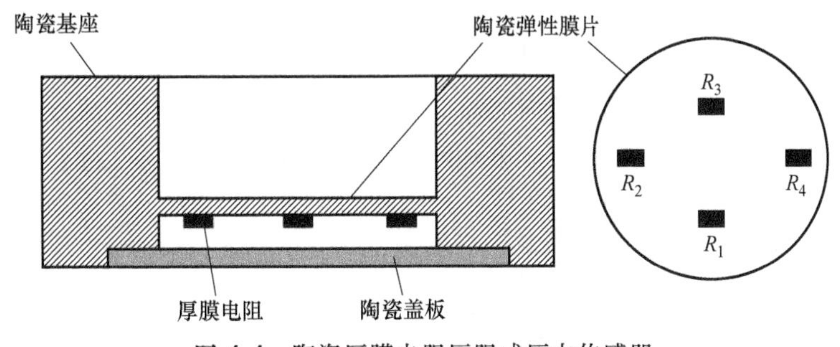

图 4-4 陶瓷厚膜电阻压阻式压力传感器

传感芯片主要由陶瓷基座、陶瓷弹性膜片、厚膜电阻、瓷环、陶瓷盖板等结构组成。陶瓷弹性膜片厚度均匀、膜片平整、内应力小。通过丝网印刷技术将厚膜电阻（钌酸盐浆料）和导电带（Ag/Pb 浆料）掩模转印到陶瓷弹性膜片背面，经高温烧结定型。然后，将温度补偿电路印烧到陶瓷盖板上，再利用低温玻璃浆料将陶瓷盖板和带有瓷环的陶瓷弹性膜片经低温烧结，制成结构稳定的圆柱固支型传感芯片。

国外可查询到的陶瓷压力传感器产品，典型的有德国 First sensor 公司以及瑞士 Kistler 公司开发的系列压力传感器产品，采用厚膜压阻和陶瓷弹性膜片作为敏感芯片，并且封装头采用塑料结构，提高传感器的耐腐蚀性，其工作温度为－25～85℃。由于丝网印刷工艺精度和浆料均匀性的限制，这类传感器的应变电阻一般需要进行激光修正才能达到较好的一致性。另外厚膜压力传感器的灵敏度相对较低，且功耗大。

（4）碳化硅压力传感器

SiC 材料耐高温、耐辐射，化学稳定性极强，能够在腐蚀性条件下工作，但是加工难度也较大，严重影响了 SiC 耐高温压力传感器的加工实现，成为制约其发展的瓶颈。目前常见的压阻式 SiC 高温压力传感器有 3C-SiC、4H-SiC 和 6H-SiC 三种。压阻式 3C-SiC 高温压力传感器采用直接在 Si 衬底上生长 3C-SiC 薄膜的方式制备，如图 4-5（a）所示，具有工艺兼容性好、成本低、易于大批量生产等优点。在此基础上，利用 SOI 结构作为衬底，可进一步提高传感器的工作温度，使其达到 350℃，SOI 3C-SiC 高温压力传感器的组成结构较为简单，工艺难度小，性能指标优异，其典型结构如图 4-5（b）所示。6H-SiC 是 SiC 多型体中结构最为稳定的一种，利用 6H-SiC 制备的压力传感器在高温下具有良好

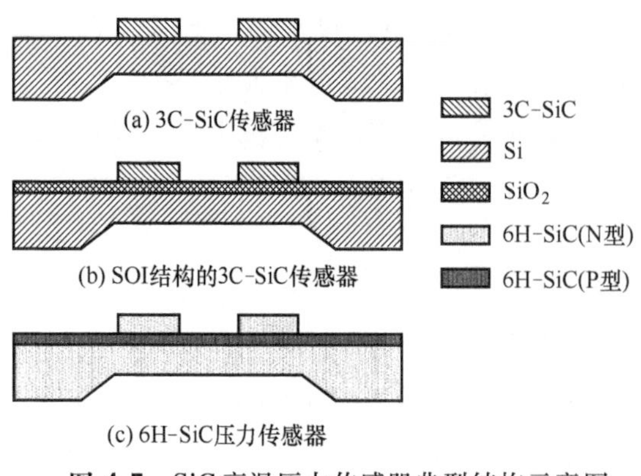

图 4-5 SiC 高温压力传感器典型结构示意图

的热特性和力学性能，工作温度可达 500～600℃。6H-SiC 高温压力传感器主要具有以下优点：高温下漏电流小，热稳定性好，同质外延的材料结构不存在由晶格失配和热胀系数不同所带来的影响，解决了 SOI 衬底结构 3C-SiC 传感器的热胀系数不匹配问题。6H-SiC 高温压力传感器的典型结构如图 4-5（c）所示。

国外对 SiC 材料研究较早，其微电子工艺和微电子器件的研究基础较好。目前压阻式 SiC 压力传感器整体研制的单位有德国柏林工业大学、美国 NASA Glenn 研究中心以及美国 Kulite Semi-conductor Products 公司。我国针对 SiC 高温压力传感器的研究较国外起步晚，国内主要研究工作大部分集中在单晶的制备、外延和刻蚀等加工工艺方面，对于高精度 SiC-MEMS 压力传感器的报道较少。

4.2 SOI 高温压力传感器

4.2.1 SOI 压阻传感器的耐高温工作原理

(1) 浮雕式电阻

传统的扩散硅压力传感器力敏芯片的惠斯通测量电桥的四个电阻是利用硅平面离子注入工艺或硅平面扩散工艺把待掺杂的元素从 SiO_2 掩模窗口注入扩散到硅片内，如图 4-6 所示。通常采用在 N 型硅基底中掺入高浓度的硼杂质形成 P 型测量电阻，由于电子和孔穴的扩散运动，P 型电阻与 N 型硅基底间形成起隔离作用的 P-N 结。当工作温度升高到 120℃以上时，由于硅的杂质能级向本征能级靠拢，P-N 结处产生很大的漏电流，致使力敏芯片工作失效。

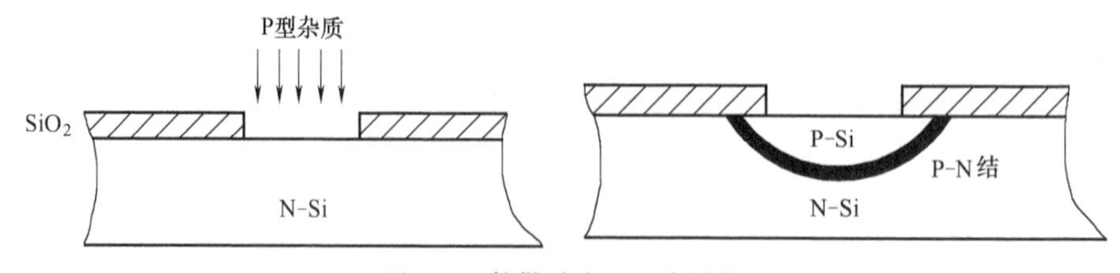

图 4-6 扩散硅电阻隔离结构

用 SOI（Silicon On Insulator，绝缘衬底上的硅）材料研制耐高温压阻力敏芯片的目的就是通过 SiO_2 绝缘层将力敏芯片的检测电路层与硅基底隔离开，避免了高温下检测电路与基底之间的漏电流产生，提高力敏芯片的耐高温特性。如图 4-7 所示，耐高温 SOI 膜包含 1～1.6μm 测量电路层、0.1μm 的应力匹配层结构（Si_3N_4）和浮雕电阻设计，保证测量电路层最小内应力影响。目前，商品化的 SOI 材料的制备主要有两大技术：以 Ibis

公司为主的 SIMOX（Separation by Implantation of Oxygen）方法和以 Soitec 公司为主的 Smart-cut 方法。SOI 材料主要用于低压、低功耗超大规模集成电路和抗辐照、耐高温的特种集成电路，另一个重要应用领域是制备微机械电子器件，相比传统的扩散硅压力传感器，用 SOI 材料制备的力敏芯片可用于 300℃高温环境下，为耐高温高频压力传感器的批量制备奠定了基础。

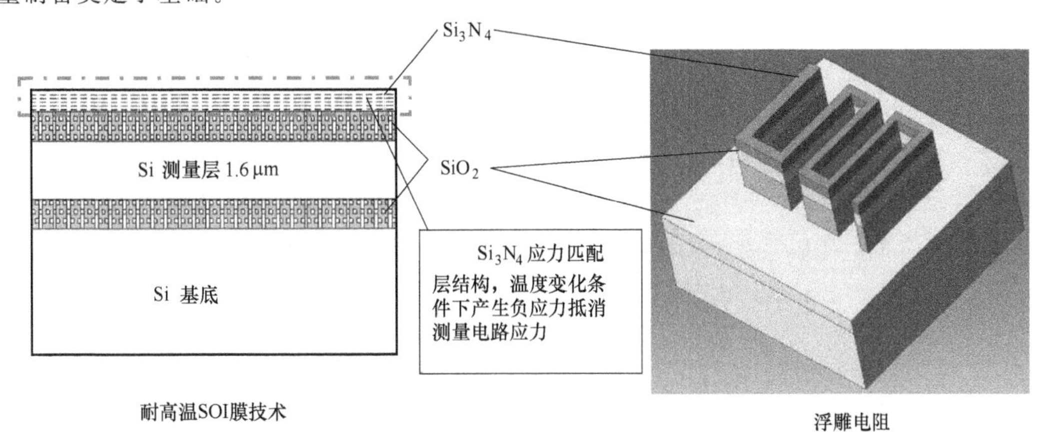

图 4-7　高温压力传感器电阻结构

（2）耐高温电极

传统的微传感器的引线结构中，一般采用蒸镀铝或溅射铝的技术来实现芯片内的线连接。然而，在高温高压的恶劣环境下，“铝-金”引线技术则不再适用，纯铝金属化系统在使用中存在许多问题，它们严重地影响微电子器件或微传感器的可靠性。为解决高温下引线的可靠性问题，引入钛-铂-金梁式引线技术。

梁式引线的首要问题是选择“梁”的组成材料，它至少由三种金属组成，即接触金属、阻挡扩散金属和“梁”金属。作为接触金属必须具有较高的电导率、较低的接触电阻，在高温或大电流密度下性能不易变坏，且容易淀积。因与硅具有最小的接触电阻，故选用钛作为本梁式引线方案中的接触金属。阻挡扩散层金属的作用是防止在“梁”金属和下面金属之间形成会降低性能的金属间化合物。这种金属必须是不活泼，且与其接触的金属不能形成不希望的化合物，而且“梁”金属不容易扩散到其内部。铂已被广泛应用于制造各种梁式引线器件，而且这些器件有极好的寿命试验数据，故选用铂作为梁式引线的阻挡扩散金属。由于“梁”是芯片和外引线之间接触的媒质，因此对其与引线之间的焊接工艺必须予以特别的考虑。因金“梁”容易键合，容易制造，且有较高的耐蚀性，故用金作为“梁”金属。由此，制作出了钛-铂-金梁式耐高温内引线，如图 4-8 所示。

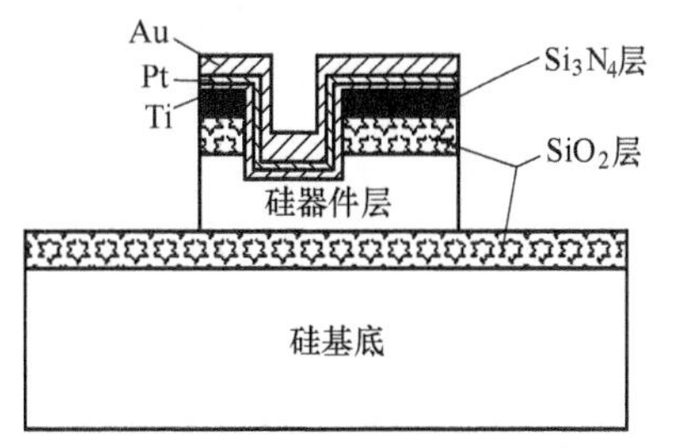

图 4-8　SOI 高温压阻力敏芯片膜结构

4.2.2　合理掺杂浓度的设计

由于 P-Si 型掺杂压敏电阻的压阻系数是关于掺杂表面浓度和温度的函数，方程如下：

$$\pi(N,T)=\pi_0 KP(N,T) \tag{4-1}$$

式中，N 为掺杂表面浓度；T 为温度；π_0 为在常温和低掺杂条件下的压阻系数常数；KP（N，T）为压阻因子。

由式（4-1）可见，压敏电阻的压阻系数受压阻因子影响，压阻因子又是关于掺杂表面浓度和温度的函数。

P-Si 型压敏电阻的压阻系数与掺杂表面浓度及温度的关系如图 4-9 所示。由图可知，掺杂表面浓度的大小直接关系到电阻压阻因子的大小，掺杂表面浓度越大，其电阻的压阻因子越小，从而导致压阻系数越小。此外，温度系数也会影响压阻因子变化的程度，从而导致压阻系数的改变。在掺杂表面浓度小于 $3\times10^{19}\text{cm}^{-3}$ 的范围内，随着温度的增加，压阻系数减小；当掺杂表面浓度大于 $3\times10^{19}\text{cm}^{-3}$ 时，压阻系数将几乎不随温度变化；当掺杂表面浓度在 $3\times10^{17}\text{cm}^{-3}$ 和 $3\times10^{19}\text{cm}^{-3}$ 之间，随着掺杂表面浓度的增加，压阻系数在减小，同时压阻系数的温度系数也在减小；当掺杂表面浓度在 $1\times10^{19}\text{cm}^{-3}$ 和 $3\times10^{19}\text{cm}^{-3}$ 之间，压阻系数和压阻系数的温度系数都比较小。

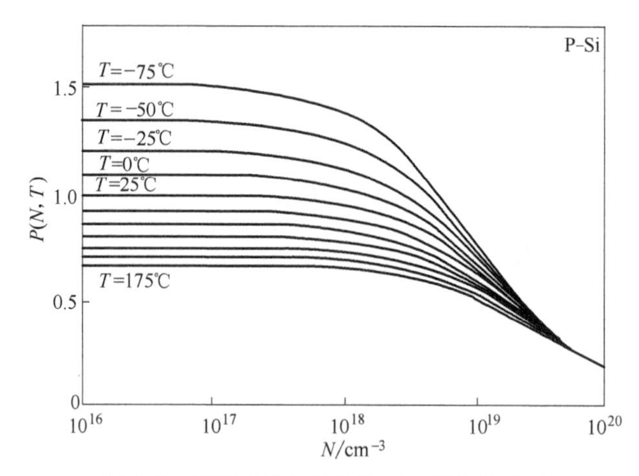

图 4-9 压阻系数与掺杂浓度、温度的关系

考虑压阻传感器的供电方式，在恒压与恒流两种方式下，灵敏度的温度系数（TCS）可表示为：

① 恒压供电方式下，灵敏度的温度系数：$\text{TCS}_\text{v}=\text{TC}\pi$；

② 恒流供电方式下，灵敏度的温度系数：$\text{TCS}_\text{i}=\text{TC}\pi+\text{TCR}$。

由上两式可见，在恒压源供电的情况下，灵敏度的温度系数（TCS_v）仅与 $\pi44$ 的温度系数 $\text{TC}\pi$ 有关。因此，为了降低温度漂移的影响需提高掺杂浓度，然而这又会降低传感器灵敏度。当采用恒流源供电时，灵敏度的温度系数（TCS_i）不仅与 $\pi44$ 的温度系数 $\text{TC}\pi$ 有关，还与电阻的温度系数 TCR 相关。$\text{TC}\pi$ 和 TCR 在 300K 温度下随掺杂浓度的变化关系如图 4-10 所示。由于两温度系数的符号相反，因此可选择恰当的掺杂浓度使两者相互抵消，进而实现对温度漂移的自补偿。

从图 4-10 中可以得知，当在恒流供电的条件下，掺杂浓度为 $3\times10^{18}\text{cm}^{-3}$ 或 $2\times10^{20}\text{cm}^{-3}$ 时，TCR 与 $\text{TC}\pi$ 正好抵消，因此此时灵敏度的温度系数 TCS_i 为零。

由上可知，当掺杂浓度越大的时候，压阻系数在减小，同时压阻系数的温度系数也在

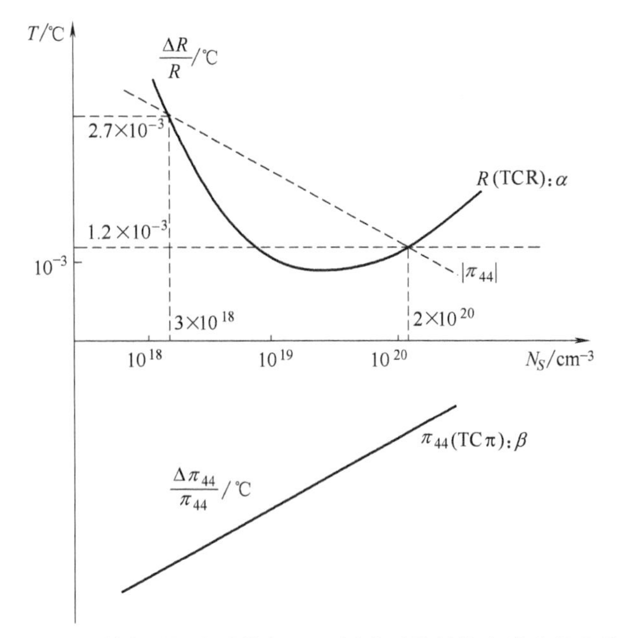

图 4-10　P-Si 型电阻温度系数和 π_{44} 温度系数随掺杂浓度的变化关系

减小，这代表着，随着浓度的增加，灵敏度系数减小，而灵敏度的温度系数也随之减小，因此，为了避免较大的温度漂移系数，可以选择 $2\times10^{20}\text{cm}^{-3}$ 作为敏感电阻掺杂的浓度。

4.2.3　SOI 耐高温敏感元件的制作工艺

研究基于 SOI 技术的耐高温压阻力敏芯片的制作工艺路线及关键工艺参数设计，设计浮雕式单晶硅敏感电阻条结构和钛-铂-金高温布线技术，解决了多层膜热应力对传感器性能的影响和敏感元件内引线的高温失效难题。在此基础上，研制出了耐高温传感器的核心元件——耐高温固态压阻力敏芯片，工作温度高达 350℃，解决了传统体硅芯片在工作温度≥120℃时因 P-N 结漏电流增大而失效的难题，突破了传感器在高温（120～250℃）下的压力测量瓶颈，具有耐高温、可靠性高等特点。

基于 SOI 技术的系列耐高温固态压阻力敏芯片需要经过如图 4-11 所示的十几道 MEMS 加工工艺才能得到，其中加工工艺路线和工艺参数设计至关重要，关系到敏感元

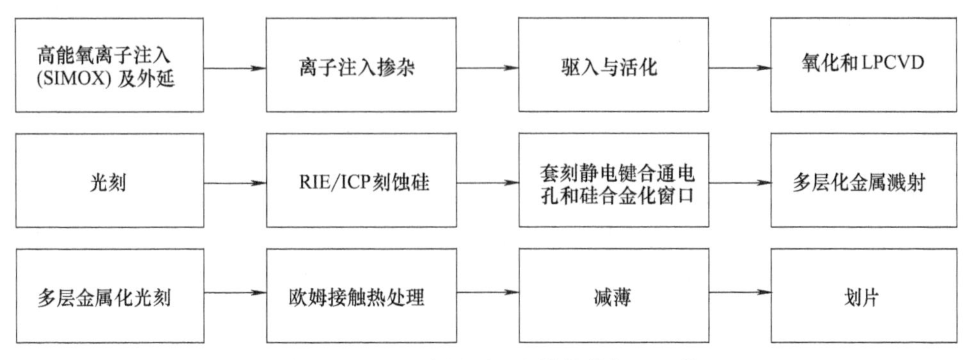

图 4-11　SOI 高温压阻力敏芯片加工工艺

件性能的好坏。

下面对主要的工艺步骤进行简要介绍。

(1) 利用 SIMOX 技术制作 SOI 器件工艺

SIMOX 材料形成原理比较简单，如图 4-12 所示，即氧离子注入到硅片表面下形成 SiO_2 埋层，所用的工艺条件应保障氧化物上面有一层单晶硅。但为了得到较好的硅层质量，对注入氧的剂量、注入温度和退火参数都要有严格的要求。选择的氧离子注入剂量为 $1.4\times10^{18}cm^{-2}$，注入能量 200keV，退火温度为 1300℃，形成的埋层 SiO_2 厚度为 367nm。

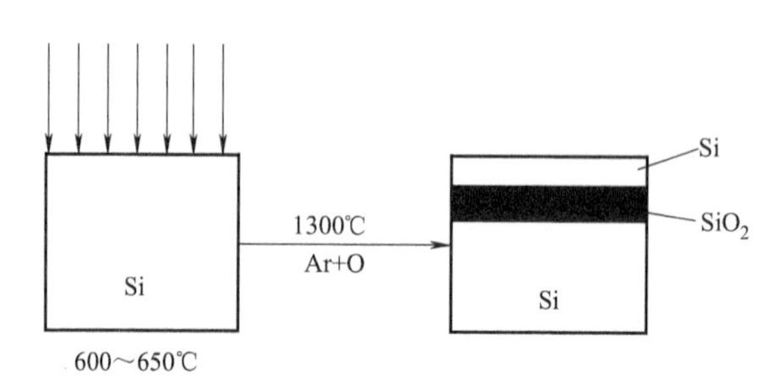

图 4-12 SIMOX 原理：硅中大剂量注入氧，然后退火，在薄的单晶硅表面层下形成 SiO_2 埋层

(2) LPCVD 技术薄层均匀硅外延层生长

用 SIMOX 方法制作的 SOI 硅片的埋层氧化物 SiO_2 上有一层约 2000Å 厚的单晶硅层。采用 MEMS 工艺在上层单晶硅层中加工出传感器的检测电路，作为基于压阻效应的测量电路，为提高测量灵敏度，通常所需要的硅层的厚度为 1.2～1.5μm，为此采用低压气相淀积（LPCVD）技术外延生长上层的单晶硅至所需厚度。在生长过程中，为保证外延硅的表面质量，需要控制的主要参数有三个：衬底温度、源气体流量和源气体的摩尔分数。在此，衬底温度为 1200℃；源气体流量为 1L/min；摩尔分数为 0.01。

(3) 离子注入掺杂及驱入活化工艺开发

离子注入掺杂是提高半导体功能器件性能的重要方法之一，它可提高元件的导电性能，提高检测灵敏度，调节阻抗匹配。研制的耐高温固态压阻力敏芯片的最终使用目的是作为高温下的压力测量，这就需要离子掺杂后的单晶硅层在具有较高的压阻效应的同时，具有较好的耐温度影响特性。与 N-Si 相比较，P-Si 有较好的上述两点特性，所以选择硼离子作为离子注入的对象，而后采用热退火的方式，可使绝大部分缺陷（注入的杂质原子处于间隙位置，从而影响导电能力）消除，使全部或部分杂质原子进入替位位置，达到电激活，提高其导电能力。

为提高硅测量电路层的稳定性，需要在测量电路层的上表面，即 SOI 的上层硅表面生长薄层 SiO_2，可采用常压热氧化的工艺技术实现。再在薄层 SiO_2 上 LPCVD 一层 Si_3N_4 以消除 Si 和 SiO_2 因热胀系数不一致而产生的附加内应力，从而提高了传感器敏感元件的性能，其中关键在于厚度比的控制。

(4) RIE 刻蚀浮雕电阻工艺

等离子体刻蚀技术解决了化学湿法刻蚀所产生的腐蚀器件、钻蚀、加工工艺复杂等问题。本项目主要应用了等离子体刻蚀（RIE）技术在制备好的 SOI 硅片上获取测量电路图形。刻蚀出沿着一定的晶向的电阻图形，作为测量压力的检测电路。因其与体硅的基底之间用 SIMOX 技术制作的 SiO_2 隔离，因此就避免了检测电路与衬底的相互影响，其最大特点是能够在较高的温度环境条件下工作。采用浮雕式电阻条结构，也即只保留电阻条的形状，其他隔离层以上的电阻条形状以外的材料全部被腐蚀掉，从而减少了这些材料在高温下因热应力的影响而使电阻条的阻值发生不必要的误差，解决了多层膜结构因热胀系数不匹配而产生的残余应力影响传感器性能的技术难题。

（5）芯片内引线工艺

应用钛-铂-金梁式内引线系统，解决了高温恶劣环境下传感器引线技术、封装技术及高温封装中材料应力匹配及融润问题，制作出了钛-铂-金梁式耐高温内引线。

SOI 耐高温固态压阻力敏芯片膜 SEM 照片如图 4-13 所示。制作出的 SOI 耐高温固态压阻力敏平膜芯片、倒杯芯片、C 型杯芯片的实物照片如图 4-14 所示。

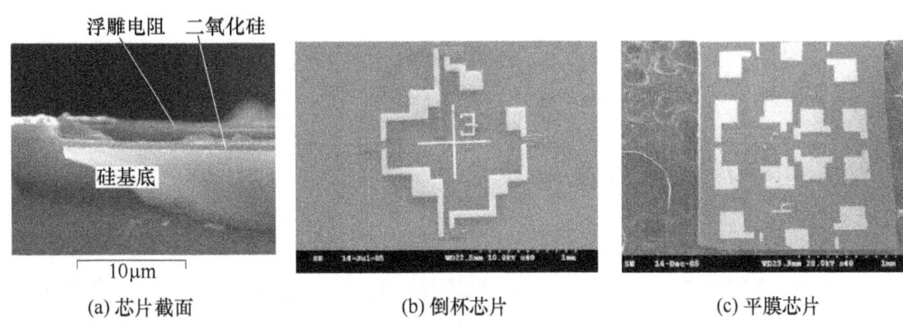

(a) 芯片截面　(b) 倒杯芯片　(c) 平膜芯片

图 4-13　耐高温压阻力敏芯片的 SEM 照片

平膜芯片

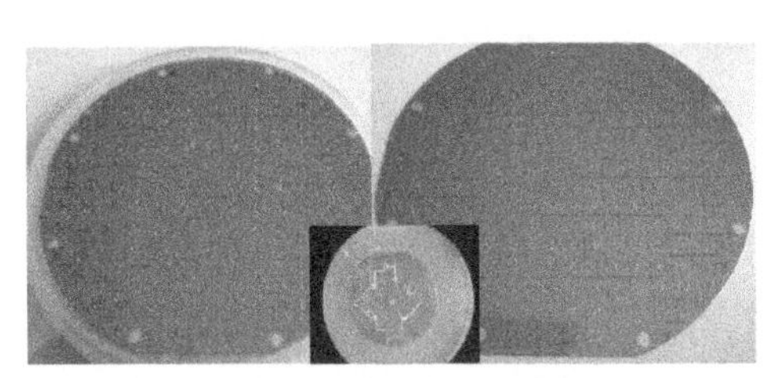
倒杯芯片

C型杯芯片

图 4-14　系列敏感元件实物照片

耐高温压阻力敏芯片通过静电键合工艺实现与硼硅玻璃环的倒杯封接，具有封接应力小、封接强度高、气密性好、稳定性好，且工艺过程容易实现等特点，能够提高传感器精度，减少蠕变对传感器性能的影响，而且具有高频响特点。静电键合设备简单、见效快，封接迅速牢固，容易操作，因而应用广泛。静电键合是将硅芯片或圆片与玻璃环直接连接在一起的方法。图 4-15 是采用静电键合技术实现的耐高温压阻力敏芯片与硼硅玻璃环的封装结构。静电键合技术具有不导电、气密性好、热稳定和化学稳定性好的特点，而且机械强度高。由于硼硅玻璃与硅有相近的热胀系数，封接造成的热应力很小，这对耐高温高频压力传感器而言是极为有利的。另外，金丝引线通过热压焊工艺从玻璃环内孔引出，压

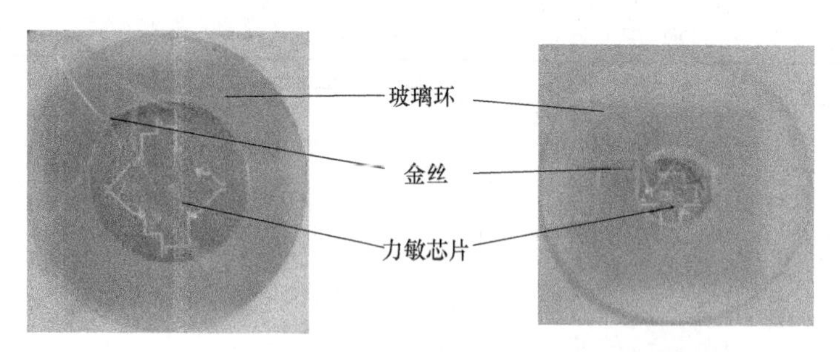

图 4-15 静电键合的耐高温压阻力敏芯片与硼硅玻璃环

阻力敏芯片背面与被测介质直接接触，避免正杯封装时，玻璃环上内孔对传感器频响性能的影响。

4.3 耐高温压力传感器的典型封装形式

根据不同应用场合的特点，耐高温传感器的封装结构主要分为齐平膜高频响结构、高可靠性充油封装、微型化无引线封装等。

4.3.1 绝压与表压的芯片级封装

上一节内容介绍了通过静电键合实现耐高温压阻力敏芯片与硼硅玻璃环结构形式的压力敏感芯片，其中的耐高温力敏芯片是通过减薄抛光达到设计的压力敏感膜厚度。除此方法以外，目前在实际的工程生产中可以通过感应耦合等离子刻蚀或者湿法腐蚀的方法减薄背腔制定区域，实现压力敏感膜片的制备，然后采用硅玻阳极键合技术，将耐高温MEMS压力传感器芯片的底部与BF33玻璃基底键合在一起，提高芯片的强度，如图4-16所示。由于键合过程中，通过控制键合设备内的气压，可以实现压力传感器芯片腔体内部为真空或者封有一个大气压，从而实现绝压封装或者密封表压封装，如图4-16（a）所示。如果在BF33玻璃上打孔，实现与外界大气的连接，则可以实现表压的封装方式，如图4-16（b）所示。底部键合的BF33玻璃基底不仅提高了传感器芯片的结构强度，同时保证了其封装的气密性，提高了传感器的稳定性。相对于其他黏合剂结合方式或键合方式，由于阳极键合对键合表面的要求不高，处理工艺的温度不高，且具有良好的气密性和长期稳定性。

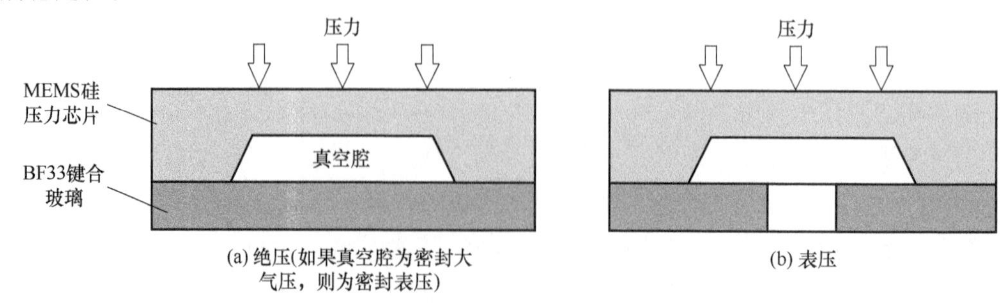

图 4-16 通过硅玻键合工艺实现绝压/表压的芯片级密封

4.3.2　齐平膜高频响结构——倒杯式和C型杯式

针对空气动力学试验、航空测试及火药爆破试验等对高温压力传感器的动态特性要求，采用SOI耐高温固态压阻力敏倒杯芯片和C型杯芯片分别开发了高频响型倒杯式和C型杯耐高温压力传感器。倒杯式高频响压力传感器采用的齐平膜封装方式保证了被测介质直接作用在敏感元件上，从而减小了管道效应的影响，提高了传感器的动态响应特性。传感器量程为20kPa～100MPa，频响可达10kHz～1MHz。图4-17为硅杯高温压力传感器的结构示意图。

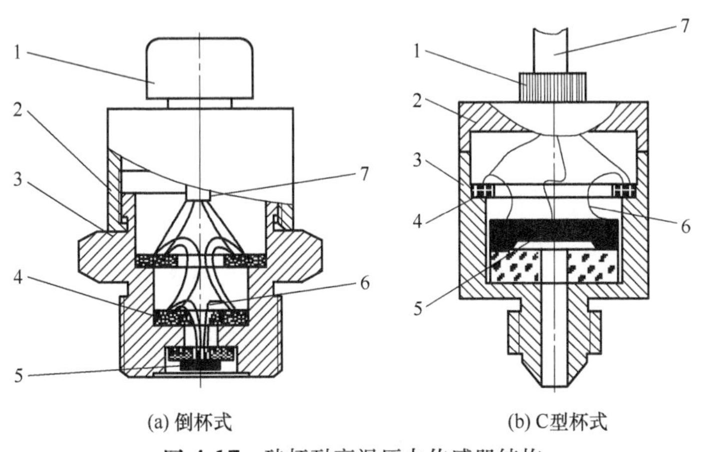

(a) 倒杯式　　(b) C型杯式

图 4-17　硅杯耐高温压力传感器结构

1—压紧帽；2—外壳；3—基座；4—高温转接板；5—SOI倒杯或C型杯芯片；6—金丝；7—高温电缆线

4.3.3　高可靠性充油封装

可靠的隔离封装技术研究是解决压力传感器在高温环境下稳定性和耐腐蚀性的关键技术问题。耐高温高压压力传感器机械结构设计要求尽可能满足传感器性能需要和工艺需要，以及易于批量生产、系列化、小型化及现场安装方便。为提高通用压力传感器的长期稳定性和工程化应用水平，在压敏元件封装时，采用充硅油结构和技术，避免被测介质与敏感元件直接接触，在提高传感器稳定性的同时提升其适应能力。

由于传感器采用薄膜隔离式结构，基座腔体内还充有高温硅油，这就对腔体结构也提出了严格的要求，要求腔体结构简单，易于传感器芯片的贴片。腔体体积不能太大，太大会导致高温时硅油的热膨胀率急剧增大影响传感器的工作性能与稳定性，同时，腔体体积也不能太小，太小使得硅油充灌不足，传递波纹片压力时使信号失真。还要满足充油的要求，要易于排气、充灌。油孔大小以及位置都将给传感器的性能带来一定程度的影响。对于特殊场合使用的传感器还要考虑防爆、抗过载保护能力等。

根据压力传感器的设计要求，耐高温压力传感器充油封装设计的机械结构如图4-18所示。接线柱1表面镀一层金，提高了压力信号的有效传递。玻璃绝缘子2具有很好的绝缘与耐高温性能，防止接线柱与不锈钢壳体接触形成短路现象。芯体基座4是超高压耐高温压力传感器的主体结构，芯片放在油腔底部，通过金丝球焊机将金丝压到芯片焊盘与接线柱一端。压环 7、波纹片 6 与基座通过微束等离子焊机被精密地焊接起来，然后形成了一个密闭的油腔。在通过贴片、引线、焊接工艺后，便得到了充油工艺前的传感器。再通过高温充油工艺将硅油从油孔 3 中充入，充油完毕后迅速将销钉 3 铆入油孔。等压力传感器冷却以后，再用清洗剂将传感器表面的硅油清洗干净，然后再进行后续工艺。

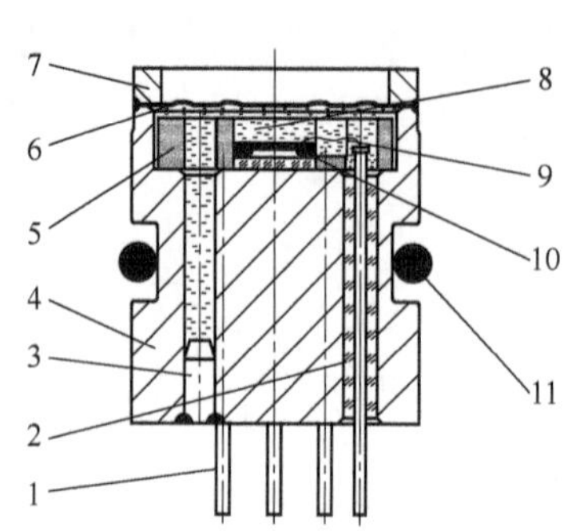

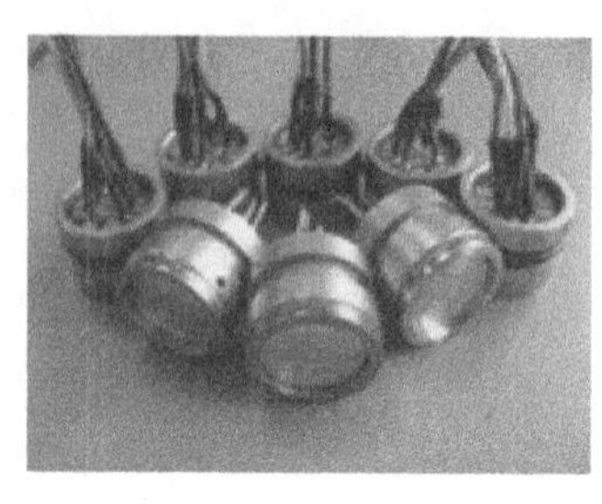

图 4-18　耐高温硅油隔离封装技术

1—接线柱；2—玻璃绝缘子；3—油孔（销钉）；4—芯体基座；5—陶瓷座；
6—波纹片；7—压环；8—硅油；9—金丝；10—芯片；11—密封圈

4.3.4　微型化无引线封装

在航空航天、兵器等领域，对压力传感器的动态特性有特殊的要求。充硅油隔离封装技术虽然可以提高传感器的可靠性，但是由于硅油存在，起到了隔离振动的作用，因此造成被测压强的动态信号损失。

为了提高耐高温压力传感器的动态特性，充分发挥 SOI 压力传感器芯片的优点，本项目进一步设计了倒杯式无引线低应力封装方案，结构示意图如图 4-19 所示。芯片正面通过键合或烧结工艺与封接玻璃固定在一起，外接线柱穿入封接玻璃的引线孔，通过金属-玻璃烧结的方法与芯片上的电极连接，实现无引线封装。而且，此方法使传感器芯片电路不受外界气体的影响，提高传感器的耐腐蚀特性。采用湿法腐蚀后的背腔感受压力载荷，与被测气体环境直接接触，由于单晶硅与氮氧化物、碳氧化物、水蒸气等均不反应，而且倒杯式封装只将单晶硅和耐腐蚀金属外壳暴露于被测气体中，最大限度地降低传感器与腐蚀性气体的接触面积和材料种类。同时，由于背腔直接接触被测气体，无管道效应和硅油隔离，从而提高传感器的动态特性。

图 4-19　倒杯式无引线低应力封装

1—不锈钢基座；2—引线针；3—烧结玻璃；
4—高温密封圈；5—陶瓷底座 6—烧结基层；
7—键合玻璃；8—玻璃浆料；9—芯片

4.4 SiC耐高温压力传感器敏感元件研制

4.4.1 SiC材料特性

碳化硅独特的材料性质使其在高温下具备一些远超Si传感器的优势，成为在极端环境下微机电系统应用中替代Si的首选材料。

① 极高的热稳定性：Si熔点1412℃，在500℃左右会发生严重的热致塑性变形（屈服强度下降到0.05GPa)；与Si相比，SiC没有熔点，其升华温度为2830℃，比Si具有更好的抗热塑性变形能力（1000℃左右，该温度下屈服/断裂强度预估为0.3GPa)，有报道显示4H-SiC、6H-SiC在1000℃时仍能保持良好的机械强度；同时，SiC的热导率为Si的2～3倍，可将传感器的工作温度提高到硅基传感器的3～4倍。

② 良好的力学性能：SiC是人类已知最坚硬的材料之一，其莫氏硬度为9，仅次于金刚石（10)；耐磨性好（9.15，金刚石为10)；杨氏模量和屈服强度是Si的3倍，同等情况下能够有效减小芯片挠度并提高抗冲击性能。

③ 优越的电学性能：禁带宽度是Si的2～3倍、击穿电场强度是Si的7倍。Si中的P-N结在125℃下表现出了过度的反向漏电流，而对于SiC，这个效应发生的温度提高到了高于350℃。

④ 极高的化学稳定性：Si-C键的高键能使得碳化硅仅在高于600℃的情况下可被碱金属氢氧化物（如KOH）熔融液腐蚀，此外几乎不被其他化学腐蚀剂腐蚀。

表4-1和表4-2分别列出了SiC的主要力学特性参数以及SiC与其他半导体材料的电学特性参数。

表4-1 SiC的主要力学特性参数

密度	泊松比	杨氏模量	莫氏硬度
$3.21g/cm^3$	0.212	460GPa	9
屈服强度	**断裂强度**	**热胀系数**	**热导率**
21 GPa	492MPa	$4.2\times10^{-6}℃^{-1}$	330 ～ 490W/(m·K)

表4-2 SiC与其他半导体材料的电学特性参数

项目	Si	GaAs	3C-SiC	4H-SiC	6H-SiC
禁带宽度/eV	1.12	1.43	2.4	3.26	3.0
最高工作温度/℃	600	760	1250	1580	1580
相对介电常数	11.8	12.5	9.72	10	9.66
热导率/[W/(m·K)]	150	54	320	370	490
击穿电场/(V/cm)	3×10^5	4×10^5	2.1×10^6	2.2×10^6	2.5×10^6
电子迁移率/[cm^2/(V·s)]	1500	8800	800	1000	400
空穴迁移率/[cm^2/(V·s)]	425	400	40	115	101
材料最高耐受温度/℃	500	760	1250	1580	1580

SiC具有的宽禁带能量（3.2eV）和低本征载流子浓度使其可以应用于高温环境中；

高击穿场强（3～5MV/cm）、高饱和电子速度（2×10^{7}cm/s）和高热导率［3～5W/(cm·℃)］可以用来加工大功率和高频的电子器件等。

SiC 的弹性系数是各向异性的，以 4H-SiC 为例，4H-SiC 的弹性系数矩阵可由 5 个独立的弹性常数 C_{11}、C_{33}、C_{44}、C_{12}、C_{13} 表征，KamitaniK 等通过布里渊散射测量了它们的值，如表 4-3 所示。此外，Tuan-Khoa Nguyen 等利用三点弯曲法测量了 4H-SiC 在（0001）平面上不同方向的杨氏模量，如表 4-4 所示。虽然碳化硅单晶其各方向的杨氏模量存在差异，但是近似为各向同性。

在对以 4H-SiC 单晶为主要材料的结构进行力学分析时，如果对计算精度不过于苛求，可按照各向同性对待，取弹性系数为 460GPa。若为了得到更精确的结果，则应按照各向异性弹性力学的理论设置其弹性系数矩阵对其进行分析。

表 4-3 SiC 弹性系数矩阵 GPa

项目	X	Y	Z	XY	YZ	ZX
X	$C_{11}=507$	$C_{12}=108$	$C_{13}=52$	0	0	0
Y	$C_{12}=108$	$C_{11}=507$	$C_{13}=52$	0	0	0
Z	$C_{13}=52$	$C_{13}=52$	$C_{33}=547$	0	0	0
XY	0	0	0	$C_{44}=159$	0	0
YZ	0	0	0	0	$C_{44}=159$	0
ZX	0	0	0	0	0	$2(C_{11}-C_{12})=798$

表 4-4 SiC 在（0001）平面上不同方向的杨氏模量

晶向	$1\bar{1}00$	$2\bar{1}\bar{1}0$	$10\bar{1}0$	$11\bar{2}0$	$\bar{1}100$	$\bar{2}110$	$\bar{1}010$	$\bar{1}\bar{1}20$
杨氏模量/GPa	503	481	493	497	503	481	493	497

单晶 SiC 本身为半导体材料，需要像 Si 基材料一样掺入杂质元素才能获得用于制作电子器件的基本电学特性。SiC 中杂质原子通常为氮原子、磷原子、铝原子和硼原子（N 型层掺杂氮或者磷元素，P 型层掺杂铝或者硼元素）。对于 N 型 SiC，由于磷元素掺杂需要使用有毒有害物质，而采用氮元素掺杂则无需使用有毒有害物质，因此 N 型 SiC 多采用氮元素掺杂；对于 P 型 SiC，由于硼原子的扩散较强而铝原子的扩散较弱，常采用硼原子掺杂。

根据压阻效应原理，半导体材料在受到应变时其电阻值 R 的变化可以表示为：

$$\frac{\Delta R}{R}=(\pi E+1+2\mu)\varepsilon=GF\varepsilon \tag{4-2}$$

式中，π 为材料的压阻系数；E 为材料的杨氏模量；μ 为材料的泊松比；ε 为材料的应变率；$GF=\pi E+1+2\mu$，称为材料的应变系数。

在碳化硅压阻式传感器的设计中，一般采用应力值和应变系数表示压阻元件的电阻变化量，并且将应变系数 GF 划分为纵向应变系数 GF_{l} 和横向应变系数 GF_{t}，纵向应变系数 GF_{l} 表示应力作用方向与通过压阻元件的电流方向一致，横向应变系数 GF_{t} 表示应力作用方向与通过压阻元件的电流方向垂直。

$$\frac{\Delta R}{R}=GF\varepsilon=GF\frac{\sigma}{E}=\frac{1}{E}(GF_{l}\sigma_{l}+GF_{t}\sigma_{t}) \tag{4-3}$$

与单晶 Si 不同，在 SiC 的（0001）平面上，沿不同方向的应变系数表现出相同的压阻特性，即各个晶向的纵向应变系数 GF_l 均相等，各个晶向的横向应变系数 GF_t 均相等。

4.4.2　4H-SiC 高温压力传感器芯片设计

压力传感器膜片按照膜片形状可以分为圆形膜、方形膜和矩形膜等，按照结构形式可以分为平膜结构、岛膜结构和梁膜结构等，如图 4-20 所示。平膜结构中应力分布较为均匀，其应力集中区域的最大应力相比梁膜和岛膜结构较小，不会由于局部应力过大从而导致传感器敏感膜破裂，适用于高压压力传感器的设计，有利于提高传感器的可靠性与长期稳定性。岛膜结构与梁膜结构由于其敏感模上特定区域的结构设计使其能够获得较高的应力集中，从而达到提高压力传感器输出灵敏度的目的，适用于低量程压力传感器设计。

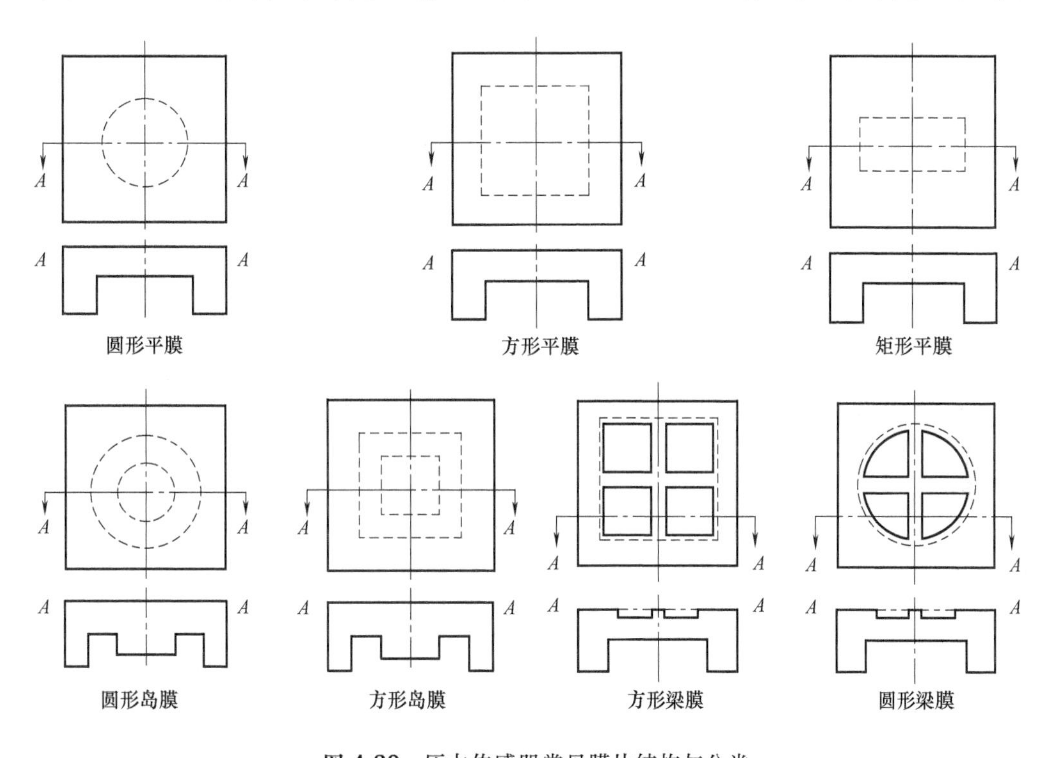

图 4-20　压力传感器常见膜片结构与分类

敏感膜片的类型选择应综合考虑应用环境、压力量程、过载要求、工艺可行以及封装结构的限制等多个方面。传感器芯片材料加工的难易程度，在很大程度上决定了传感器芯片结构设计的允许范围。由于碳化硅材料硬度高、耐磨性好、化学惰性强以及脆性的特点，出于对芯片加工成品率、传感器性能可靠性等方面的考虑，在膜片类型选择上选取较为简单的圆形平膜结构，有利于一次刻蚀成形。

圆形平膜片的几何图形是环形对称图形，在分析圆形膜片时应采用极坐标系，对圆形平膜片施加周边固支约束，在给定的压力 P 下，对于半径为 R、厚度为 t 的圆形平膜，设 r 为膜片上任意一点到圆心的距离，如图 4-21 所示。根据经典平膜理论的解析解推导得出，圆膜上任意一点的径向应力 σ_r、切向应力 σ_t 以及挠度的表达式如下：

$$\begin{aligned}
\sigma_r&=\frac{3P}{8t^2}[R^2(1+\mu)-r^2(3+\mu)]\\
\sigma_t&=\frac{3P}{8t^2}[R^2(1+\mu)-r^2(1+3\mu)]\\
\omega&=\frac{PR^4}{64D}\left(1-\frac{r^2}{R^2}\right)^2=\frac{3P(1-\mu^2)(R^2-r^2)^2}{16Et^2}\\
D&=\frac{Et^3}{12(1-\mu^2)}
\end{aligned}\tag{4-4}$$

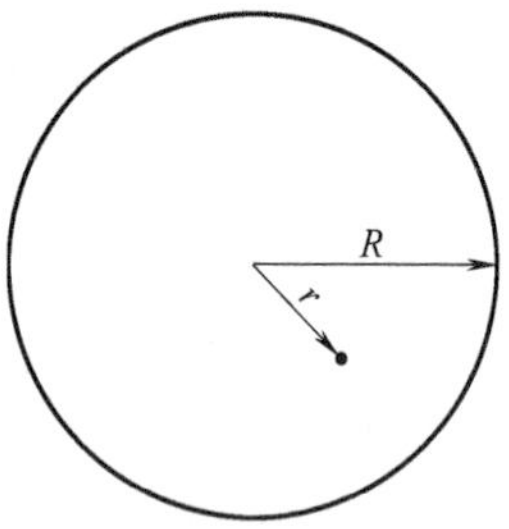

图 4-21　圆形平膜结构尺寸示意图

其中，圆形膜片中心（$r=0$）处，切向应力与径向应力同时达到正的最大值，分别为：

$$\sigma_{r(r=0)}=\sigma_{t(r=0)}=\frac{3PR^2(1+\mu)}{8t^2}\tag{4-5}$$

圆形膜片边缘处（$r=R$）切向应力与径向应力同时达到负的最大值，分别为：

$$\begin{aligned}
\sigma_{r(r=R)}&=-\frac{3PR^2}{4t^2}\\
\sigma_{t(r=R)}&=-\frac{3PR^2\mu}{4t^2}
\end{aligned}\tag{4-6}$$

圆形膜片中心（$r=0$）处挠度最大，表示为：

$$\omega_{(r=0)}=\frac{3P(1-\mu^2)R^4}{16Et^2}\tag{4-7}$$

周边固支圆形膜片的最低自振频率为（ρ 为材料密度）：

$$f_0=\frac{10.17t}{2\pi R^2}\sqrt{\frac{E}{12(1-\mu^2)\rho}}\tag{4-8}$$

图 4-22 是归一化处理后的圆形膜片上表面应力曲线分布图，图中的应力分析路径设定为圆形膜片上表面通过圆心的直径上的一条直线，压力载荷作用于膜片的下表面。

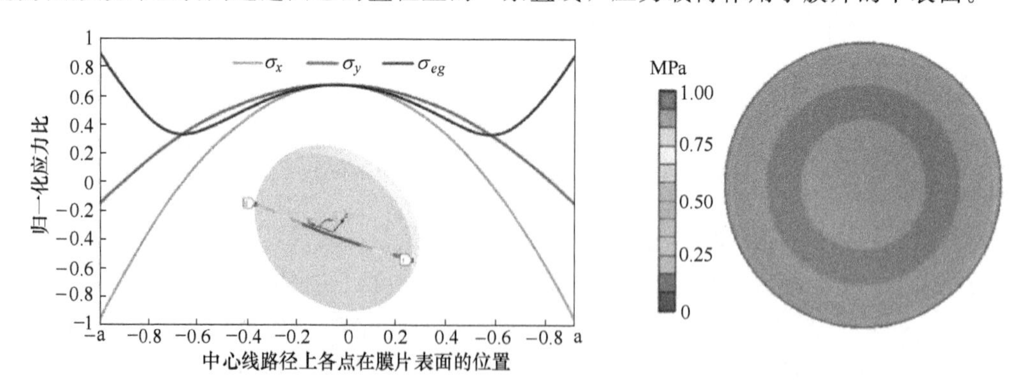

图 4-22　圆形平膜表面应力曲线归一化分布图（左）与等效应力分布云图（右）

敏感电阻的阻值主要由电阻条的尺寸（长度、宽度和高度）决定，可用下式计算：

$$R=\rho\frac{L}{S}=\rho\frac{L}{hW}\tag{4-9}$$

式中，ρ 为电阻率；L、W 和 h 分别为压敏电阻的长度、宽度和高度。

压敏电阻通过刻蚀工艺制备，因此电阻高度即是外延生长的高掺杂 N 型 SiC 外延层的厚度。压敏电阻的宽度设计主要考虑表面功耗。MEMS 器件设计中，一般要求单位表面积的最大功耗为 $P_{\max}=5\times10^{-3}\ \mathrm{mW}/\mu\mathrm{m}^2$。当电阻条上有钝化膜时，影响散热，$P_{\max}$ 还应该更小。敏感电阻单位面积功耗：

$$P_{\max}=\frac{I^2R}{LW}=\frac{I^2}{LW}\times\frac{R_sL}{W}=\frac{I^2R_s}{W^2} \tag{4-10}$$

式中，R_s 为方块电阻。考虑到输入电压的限制，桥臂电流一般为 2～10mA。

圆形平膜表面的电阻布置方案可以有两种。其中，一种电阻布置方案如图 4-23（a）所示，即 R_2 和 R_4 沿径向布置在圆形膜片边缘，R_1 和 R_3 沿切向布置在圆形膜片边缘。另一种布置方案如图 4-23（b）所示，即 R_2 和 R_4 沿径向布置在圆形膜片边缘，R_1 和 R_3 沿径向布置在圆形膜片中心。虽然理论上在圆形膜边缘布置敏感电阻能获得更大的输出（即第一种），但是忽略了敏感电阻的实际尺寸；方案一中由于切向分布的电阻上所有点的切向应力和径向应力的方向随着点的位置变化而变化，导致切向分布的电阻在受到应力作用时电阻值的实际变化情况分析起来较为复杂；而当所有电阻都沿径向布置时，电阻上应力方向的一致性更好，容易获得较高而更加可靠的输出。

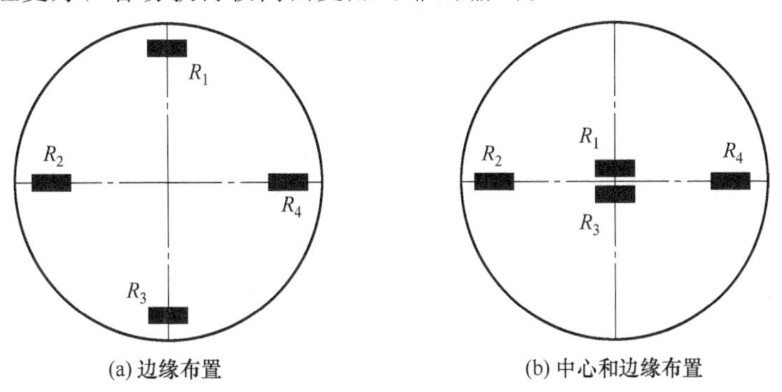

图 4-23　敏感电阻布置方案

4.4.3　4H-SiC 高温压力传感器芯片制备

碳化硅是一种具有高硬度、高耐磨性和强化学惰性的硬脆性材料，传统的 MEMS 加工工艺（如干法刻蚀、湿法腐蚀）和机械加工方法很难对其进行高精度、大深度的加工。飞秒激光加工是一种新型的微纳精密制造技术。飞秒激光脉冲持续时间短，能量密度大，加工热效应不明显，对非加工区域材料的损伤很小。例如，脉冲宽度在 $10^{-14}\sim10^{-15}$ s 之间的激光器，其在焦点处的峰值功率密度可以达到 $10^{18}\ \mathrm{W/cm^2}$ 以上，其加工精度可以达到纳米（10^{-9} m）水平。另外，由于飞秒激光脉冲的持续时间很短，远短于受激电子通过传输和转换的能量释放时间，从根本上避免了热扩散的影响。因此，飞秒激光加工的热效应不明显，非加工区对材料的损伤很小，有利于获得比传统 SiC 刻蚀方法更好的尺寸精度和表面质量。为此，借助飞秒激光加工技术开展 SiC 材料的快速、深刻蚀。

基于飞秒激光的传感器芯片快速深刻蚀工艺路线规划如下（见图4-24）：

①光刻、溅射制备刻蚀掩模→②ICP刻蚀压敏电阻和浮雕电极电路→③氧化硅隔离层沉积、开窗→④欧姆接触层金属沉积→⑤高温快速退火→⑥光刻、沉积引线层金属→⑦正面保护、飞秒激光刻蚀背腔→⑧背面刻蚀掩模→⑨ICP刻蚀背腔→⑩划片。

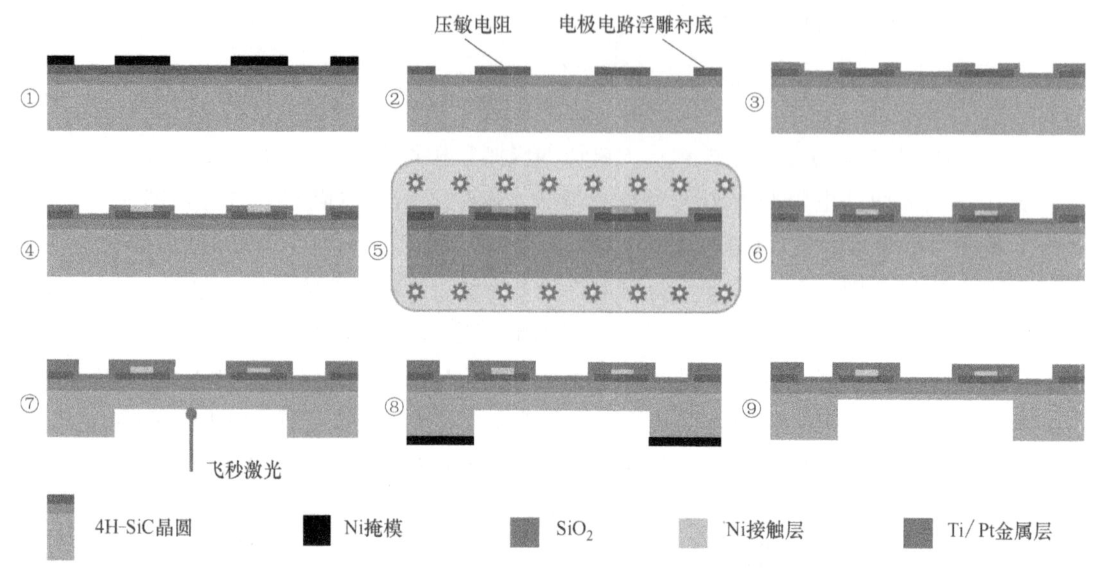

图4-24 基于飞秒激光的传感器芯片快速深刻蚀工艺路线

传感器芯片制备过程中较为关键的三个工艺分别是敏感电阻刻蚀、耐高温欧姆接触制备和芯片背腔深刻蚀。ICP干法刻蚀技术是一种先进的等离子体刻蚀技术，各向异性，能够形成平整、光滑的表面，具有刻蚀形貌好、尺寸精度高的优势，在Si基MEMS器件的加工中得到成熟应用。通过优化工艺参数进行SiC压力传感器电阻制备，获得具有台阶陡直度高、刻蚀表面质量好的SiC压敏电阻，如图4-25所示。

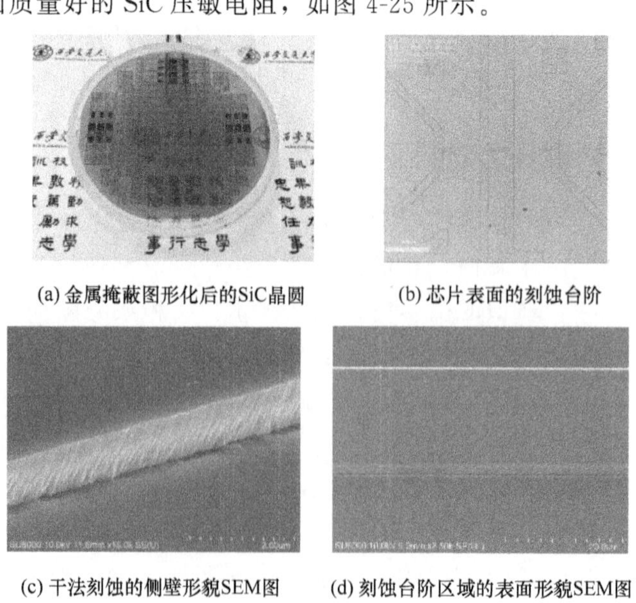

(a) 金属掩蔽图形化后的SiC晶圆　(b) 芯片表面的刻蚀台阶

(c) 干法刻蚀的侧壁形貌SEM图　(d) 刻蚀台阶区域的表面形貌SEM图

图4-25 SiC干法刻蚀工艺

在半导体器件与外部电路的信号转换过程中，欧姆接触起着非常重要的作用。虽然 SiC 具有耐高温性能，但是如果不解决其高温下与外部电路的接触与互联问题，其高温性能也无法发挥应有的作用。目前，被用来制备 SiC 欧姆接触的金属主要有：Cr、Ni、Ti、Al、TiN、Pt 等金属和合金。例如通过 Ni 基金属在 950～1050℃进行金属化退火可得到比接触电阻在 10^{-5}～$10^{-6}\Omega\cdot cm^2$ 之间的欧姆接触，利用 Al-Ti 金属和硅化物在高温下进行金属化退火，可得到比接触电阻值在 10^{-4}～$10^{-5}\Omega\cdot cm^2$ 范围内的欧姆接触。根据目前已有的报道，对典型的 SiC 欧姆接触制备方案及比接触电阻值的大小进行归纳整理，如表 4-5 所示。比接触电阻率 ρ_c 是衡量欧姆接触优劣的一个定量参数，可以采取线性传输线模型测试，如图 4-26 所示。

▣ 表 4-5　典型的碳化硅欧姆接触制备方法及结果

金属	掺杂浓度/cm^3	退火温度/℃	比接触电阻/$\Omega\cdot cm^2$
Ni	$1\sim10\times10^{18}$	>950	$2.8\times10^{-3}\sim2.8\times10^{-6}$
Ti	1×10^{20}	未退火	2×10^{-5}
W	$3\times10^{18}\sim1\times10^{19}$	1200～1600	$5\times10^{-3}\sim1\times10^{-4}$
Ta	$>1\times10^{19}$	—	1×10^{-4}
Ti-Al	4.5×10^{20}	1000	1×10^{-3}
TiN	1×10^{18}	600	4×10^{-2}
TiC	4×10^{19}	300	1.3×10^{-5}
TiC	1.3×10^{19}	常温共蒸	7.4×10^{-7}
Ti/Al	$(3\sim5)\times10^{19}$	900	1.42×10^{-5}
Al/Ti	1×10^{19}	900	6.4×10^{-4}
Si/Pt	1×10^{19}	1100	2×10^{-4}
Al/Si/Ti	$(3\sim5)\times10^{19}$	950	9.6×10^{-5}
TiN	1×10^{19}	650	4.4×10^{-5}
Au/Ti/Al	$(3\sim5)\times10^{19}$	950	1.6×10^{-5}

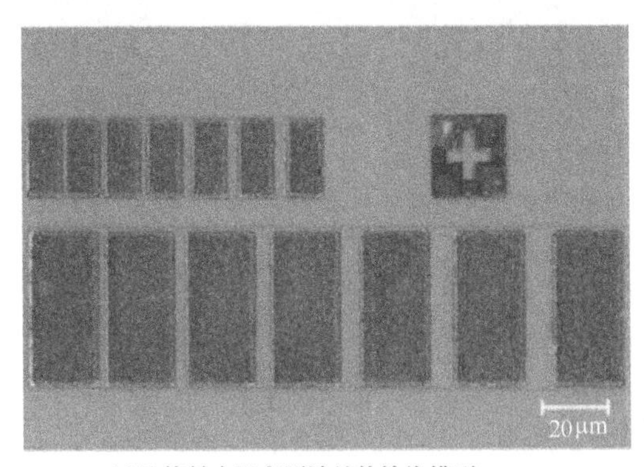

(a) 比接触电阻率测试的传输线模型

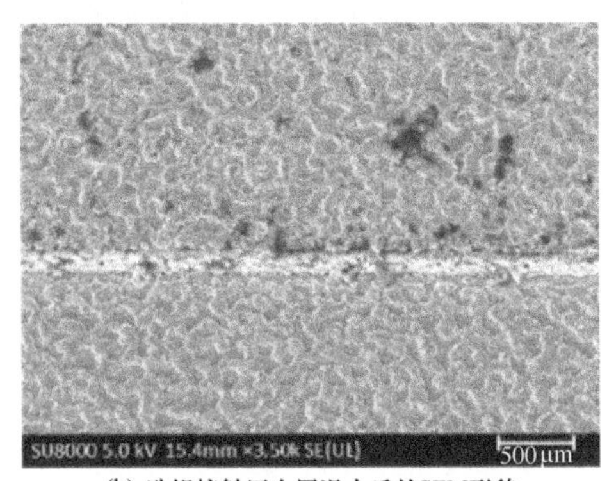

(b) 欧姆接触区金属退火后的SEM形貌

图 4-26　比接触电阻率测试用常数项模型样品和欧姆接触区退火后形貌

在飞秒激光刻蚀传感器芯片背腔过程中，采用两步激光刻蚀法对 SiC 进行深腔刻蚀，如图 4-27 所示。第一步采用较大的激光功率、较多的扫描次数、较大的扫描线宽，完成粗刻蚀；第二步采用较小的激光功率、较少的扫描次数、较小的扫描线宽，完成精刻蚀。制备的 SiC 压力传感器敏感膜片如图 4-28 所示。

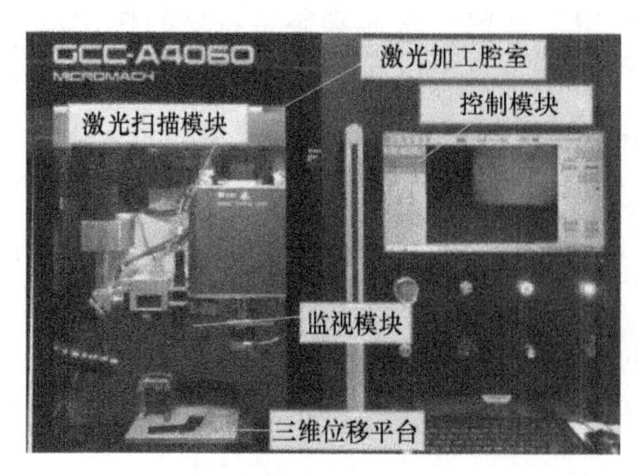

(a) 三轴飞秒激光微加工系统

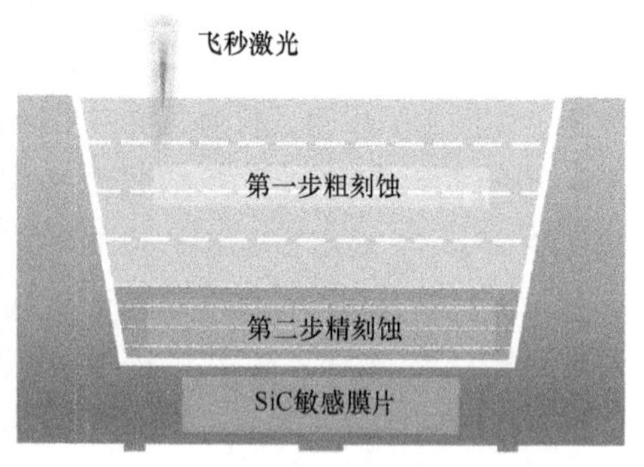

(b) 两步激光刻蚀SiC传感器背腔示意图

图 4-27　飞秒激光刻蚀工艺

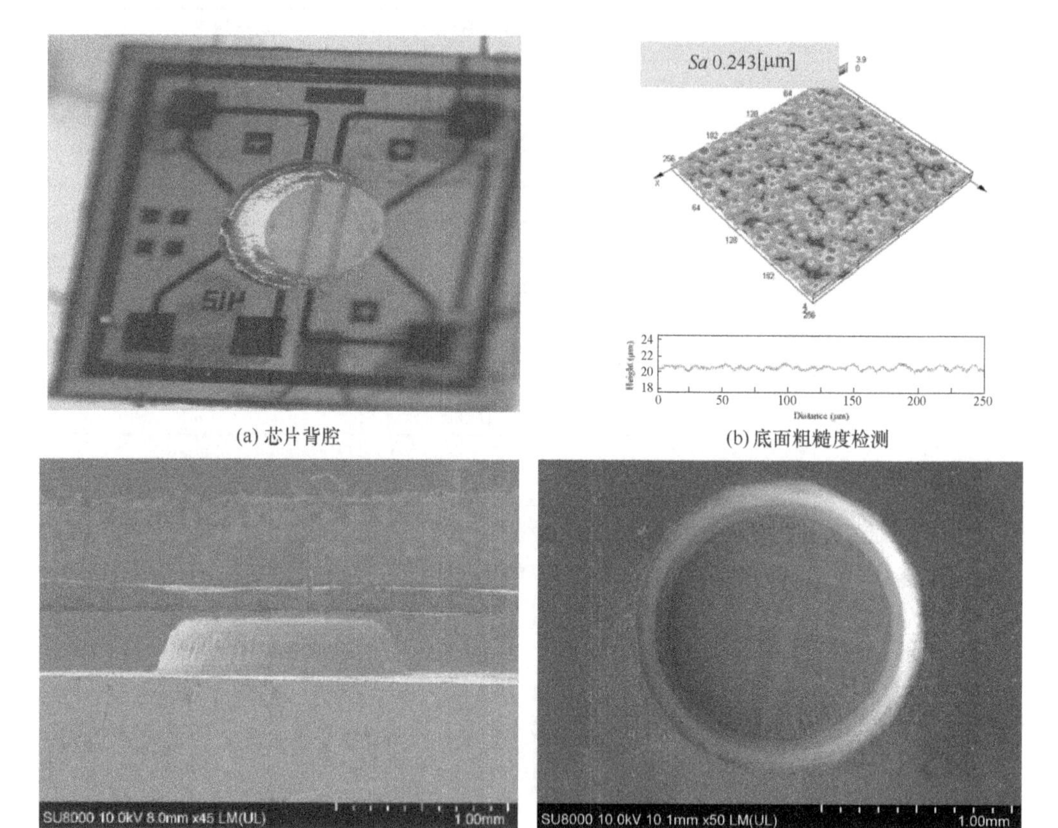

(a) 芯片背腔

(b) 底面粗糙度检测

(c) 芯片剖面SEM形貌

(d) 底面SEM形貌

图 4-28　SiC 压力传感器芯片

参考文献

[1]　Diem B, Rey P, Renard S, et al. SOI ‘SIMOX’ from bulk to surface micromaching, a new age for silicon sensors and actuators [J]. Sens. Actuators A, 1995, 46-47: 8-16.

[2]　王权，丁建宁，王文襄，等. 基于 SIMOX 的耐高温压力传感器芯片制作 [J]. 半导体学报，

2005，26（8）：1595-1598.

[3] Yulong Z，Libo Z，Zhuangde J. A novel high temperature pressure sensor on the basis of SOI layers [J]. Sensors and Actuators A：Physical，2003，108（1）：108-111.

[4] Yulong Zhao，Xudong Fang，Zhuangde Jiang，et al. An ultra-high pressure sensor based on SOI piezoresistive material，Journal of Mechanical Science And Technology，2010，24（8）：1655-1660. （SCI：000280649500012 IDS 号：635IT）

[5] Niu Z，Zhao Y，Tian B. Design optimization of high pressure and high temperature piezoresistive pressure sensor for high sensitivity [J]. Review of Scientific Instruments，2014，85（1）.（SCI：000331217300063. EI：20140617275339）

[6] 赵玉龙，牛喆，周冠武，等. 油气田监测高性能微传感器及数字化系统 [J]. 中国工程科学，2013，第 15 卷，第 1 期.

[7] Zhao LB，Zhao YL，Jiang ZD. Design and Fabrication of a High Temperature Pressure Sensor. ASME International Conference on Integration and Commercialization of Micro and Nanosystems [C]. January 10-13，2007，Sanya，China.

[8] Zhao LB，Zhao YL，Jiang ZD. Design and fabrication of a piezoresistive pressure sensor for ultra high temperature environment [J]. Journal of Physics：Conference Series，2006，48：178-183.

[9] 何洪涛，王伟忠，杜少博，等. 一种新型 MEMS 压阻式 SiC 高温压力传感器 [J]. 微纳电子技术，2015，52（4）.

[10] Suzuki，T.，Yonenaga，I. and Kirchner，H. O. K.（1995）Yield strength of diamond. Phys. Rev. Lett.，75，3470.

[11] 何文涛，李艳华，邹江波，等. 高温压力传感器的研究现状与发展趋势 [J]. 遥测遥控，2016，37（6）：61-71.

[12] Rebecca，Cheung. 用于恶劣环境的碳化硅微机电系统 [M]. 科学出版社，2010，P3/P87.

[13] 木本恒暢，詹姆士 A. 库珀. 碳化硅技术基本原理——生长、表征、器件和应用 [M]. 北京：机械工业出版社，2018，P30.

[14] 廖黎明. 高灵敏度压阻式碳化硅压力传感器设计与仿真 [D]. 上海：上海师范大学，2016.

[15] 严子林. 6H-SiC 碳化硅高温压力传感器设计与工艺实验研究.

[16] 王心心，梁庭，贾平岗，等. 碳化硅直接键合机理及其力学性能研究 [J]. 传感技术学报，2015，28（9）：1282-1287.

[17] Tang F，Ma X，Wang X. A study on the deep etching and ohmic contact process of 6H-SiC high-temperature pressure sensor [J]. Proceedings of the Institution of Mechanical Engineers Part N Journal of Nanoengineering & Nanosystems，2013，229（1）.

[18] 舒尔，鲁缅采夫，莱文施泰因. 碳化硅半导体材料与器件 [M]. 北京：电子工业出版社，2012.

[19] Kamitani K，Grimsditch M，Nipko J C，et al. The elastic constants of silicon carbide：A Brillouin-scattering study of 4H and 6H SiC single crystals [J]. Journal of Applied Physics，1997，82（6）：3152-3154.

[20] Nguyen T K，Phan H P，Dinh T，et al. Experimental Investigation of Piezoresistive Effect in p-type 4H-SiC [J]. IEEE Electron Device Letters，2017：1-1.

第5章 MEMS振梁式谐振传感器

本章主要讲述谐振式加速度传感器的概念、特征与优势、敏感机理及信号检测方式，并对典型的谐振式加速度传感器的结构、振动机理、信号检测等进行详细分析，加深对高精度谐振式加速度传感器的理解。

5.1 谐振式传感器概述

5.1.1 概述

目前的传感器仍以模拟量输出为主，通过位移、应力、应变等的变化改变电阻、电容、电感等敏感元件的值，实现对温度、压力、加速度等的测量。模拟量传感器输出电压或电流信号，被测量的值与电压/电流的大小呈一定的关系。这些传感器输出的信号需要通过A/D转换才能用于数字处理和控制系统，造成传感器精度、响应速度和可靠性的损失。发展自身具有数字输出的传感器，适应以微处理器为中心的数字控制系统是许多技术领域的共同要求，而本章介绍的谐振式传感器正符合此要求。谐振式传感器输出为准数字频率信号，被测信号的值与电压、电流信号的频率直接相关，而与电压、电流的大小无直接关系。

谐振式传感器基于变换技术，由敏感元件和变换元件组成，敏感元件检测被测信号变化进而改变元件的谐振特性，实现信号检测。通常，谐振式传感变换元件可称为谐振元件、谐振单元、谐振结构或谐振子。谐振式传感器输出准数字信号，不需要模数（A/D）转换，能够直接被数字处理芯片接收从而可以简化电路和提高精度。此外，谐振式传感器采用谐振机理，具有灵敏度大、精度高和噪声低等特点，输出的准数字信号抗干扰性强，在传输过程中有较高的稳定性。因此，谐振式微纳传感器研究具有重要的意义，已经成为当前研究的热点。

现已实用的谐振式传感器主要是基于机械谐振敏感结构的固有振动特性实现的。按谐振敏感结构的特点可分为两类：一类是利用传统工艺实现的结构参数比较大的金属谐振式传感器，常用的谐振敏感元件如谐振筒、谐振梁、谐振膜等；另一类是利用微机械加工工艺实现的新型硅或石英谐振式微型传感器。微型谐振元件种类多样，其特征尺寸一般为微米级甚至纳米级。研究成果已证明，微型谐振式传感器除具有结构微小、功耗低、响应快等特点外，还具有优良的重复性、稳定性和可靠性，引起整个行业的关注，已经成为谐振式传感器中的重要分支。

本章主要阐述微型谐振式传感器的基础理论和典型结构。采用MEMS技术设计和加工谐振式传感器的主要优势有批量加工、低成本、小体积等，除此之外，系统的特性在微纳尺寸下也会有质的变化，亦称为尺度效应。尺度效应在多个方面影响微纳器件的性能，例如加速度传感器中普遍使用的长方体惯性质量块，如果它的长宽高各缩小相同的系数，那么它缩小的质量就是尺寸缩小系数的三次方，这对加速度的灵敏度产生很大的影响，但是对于横截面矩形梁如果所有尺寸缩小一定的倍数，那么梁的振动频率也会增大尺寸缩小倍数的平方。所有这些因素都可以看作是推动微型谐振式传感器快速发展的主要动因。

5.1.2　谐振现象与传感器

振动是一种普遍存在的自然现象，例如树叶受到风吹动时会发生摆动，动物和人之所以能够发出声音是因为咽喉的振动，弦乐器能够发出悦耳的声音是因为琴弦等的振动，工业上机床的振动会影响加工的精度和机床的使用寿命等，可以说我们的生活中处处充满了振动现象。从广义上讲，如果一个物体做往复有规律的运动，那么可以称这个物体处于振动状态，如果往复变化的特征量是机械量，此时该物体就处于机械振动状态。机械振动对工业生产有其有害的一面，对机械结构、设备、仪器仪表等造成破坏；但同时，也可以利用振动做筛选、运输、测量等，起到有利的作用。

系统自由振荡时的频率称为自然频率，也就是系统在不受外力情况下的振动频率。受迫振动是指系统在外力驱动下的振动，系统稳定时的受迫振动频率与施加的外力频率相同。如果受迫振动频率与自然频率相同，系统的振动幅值就会成倍地迅速变大，也就是产生了共振，此特定频率称为共振频率。共振是当系统在特定的外部激励下产生的特殊动态行为。当系统发生共振时，外界很小的驱动力就可以激励较大的振动幅值，获得很大的振动能量。共振发生时，系统能够储存能量并且在不同能量形式之间进行转换，但是在这种循环往复的过程中会产生能量的损失，引起这种能量损失的因素称为阻尼。共振时，系统能够以最小的能量损失储存最大的能量。

共振现象发生在机械、化学、光、电、磁等领域。共振现象有其不利的一面，例如位于美国华盛顿州著名的塔科马海峡吊桥被微风摧毁，就是因为风引起桥的共振，导致桥的振动能量过大造成桥的损毁。但是共振也有有利的一面，可以利用系统共振时能量最大的特点，将其应用在传感与测量中，实现被测量的高信噪比测量。相比于宏观结构，在微纳器件中，能够采用更小的力来实现结构的激励，并且具有更高的信噪比（驱动能量与存储能量之比）。当机械系统处于共振状态时，系统具有最大的振动能量，也就是最大的幅值，这种特性可以应用在微纳结构的执行器和传感器中，尤其是在谐振式传感器中使用更为普遍。

谐振式加速度传感器的谐振敏感元件需要工作在共振状态的原因主要包括：①大的振幅，在机械系统中，共振的其中一个主要特点是能够以较小的驱动力激励较大的振幅，能在保证器件性能的同时降低功耗，在一些微纳器件中，这种现象具有重要的应用价值，例如微镜阵列和微执行器，需要用小的电压来驱动执行器产生较大的位移，同时越大的振幅表明器件具有更高的振动能量，从而能够采用各种方式来检测振动能量的变化，提高传感器的感知能力。②较高信噪比，微纳系统工作在谐振状态时，有用的信号即共振频率信号所携带的能量比其他信号所携带的能量更高，能够降低其他非共振信号对微纳系统的影响，提高整个系统的信噪比。

谐振式测量原理是通过改变谐振敏感元件的固有振动特性实现的。谐振敏感元件工作时，可以等效为一个单自由度系统（如图 5-1 所示），其动力学方程为：

$$m\ddot{x}+c\dot{x}+kx-F(t)=0 \tag{5-1}$$

式中，m 为振动系统的等效质量，kg；c 为振动系统的等效阻尼系数，N·s/m；k 为振动系统的等效刚度，N/m；$F(t)$ 为作用外力，N。$m\ddot{x}$、$c\dot{x}$ 和 kx 分别反映了振动系统的惯性力、阻尼力和弹性力，它们的方向如图 5-1 所示。

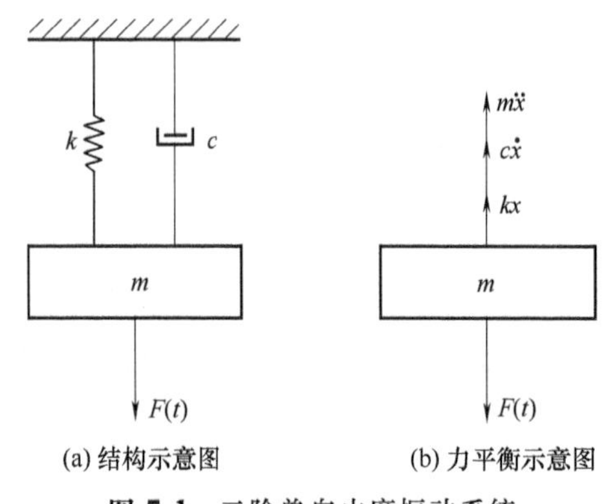

(a) 结构示意图　(b) 力平衡示意图

图 5-1　二阶单自由度振动系统

根据谐振状态应具有的特性，当上述振动系统处于谐振状态时，作用外力应与系统的阻尼力相平衡；惯性力应当与弹性力相平衡，系统以其固有频率振动，即：

$$\left.\begin{aligned} c\dot{x}-F(t)=0 \\ m\ddot{x}+kx=0 \end{aligned}\right\} \tag{5-2}$$

这时振动系统的外力超前位移矢量 90°，与速度矢量同相位。惯性力与弹性力之和为零。系统的固有频率为：

$$\omega_{\mathrm{n}}=\sqrt{\frac{k}{m}} \tag{5-3}$$

式中，ω_{n} 为系统固有角频率，rad/s。

虽然改变谐振器振动频率的方法很多，但是由式（5-3）可以看出，从根本上讲无外乎改变其等效弹性系数或等效质量两种方式。其一是通过改变谐振元件的质量可以改变谐振器的振动频率，这种方法主要应用于质量的检测，如生物大分子、化学物质的精确测量；采用一定的机械结构和方法，通过被测量改变谐振器的等效弹性系数是另外一种常用的方法，例如对谐振器施加内应力、阻尼力、磁场力等都可以用于改变谐振元件的等效弹性系数。谐振式传感器一般通过改变谐振器的内应力引起等效刚度系数 k 的变化，实现加速度的测量。

5.1.3　特征和优势

相对其他类型的传感器，谐振式传感器的本质特征和独特优势有：

① 输出信号是周期的，被测量能够通过检测周期信号而解算出来。这一特征决定了谐振式传感器便于与计算机连接和远距离传输。

② 传感器系统的谐振敏感元件处于谐振状态。这一特征决定了传感器系统信噪比高，传感器精度高。

③ 工作于固有谐振状态的敏感元件的谐振状态随被测量而变化，这一特征决定了谐振式传感器具有高的灵敏度和分辨率。

④ 相对于谐振敏感元件的振动能量，系统的功耗是极小量。这一特征决定了传感器系统的抗干扰性强，稳定性好。

5.2 谐振式传感器的敏感机理及信号检测方式

5.2.1 谐振敏感元件

微谐振传感器含有一个谐振敏感元件，理论上讲只要能够激励振动的结构都可以用在谐振式传感器中，但是考虑到结构复杂性、加工难度、振动激励方式、感知被测量的方法等，不同种类的传感器采用的谐振器不尽相同。谐振敏感元件的优劣对传感器性能有重要的影响。一般在设计谐振式传感器中的谐振器时，主要考虑以下 4 点。

① 结构复杂性、与传感器其余结构的匹配性。微谐振器结构的复杂性决定了其微加工的难易程度，尽量选择结构简单而且可靠的方案；谐振器的结构要与传感器的其他结构匹配，加工工艺或者装配上要相互兼容。

② 振动的激励和检测方式。谐振器振动的激励和检测方式是谐振器设计的核心问题之一，与谐振器的材料、结构、振动方式等有关，是关系谐振式传感器复杂程度和精度的基本问题之一。

③ 被测量和谐振器振动频率变化量之间的转换关系。选择谐振器时应该考虑被测量是否能够引起谐振器频率的变化，只有被测量导致谐振器频率产生改变才能实现对被测信号的测量。

④ 振动的隔离。谐振器的振动会出现自锁、干扰、寄生振动等问题，对于高精度应用场合，需要考虑谐振器振动的隔离。

在微传感器中常用的微谐振器结构如图 5-2 所示，主要包括（a）悬臂振梁结构、（b）薄膜振动结构、（c）双端固定单振梁结构、（d）双端固定双振梁结构等四种结构，每种结构又具有不同的振动模态和衍生结构，配合不同的振动激励和检测方式，能够衍生出很多种不同的谐振传感器和执行器方案，其中结构（d）亦被称作双端固支音叉结构。

根据前面提到的谐振器设计的四点要求，图 5-2（d）中的双端固定音叉结构为最常用的谐振加速度传感器敏感元件。主要依据为：加速度很难通过质量弹簧系统将惯性力施加到图 5-2（a）的悬臂梁结构，改变其振动频率；图 5-2（b）一般用来测量质量和压力等的变化，同样比较难将惯性力施加到振膜上；图 5-2（c）的结构比较适合加速度传感器，将振梁的一端完全固定，另外一端固定于质量弹簧系统上，能够顺利将加速度施加到振梁上改变其振动频率，但是由于单振梁的振动比较难隔离，容易造成寄生振动等问题；图 5-2（d）的双端固定音叉结构通过合理的激励，两根振梁振动引起的力和力矩在端部可以相互抵消，因此该结构最适合于谐振式加速度传感器。加速度信号由质量弹簧系统转换为双端固定音叉的轴向力，此轴向力能改变音叉的等效弹性系数，从而改变其振动频

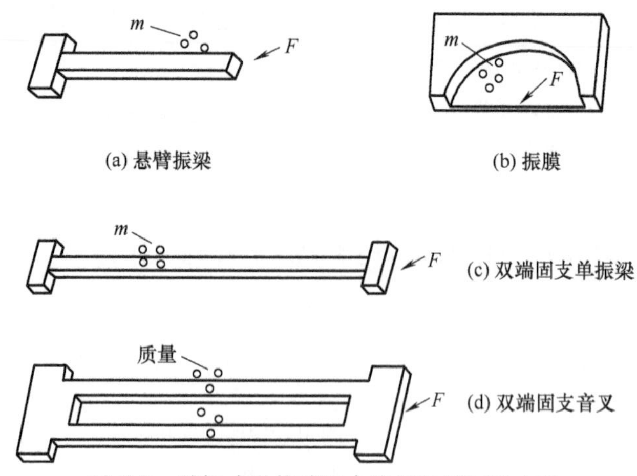

图 5-2　谐振式微传感器中常用的谐振器方案

率，检测音叉的振动频率变化就能实现加速度信号的测量。

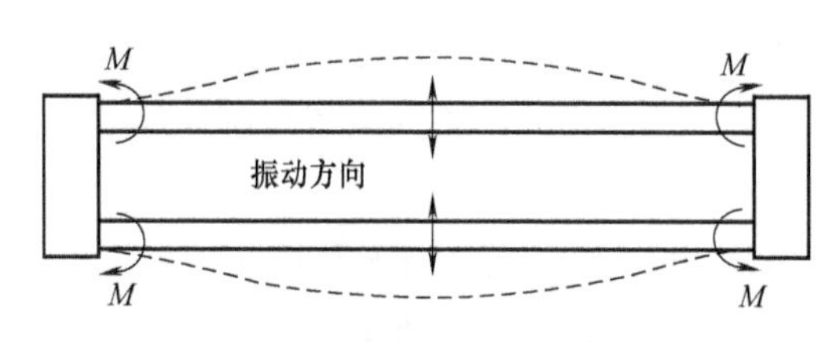

图 5-3　双端固定音叉同平面相反相位振动引起的动态扭矩相互抵消

为了降低振动耦合的干扰，一般要将音叉激励在同一平面内的相反相位振动模式，如图 5-3 所示。音叉处于此振动模式时，由振动引起的力和力矩在理想情况下大小相等、方向相反，在音叉端部两个叉齿连接的部位能够相互抵消起到自平衡作用。因此，这种振动方式能够将谐振传感器的振动“锁在”谐振元件内，不会对传感器的其他部位产生影响，从而能够有效抑制寄生振动对传感器的影响，有利于提高传感器的精度和降低传感器的设计难度。为了实现这种振动模式，需要进行合理的激励，主要与激励方法、电极布置、谐振器材料等内容有关。

5.2.2　敏感机理

(1) 音叉的自由振动理论

为了分析双端固支音叉的振动，首先要根据振动力学原理分析音叉横向自由弯曲振动的固有频率。双端固支音叉根据设计要求需要工作在同一平面内的相反相位振动模式，音叉是由两个振动状态相似的叉齿组成，因此只取其中一个叉齿进行计算分析，另外一个叉齿的分析方法理论上是完全相同的。考虑如图 5-4 (a) 所示的梁弯曲情况，对音叉的振动过程进行理论分析，可以得到音叉叉齿的固有频率与音叉尺寸的关系。图中，$M(x,t)$ 为弯矩，$V(x,t)$ 为剪切力，$w(x,t)$ 为梁的振动位移。

取微小梁单元作为受力对象进行受力分析，如图 5-4 (b) 所示，根据牛顿第二定律可以得到梁单元受到的惯性力为：

$$F_1 = ma = \rho A(x)\mathrm{d}(x)\frac{\partial^2 w(x,t)}{\partial t^2} \tag{5-4}$$

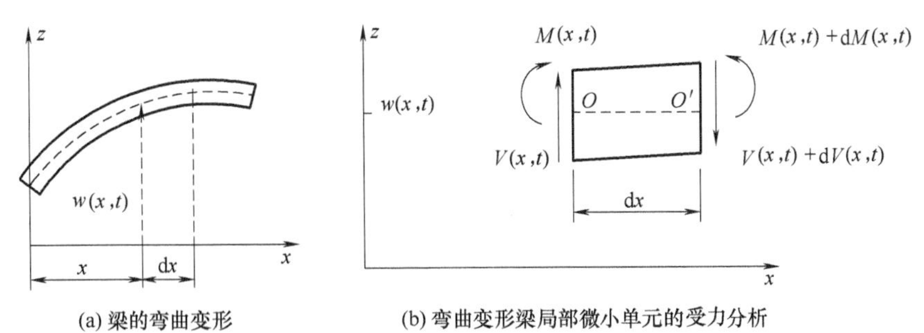

(a) 梁的弯曲变形　　(b) 弯曲变形梁局部微小单元的受力分析

图 5-4　音叉叉齿的弯曲分析

式中，$F_{\rm I}$ 为惯性力；m 为微单元质量；a 为微单元振动加速度；ρ 为梁的密度；$A(x)$ 为梁的横截面积；$\mathrm{d}(x)$ 为微单元长度；t 为时间。由此可以得到微单元受到的 z 方向作用力方程为：

$$-[V(x,t)+\mathrm{d}V(x,t)]+V(x,t)=\rho A(x)\mathrm{d}(x)\frac{\partial^2 w(x,t)}{\partial t^2} \tag{5-5}$$

微单元中，各力对过 O 点的力矩平衡方程为：

$$[M(x,t)+\mathrm{d}M(x,t)]-[V(x,t)+\mathrm{d}V(x,t)]\mathrm{d}x-M(x,t)=0 \tag{5-6}$$

其中：

$$\mathrm{d}V=\frac{\partial V}{\partial x}\mathrm{d}x,\quad \mathrm{d}M=\frac{\partial M}{\partial x}\mathrm{d}x \tag{5-7}$$

将式（5-7）代入式（5-5）和式（5-6）并忽略 $\mathrm{d}x$ 的高次幂项，可以得到：

$$-\frac{\partial V(x,t)}{\partial x}=\rho A(x)\frac{\partial^2 w(x,t)}{\partial t^2} \tag{5-8}$$

$$\frac{\partial M(x,t)}{\partial x}-V(x,t)=0 \tag{5-9}$$

由式（5-9）可得

$$V(x,t)=\frac{\partial M(x,t)}{\partial x} \tag{5-10}$$

将式（5-10）代入式（5-8）可得

$$-\frac{\partial^2 M(x,t)}{\partial x^2}=\rho A(x)\frac{\partial^2 w(x,t)}{\partial t^2} \tag{5-11}$$

根据欧拉-伯努利梁理论，对于细长梁弯矩与挠度间的关系可以表示为：

$$M(x,t)=EI(x)\frac{\partial^2 w(x,t)}{\partial x^2} \tag{5-12}$$

式中，E 为石英弹性模量；$I(x)$ 为梁横截面对 y 轴的惯性矩。联合以上两式，可以得到音叉振梁自由弯曲变形的微分方程为：

$$\frac{\partial^2}{\partial x^2}\left[EI(x)\frac{\partial^2 w(x,t)}{\partial x^2}\right]+\rho A(x)\frac{\partial^2 w(x,t)}{\partial t^2}=0 \tag{5-13}$$

若音叉叉齿是等截面梁，石英双端固定音叉叉齿的自由振动微分方程为：

$$EI\frac{\partial^4 w(x,t)}{\partial x^4}+\rho A\frac{\partial^2 w(x,t)}{\partial t^2}=0 \tag{5-14}$$

如果是分析梁的强迫振动，只需要在式（5-5）和式（5-6）对于微单元受力分析时，加上相应的力即可得到梁的强迫振动微分方程。

式（5-14）表示音叉叉齿的横向弯曲自由振动微分方程，该方程分别包含音叉弯曲变形位移对时间 t、位置 x 的二阶和四阶导数，因而为计算此方程的唯一确定解，必须有梁振动的 2 个起始条件和 4 个边界条件。音叉叉齿采用两端固定的模式，在梁的两端位移和速度都为零，如果梁的长度为 l，边界条件可表示为：

$$w(0)=0;\ w(l)=0;\ w'(0)=0;\ w'(l)=0 \tag{5-15}$$

式（5-14）的通解可以表示为 n 个振动模式的叠加，表示为：

$$w(x,t)=\sum_n W_n\left(\frac{x}{l}\right)(A_n\cos\omega_n t+B_n\sin\omega_n t) \tag{5-16}$$

式中，ω_n 为第 n 阶振动的角频率；W_n 为第 n 阶振动的阵型函数。将式（5-16）代入式（5-14），可以得到阵型函数表达式：

$$W_n^{(4)}(\eta)-\frac{\rho A}{EI}l^4\omega_n^2 W_n(\eta)=0 \tag{5-17}$$

式中，$\eta=x/L$ 为无量纲变量，令 $k_n^4=\rho Al^4\omega_n^2/EI$，即 $\omega_n^2=k_n^4 EI/\rho Al^4$，可得

$$W_n^{(4)}(\eta)-k_n^4 W_n(\eta)=0 \tag{5-18}$$

式（5-18）是常系数四阶微分方程，用 $W_n=\mathrm{e}^{\eta\lambda}$ 作为尝试，代入上式：

$$\lambda^4-k_n^4=0 \tag{5-19}$$

方程的解为：

$$\lambda_1=k_n;\ \lambda_2=-k_n;\ \lambda_3=\mathrm{i}k_n;\ \lambda_4=-\mathrm{i}k_n \tag{5-20}$$

因此可得阵型的通解为：

$$W_n(\eta)=A\mathrm{e}^{k_n\eta}+B\mathrm{e}^{-k_n\eta}+C\mathrm{e}^{\mathrm{i}k_n\eta}+D\mathrm{e}^{-\mathrm{i}k_n\eta} \tag{5-21}$$

式（5-21）也可以表示为：

$$W_n(\eta)=A\sin(k_n\eta)+B\cos(k_n\eta)+C\sinh(k_n\eta)+D\cosh(k_n\eta) \tag{5-22}$$

对于音叉的振动，将边界条件式（5-15）代入阵型的通解式（5-22）可得系数 A、B、C、D 的表达式：

$$\begin{pmatrix} 1 & 1 & 1 & 1 \\ k_n & -k_n & \mathrm{i}k_n & -\mathrm{i}k_n \\ \mathrm{e}^{k_n} & \mathrm{e}^{-k_n} & \mathrm{e}^{\mathrm{i}k_n} & \mathrm{e}^{-\mathrm{i}k_n} \\ k_n\mathrm{e}^{k_n} & -k_n\mathrm{e}^{-k_n} & \mathrm{i}k_n\mathrm{e}^{\mathrm{i}k_n} & -\mathrm{i}k_n\mathrm{e}^{-\mathrm{i}k_n} \end{pmatrix}\begin{pmatrix} A \\ B \\ C \\ D \end{pmatrix}=0 \tag{5-23}$$

如果 A、B、C、D 有唯一解，系数矩阵的行列式应该等于 0

$$\begin{vmatrix} 1 & 1 & 1 & 1 \\ k_n & -k_n & \mathrm{i}k_n & -\mathrm{i}k_n \\ \mathrm{e}^{k_n} & \mathrm{e}^{-k_n} & \mathrm{e}^{\mathrm{i}k_n} & \mathrm{e}^{-\mathrm{i}k_n} \\ k_n\mathrm{e}^{k_n} & -k_n\mathrm{e}^{-k_n} & \mathrm{i}k_n\mathrm{e}^{\mathrm{i}k_n} & -\mathrm{i}k_n\mathrm{e}^{-\mathrm{i}k_n} \end{vmatrix}=0 \tag{5-24}$$

式（5-24）可以简化为：

$$\cosh k_n \cos k_n - 1 = 0 \tag{5-25}$$

因此阵型函数式（5-22）的 k_n 必须满足式（5-25），而对于式（5-25）的每一个特征值对应梁振动的每一阶阵型，同时在式（5-17）中引入 k_n 的定义，因此可以求出梁的振动角频率：

$$\omega_n = \sqrt{\frac{k_n^4 EI}{l^4 \rho A}} \tag{5-26}$$

也可表示为：

$$f_n = \frac{k_n^2}{2\pi l^2}\sqrt{\frac{EI}{\rho A}} \tag{5-27}$$

通过求解式（5-25），可以得到 k_n 的解为：

$$k_0 = 0; k_1 = 4.730; k_2 = 7.8532; k_3 = 10.996; k_n \approx n\pi + \frac{\pi}{2} \quad (n \geqslant 4) \tag{5-28}$$

至此，通过将式（5-28）代入式（5-26）或式（5-27）可以得到双端固定音叉固有频率的理论值，同时也是当谐振式传感器中音叉未受到轴向力时的振动频率。

（2）振动频率与轴向力的关系

在上一小节中分析了音叉叉齿的自由振动，得到了音叉叉齿的固有频率计算数值解。传感器工作时，通过改变双端固支音叉的轴向力来改变音叉的振动频率，本节采用理论计算方法分析轴向力对梁振动频率的影响。在图 5-4 中施加轴向力 $P(x, t)$，可以得到梁受到轴向力时的弯曲振动受力分析图，如图 5-5 所示。

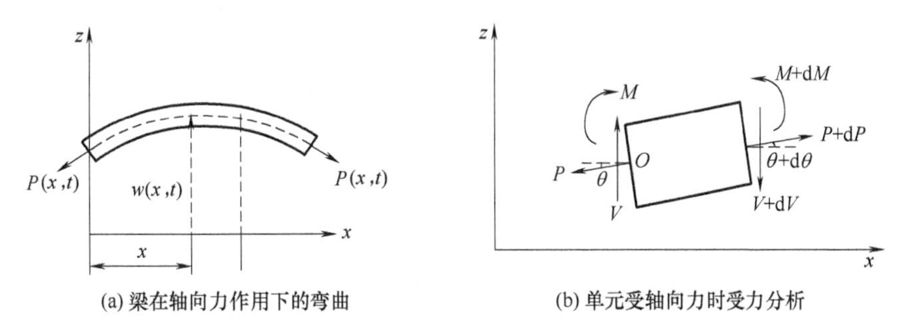

(a) 梁在轴向力作用下的弯曲　　(b) 单元受轴向力时受力分析

图 5-5　音叉横向弯曲振动频率与轴向力载荷的关系分析

沿 z 方向的作用力方程为：

$$-(V + \mathrm{d}V) + V + (P + \mathrm{d}P)\sin(\theta + \mathrm{d}\theta) - P\sin\theta = \rho A \mathrm{d}x \frac{\partial^2 w}{\partial t^2} \tag{5-29}$$

同样，对于 O 点的力矩方程为：

$$(M + \mathrm{d}M) - (V - \mathrm{d}V)\mathrm{d}x - M = 0 \tag{5-30}$$

对于梁的微小变形，可以有如下的近似

$$\sin(\theta + \mathrm{d}\theta) \approx \theta + \mathrm{d}\theta = \theta + \frac{\partial \theta}{\partial x}\mathrm{d}x = \frac{\partial w}{\partial x} + \frac{\partial^2 w}{\partial x^2}\mathrm{d}x \tag{5-31}$$

根据式（5-29）～式（5-31）可得等截面细长梁受到恒定轴向力 P 时的振动微分方程

$$EI\frac{\partial^4 w}{\partial x^4}+\rho A\frac{\partial^2 w}{\partial t^2}-P\frac{\partial^2 w}{\partial x^2}=0 \tag{5-32}$$

可以采用上一节的方法求解式（5-32），假设方程的解为

$$w(x,t)=\sum_n W_n(\eta)(A_n\cos\omega_n t+B_n\sin\omega_n t) \tag{5-33}$$

将通解式（5-33）代入式（5-32），得到第 n 阶阵型的表达式为：

$$W_n^{(4)}(\eta)-\frac{Pl^2}{EI}W_n^{(2)}(\eta)-\frac{\rho Al^4}{EI}\omega_n^2 W_n(\eta)=0 \tag{5-34}$$

式中，η 为无量纲常数，$\eta=x/l$。假设上式的解为 $W_n(\eta)=A\mathrm{e}^{\lambda\eta}$，代入式（5-34）可得：

$$\lambda^4-\frac{Pl^2}{EI}\lambda^2-\frac{\rho Al^4}{EI}\omega_n^2=0 \tag{5-35}$$

令

$$\beta=\frac{Pl^2}{2EI} \tag{5-36}$$

$$k_n^4=\frac{\rho Al^4}{EI}\omega_n^2 \tag{5-37}$$

式（5-35）简化为：

$$\lambda^4-2\beta\lambda^2-k_n^4=0 \tag{5-38}$$

可以求出方程的解 λ 为：

$$\lambda_{1,2}=\pm\mathrm{i}\sqrt{\sqrt{\beta^2+k_n{}^4}-\beta},\quad \lambda_{3,4}=\pm\sqrt{\sqrt{\beta^2+k_n^4}+\beta} \tag{5-39}$$

为了计算的方便，设定

$$k_{n1}=\sqrt{\sqrt{\beta^2+k_n^4}-\beta},\quad k_{n2}=\pm\sqrt{\sqrt{\beta^2+k_n^4}+\beta} \tag{5-40}$$

因此方程式（5-38）的解可以表示为：

$$\lambda_1=\mathrm{i}k_{n1},\ \lambda_2=-\mathrm{i}k_{n1},\ \lambda_3=k_{n2},\ \lambda_4=-k_{n2} \tag{5-41}$$

从而可以得到式（5-34）的通解表达式为：

$$W_n(\eta)=A\mathrm{e}^{\mathrm{i}k_{n1}\eta}+B\mathrm{e}^{-\mathrm{i}k_{n1}\eta}+C\mathrm{e}^{k_{n2}\eta}+D\mathrm{e}^{-k_{n2}\eta} \tag{5-42}$$

式（5-42）需要满足边界条件（5-15）的要求，参照式（5-22）～式（5-25）的计算方法，可以得到 k_n 必须满足

$$\cos k_{n1}\cosh k_{n2}-\frac{\beta}{k_n^2}\sin k_{n1}\sinh k_{n2}-1=0 \tag{5-43}$$

相对应的阵型函数为：

$$W_n(\eta)=\frac{\cosh(k_{n2}\eta)-\cos(k_{n1}\eta)}{\cosh k_{n2}-\cos k_{n1}}-\frac{\sinh(k_{n2}\eta)-\sin(k_{n1}\eta)}{\sinh k_{n2}-\sin k_{n1}} \tag{5-44}$$

由式（5-37）可得，受到轴向力时梁的振动频率为：

$$\omega_n^2=k_n^4\frac{EI}{\rho Al^4} \tag{5-45}$$

在以上推导过程中，k_{n1} 和 k_{n2} 需要满足式（5-43），如果能够求解出超越函数

(5-43) 的解，就能够根据式 (5-40) 得到 k_n。式 (5-40) 中还包括参数 β，其定义在式 (5-36) 中，可以发现 β 是轴向力 P 的函数，因此最终可以根据式 (5-45) 计算出梁受到轴向力时的振动频率与轴向力 P 的关系。通过以上分析发现，k_n 是轴向力 P 的函数，因此式 (5-45) 可以表示为

$$\omega_n^2 = k_n^4(P) \times \frac{EI}{\rho A l^4} \tag{5-46}$$

通过分析发现只要能够求得式 (5-43) 和式 (5-40)，就能够得到音叉叉齿受到轴向力时的振动频率，见式 (5-46)。然而求解超越方程式 (5-43) 是一项非常复杂的数值计算过程，已超过本章的讨论内容，在此仅给出结果。对于基频振动 ($n=1$)，梁受到轴向力时的振动频率如下式所示

$$\omega(P) = \omega(0)\sqrt{1 + 0.2949\frac{Pl^2}{12EI}} \tag{5-47}$$

式中，$\omega(0)$ 为不受轴向力作用时梁的一阶振动频率，可以用上一节的式 (5-27) 和式 (5-28) 计算得到。

由以上分析可以看出，通过改变振梁的轴向应力可以改变其振动频率。因此，谐振式传感器的敏感机理可以描述为：弹性元件感受被测信号，并将其转换成轴向力施加于谐振敏感元件，改变其振动频率；通过检测谐振敏感元件振动频率的变化，便可以得到与之对应的被测信号。

5.2.3 信号检测方式

对于通过改变等效刚度的谐振式传感器，当其测量稳态或缓变信号时，其输出频率就是通过整形电路输出的方波信号，其频率的测量方法通常有两种：频率法和周期法。

(1) 频率法

频率测量法是测量 1s 内出现的脉冲数，即该脉冲数为输入信号的频率，如图 5-6 所示。谐振式传感器的矩形波脉冲信号被送入门电路，“门”的开关受标准钟频的定时控制，即用标准钟频信号 CP (其周期为 T_{CP}) 作为门控信号。1s 内通过“门”的矩形波脉冲数 n_{in} 就是输入信号的频率，即 $f_{in}=n_{in}/T_{CP}$。

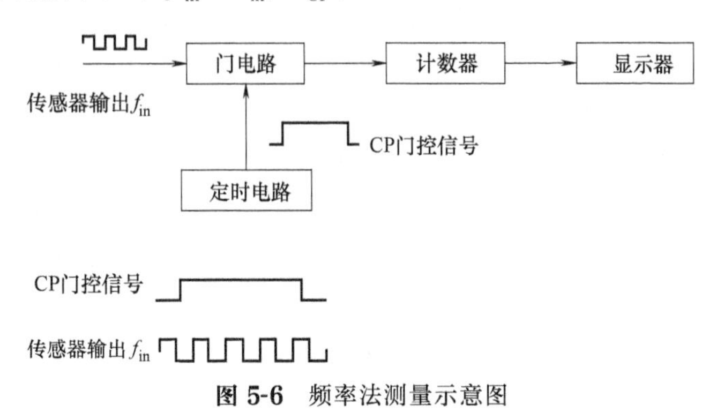

图 5-6 频率法测量示意图

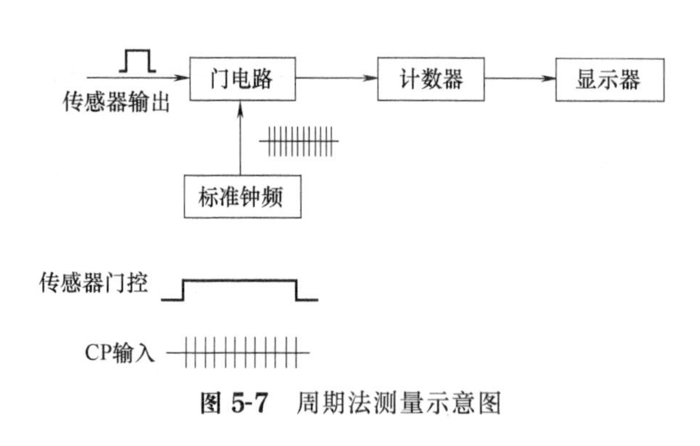

图 5-7　周期法测量示意图

（2）周期法

周期测量法是测量重复信号完成一个循环所需的时间。周期是频率的倒数，其测量示意图如图 5-7 所示。该电路用传感器输出作为门控信号，用高频率的标准钟频测量传感器输出方波的周期，计算出方波的频率。

5.3　典型的振梁式谐振加速度传感器结构及其工作原理

5.3.1　硅振梁式谐振加速度传感器

谐振式加速度传感器通过加速度改变谐振器的振动频率实现加速度信号的数字式测量。随着微机电系统（MEMS，Micro-Electro-Mechanical System）技术和新材料技术的快速发展，采用 MEMS 技术的谐振式微加速度传感器研究也日益精进。硅基材料（包括单晶硅、多晶硅和硅化合物）作为 MEMS 领域使用最多的材料之一，亦被广泛应用于谐振式微加速度传感器中。硅基 MEMS 谐振式微加速度传感器具有工艺成熟、体积小、成本低等优点。

硅谐振式加速度传感器设计的核心是谐振器振动激励和检测方法。振动的激励是指采用一定的方法将加速度传感器中的谐振敏感元件激励使其处于振动状态；而检测是指当加速度改变谐振器的振动频率时需要采用有关的电路将谐振器振动频率的变化读出，作为传感器的输出。由于硅本身没有压电特性，无法实现自励振动与检测，因此需要设计辅助手段来实现，主要包括静电激励-电容检测、热应力激励-压阻检测、电磁力激励-感应电动势检测、硅表面沉积压电材料的振动与检测等方法，同时需要配合闭环控制电路进行振动幅值和相位的精确控制。

（1）静电激励电容检测式谐振加速度传感器

由于静电力具有大的尺度效应（L^2）而且容易通过带电电容极板的方式获得，因此静电激励-电容检测是 MEMS 谐振式加速度传感器中最常用的手段之一。基本的工作原理可归纳为通过质量弹簧系统改变如图 5-8 所示的两种静电激励-电容检测谐振器振梁的振动频率，通过一定的电路辅助实现加速度信号的数字式测量。

如图 5-8 所示，作为加速度传感器的敏感谐振元件，硅静电谐振器由激励电极、检测电极和振梁三部分组成。图 5-8（a）是简单的平板电容式激励和检测结构，由于受静电力大小的限制，此结构主要适用于细长的振梁；图 5-8（b）是梳齿式静电激励和电容检测方案，梳齿式结构能够增强静电力，缺点是结构比图 5-8（a）复杂。

静电激励-电容检测式谐振加速度传感器典型结构如图 5-9 所示，工作原理可以描述为：激励电极连接交流电压后，激励电极与振梁之间产生交变静电驱动力驱使振梁往复振

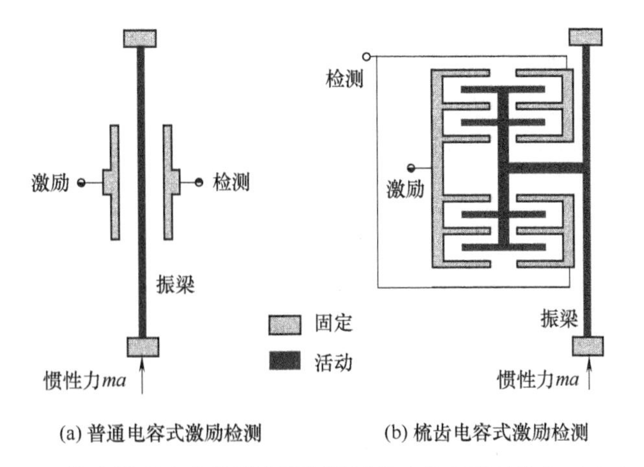

图 5-8　静电激励电容检测式谐振器最基本的两种结构和工作方式

动，进而引起振梁和检测电极组成的检测电容以相同的频率变化，通过测量检测电容的变化频率可以得到振梁的振动频率。振梁的振动频率与振梁的受力有一定的关系，当有加速度作用时，质量弹簧系统将惯性力转移到振梁上改变振梁的振动频率，引起检测电容交变频率的变化，通过测量检测电容的交变频率就能获得加速度载荷的大小。

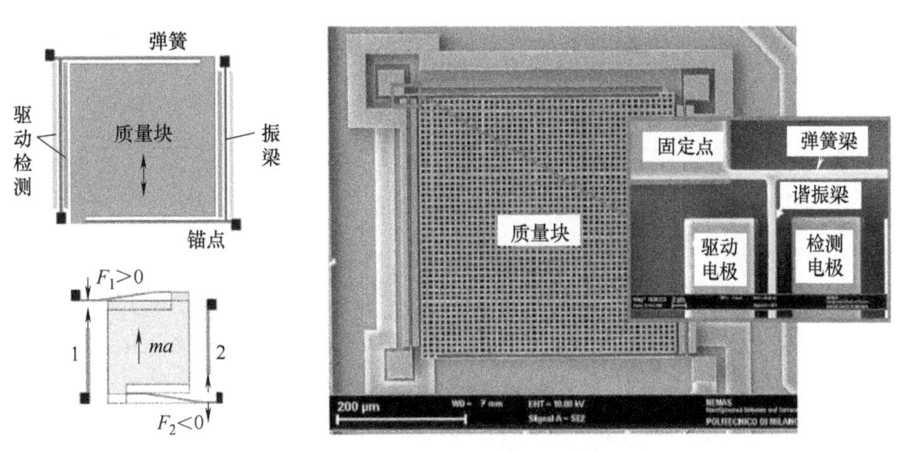

图 5-9　硅 MEMS 谐振式加速度传感器芯片

针对此类加速度传感器的激励和检测方式，需设计专用的闭环式自跟随激励检测电路。最简单的激励电路是开环结构，采用信号发生器产生交变电压连接在图 5-8 所示谐振器的激励电极上，产生交变静电力引起振梁振动，通过检测电容的变化测量振梁的振动频率和幅度，通过扫频模式可以得到音叉的谐振点。由于此方法无法跟踪传感器受到加速度作用下的频率变化，因此主要适用于谐振式加速度传感器初期的谐振频率、灵敏度等静态测试，不适用于传感器的实际使用，因为加速度信号变化时，激振频率无法自动跟踪音叉的频率变化。为了解决这个问题，需要设计包含反馈自维持网络的闭环系统，原理如图 5-10 所示。整个闭环回路包括频率检测和反馈两个环节，频率检测环节用于检测谐振器输出的频率，反馈环节用于跟随音叉振动频率的变化实现随动激励。一般反馈环节由相移和限幅两大部分组成，相移用于跟随振动，限幅使音叉的振动幅值在一定范围内，不会造

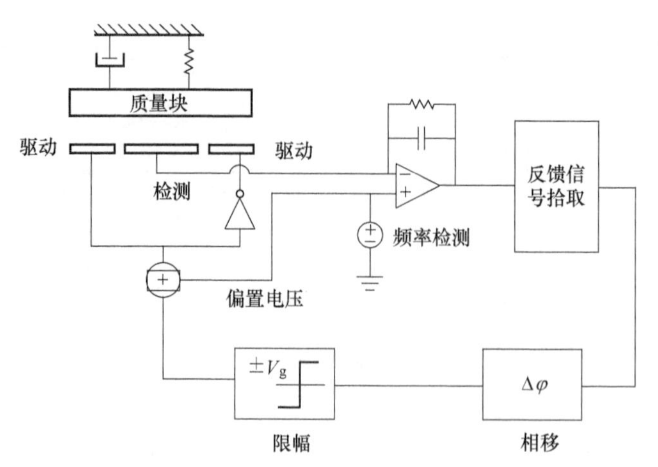

图 5-10　闭环式激励和检测电路框图

成音叉损坏。整个闭环回路包括各种电荷放大触发器、锁相环电路（PLL）、滤波电路等。

相对于开环结构，闭环结构能够提高传感器的带宽、动态响应和线性度。目前，已经有很多的研究成果用于优化闭环电路中的不同环节，旨在降低传感器的噪声和提高传感器的精度。其实，高精度闭环式激励和检测电路不仅适用于静电激励-电容检测，在后面分析的热激励-压阻检测、安培力激励-感应电动势检测和逆压电激励-压电检测中都有广泛的适用性，可以说遍布整个硅基类的谐振式加速度传感器。

（2）热应力激励压阻检测式谐振加速度传感器

相比于静电激励-电容检测方式，电热激励更直接和简单，通过在硅基上掺杂或采用金属溅射工艺可以形成电阻，电流通过电阻时产生的热量能够引起谐振梁热膨胀变形。如果通过电阻的交变电流与谐振梁的固有频率相同，谐振梁就会处于谐振状态，利用此原理可以设计谐振式加速度传感器。此类谐振式加速度传感器中谐振器振动的检测一般是通过压阻实现的，其过程为：谐振梁的振动引起器件内某部位的应力交变变化，交变的应力引起压阻阻值同频率变化，配合简单的电路就能够检测出谐振梁的振动频率，实现加速度传感器的振动激励和检测。

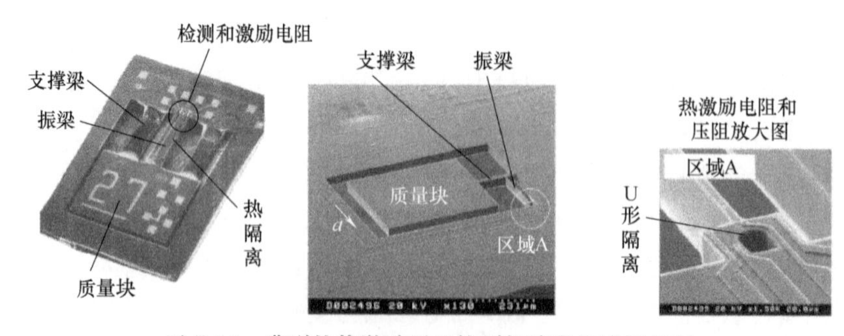

图 5-11　典型的热激励压阻检测加速度传感器方案

典型的电热激励式谐振加速度传感器结构如图 5-11 所示，当敏感轴方向有加速度信号时，质量块受惯性力作用发生位移，在支撑梁的约束下，谐振梁会受到轴向力，引起谐振梁振动频率的变化从而实现加速度信号的测量。热激励-压阻检测式的谐振加速度传感器主要存在热应力易受干扰和输入输出交叉干扰等问题。为了实现结构的热隔离，一般将加热电阻和检测压阻从几何空间上分开布置，其中包括设计结构空隙或者将两者分布于结构上不同的位置，而针对输入输出的交叉干扰问题主要采用电路抑制的方法来解决。

（3）安培力激励感应电动势检测式谐振加速度传感器

安培力激励-感应电动势检测，亦称电磁激励检测，其基本原理为安培定律和法拉第电磁感应定律。根据安培定律的原理，通电导线在磁场中会受到安培力作用，因此可以利用安培力激励谐振器振动，而根据法拉第电磁感应定律，当导线切割磁力线时会产生感应电动势，可以用于谐振的检测。因此，此类谐振式传感器必须有两大因素：有电流经过的导线和磁场。在 MEMS 领域，导线可以通过磁控溅射、蒸镀、电镀等多种方法获得，而磁场可以通过电磁感应或者永磁体获得。典型结构如图 5-12 所示。在图 5-12（a）中，传感器采用了非等尺寸的振梁避免差动振梁共振时的“自锁”问题，并采用基于 A/D 结合 PLL 技术的闭环激励检测电路，成功实现了加速度信号的测量。在图 5-12（b）中，采用双质量块和三谐振梁的传感器结构，能够提高传感器的品质因数，在空气中 Q 值可以达到 1000。此结构主要特点是提高传感器的灵敏度，用于小加速度范围内的测量。

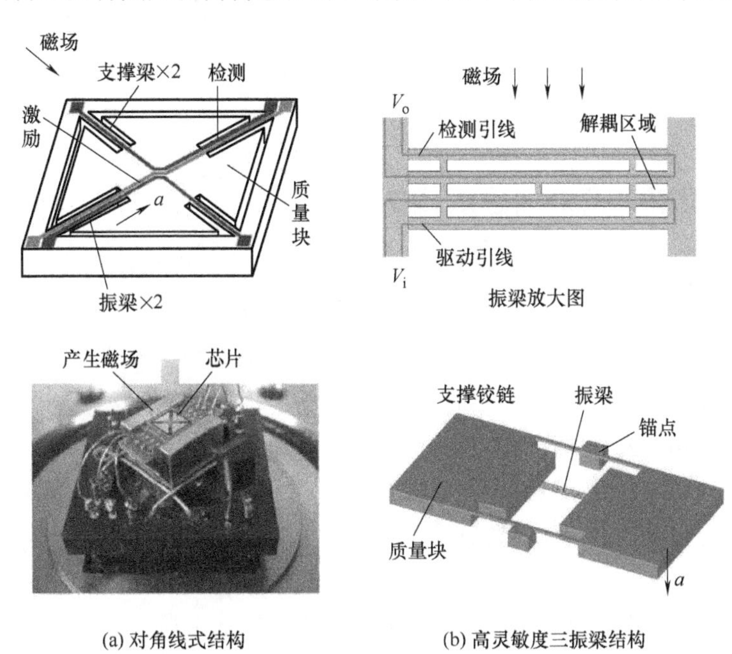

(a) 对角线式结构　　(b) 高灵敏度三振梁结构

图 5-12　安培力激励-感应电动势检测

（4）逆压电激励压电检测式谐振加速度传感器

硅 MEMS 谐振加速度传感器另外一种常用的工作方式是逆压电激励和压电检测，因为硅本身没有逆压电和压电特性，因此必须与其他压电薄膜材料结合使用，如 AlN、PZT、ZnO 等。将压电材料通过一定的微工艺沉积在硅梁上，有交变电流经过压电材料时产生交变压电力激励振梁振动，通过压电效应可以检测振梁振动频率，实现加速度的测量。

采用逆压电激励和压电检测的主要优势是加工工艺与 CMOS 工艺相兼容，如图 5-13

(a) 所示，采用氮化铝压电材料制作的谐振式加速度传感器，谐振梁采用氮化铝压电陶瓷制备，在谐振梁上制作微电极作为驱动和检测电极，利用氮化铝陶瓷的逆压电特性实现谐振梁的驱动和检测。如图 5-13 (b) 所示，通过在振梁上沉积 PZT (Pb [Zr, Ti] O_3) 薄膜替代原来的电磁激励方式，采用 PZT 的压电激励和检测的方式实现了加速度传感器的设计，其主要的目的是减小芯片的尺寸。

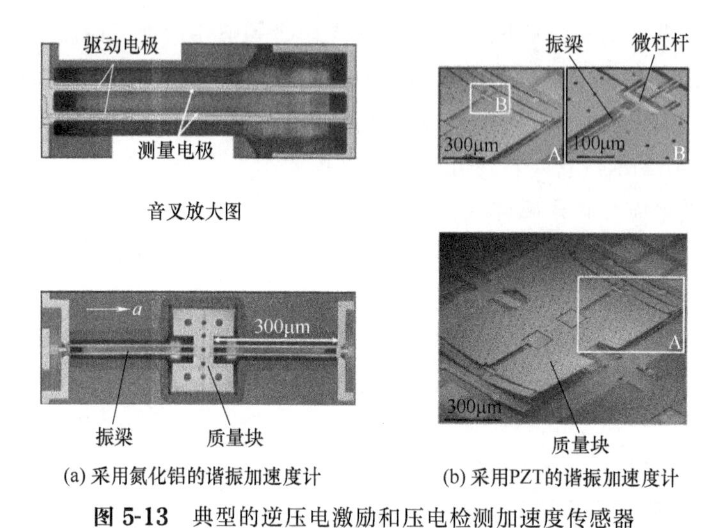

(a) 采用氮化铝的谐振加速度计　　(b) 采用PZT的谐振加速度计

图 5-13　典型的逆压电激励和压电检测加速度传感器

5.3.2　石英振梁式谐振加速度传感器

石英晶体具有非常好的固有压电特性和力学特性，在高精度谐振器、振荡器方面已有几十年的应用背景，可以说是得天独厚的谐振器加工材料。因此，石英晶体也被用于谐振式微加速度传感器的研究中，具有易激励/检测、品质因数高、噪声低、频率稳定性高等优点，可以弥补硅基谐振传感器存在的主要不足。

(1) 石英谐振敏感元件振动的激励

石英谐振器通过逆压电效应进行振动激励，晶体的压电常数反映晶体的压电性质，它和弹性常数类似，石英晶体的压电常数也是一个张量。由逆压电效应引起的应力可以表示为：

$$\varepsilon = \boldsymbol{d}^{\mathrm{T}} E \tag{5-48}$$

式中，ε 为应力；$\boldsymbol{d}$ 为石英晶体的压电系数矩阵；E 为电场。

由于石英晶体是各向异性材料，并不是每个方向都有压电特性，而且压电系数矩阵的各系数之间亦相关。石英晶体逆压电效应的完整表达式为：

$$\begin{pmatrix} \varepsilon_{11} \\ \varepsilon_{22} \\ \varepsilon_{33} \\ \varepsilon_{23} \\ \varepsilon_{31} \\ \varepsilon_{12} \end{pmatrix} = \begin{pmatrix} d_{11} & 0 & 0 \\ -d_{11} & 0 & 0 \\ 0 & 0 & 0 \\ d_{14} & 0 & 0 \\ 0 & -d_{14} & 0 \\ 0 & -2d_{11} & 0 \end{pmatrix} \begin{pmatrix} E_1 \\ E_2 \\ E_3 \end{pmatrix} \tag{5-49}$$

式中，压电常数 d_{ij} 的 $i=1$、2、3 时，它分别表示在 x（电轴）、y（机械轴）、z（光轴）方向的压电效应；$j=1$、2、3 时，它分别表示在 x、y、z 方向的机械伸缩效应；而 $j=4$、5、6 时，它分别表示在 x 面、y 面、z 面的机械切变效应。举例说明，由式（5-49）可以看出（此式中体现的是压电系数矩阵的转置），在 x 方向的交变电场作用下（$i=1$），通过压电常数 d_{11} 可产生 x 方向的厚度伸缩振动（$j=1$）；通过 d_{14} 可产生 x 面的切变振动（$j=4$），其他情况类似。式（5-49）中压电系数的值为：

$$
\begin{aligned}
d_{11} &= \pm 2.31 \times 10^{-12}\,\mathrm{C/N} \\
d_{14} &= \pm 0.73 \times 10^{-12}\,\mathrm{C/N}
\end{aligned}
\tag{5-50}
$$

根据 IRE 标准规定，石英晶体 d_{11} 和 d_{14} 的数值符号与晶体旋向有关，右旋为负，左旋为正。由此可以看出，石英晶体只有在特定晶向上才有压电效应和逆压电效应，而且压电力方向亦不同，因此只有特定的切型和音叉方位配以合理的电极设置才能够得到想要的音叉弯曲振动模式。

应用于谐振式加速度传感器的石英音叉的叉齿长度方向沿石英晶体轴的 y 轴，宽度沿晶体轴的 x 轴，采用此切型的晶片及音叉方位的主要原因在于音叉的湿法腐蚀工艺和振动的要求，这样安排既可以实现需要的振动模式，又能够采用石英的湿法腐蚀工艺来实现音叉的加工。想要通过逆压电效应激励音叉的同平面相反相位弯曲振动，除了选择合理的切型外，必须根据其切型取向对电极进行合理设置，才能获得需要的压电力，进而驱动音叉所需的振动变形。

四面布置音叉电极的方式能够最大限度地利用音叉的机电耦合特性实现音叉的激振，在每个音叉的上下和两个侧面上都有电极，这样的双端固定石英音叉容易激励、品质因数高。四周镀电极音叉的电场和压电力的分布情况如图 5-14 所示，其中图 5-14（a）为四周镀电极的梁示意图，图 5-14（b）为梁截面上的电场分布示意图。

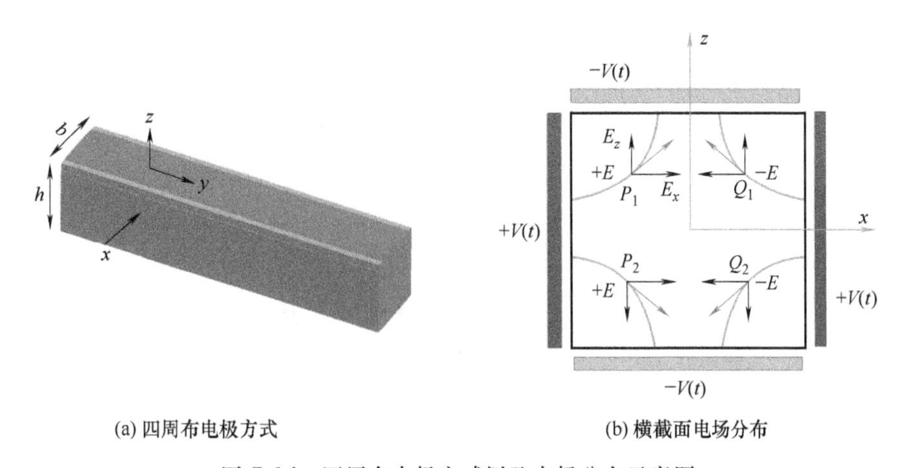

图 5-14　四周布电极方式以及电场分布示意图

根据弯曲振动的要求，这种四面两对的电极分布需要相对的电极所带的电荷极性相同，相邻的电极所带的电荷极性相反。振梁截面上的电场分布关于 x 轴和 z 轴对称，图中的 P_1 和 P_2 点关于 x 轴对称，Q_1 和 Q_2 也关于 x 轴对称，P_1 和 Q_1 关于 z 轴对称，

P_2 和 Q_2 也关于 z 轴对称。四点的电场强度相同而方向亦关于几何对称轴对称。取 P_1 点的电场进行压电力的分析，电场可以分解为沿 x 轴的电场 E_x 和 z 轴的电场 E_z。将图 5-14 所示振梁截面上的电场分布代入石英晶体的逆压电特性计算公式（5-49）可以得到，四面布置电极的方式引起的压电变形如式（5-51）所示。可以看出 E_x 电场可以同时引起 x 方向的拉/压应力（ε_{11}）和 y 方向的拉/压应力（ε_{22}），而 E_z 并不产生任何的压电力。

$$\begin{bmatrix}\varepsilon_{11}\\\varepsilon_{22}\\\varepsilon_{33}\\\varepsilon_{23}\\\varepsilon_{31}\\\varepsilon_{12}\end{bmatrix}=\begin{bmatrix}d_{11}&0&0\\-d_{11}&0&0\\0&0&0\\d_{14}&0&0\\0&-d_{14}&0\\0&-2d_{11}&0\end{bmatrix}\begin{pmatrix}E_x\\0\\E_z\end{pmatrix}=\begin{bmatrix}d_{11}E_x\\-d_{11}E_x\\0\\d_{14}E_x\\0\\0\end{bmatrix}\tag{5-51}$$

根据式（5-51）的计算结果，压电力的分布示意图可以表示为图 5-15（a）。由于电场关于梁截面的中心呈中心对称，所以 x 方向的力 τ_1 和 τ_2 大小相等、方向相反并且在同一平面内，是一对平衡力，不会引起梁的弯曲变形。y 方向的力 σ_1 和 σ_2 大小相等、方向相反而且关于 z 轴对称，因此其中的一半截面受到拉力作用，另外一半受到压力作用，从而引起梁的弯曲变形，如图 5-15（b）所示。

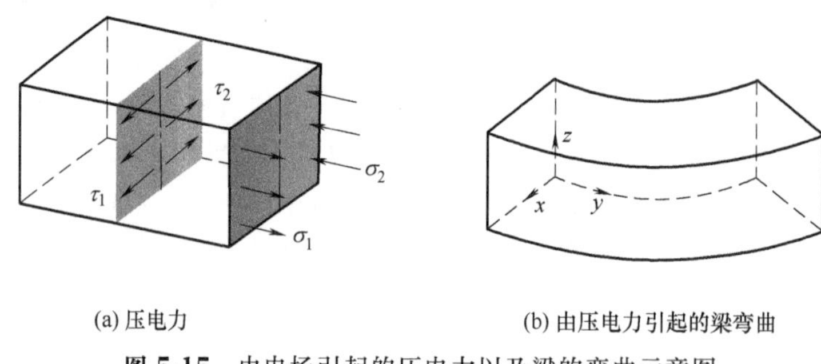

图 5-15 由电场引起的压电力以及梁的弯曲示意图

分析结果表明，四面两对的电极布置模式能够通过压电力引起梁的弯曲，但是为了激励双端固定梁弯曲，除了采用四面布置电极外，必须对电极在振梁长度方向的分布继续进行分析。

通过音叉弯曲振动的分析可知，弯曲变形式振梁沿音叉长度方向的应力分布与振幅的二阶导数成正比，变化规律如图 5-16 所示。由此可以看出，当 $y=0.244l$ 和 $y=0.776l$ 时，$T(y)=0$。对于这种弯曲振动模式，由于两端存在完全自由度约束，沿音叉长度方向的应力分布是由正到负，再由负到正经过两次变化。从图 5-16 可以看出，双端固定振梁受到压电力发生弯曲变形时，梁的轴向应力在 $0.224l$ 和 $0.776l$ 处为 0，此时梁的变形状态亦发生变化。

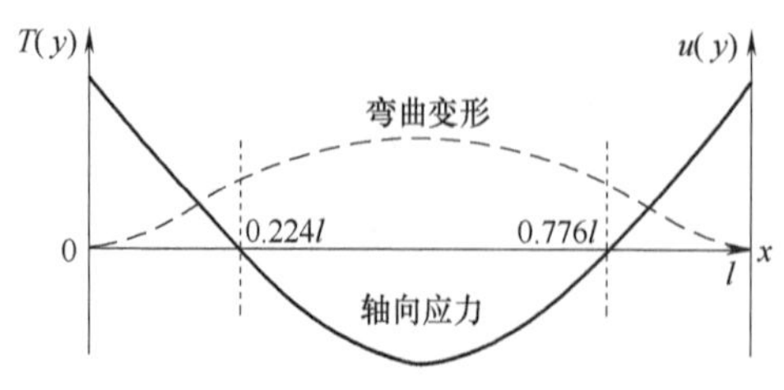

图 5-16 音叉内应力沿长度方向的应力分布

为了实现音叉的最大机电耦合使音叉产生沿宽度方向的弯曲振动，必须采用合理的设计，在振梁的整个长度范围内电极需要分为三段，方能获得最大的机电耦合特性，通过逆压电效应激励梁的弯曲变形。在每一段内仍然需要采用四面布电极的方式，不同段的电极在工作时连接的电压的极性不同，并且电极极性在 $0.244l$ 和 $0.776l$ 处发生改变。电极分布如图 5-17（a）所示，电极分成三段，沿音叉长度方向的零应力点处改变极性。电极之间的电气连接如图 5-17（b）所示，当音叉工作时，相邻的电极极性相反，相对的电极极性相同，音叉的底座上有焊盘，可以将音叉电极采用金丝球焊接工艺连接到外部振荡电路。当电极通电后音叉受到压电力的作用将产生 xoy 平面内的相反相位弯曲变形。如果两根叉齿同时施加交流电压，音叉的两根振梁将会产生同平面内的相反相位弯曲振动。

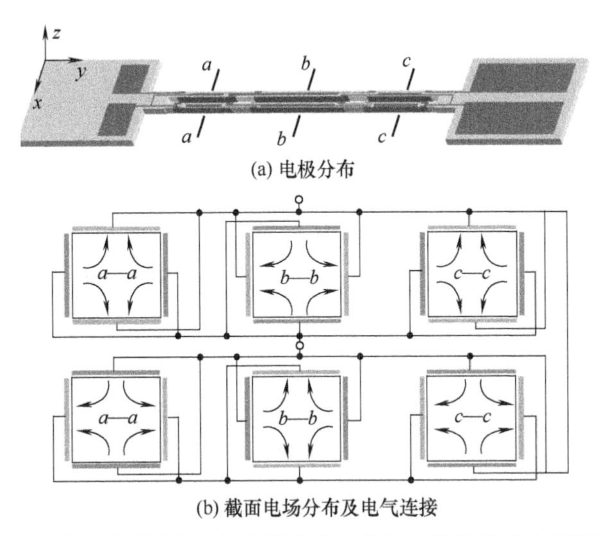

(a) 电极分布

(b) 截面电场分布及电气连接

图 5-17　双端固定石英音叉的电极分布、截面电场分布及电气连接示意图

（2）石英谐振式加速度传感器振动的检测

为了实现音叉的激振和将音叉的振动频率输出用于检测加速度，必须根据音叉的特性设计特定的激励电路，该电路需要同时具有 3 种功能：a. 激励功能，在音叉叉齿上施加交流电压，驱动音叉的振动；b. 检测功能，将音叉的振动频率输出，用于测量音叉的谐振频率；c. 自跟随功能，当加速度发生变化时音叉的谐振频率发生变化，施加在音叉上的交变电压频率要自主跟随振梁谐振频率的变化。

目前常用的石英晶振自励振荡电路可以等效为图 5-18（a）所示，$\dot{A}$ 表示放大回路，$\dot{F}$ 为正反馈回路。当输入量为 0 时，正反馈量就是放大电路的输入量，取代外界对电路的输入作用，如图 5-18（b）所示。自励振荡电路的工作原理可以描述为：在电路初始闭合阶段会有扰动存在，此时由于正反馈的作用输出信号的变化为 $\dot{X}_o$ 增大→$\dot{X}_f$ 增大（$\dot{X}'_i$增大）→$\dot{X}_o$ 增大，电路中的信号不断被放大，便产生了自励振荡，由于电路中元器件的非线性特性可以限制信号的最终幅值，从而实现稳定自励振荡。初始阶段电路的扰动含有非常丰富的频率，如果电路中有选频网络，则电路只会对选频网络所决定的特定频率产生反馈过程，接下来设计的传感器激振电路中，石英晶体既作为选频电路，同时也作为正反馈

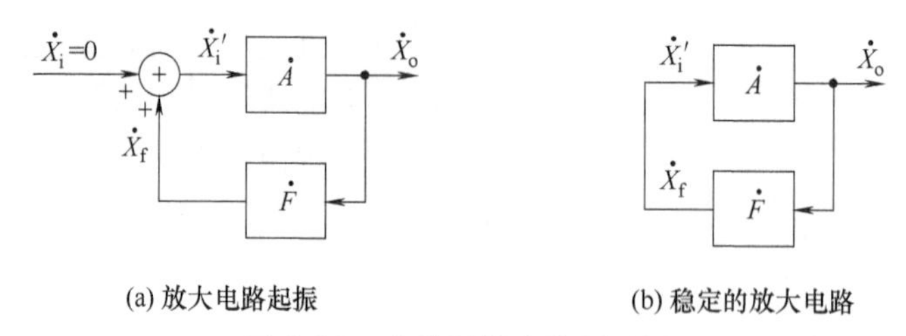

(a) 放大电路起振　　(b) 稳定的放大电路

图 5-18　自励振荡电路原理图

网络使用。

由图 5-18（b）可以看出，当电路产生谐振时需要满足 $\dot{X}_f=\dot{X}_i'$，而且 $\dot{X}_f=\dot{X}_o\dot{F}=\dot{X}_i'\dot{A}\dot{F}$，可以得到电路维持自励振荡的条件为：

$$\dot{A}\dot{F}=1 \tag{5-52}$$

幅值和相位的表达式为：

$$AF=1$$
$$\varphi_A+\varphi_F=2n\pi \tag{5-53}$$

式中，A 为 $\dot{A}$ 的模；F 为 $\dot{F}$ 的模；φ_A 为 $\dot{A}$ 的相位角；φ_F 为 $\dot{F}$ 的相位角。

自励振荡电路中的放大电路和反馈网络相互配合，共同满足式（5-53）所需的振荡条件。幅值平衡条件 $AF=1$ 是指电路已经进入稳态，振荡的幅值维持恒定，为了在电路初始闭合时使电路起振，必须满足 $AF>1$。实际的振荡电路一般无激励信号，而是利用放大电路中存在的噪声和干扰起振，若此时 $AF>1$，则可以形成增幅振荡，使输出电压不断变大，形成自励振荡，因此振荡电路起振的条件为：

$$AF>1$$
$$\varphi_A+\varphi_B=2n\pi \tag{5-54}$$

由于噪声的频谱分布很广，如果电路中有选频网络，那么噪声中必然包含选频网络的频率分量，满足相位平衡条件，而其他频率成分被不断衰减。振荡电路起振后，由于正反馈的不断作用，振荡的幅值会越来越大，因此电路中必须有稳幅环节，当振荡幅值增大到一定值时使其稳定。一般的电路或元器件都有非线性区间，可以用来限制振荡的幅值，达到稳幅目的。

通过以上分析，可知设计的石英音叉振荡电路必须由以下四部分组成。a. 放大环节，提供电路初始闭合时幅值条件 $AF>1$，使电路的信号不断增大，直至到达稳态输出。b. 选频网络，也就是本书设计的晶振在激振电路中充当的角色，只有能够满足音叉谐振条件的频率才能够满足激振电路的相位平衡条件产生振荡。石英谐振器处于正反馈和选频两种工作模式下，能够放大谐振频率的信号而衰减其他频率的信号，因此整个振荡电路的频率就是石英谐振器的频率。c. 正反馈网络，由于电路振荡时并没有外界输入，因此需要反馈环节将输出信号反馈到电路的输入端，引入正反馈。d. 稳幅环节，电路初始振荡时，幅值会不断增大，最终电路中的元器件会进入线性区域限制幅值的进一步增大，电路进入稳定振荡环节。

双反相器谐振电路具有放大倍数高、易起振等优点，如图 5-19 所示，采用双门反相器来设计放大回路，与石英晶体构成振荡电路。为了解决电路初始闭合时的起振问题（需要很高的放大倍数），在反相器 U_1 上并联电阻 R 提供负反馈使其静态工作点在线性放大区域，如图 5-19（b）所示。

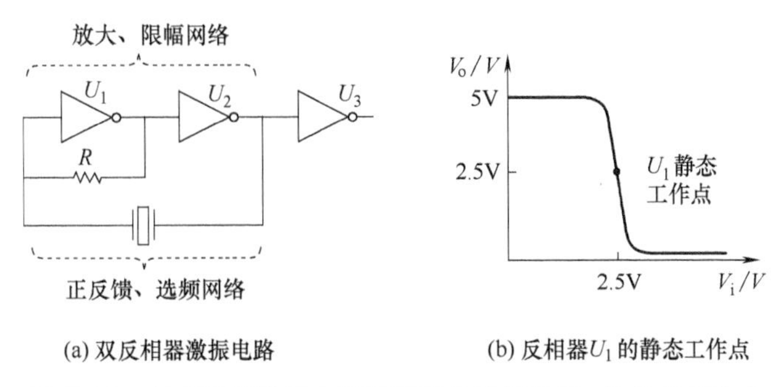

(a) 双反相器激振电路　　(b) 反相器U_1的静态工作点

图 5-19　双反相器激振电路原理图及反相器 U_1 的静态工作点

当电路初始闭合时，反相器 U_1 工作在线性放大区域，曲线的斜率很高说明放大倍数很大，此时反相器能够提供非常大的增益，比较适用于高阻抗的音叉。当谐振器的反馈回路第一次闭合时，只有符合谐振器谐振频率的信号才能通过反馈回路反馈到电路的输入端，其他频率的信号被过滤掉。由于双反相器工作在线性放大区域且增益很大，电路的振荡幅值不断变大，直到器件过载出现非线性情况。在过载现象刚发生时，激振电路输出波形变为非正规的正弦波，直到更高的过载发生（反相器工作在了 0～1 区域），最终波形变为方波。通过分析可以看出，电路中包含谐振电路所必需的四个因素：正反馈、选频、放大、限幅，因此电路最终可以稳定地振荡，振荡频率为石英音叉的串联谐振频率。

（3）典型的石英谐振加速度传感器结构

目前，石英谐振式加速度传感器的典型结构主要集中于两种方案：其一是将双端固定石英音叉安装在金属基座（或其他材质的基座）上组成分体式加速度传感器的方案；另一种是采用全石英结构的一体式加速度传感器方案。下面分别针对这两种不同的结构方案来介绍石英谐振式加速度传感器的特点。

分体式结构的石英谐振器与转换基底分开独立加工，石英谐振器一般采用湿法腐蚀工艺加工，转换基底采用金属、硅或者石英等材料加工，最后将两者进行微装配形成完整传感器敏感结构。典型的分体式差动结构如图 5-20 所示，此方案将两个双端固定石英音叉（DETF）分别固定于金属转换基底的正反两面形成差动结构，音叉的一端固定于惯性质量块上，另外一端固定于温度隔离结构上。温度隔离结构能够在一定程度上降低金属-石英异质材料引起的传感器温漂问题。

为解决金属基底微加工难度大、成本高的问题，可以采用硅基底代替金属基底的方法，典型结构如图 5-21 所示。采用硅材料加工质量-弹簧系统转换基底，可以充分利用硅成熟的微加工工艺和优异的机械材料特性。呈差动状态的两个 DETF 位于同一平面内，可以降低微装配难度。传感器的敏感方向平行于芯片平面，属于横向敏感方式，两根音叉在加速度作用下产生轴向拉/压变形，减小了弯曲变形。

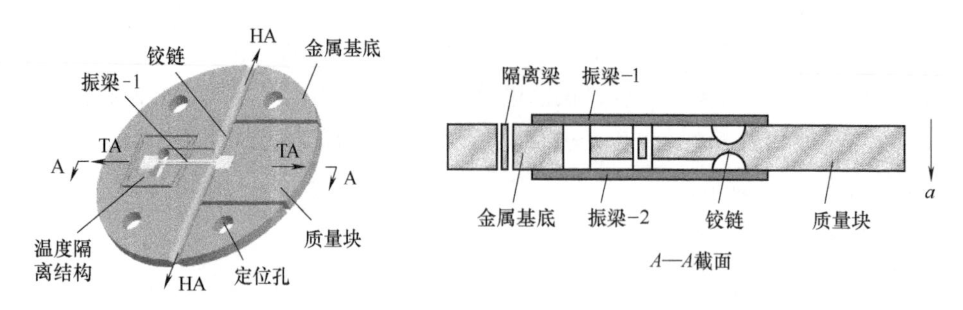

(a) 分体式石英谐振传感器结构　　(b) 传感器结构剖面示意图

图 5-20 带有共模抑制结构的谐振式加速度传感器

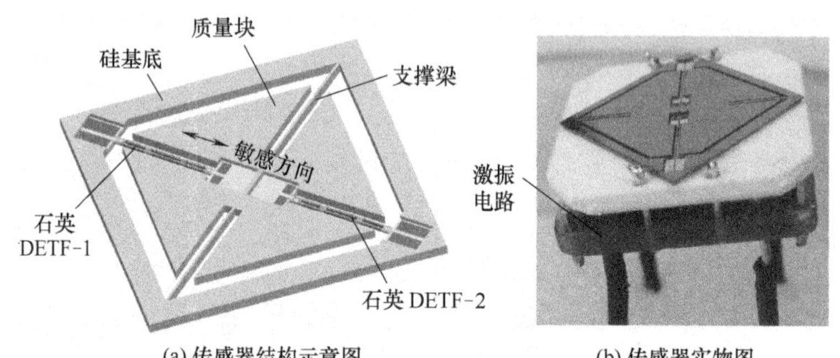

(a) 传感器结构示意图　　(b) 传感器实物图

图 5-21 横向敏感的硅基石英分体式差动结构

典型的一体式纯石英结构如图 5-22 所示，包括双表头差动式结构和单表头非差动式结构。受加工工艺的限制，传感器采用单振梁方案，因此设计了振动隔离框用于隔离振梁的振动。隔离框除了隔离振动外，还可以降低温度和封装应力对传感器精度的影响，并且消除了自锁区域。该类型的传感器的测量范围可达$\pm 100g$，灵敏度约为 $30\text{Hz}/g$，考虑全误差（包括恶劣环境和长期稳定性）在内的传感器分辨率为 $300\mu g$。通过分析传感器的相位噪声、自锁等对传感器测量精度的影响，可实现传感器精度的提升，目前一体式石英结构的分辨率可达 50ng 级别，结构如图 5-22（c）所示。受限于工艺和传感器结构，全石英一体式结构没有采用双端固定石英音叉的方案，而且振梁上电极的配置也采用单面的方式，如图 5-22（d）所示，这会导致音叉的阻抗较大。

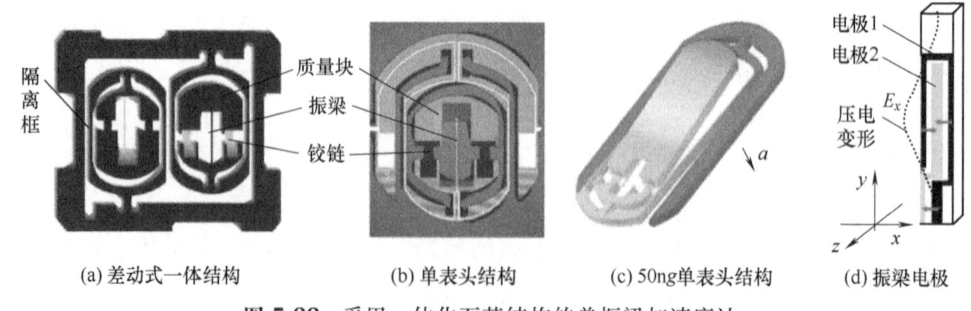

(a) 差动式一体结构　　(b) 单表头结构　　(c) 50ng单表头结构　　(d) 振梁电极

图 5-22 采用一体化石英结构的单振梁加速度计

一体化结构可以采用氟基溶液湿法腐蚀得到，如图 5-23 所示，通过正反两面同时腐蚀以获得需要的铰链和振梁厚度。在腐蚀过程中，需对石英的湿法腐蚀工艺进行优化，用

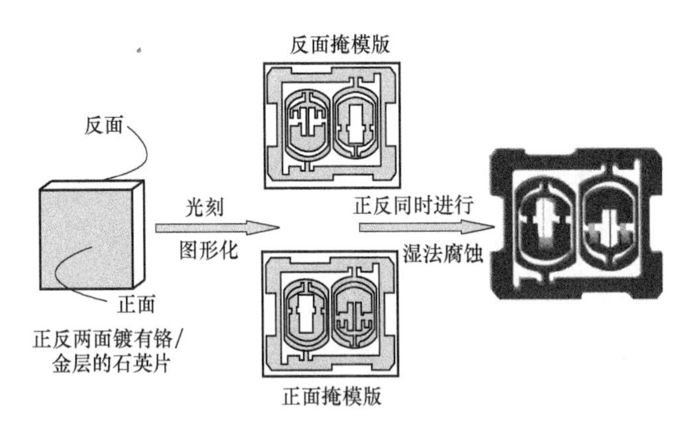

图 5-23　一体化结构采用氟基溶液湿法腐蚀的工艺流程

于提高湿法腐蚀的尺寸精度、表面粗糙度和侧面垂直度。

5.4　典型的振梁式谐振压力传感器结构及其工作原理

振梁式谐振压力传感器一般包括压力转换元件和谐振敏感元件两个基本组成部分，压力转换元件将待测压力转变为谐振敏感元件中的拉应力或压应力，进而改变其固有频率。压力转换元件感测被测压力，而谐振敏感元件则密封在特定参考压力腔体中不与待测气体接触，因此，这类传感器受周围环境影响小，可靠性高、抗干扰能力好。依据谐振敏感元件材料的不同，可分为硅振梁式谐振压力传感器和石英振梁式谐振压力传感器两类。

5.4.1　硅振梁式谐振压力传感器

硅谐振敏感元件通过 MEMS 工艺制作成双端固支梁、悬臂梁、梳齿以及音叉等结构形式。为了获取谐振频率，通常需要设计激振和拾振系统，主要包括压电、静电、电磁、电热等激励方式以及压电、电容、电磁、压阻等检测方式。

（1）静电激励谐振式压力传感器

静电激励方式的谐振式压力传感器依据的基本原理是库仑定律，即通过在两块或者多个平行的电极板上施加交变电压，从而可以产生交变的静电力来驱动谐振单元使其发生振动。而且为了增加静电激励的驱动力，一般将产生激励作用的电极设计成梳齿状结构以增加其有效相对面积。对于静电激励方式的谐振式压力传感器其谐振单元的频率检测方式一般有电容检测、压阻检测等，即通过检测梳齿电极间电容的变化或者检测在谐振单元的应力敏感部位的压敏电阻的变化来拾取谐振单元的谐振频率。目前这种方法是基于硅系材料的谐振式压力传感器的最常用的激励方式，其与 MEMS 工艺具有良好的兼容性。

静电激励-电容检测谐振压力传感器典型结构如图 5-24 所示，谐振梁的两端固定在压力膜上，在谐振梁侧壁两侧布置两个电极，与谐振梁侧壁形成两个电容，分别作为驱动电容和检测电容。在驱动电容上施加交变电压，驱动电容两极板之间在静定力作用下产生交变的驱动力，驱使谐振梁发生受迫振动。当交变驱动力的频率与谐振梁的固有频率一致

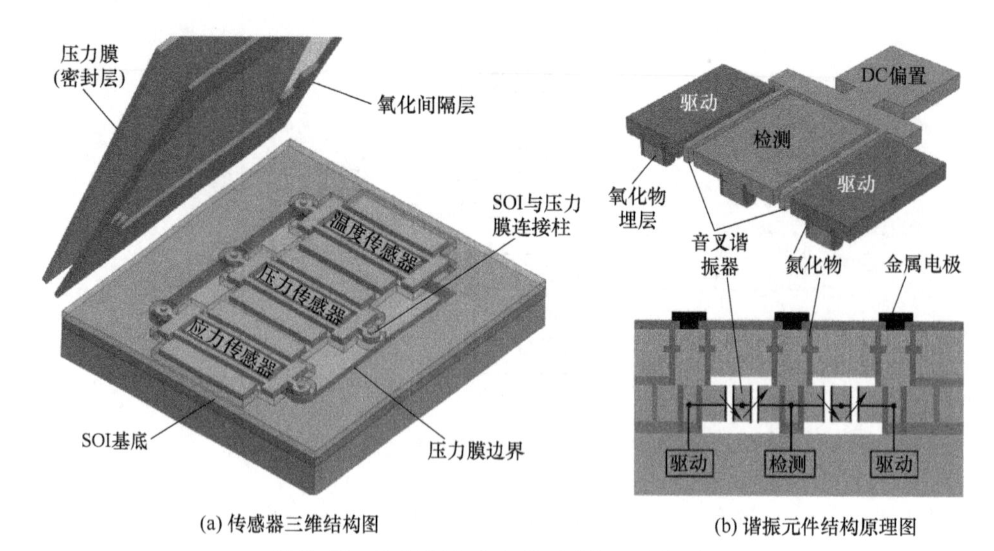

(a) 传感器三维结构图

(b) 谐振元件结构原理图

图 5-24　静电激励-电容检测谐振压力传感器

时，谐振梁发生共振，在较小的静电力驱动下谐振梁能产生相对稳定的振动。当谐振梁振动时，检测电容两极板间的距离随谐振梁振动发生交变，从而导致检测电容值改变，通过测量检测电容值的变化频率可获得谐振梁的振动频率。若被测压力发生变化时，压力膜的变形会引起谐振梁所受轴向力变化，致使谐振梁的振动频率发生改变。因此，通过检测谐振梁振动频率可表征被测压力，实现压力值的测量。

静电激励-压阻检测谐振压力传感器典型结构如图 5-25 所示，在谐振梁应力变化敏感位置制作压敏电阻，谐振梁振动时梁上应力变化敏感位置产生的交变应力会引起压敏电阻的阻值发生变化，通过测量压敏电阻阻值变化的频率可获得谐振梁的振动频率。若被测压力发生变化，谐振梁所受轴向力也随之改变，从而引起谐振梁振动频率变化。因此，可通过检测压敏电阻阻值变化的频率实现压力的测量。

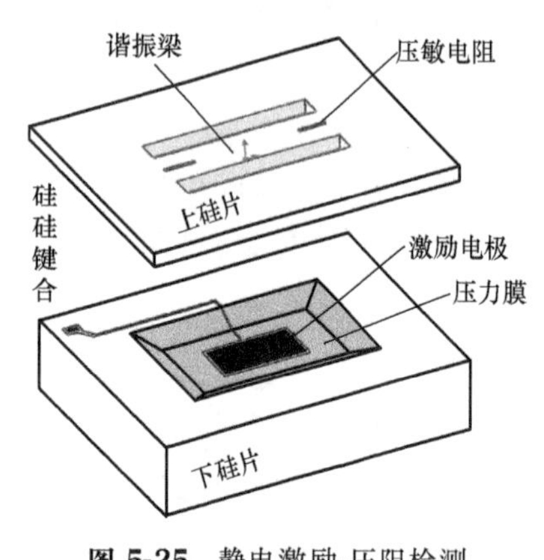

图 5-25　静电激励-压阻检测谐振压力传感器

静电激励谐振式压力传感器的激励方式较为复杂，需要平行于谐振单元的具有激振电极的基板，且常伴随着激励与检测信号的交叉干扰，易受到外界的电磁环境和温度变化的干扰。因此，静电激励方式的谐振式压力传感器一般需要较高真空度的封装方案才能保证其自身的品质因数、精度和稳定性。然而，这又大幅地提高了传感器的成本，且真空腔室的泄漏，会影响传感器的长期稳定性。

（2）电磁激励谐振式压力传感器

电磁激励式谐振压力传感器是利用磁场中对带电流的谐振单元施加洛伦兹力使之产生受迫振动，传感器所需的磁场常用永磁铁提供，典型结构如图 5-26 所示，在单晶硅压力膜的表面制作了两个 H 形谐振器，每个谐振器的四端固定在压力膜上，每个谐振器上的电极可组成两个回路线圈，即激励线圈和拾振线圈。激励线圈上施加交变电流激励谐振器使其振动，同时拾振线圈检测振动频率并反馈给激励线圈形成自励振荡系统以维持等幅振荡。如图 5-26（a）所示，被测压力变化时会引起压力膜变形，导致谐振梁上轴向力发生变化，从而引起谐振梁振动频率发生改变。因此，通过测量拾振线圈中电流的交变频率可实现压力的测量。

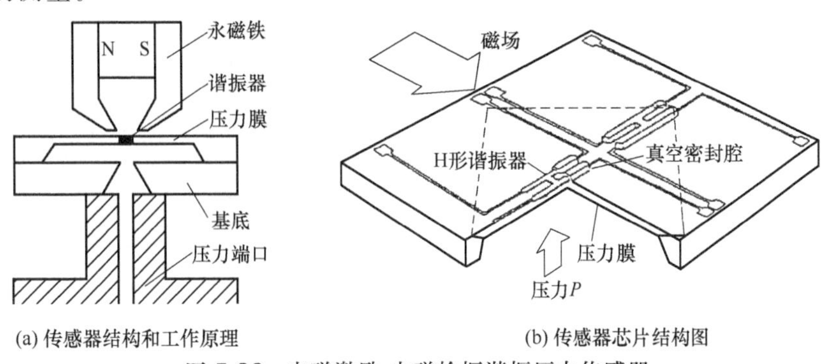

(a) 传感器结构和工作原理　　(b) 传感器芯片结构图

图 5-26　电磁激励-电磁拾振谐振压力传感器

电磁激励的谐振式压力传感器普遍采用了差动结构和真空封装，因此其线性度和灵敏度较高。但是电磁激励方式需要安装永久磁铁才能实现，这会导致传感器体积大，而且无法保证永磁铁的磁场强度的稳定性。因此干扰噪声大导致信噪比差，易受外界电磁干扰的影响，其精度、可靠性和长期稳定性比较差，无法在航空航天等高精度压力测量领域得到应用。

（3）电热激励谐振式压力传感器

电热激励的谐振式压力传感器的原理是在谐振单元结构上的特定区域制作电阻（通常是表面扩散电阻或多晶硅电阻），将其通电后会引起谐振单元发生热膨胀变形，利用脉冲或交变的电流引起的交变热应力可以驱动谐振单元使其产生受迫振动，通过检测谐振梁根部的拾振电阻变化获取谐振梁振动频率。由于氮化硅具有较低的热胀系数，常被用来制作成梁结构的谐振元件，典型结构如图 5-27 所示，分别在两块硅片上制作谐振元件和压力敏感膜，然后通过硅-硅键合封装，谐振元件为氮化硅材料制作的单梁结构，谐振元件材料除了采用氮化硅外，单晶硅也是电热激励的常用材料。

电热激励压阻检测的谐振压力传感器原理和结构简单，理论上具有可行性，但在实际应用中受到较多的制约。由于制作谐振元件的硅片较薄，硅-硅键合时在高温作用下谐振梁容易变形或断裂，而且谐振梁激振后沿垂直方向振动，耦合振动的干扰难以避免，传感器的线性度受到较大的限制。与此同时，电热激励时产生了交变热应力，温度梯度对传感器精度的影响显著。

（4）光热激励谐振式压力传感器

静电、电磁或电热等激励方式一般需要连接电源和引线，在某些极端的环境往往不能适用。相比之下，基于光热激励光电检测方式工作的谐振压力传感器通过施加交变的激光使谐振元件产生交变热应力而振动，通过光干涉法等方法拾取振动频率，具有非接触激励和检测、耐高温、抗电磁干扰能力强等优点。由于这些独特的优点，这种传感器广泛应用在具有高温高压环境的油气田井下压力测量领域。

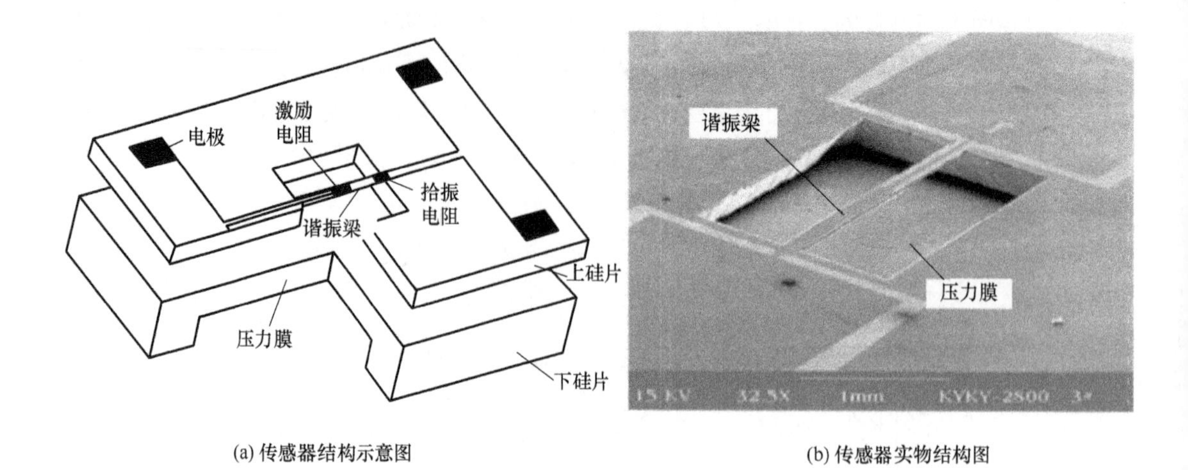

(a) 传感器结构示意图　　(b) 传感器实物结构图

图 5-27　电热激励谐振式压力传感器

光激励光检测式谐振压力传感器常采用单晶硅、多晶硅、石英晶体材料制作谐振梁，典型结构如图 5-28 所示。采用表面硅微工艺制作了真空密封在压力敏感膜中的谐振梁，激光脉冲经由光纤照射在谐振梁上，部分激光被硅梁吸收产生周期性的热应力，交变应力使硅梁作受迫振动，当调制激光的频率与谐振梁固有频率相同时达到谐振，入射激光激励谐振梁振动并通过光电探测器检测谐振频率。若被测压力发生变化，微谐振梁的振动频率也随之改变，通过光电探测器检测的谐振频率可实现压力的测量。

光热激励的谐振式压力传感器的谐振单元需要额外的激光脉冲来使之产生受迫振动，虽然传感器芯片体积小、工艺简单，但是其光路系统结构复杂和 MEMS 工艺的兼容性差，同时对加工及安装的精度要求较高，因此，光热激励的谐振式压力传感器虽然可以应对极端复杂环境的应用需求，但这种检测方式使用较少。

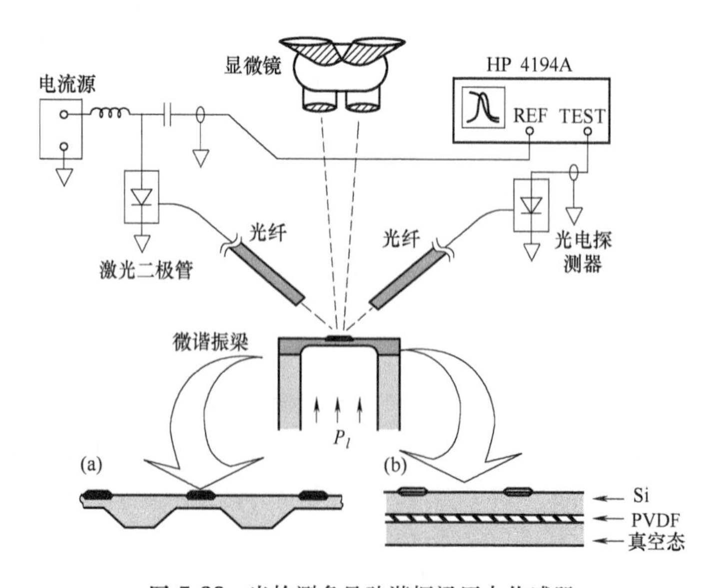

图 5-28　光检测多晶硅谐振梁压力传感器

5.4.2　石英振梁式谐振压力传感器

压电材料一般分为有机和无机两类。其中有机压电材料又称压电聚合物，例如聚偏氟乙烯（PVDF）等薄膜材料。这类材料具有柔韧性好、密度低、阻抗低和压电电压常数高等优点，但是其压电应变常数偏低使其应用范围受到很大限制；无机压电材料分为压电晶体和压电陶瓷，压电晶体一般是指压电单晶体（例如石英单晶等），压电陶瓷则泛指压电多晶体。相比较而言，压电陶瓷压电性强、介电常数高、可以加工成任意形状，但机械品质因子较低、电损耗较大、稳定性差。石英单晶虽然压电性和介电常数较低，但稳定性和重复性好、机械品质因数高，适合用来制作谐振单元，因此，石英单晶体常用来制作高稳晶振。石英振梁式谐振压力传感器的原理是基于石英晶体的逆压电特性，对其特定的晶体方向施加交变电压引起变形，从而激励谐振梁发生受迫振动。通常谐振梁被密封在特定的参考压力腔室中且不与待测压力介质接触，待测压力是通过压力转换单元转化并传递到谐振梁，通过改变谐振梁所承受的轴向力大小而改变其谐振频率。因此，石英振梁式谐振压力传感器具有精度高、稳定性好和受外界环境因素干扰小等优点。

压力转换单元通常采用金属、机械研磨石英或硅基材料，可以选择结构有平膜、波纹膜、波纹膜盒、波纹管或波登管等。转换单元为金属基的振梁式谐振压力传感器典型结构如图 5-29 所示。图 5-29（a）所示敏感单元为石英振梁、压力转换单元为金属波登管，当待测压力发生变化时，金属波登管弯曲部位发生形变，引起谐振器所承受的轴向力变化，从而导致谐振器的谐振频率改变，通过检测谐振器的谐振频率可实现压力的测量。如图 5-29（b）所示，敏感单元为双音叉石英谐振器，压力转换单元为金属波纹管和柔性杠杆，待测压力会引起波纹管的伸缩变形，柔性杠杆作为力放大机构，有助于提升传感器的灵敏度，通过波纹管和柔性杠杆将待测压力的变化转换成谐振器轴向力的变化。总而言之，压力转换元件将待测压力的变化转变成石英谐振器轴向力的变化，通过测量谐振器频率的变化量来表征待测压力。由于该传感器具有高精度和良好的稳定性，被美国、日本等国家相继应用于深海领域测量海底深度和压力，以预测海啸、潮汐、火山或进行气候研究、海洋钻探等。

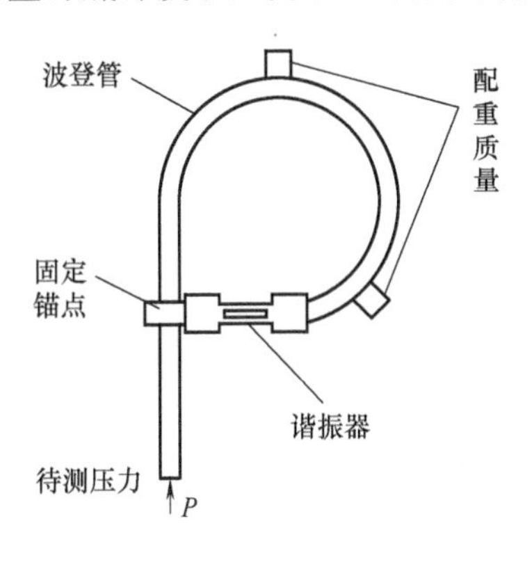

(a) 采用金属波登管为转换元件结构示意图

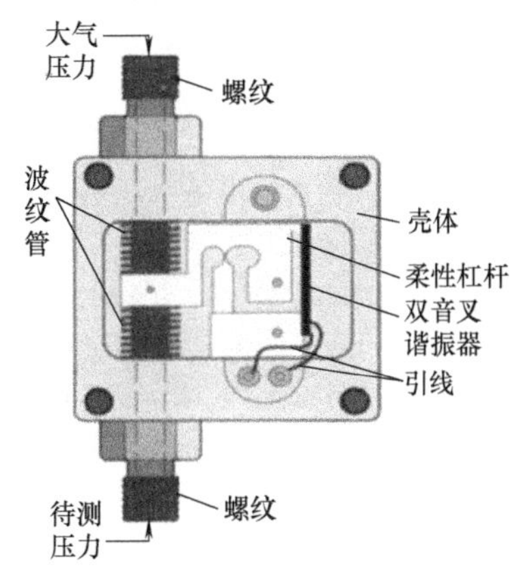

(b) 采用金属波纹管为转换元件结构示意图

图 5-29　转换单元为金属基的振梁式谐振压力传感器

相较于金属基转换元件，硅基转换元件采用MEMS工艺制备，具有结构小、成本低、可批量化制备等优势，典型传感器结构如图5-30所示，石英振梁固定在硅基压力膜片的凸台上，传感器内部安装相匹配的一对石英振梁，其中一只石英振梁的硅基背腔与被测压力导通，用于测量被测压力；另一只石英振梁作为参照梁，用于测量由于温度、封装应力等共模干扰引起的频率漂移。传感器采用差动输出，能够有效地降低由温度、应力等共模干扰引起的测量误差，提升传感器的测量精度。

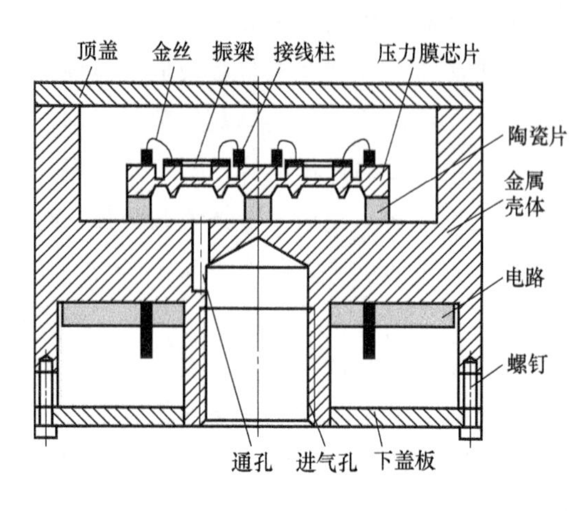

图5-30　硅基石英振梁式谐振压力传感器

参考文献

[1] Shaeffer DK. MEMS inertial sensors: A tutorial overview [J]. IEEE Communications Magazine, 2013, 51 (4): 100-109.

[2] Le Traon O, Janiaud D, Pernice M, et al. A new quartz monolithic differential vibrating beam accelerometer [C]. Coronado, CA: IEEE/ION, 2006: 6-15.

[3] Levy R, Gaudineau V. Phase noise analysis and performance of the vibrating beam accelerometer [C]. Newport Beach, CA, USA: IEEE, 2010: 511-514.

[4] Levy R, Janiaud D, Guerard J, et al. A 50 nano-g resolution quartz Vibrating Beam Accelerometer [C]. Laguna Beach, CA, USA: IEEE, 2014: 1-4.

[5] 岳书彬，刘迎春. 双端石英音叉力敏传感器的原理与设计 [J]. 山东大学学报：自然科学版，2000，35 (3)：282-288.

[6] Li Cun, Zhao Yulong, Li Bo, et al. A micro-machined differential resonance accelerometer based on silicon on quartz method [J]. Sensors and Actuators A: Physical, 2017, 253: 1-9.

[7] Matsumoto H, Araki E, Kawaguchi K, et al. Long-term features of quartz pressure gauges inferred from experimental and in-situ observations [C]. OCEANS 2014 - TAIPEI, 2014.

[8] Watanabe J, Sakurai T, Saito Y, et al. High Accuracy Pressure Sensor Using Quartz Dual Tuning Fork Resonator [J]. Ieej Transactions on Electronics Information & Systems, 2011, 131 (6): 1101-1107.

[9] Cheng R, Li C, Zhao Y, et al. A high performance micro-pressure sensor based on a double-ended quartz tuning fork and silicon diaphragm in atmospheric packaging [J]. Measurement Science &

Technology，2015，26（6）：065101.

[10] Wang J，Zhao C，Zhao G H，et al. All-Quartz High Accuracy MEMS Pressure Sensor Based on Double-Ended Tuning Fork Resonator [J]. Procedia Engineering，2015，120：857-860.

[11] Wang J，Zhao C，Han D X，et al. High Accuracy MEMS Pressure Sensor Based on Quartz Crystal Resonator [J]. Proceedings，2017，1（4）：379.

[12] 李晶，樊尚春，李成，等. 谐振式硅微机械加速度传感器研究进展 [J]. 传感器与微系统，2011，30（12）：4-7.

[13] Fedder GK，Hierold C，Korvink JG，et al. Resonant MEMS：Fundamentals，Implementation，and Application [M]. New York City，United States：John Wiley & Sons，2015.

[14] Comi C，Corigliano A，Langfelder G，et al. Sensitivity and temperature behavior of a novel z-axis differential resonant micro accelerometer [J]. Journal of Micromechanics and Microengineering，2016，26（3）：035006.

[15] Yang B，Wang X，Dai B，et al. A new Z-axis resonant micro-accelerometer based on electrostatic stiffness [J]. Sensors，2015，15（1）：687-702.

[16] 董金虎. 硅微谐振式加速度传感器的温度特性研究 [D]. 南京：南京理工大学，2012.

[17] Comi C，Corigliano A，Langfelder G，et al. A resonant microaccelerometer with high sensitivity operating in an oscillating circuit [J]. Journal of Microelectromechanical Systems，2010，19（5）：1140-1152.

[18] Zhao Y，Zhao J，Wang X，et al. A sub-μg bias-instability MEMS oscillating accelerometer with an ultra-low-noise read-out circuit in CMOS [J]. IEEE Journal of solid-state circuits，2015，50（9）：2113-2126.

[19] 王军波，商艳龙，陈德勇，等. 基于电磁激励的SOI-MEMS谐振式加速度传感器的闭环检测系统 [J]. 纳米技术与精密工程，2012，10（4）：322-326.

[20] 樊尚春. 谐振式传感器 [M]. 北京：北京航空航天大学出版社，2013.

第6章 MEMS陀螺技术

陀螺是一种用于测量旋转速度或旋转角的仪器。利用陀螺的定轴性和进动性可测量运动体的姿态角（航向、俯仰、滚动），精确测量运动体的角运动，通过陀螺组成的惯性坐标系实现稳定惯性平台。

早在1852年，法国物理学家福科就提出了“陀螺”这个概念，并制造了最早的机械陀螺仪。到现在陀螺已有100多年的发展史，1910年首次用于船载指北陀螺罗经。第二次世界大战期间，德国将陀螺用于V-2火箭上。自那时起，为了提高它的性价比，科技工作者投入了大量的人力物力，各种新型陀螺不断问世。陀螺发展至今大致可以分为三代。最早的陀螺大都是由机械加工制成的转动式陀螺，它利用高速转动的物体角动量守恒的原理测量角速度。这种陀螺仪具有很高的精度，但其结构复杂，成本高，且高速转动部件的磨损大大缩短其使用寿命，一般仅用于导航方面，难以应用于一般的运动控制。

第二代是静电陀螺、激光陀螺、光纤陀螺。静电陀螺的转子是由静电吸力支承，结构简单，可靠性高。激光陀螺没有可动部分，具有较长的寿命、较高的线性度和动态范围，但其体积大，价格昂贵，不耐冲击。后来发展的光纤陀螺利用光纤取代激光陀螺的反射镜，大大增加了光路长度，提高了灵敏度，较之激光陀螺，光纤陀螺结构简单，没有闭锁问题，成本低，易于微型化，适于批量生产。

不管是机械陀螺，还是第二代的静电、光纤和激光陀螺，体积大、分量重成了制约其发展的瓶颈，例如传统机械陀螺加上外围的检测电路需要好几千美元，而更精确的环形激光陀螺就更加昂贵和庞大。在实际应用中，体积和价格上的原因使得传统陀螺在对体积要求较高的一些军事领域和对价格要求较高的一些消费领域失去了竞争力。20世纪90年代初期随着技术的迅猛发展，基于MEMS技术的第三代微机械陀螺诞生了，从而给陀螺领域注入了新的血液。

微机械陀螺是在20世纪80年代后发展起来的一种新型陀螺，它具有体积小、重量轻、功耗低、抗过载能力强、能适用于较为恶劣的环境条件等优点。因此，微机械陀螺可广泛应用于汽车牵引控制系统、行驶稳定系统、摄像机稳定系统、飞机稳定系统、计算机的惯性鼠标以及军事等领域。目前，世界上许多研究单位、公司都结合自己国内的加工手段及信号检测措施对微机械陀螺展开了研究。

6.1　微机械陀螺的原理、分类与性能

6.1.1　科里奥利效应

在微机电系统中要加工高速旋转的复杂的转子系统是非常困难的。几乎所有的微机械陀螺都放弃了采用高速旋转的转子的设计，而是利用振动元件来测出角速度，因此微机械陀螺又被称为微机械振动陀螺。而振动陀螺的工作原理是基于科里奥利效应（科氏效应、哥氏效应），通过一定形式的装置产生并检测科氏加速度。科氏加速度是以法国科学家 G. G. de Coriolis（1792—1843 年）命名，在旋转坐标系中表征加速度，其与旋转坐标系的旋转速度成正比。

一个在转动的盘子上从转心向边缘作直线运动的球，它在盘子上所形成的实际轨迹是一曲线，如图 6-1 所示。该曲线的曲率与转动速率是有关系的，实际上，如果从盘子上面观察，则会看到球有明显的加速度，即科氏加速度。此加速度由盘子的角速度矢量 $\boldsymbol{\Omega}$ 和球做直线运动的速度矢量 $\boldsymbol{v}$ 的矢量积得出

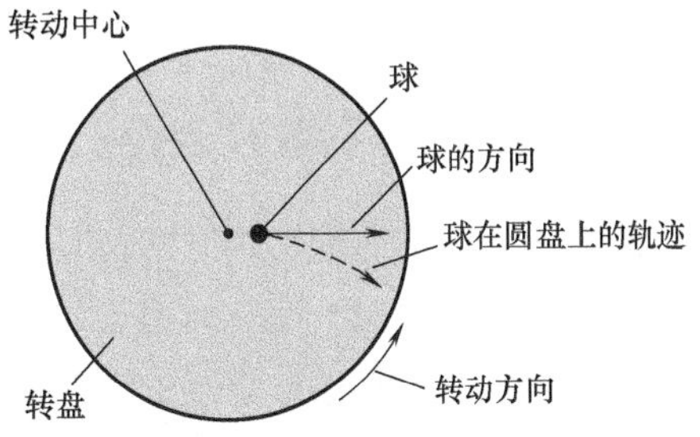

图 6-1　科氏效应示意图

$$a_c = 2 \cdot \boldsymbol{\Omega} \times \boldsymbol{v} = 2|\boldsymbol{\Omega}||\boldsymbol{v}|\sin\theta \tag{6-1}$$

因此，尽管并无实际力施加于球上，但对于盘子上方的观察者而言，产生了明显的正比于转动角速度的力，这个力就是科氏力。其值可表示为

$$F_c = 2m \cdot \boldsymbol{v} \times \boldsymbol{\Omega} = 2m|\boldsymbol{v}||\boldsymbol{\Omega}|\sin\theta \tag{6-2}$$

科里奥利力方向的判定方法采用右手定则，如图 6-2 所示。右手（除大拇指外）手指指向（非惯性系中）物体运动方向，再将四指绕向角速度矢量方向，拇指所指方向即科里奥利力方向。

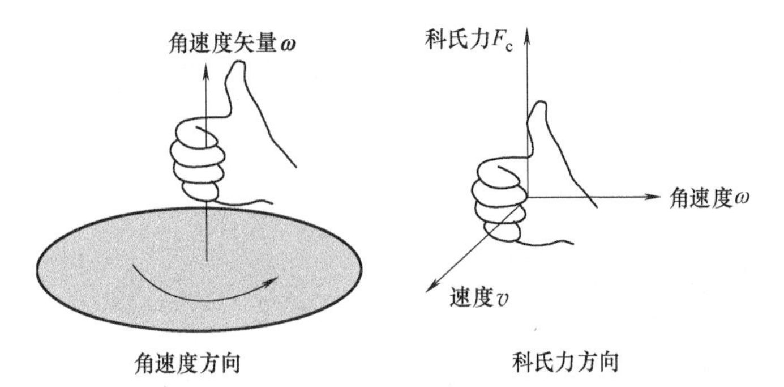

图 6-2　采用右手法则判定科里奥利力的方向

在微机械陀螺中，一般是利用一定的振动质量块来检测科氏力 F_c，如图 6-3 所示。质量块 P 固连在旋转坐标系的 xoy 平面，如果假设沿 x 轴方向以相对旋转坐标系的速度 v 运动，旋转坐标系绕 z 轴以角速度 ω 旋转，则根据科氏效应原理，质量块 P 在旋转坐

标系的正 y 轴上产生科氏力，且此科氏力与作用在质量块 P 上的输入角速度 ω 成正比，并会引起质量块在 y 轴方向的位移。通过测量此位移信息就可以获得输入角速度 ω 的信息。

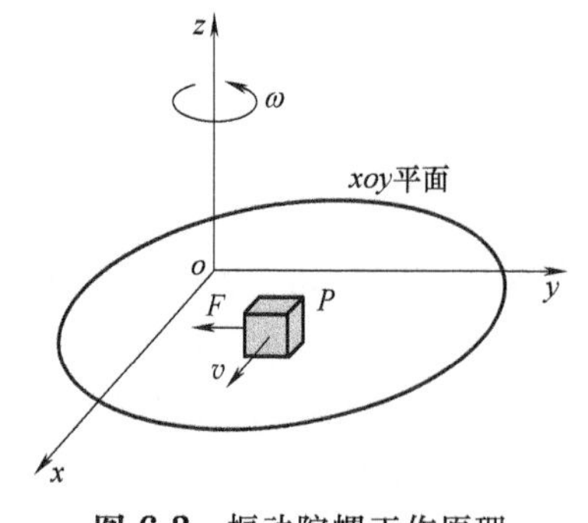

图 6-3　振动陀螺工作原理

具体来说，振动陀螺是通过一定的激振方式，使陀螺的振动部件受到驱动而工作在第一振动模态（又称驱动模态）（如图 6-3 所示质量块 P 沿 x 轴的运动）。当与第一振动模态垂直的方向有旋转角速度输入时（如图 6-3 所示沿 z 轴旋转角速度 ω），振动部件因科氏效应产生了一个垂直于第一振动模态的第二振动模态（又称敏感模态）（如图 6-3 所示质量块沿 y 轴产生的位移），该模态直接与旋转角速度成正比。

6.1.2　微机械陀螺的分类

微机械陀螺均为振动式陀螺，其基本原理基于科氏力所引起的谐振机械结构的两种振动模态之间的能量耦合。具体地说就是有一高频振动部分，在驱动下做高频线振动或角振动运动，当有一垂直于该运动方向的角速度输入时，根据科氏定理，此时会产生一垂直于该运动平面的科氏加速度，使陀螺的敏感部件绕敏感轴做敏感运动，检测此敏感运动产生的电信号（电容信号、谐振信号），即可得到输入角速度。

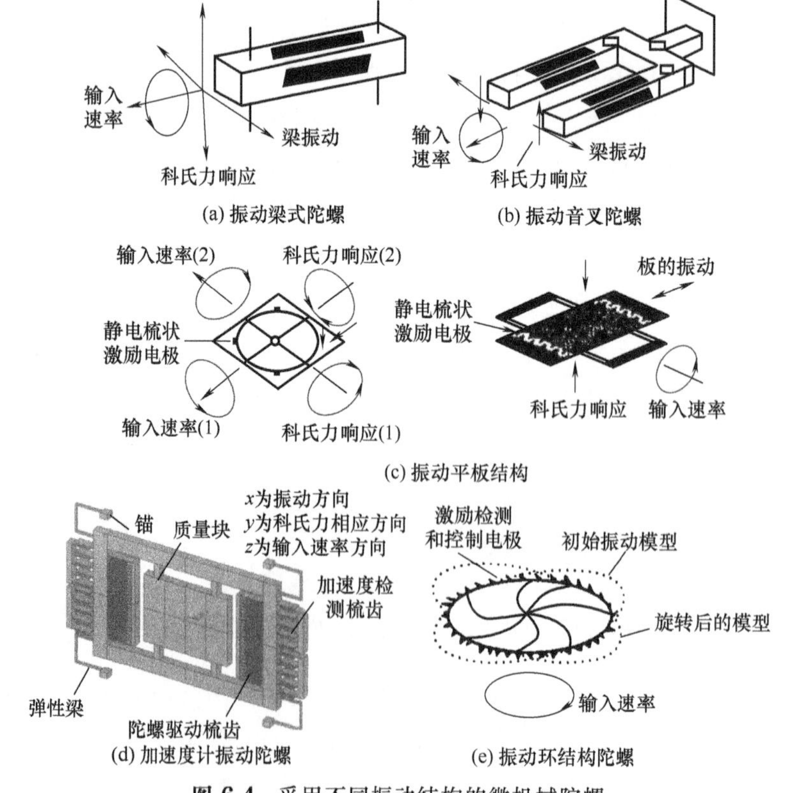

图 6-4　采用不同振动结构的微机械陀螺

微机械陀螺可采用多种分类方法进行分类，如振动结构、材料、驱动方式、检测方式、工作模式和加工方法。

① 按振动结构可将微机械陀螺划分成线振动结构和旋转振动结构。

在线振动结构里又可分成正交线振动结构和非正交线振动结构。正交线振动结构指振动模态和检测模态相互垂直。在正交线振动结构里有振动梁结构［如图 6-4（a）所示］、振动音叉结构［如图 6-4（b）所示］、振动平板结构［如图 6-4（c）所示］、加速度计振动陀螺［如图 6-4（d）所示］等。而非正交线振动结构主要指振动模态和检测模态共面且相差45°的振动结构，如振动环结构陀螺［如图 6-4（e）所示］，在旋转振动结构中有振动盘结构陀螺和旋转盘结构陀螺等，这种类型陀螺多属于表面微机械双轴陀螺。

② 按材料可将机械陀螺划分为硅材料陀螺和非硅材料陀螺。

在硅材料陀螺中又可分为单晶硅陀螺和多晶硅陀螺；非硅材料陀螺又包括压电单晶石英材料陀螺和石英玻璃陀螺。

③ 按驱动方式可将微机械陀螺分为静电式驱动、电磁式驱动和压电式驱动等。

④ 按检测方式可将微机械陀螺划分成电容性检测、压阻性检测、压电性检测、光学检测、隧道效应检测、力频特性检测等。

⑤ 按工作模式可将微机械陀螺分成速率陀螺和速率积分陀螺。

速率陀螺包括开环模式和闭环模式（力再平衡反馈控制）；速率积分陀螺则指整角模式。一般非正交线振动结构中的陀螺多可在整角模式下工作，而其他类型的大部分陀螺均属于速率陀螺。

⑥ 按加工方式可以将微机械陀螺划分成体微机械加工、表面微机械加工、LIGA 等。

以上对微机械陀螺的分类归纳起来如图 6-5 所示。

6.1.3 微机械陀螺的性能指标

微机械陀螺主要有以下几个性能指标。

（1）刻度因子/线性度

陀螺刻度因子是指陀螺输出与输入角速度的比值，该比值是根据整个输入角度范围内测得的输入/输出数据，通过最小二乘法拟合求出的直线斜率。实际上刻度因子拟合的残差决定了该拟合数据的可信程度。由此从不同角度引出了刻度因子精确度、刻度因子线性度、刻度因子不对称度、刻度因子重复性以及刻度因子温度灵敏度等概念。陀螺制造商一般给出的是刻度因子精确度和非线性度。比如，某陀螺给出的刻度因子精确度＜1.0%，刻度因子非线性度＜0.3%FS（FS指满量程）。

（2）阈值与分辨率

陀螺的阈值表示陀螺能感应的最小输入角速度，分辨率表示在规定的输入角速度下能感应的最小角速度增量。这两个量均表征陀螺的灵敏度。通常分辨率是根据带宽给出的，如某硅陀螺的分辨率＜0.05°/s（带宽＞10Hz）。

（3）测量范围与满量程输出

陀螺正、反方向输入角速度的最大值表示了陀螺的测量范围，该最大值除以阈值即为

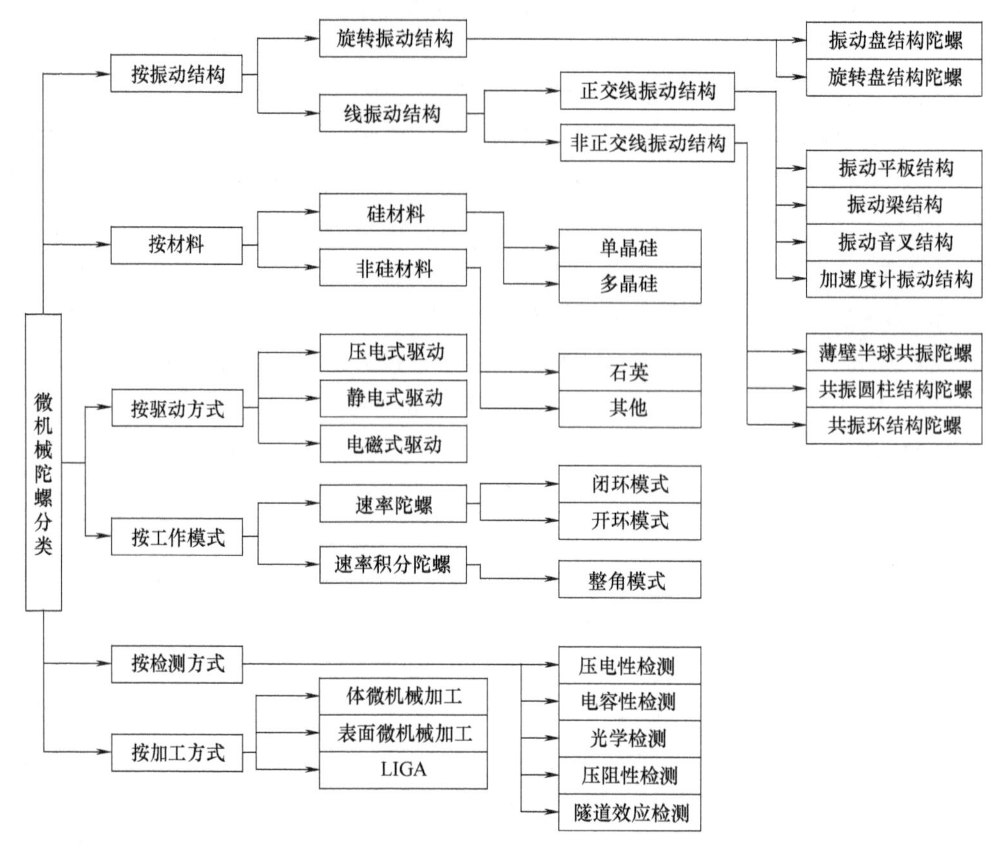

图 6-5　微机械陀螺分类

陀螺的动态范围，该值越大表示陀螺感应速率的能力越强。对于同时提供模拟信号和数字信号输出的陀螺，满量程输出可以分别用电压和数据位数来描述。如某陀螺的测量范围为±150°/s，满量程输出模拟量为±4V DC，数字量为－32768～32767。

（4）零偏与零偏稳定性

零偏是指陀螺在零输入状态下的输出，其用较长时间输出的均值等效折算为输入角速度来表示。在零输入状态下的长时间稳态输出是一个平稳的随机过程，即稳态输出将围绕均值（零偏）起伏和波动，习惯上用均方差来表示。这种均方差被定义为零偏稳定性，也称为“偏置漂移”或“零漂”，也用相应的等效输入角速度表示。零偏值的大小标志着观察值绕零偏的离散程度。陀螺的零偏随时间、环境温度等因素的变化而变化，并带有极大的随机性，由此又引出了零偏重复性、零偏温度灵敏度、零偏温度速率灵敏度等概念。对于微机械陀螺，由于其结构材料（多为硅材料）受温度的影响较大，所以零偏稳定性往往在某温度条件下给出。如某陀螺的零偏稳定性在25℃条件下为±1°/s，在－40～85℃范围下为±9°/s，经过温度补偿后则保持在±2°/s。

（5）输出噪声

当陀螺处于零输入状态时，陀螺的输出信号为白噪声和慢变随机函数的叠加。其慢变随机函数可用来确定零偏或零偏稳定性指标；白噪声定义为单位检测带宽平方根下等价旋转角速度的标准偏差，单位为 $[(°)/s]/\sqrt{Hz}$ 或 $[(°)/h]/\sqrt{Hz}$。这个白噪声也可以用单位为 $(°)/\sqrt{h}$ 的角度随机游走系数来表示，随机游走系数是指白噪声产生的随时间积累的陀螺输出误差系数。当外界条件基本不变时，可以认为上面所分析的各种噪声的主要统计特性是不随时间推移而改变的。从某种意义上讲，随机游走系数反映了陀螺的研制水平，也反映了陀螺的最小可检测角速度，并间接指出与光子、电子的散粒噪声效应所限定的检测极限的距离。据此可推算出采用现有方案和元器件构成的陀螺是否还有提高性能的潜力，故此项指标极为重要。

（6）带宽

带宽是指陀螺能够精确测量输入角速度的频率范围。这个范围越大表明陀螺的动态响应能力越强。如某型号的微机械陀螺，带宽指标 10Hz。

在上述的性能指标中，刻度因子、分辨率、零偏及零偏稳定性和输出噪声（通常用随机游走表示）是确定陀螺性能的重要参数。根据不同的性能要求，可依据上述几个主要的性能指标将陀螺划分成3类：速率级、战术级、惯性级，如表6-1所示。

表6-1 不同级别陀螺的性能要求

性能级别	速率级	战术级	惯性级
偏差漂移/[(°)/h]	10～1000	0.1～10	<0.01
随机游走/[(°)/$\sqrt{Hz}$]	>0.5	0.5～0.05	<0.001
刻度因子精度/%FS	0.1～1	0.01～0.1	<0.001
满量程范围/[(°)/s]	50～1000	>500	>400
带宽/Hz	>70	～100	～100
应用	手机、游戏、医疗器械、消费级无人机	商业导航系统、战术级武器	飞机、舰船、导弹、微型战略武器等

6.2 振梁式硅MEMS陀螺分析

微机械陀螺目前常见的结构类型有硅音叉式、振动轮式和石英音叉式几种。

6.2.1 音叉式硅微机械陀螺

音叉式微机械陀螺是最为经典的振动陀螺结构，图6-6所示即为音叉陀螺的示意图。这种陀螺由两个连接到一个基轴上的音叉齿组成，在工作状态下，两个音叉齿受到驱动以一个固定的幅度进行差分共振（第一模态），基轴的旋转输入角速度在每个音叉齿上产生与驱动方向垂直的科氏加速度，并引起该方向的振动（第二模态）。该加速度形成的力与旋转输入角速度成正比，且可从音叉齿的弯曲或基轴的扭转振动中检测出来。

图6-7所示为一个典型的“静电激励-电容检测”音叉式微机械陀螺的结构平面框图。音叉式微机械陀螺的构成部件为检测质量块、固定框架、支撑梁、驱动梳齿及检测梳齿。质量块通过支撑梁构成一个固定框架，固定框架通过锚与基底相连，使质量块能分别在芯片平面内 x 轴方向和 y 轴方向上运动。

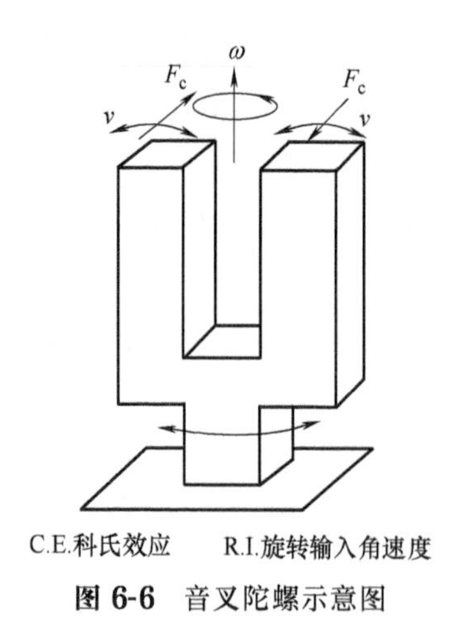

图 6-6 音叉陀螺示意图

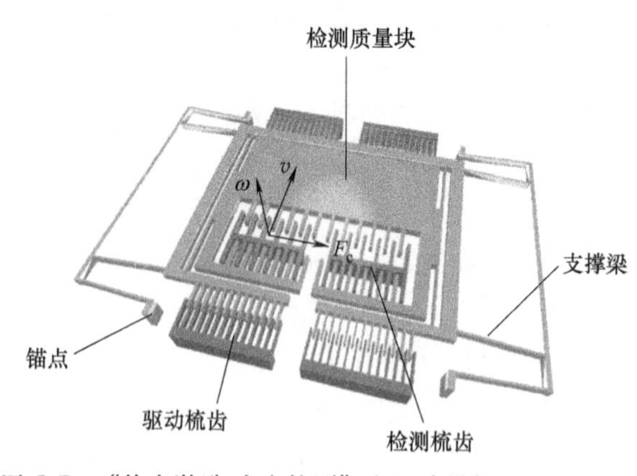

图 6-7 “静电激励-电容检测”音叉式微机械陀螺结构图

音叉式微机械陀螺工作时，在陀螺的两个外驱动梳上加上等幅反向交变的驱动电压，外驱动梳指之间的电容中储存的电量因此随时间交变，从而产生作用在质量块上的静电力。在这交变静电力的作用下，检测质量块沿驱动轴（x）以驱动频率作相向和相背交替的线振动（推挽式驱动），此时如果整个陀螺绕输入轴（z）相对于惯性空间以角速度 ω 转动，由力学分析可知，两块检测质量块均受到沿敏感轴（y）交变的科氏力 F_c 的作用（在 $\omega \ll$ 驱动频率时，F_c 的频率与驱动频率相同）。在科氏力作用下，检测质量块与基底的敏感电极之间的电容（检测梳齿）发生相应的变化。通过测量敏感电容的变化，可求出角速度 ω。

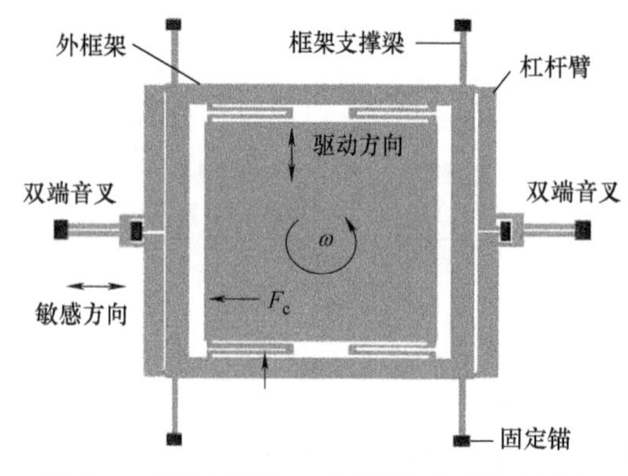

图 6-8 “静电激励-力频检测”的微机械陀螺

除了采用平板电容或梳齿电容检测以外，还可以利用双端固支梁的力频特性实现科氏力的检测。采用“静电激励-力频检测”的微机械陀螺典型结构如图 6-8 所示，内部框架的质量块由柔性杆支撑，在静电梳齿电容（未标注在图中）的激励下，沿驱动方向振动。当有角速度垂直于芯片平面作用于陀螺时，质量块受到科氏力的作用产生沿敏感方向的位移，引起双端固支音叉受到轴向拉力/压力作用，改变了音叉的振动频率，将此频率输出便可以达到输入角速度的大小。

6.2.2 振动轮式硅微机械陀螺

图 6-9 所示是振动轮式陀螺工作原理的示意图，它有一个盘形的振动轮子，其中轮子的外围为该陀螺的检测质量，轮子由梳状机构驱动，绕 z 轴作旋摆运动。轮子通过中间弹簧与衬底相连，衬底上加工有检测电极。当绕 y 轴输入角速度信号时，轮子外围检测质量与衬底上检测电极之间的电容将发生变化，通过检测电容的变化就能检测出陀螺绕 y 轴输入的加速度的大小。采用这种轮式结构，使驱动和输出运动有着良好的机械隔离。这

样，两种运动的机械参数可以分别优化，而不需要互相折中。

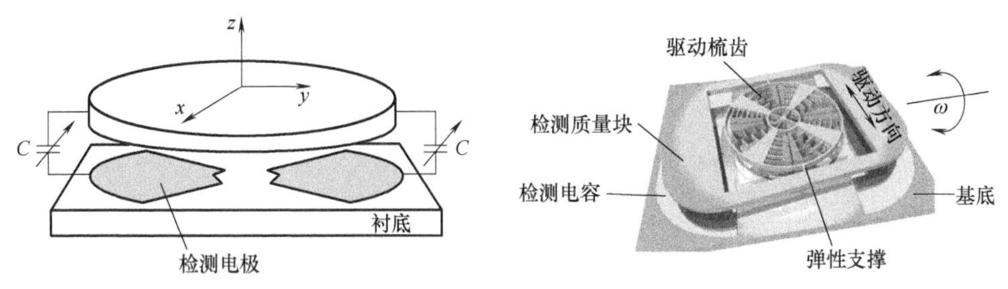

图 6-9　振动轮式陀螺工作原理示意图

振动轮陀螺的工作机理与古典的单自由度旋转陀螺类似，只是用振动运动替代了旋转运动。工作时给固定的定子梳齿加上正弦驱动电压，在静电力的作用下，轮子将作简谐角振动。由于陀螺结构尺寸极微小，因此输出信号相当微弱，要从干扰信号中将微弱信号检测出来并非易事。而陀螺灵敏度的提高有利于微弱信号的检测，要提高该陀螺灵敏度可以考虑减少阻尼系数、增大转动惯量、减少误差干扰。由于微观领域普遍存在尺寸效应，误差因素中，以不平衡力矩、弹性力矩、阻尼力矩对陀螺精确度影响最大。因此，在其结构设计过程中，应采取相应的补偿措施。

轮子的倾斜运动将引起其下玻璃基底上的薄膜金属形成的平板电容的相应变化。通过检测敏感电容的变化量，便可获得输入角速度值。玻璃基底上还有另一对电极，闭环操作时用于产生扭转力，以再平衡轮子的倾斜运动。图 6-10 是西安交通大学研制的振动轮式微机械陀螺的结构图。该振动轮式微机械陀螺仪能够实现两阶模态的良好解耦和静电场悬浮效应，并且具有较大的驱动力和较高的灵敏度。

图 6-10　西安交通大学设计的振动轮陀螺

6.3　石英音叉微机械陀螺

6.3.1　石英音叉陀螺的工作原理

许多微机械陀螺使用石英作为基底材料。压电石英的使用可以简化敏感部件的结构，降低了结构误差，而且使传感器在温度和时间特性上具有更好的可靠性和持久性。

与硅基微机械陀螺不同，石英基微机械陀螺的驱动检测利用了石英晶体的正压电效应和逆压电效应。石英晶体在沿一定方向受到外力的作用而形变时，其内部会产生极化现象，同时在它的两个相对表面上出现正负相反的电荷。当外力去掉后，它又会恢复到不带电的状态，这种现象称为正压电效应。当作用力的方向改变时，电荷的极性也随之改变。相反，当在石英晶体的极化方向上施加电场，石英晶体也会发生形变，电场去掉后，其形变随之消失，这种现象称为逆压电效应，或称为电致伸缩现象。

石英音叉微机械陀螺主要结构和工作原理如图 6-11 所示，驱动音叉由电信号激励其在驱动模态的谐振频率点附近振动，它是一个参考振动，当音叉绕其转动轴以角速度 ω 旋转时，驱动音叉受到科氏力作用并产生垂直于音叉平面方向的振动。这个科氏力运动由支撑梁传递到检测音叉，使检测音叉产生垂直于音叉平面方向的振动。检测音叉的敏感振动信号通过压电效应转换为电信号，电信号与输入角速度 ω 成正比，该电信号通过信号调理电路就可以计算出输入角速度。石英音叉微机械陀螺是利用石英晶体的正压电效应感测检测音叉的振动，利用逆压电效应激励驱动音叉的振动，即利用逆压电效应通过外部振荡电路激励驱动音叉做恒频等幅的面内振动，同时利用正压电效应感测科氏力引起的检测音叉的面外振动，从而获取角速度的信息。

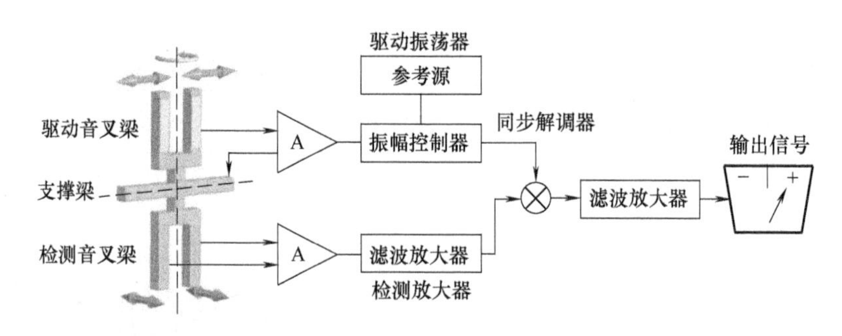

图 6-11 石英音叉微机械陀螺的工作原理

关于微型化石英音叉谐振陀螺的驱动振型如图 6-12（a）所示，两根驱动梁在音叉平面内做弯曲振动，梁的振动会带着驱动质量块振动，其振动的相位相反；陀螺的检测振型如图 6-12（b）所示，两根驱动梁和两根检测梁在音叉平面外做弯曲振动，相较于驱动梁的面外振幅，检测端的振幅更大，同样的，检测梁的振动带着检测质量块振动，其振动的相位也相反。“V”字支撑梁不仅可以将整个音叉结构支撑起来，而且由于其结构的特殊性，可以更好地将由科里奥利力引起的驱动梁的面外振动传递给检测梁。

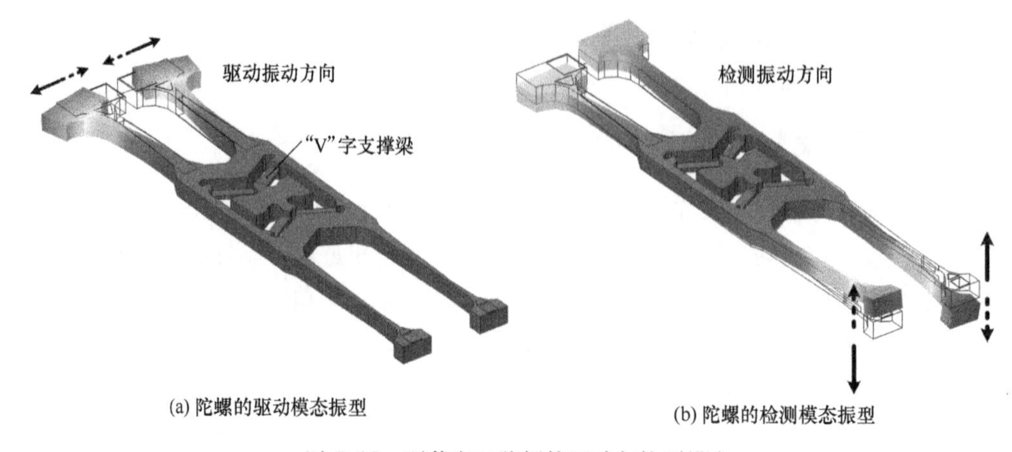

(a) 陀螺的驱动模态振型

(b) 陀螺的检测模态振型

图 6-12 石英音叉陀螺的驱动与检测模态

6.3.2 驱动与检测原理

（1）驱动梁的驱动原理

基于 z-cut 石英晶体的压电性质，在石英的光轴垂直面和电轴垂直面分别设置电极，并在电极上施加交变的电信号 U_{ACd}，如图 6-13 所示。假设在交流电信号施加的一个时间点，施加在电极 D_{p1}、D_{p2}、D_{s3} 和 D_{s4} 为正电势，在电极 D_{p3}、D_{p4}、D_{s1} 和 D_{s2} 为负电势，则在两根驱动音叉梁截面内部的电场示意图如图 6-13 所示，其中截面的 x 方向为石英晶体的电轴，z 方向为石英晶体的光轴。

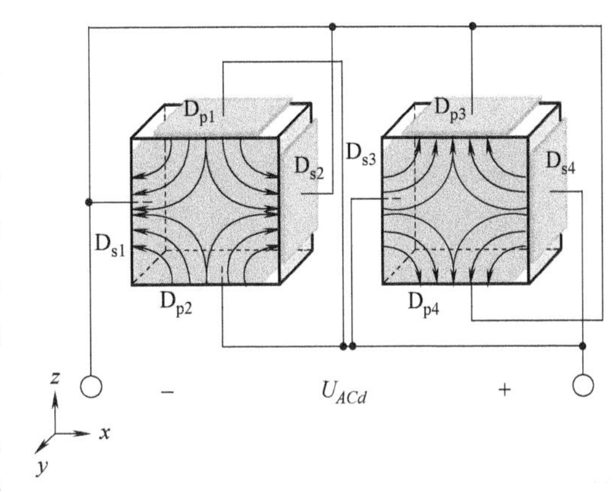

图 6-13　音叉梁截面内部的电场示意图

截面内的任意一点的电场都可以在电轴和光轴上产生电场分量，分析得到在光轴方向上的电场分量 E_3 不会产生压电效应，只有在电轴方向电场分量 E_1 会产生压电效应，即产生应力张量 T_{11}、T_{22} 和 T_{23}。所以在整个驱动梁的任意一点 p 处，受到电场分量 E_1^p 所产生过的应力为：

$$
\begin{aligned}
T_{11}^p &= c_{11}S_{11}^p + c_{12}S_{22}^p + c_{13}S_{33}^p + c_{14}S_{23}^p - e_{11}E_1^p \\
T_{22}^p &= c_{12}S_{11}^p + c_{11}S_{22}^p + c_{13}S_{33}^p - c_{14}S_{23}^p + e_{11}E_1^p \\
T_{23}^p &= c_{14}S_{11}^p - c_{14}S_{22}^p + c_{44}S_{23}^p - e_{14}E_1^p
\end{aligned}
\tag{6-3}
$$

由于电场分量 E_1 对驱动梁产生压电效应，也可近似理解为在梁的内部存在与 D_{s1} 和 D_{s2} 极性相反的两个相同电极 D_{v1} 和 D_{v2}，它们与 D_{s1} 和 D_{s2} 的电势差均为 E_1，如图 6-14 所示。此时，驱动梁的内部在 D_{s1} 与 D_{v1} 和 D_{s2} 与 D_{v2} 之间，相对位置对称的任意两个点（a 和 b）在三个方向上的应力和力矩的关系为：在电轴方向，应力 T_{11}^a 与 T_{11}^b 和力矩均达到平衡，所以不会导致梁在其方向产生变形；在机械轴方向，应力 T_{22}^a 与 T_{22}^b 达到平衡，但是力矩不平衡，这时会产生弯矩导致梁在 x 轴弯曲；在光轴方向，应力 T_{23}^a 与 T_{23}^b 达到平衡状态，但力矩不平衡，这时会产生扭矩，导致梁的扭转。由式（6-3）可以看出，T_{23} 的大小由 e_{14} 和 E_1 决定，T_{22} 的大小由 e_{11} 和 E_1 决定，而对于石英晶体来

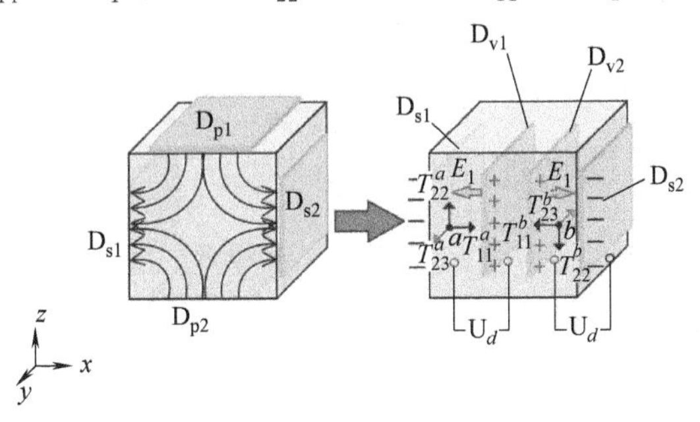

图 6-14　驱动梁逆压电效应产生弯曲振动

说，其压电常数 e_{11} 远大于 e_{14}，且石英梁的弯曲刚度远小于其扭转刚度，所以石英梁在受到 E_1 分量的作用时产生的形变可近似看成沿 x 轴的弯曲形变。从整个时间段内看，由于电信号是交流信号，所以石英梁会产生沿电轴的弯曲振动，如果交流电信号的交变频率在石英梁的弯曲振动模态的频率附近，则产生共振，梁的弯曲振动的振幅达到最大值。

（2）检测梁的检测原理

检测梁的检测原理是基于正压电效应完成的。在与检测梁电轴垂直的面布置检测侧面电极，如图 6-15 所示。在驱动端正常工作时的一个很小时间段内，当陀螺有角速度输入时，由于科里奥利力的作用，检测端的两个音叉叉指产生沿光轴的弯曲振动。这种弯曲振动造成梁内部的应力主要以 T_{22} 为主，根据正压电效应可知，设检测梁内部任意一点 q，受到的应力为 T_{22}^{q}，产生的电位移为 D_1^q，则有：

$$D_1^q=\varepsilon_{11}^{\mathrm{T}}E_1^q-d_{11}T_{22}^q \tag{6-4}$$

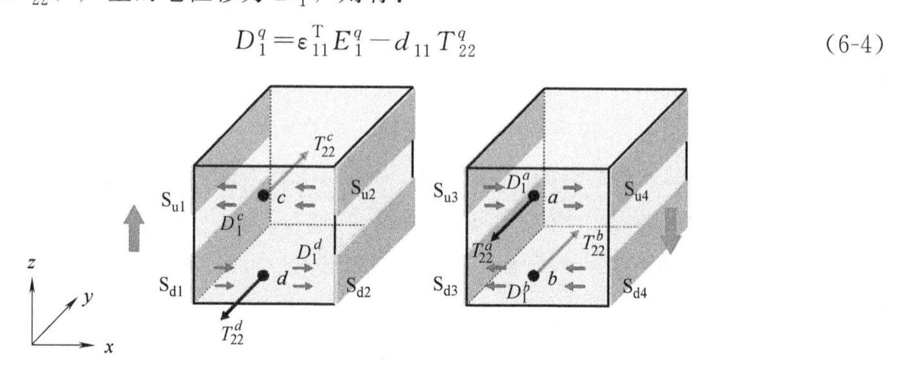

图 6-15　当检测梁弯曲时内部的受力和电场

对图 6-15 中情况进行分析，以弯曲中性面为对称面，中性面上方梁的任意一点 c 受到沿 y 轴正方向的正应力 T_{22}^c，体现为压力，中性面下方梁的任意一点 d 的正应力 T_{22}^d 方向沿 y 轴的负方向，体现为拉力。因此，根据正压电效应与式（6-4）可知，D_1^a 与 D_1^b 的方向相反，在检测电极 S_{u1}、S_{d2}、S_{d3} 和 S_{u4} 上产生负电荷，在检测电极 S_{d1}、S_{u2}、S_{u3} 和 S_{d4} 上产生正电荷，将 S_{d1}、S_{u2}、S_{u3} 和 S_{d4} 四个电极相连作为 S^+，将 S_{u1}、S_{d2}、S_{d3} 和 S_{u4} 四个电极相连作为 S^-，则陀螺的输出电信号表示为 $U_s=S^+-S^-$。由于检测梁在科里奥利力的作用下振动，所以产生电荷的极性呈现周期性的变化。在理想情况下，检测电极电荷的变化频率为驱动信号的频率，检测梁在 z 方向的振幅体现的是输入角速度的大小，并由于正压电效应，振幅大小可以由产生的电荷量代替，角速度越大，检测端振幅越大，产生的电荷量越多，通过放大电路和解调电路进行处理，这就是微型化石英音叉谐振陀螺的检测原理。

6.3.3　驱动稳幅稳频振动控制技术

对于微型化石英音叉谐振陀螺的驱动主要有两种方式：①将外部电源产生的交变电压直接施加在陀螺驱动端的电极上进行驱动，也称直接驱动；②采用闭环电路激励的自励驱动。

直接驱动的电路属于开环电路。电路由电源和信号源组成，信号源产生信号的频率应与石英音叉陀螺振子驱动模态谐振频率相同，才能使驱动端发生起振。从开环电路直接驱动方式的原理可以看出该电路的结构非常简单，但存在非常严重的缺点，也就是当存在外部信号干扰，导致信号源频率与音叉振子驱动模态频率不一致；另外，由于温度变化或封装应力所导致驱动频率发生了一定范围的变化，同样使信号源的频率与驱动频率不一致，由于石英晶体的力学性能较好，品质因数较高，所以驱动频率如果存在一定的偏差，就会导致驱动效果变得极差。因此，尽管电路构造简单，但是具有上述缺点的直接驱动方式对于微型化石英音叉谐振陀螺来说显然是不可靠的。

自励驱动的电路属于闭环电路。自励驱动电路的激励原理是外部电源给电路供电后，电路中的电流信号通过 I/V 变换器和放大器转换成被放大的电压信号，电压信号又反馈到石英音叉驱动端表面的电极上，使驱动端石英晶体产生自励振荡，这个过程没有外界的频率信号输入，频率信号由电路自行产生。由于自励振荡产生的振荡频率为石英晶体该模态的谐振频率，因此理论中自励振荡的振幅为无限大。而在石英音叉谐振陀螺的驱动过程中需要产生稳幅稳频的振动，所以需要在电路中添加控制模块对振幅进行控制。通常情况下，当激励电路环路的闭环增益 A_{CL} 不能小于 1 且环路相位偏移必须为 2π 的整数倍时，驱动端振动激励电路才可以产生自励振荡。

驱动梁属于品质优良的谐振器，也就是说将谐振电路加载到驱动梁的电极上，梁就可以产生相应方式的振动。通过研究驱动梁的频率特性，可以看出传递函数的相频特性曲线中处于谐振点位置频率所对应的相位永远为 0°。这一特性给我们提供了一种追踪谐振器变化的谐振频率的方法，即我们只要确保驱动梁的传递函数与其输入信号的相位差为 0°，那么其输入频率即为谐振器的谐振频率，这种方法称为采用相位控制技术的自励驱动方法。驱动梁（Drive Fork）的等效电路和传递函数结构如图 6-16 所示。

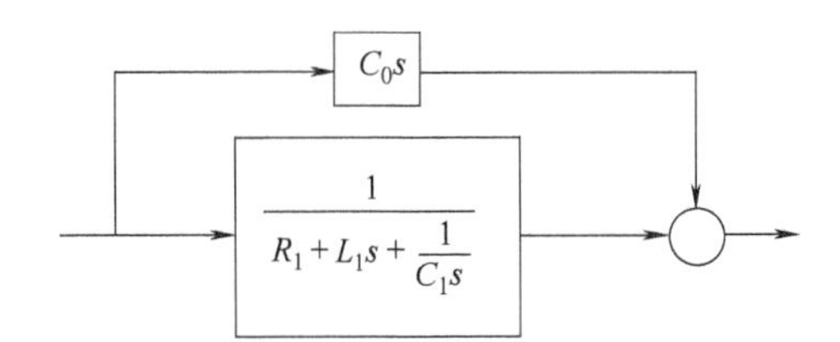

图 6-16　驱动梁的传递函数结构图

图 6-16 中 RLC 振荡电路中的 R-L-C 支路的 A_{d1} 与 φ_{d1} 为

$$A_{d1}=\frac{\lambda_d}{Q_d R_1\sqrt{(1-\lambda_d^2)^2+\left(\frac{\lambda_d}{Q_d}\right)^2}}$$

$$\varphi_{d1}=\frac{\pi}{2}-\arctan\frac{\lambda_d}{Q_d(1-\lambda_d^2)} \tag{6-5}$$

式中，$Q_d=\frac{1}{R_1}\sqrt{\frac{L_1}{C_1}}$，$\lambda_d=\frac{\omega}{\omega_d}$，$\omega_d=\frac{1}{\sqrt{L_1C_1}}$。

整个驱动梁的 RLC 电路的 A_d 与 φ_d 为

$$A_{\mathrm{d}}=\sqrt{\lambda_{\mathrm{d}}^{2}\frac{1+2(1-\lambda_{\mathrm{d}}^{2})C_{0}/C_{1}}{R_{1}^{2}[Q_{\mathrm{d}}^{2}(1-\lambda_{\mathrm{d}}^{2})^{2}+\lambda_{\mathrm{d}}^{2}]}+C_{0}^{2}\omega^{2}} \tag{6-6}$$

$$\varphi_{\mathrm{d}}=\arctan\left[\frac{Q_{\mathrm{d}}(1-\lambda_{\mathrm{d}}^{2})}{\lambda_{\mathrm{d}}}+\frac{C_{0}}{C_{1}Q_{\mathrm{d}}}\left(\lambda_{\mathrm{d}}+\frac{Q_{\mathrm{d}}^{2}(1-\lambda_{\mathrm{d}}^{2})^{2}}{\lambda_{\mathrm{d}}}\right)\right] \tag{6-7}$$

由于驱动梁回路中产生的电流信号较为微弱，因此在回路中需要添加电流放大器(Current Amplifier)，电流放大器可将电流信号转换成放大后的电压信号，电路原理图如图 6-17 所示。

图 6-17 对应的传递函数为

$$G_{\mathrm{CA}}(s)=-\frac{R_{\mathrm{CA}}}{R_{\mathrm{CA}}C_{\mathrm{CA}}s+1} \tag{6-8}$$

电流放大器的增益 A_{CA} 和相位 φ_{CA} 分别为

$$A_{\mathrm{CA}}=\frac{R_{\mathrm{CA}}}{\sqrt{1+(R_{\mathrm{CA}}C_{\mathrm{CA}}\omega)^{2}}}$$

$$\varphi_{\mathrm{CA}}=\pi-\arctan R_{\mathrm{CA}}C_{\mathrm{CA}}\omega \tag{6-9}$$

相位控制自励驱动方法为闭环电路，其结构图如图 6-18 所示，环路包含驱动梁、电流放大器以及 $-K$ 放大器。

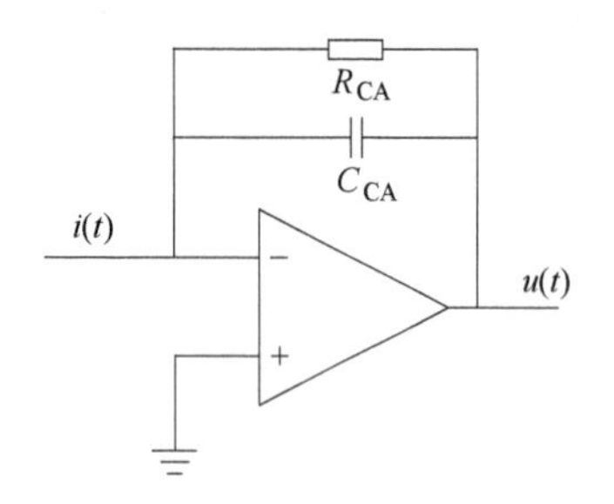

图 6-17　电流放大器的电路

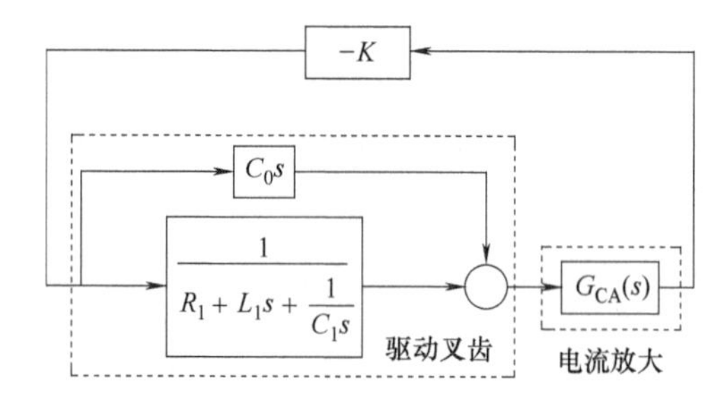

图 6-18　相位控制自励驱动电路结构图

驱动端振幅与谐振器等效电路中的电流幅值 I_{d1} 和 ω 的关系密切，当电流 I_{d1} 越大，且 $\omega=\omega_{\mathrm{d}}$ 时，驱动端的振幅最大，此时驱动端的 A_{d} 和 φ_{d} 可以由式（6-6）和式（6-7）化简为

$$A_{\mathrm{d}}(\omega_{\mathrm{d}})=\sqrt{\frac{1}{R_{1}^{2}}+\frac{C_{0}^{2}}{L_{1}C_{1}}}$$

$$\varphi_{\mathrm{d}}(\omega_{\mathrm{d}})=\arctan\frac{C_{0}}{C_{1}Q_{\mathrm{d}}} \tag{6-10}$$

驱动端振动激励电路产生自励振荡的条件为环路的增益 A_{CL} 和相位 φ_{CL} 分别满足以下条件

$$A_{\mathrm{CL}}=A_{\mathrm{d}}(\omega_{\mathrm{d}})A_{\mathrm{CA}}(\omega_{\mathrm{d}})K\geqslant 1 \tag{6-11}$$

$$\varphi_{\mathrm{CL}}=\varphi_{\mathrm{d}}(\omega_{\mathrm{d}})+\varphi_{\mathrm{CA}}(\omega_{\mathrm{d}})-\pi=2n\pi \tag{6-12}$$

将式（6-9）和式（6-10）的相应增益和相位分别代入式（6-11）和式（6-12）中，分别整理得到

$$R_{CA}C_{CA}=R_1C_0 \tag{6-13}$$

$$K\geqslant\frac{R_1}{R_{CA}} \tag{6-14}$$

其中，式（6-13）为闭环电路在驱动频率 ω_d 时谐振的相位平衡条件，式（6-14）为闭环电路在驱动频率 ω_d 时谐振的幅值平衡条件。根据式（6-13）和式（6-14），我们可以得到电流放大器和 $-K$ 放大器的参数直接关系到整个闭环电路能否产生自励振荡。也就是说，可以通过调整电流放大器和 $-K$ 放大器的参数使驱动梁发生自励振荡。

如果整个闭环电路的增益 $A_{CL}>1$，则当自励振荡产生后，驱动梁处于谐振状态，此时闭环信号会在很短时间内增大。为了防止过强的闭环信号引起过载，需要在电路中添加增益控制电路使 $A_{CL}=1$。具体到驱动梁来说，过强的闭环信号导致的现象就是驱动梁振动速度不断增大，不断增大的振动速度会引起谐振器整体的稳定性和线性度变差。所以，在闭环电路中增加增益控制电路可以使驱动梁的振动速度稳定，进一步可以增加谐振器整体的稳定性和线性度。

驱动梁的振动速度幅值需要将其输出电流 I_{d1} 作为闭环控制量进行调节。将图 6-18 中增加控制器（Controller）、低通滤波器（LP Filter）和整流器（Rectifier），并且在闭环电路的相位不变的情况下把 $-K$ 放大器换成比较器（Comparator），比较器的输出设置为幅值为 1 的谐振频率信号定义为 U_{comp}，从而得到了增益控制的闭环控制电路，如图 6-19 所示。定义图中利用整流器和 LPF 得到的驱动梁的输出信号为 U_{LPF}，其余外界输入的参考信号 U_{ref} 相叠加后输入控制器，控制器的输出信号 U_{ctrl} 与 U_{comp} 进行调制，即为驱动信号 U_{drive}。

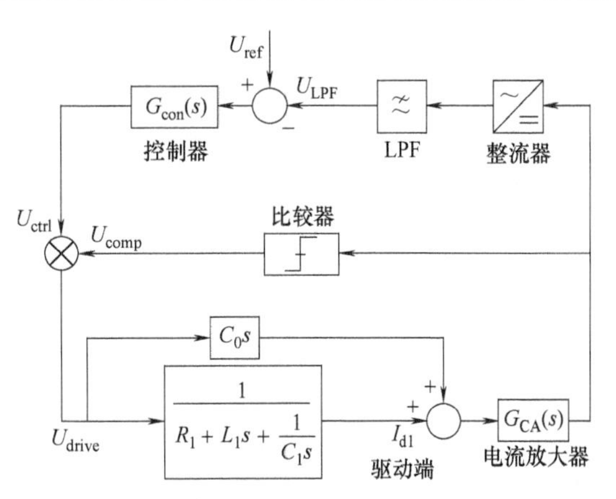

图 6-19　增益控制的闭环控制结构图

在提取信号时，我们将采用只提取幅值的方法，可以将添加了非线性单元（比较器和整流器）的非线性系统转换成线性系统进行计算。当闭环电路以驱动梁的 RLC 电路的谐振频率发生谐振时，其驱动梁对应的相位值 $\varphi_{d1}=0°$，电流放大器对应的相位值 $\varphi_{CA}=0°$，此时电流放大器可以看成是一个同相比例放大器 K_{CA}，由式（6-9）可得 $K_{CA}=R_{CA}$。

驱动梁的等效电路 RLC 电路的微分方程为

$$L_1\ddot{i}_{d1}(t)+R_1\dot{i}_{d1}(t)+\frac{1}{C_1}i_{d1}(t)=\dot{u}(t) \tag{6-15}$$

假定 RLC 电路上的电流 $i_{d1}(t)$ 为

$$i_{d1}(t)=A(t)\sin[\omega t+\varphi(t)] \tag{6-16}$$

因此，驱动电压为

$$u_{drive}(t)=u_{ctrl}(t)\sin[\omega t+\varphi(t)] \tag{6-17}$$

式（6-16）和式（6-17）代入式（6-15）中，得到

$$\left(R_1+\frac{L_1\ddot{\varphi}(t)}{\omega+\dot{\varphi}(t)}\right)A(t)+2L_1\dot{A}(t)=u_{\mathrm{ctrl}}(t) \tag{6-18}$$

由于 ω 的取值比较大，所以上式可简化为

$$R_1A(t)+2L_1\dot{A}(t)=u_{\mathrm{ctrl}}(t) \tag{6-19}$$

经过拉普拉斯（Laplace）变换得到

$$G_{\mathrm{drive}}(s)=\frac{A_{\mathrm{L}}(s)}{U_{\mathrm{ctrl}}(s)}=\frac{1}{R_1+2L_1s} \tag{6-20}$$

由此得到了驱动梁的幅值传递函数，从式（6-20）可以看出驱动梁组成的系统为一阶系统。图 6-19 的控制系统结构图可简化表示为图 6-20 所示的幅值结构图。

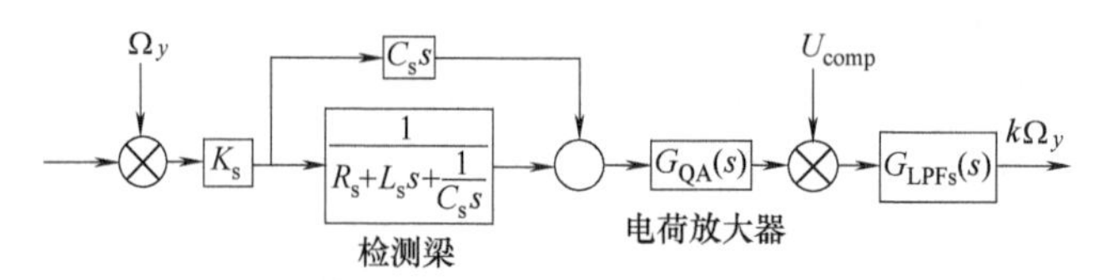

图 6-20 驱动梁的闭环控制幅值结构图

我们知道 LPF 的传递函数为

$$G_{\mathrm{LP}}(s)=\frac{\omega_{\mathrm{f}}}{s+\omega_{\mathrm{f}}} \tag{6-21}$$

则系统的开环传递函数可表示为

$$G_{\mathrm{OL}}(s)=\frac{2}{\pi}K_{\mathrm{CA}}\times\frac{1}{R_1+2L_1s}\times\frac{\omega_{\mathrm{f}}}{s+\omega_{\mathrm{f}}} \tag{6-22}$$

设控制器为 $G_{\mathrm{con}}=K_{\mathrm{con}}$，因此上述系统的闭环传递函数为

$$G_{\mathrm{CL}}(s)=\frac{U_{\mathrm{LPF}}(s)}{U_{\mathrm{ref}}(s)}=\frac{\dfrac{K_{\mathrm{CA}}K_{\mathrm{con}}\omega_{\mathrm{f}}}{\pi L_1}}{s^2+\dfrac{R_1+2L_1\omega_{\mathrm{f}}}{2L_1}+\dfrac{R_1\omega_{\mathrm{f}}}{2L_1}+\dfrac{K_{\mathrm{CA}}K_{\mathrm{con}}\omega_{\mathrm{f}}}{\pi L_1}} \tag{6-23}$$

根据典型二阶系统的调节时间 $\omega_{\mathrm{n}}t_{\mathrm{s}}$ 对比表中所列的对应关系，设调节时间 t_{s} 小于 0.435s，阻尼比 ζ 取 0.69，则可得到其特征频率 ω_{n} 等于 10rad/s，从而可得特征方程为

$$s^2+13.8s+100=0 \tag{6-24}$$

式（6-23）与上式进行对比，可得

$$\frac{R_1+2L_1\omega_{\mathrm{f}}}{2L_1}=13.8$$

$$\frac{\pi R_1\omega_{\mathrm{f}}+2_{\mathrm{CA}}K_{\mathrm{con}}\omega_{\mathrm{f}}}{2\pi L_1}=100 \tag{6-25}$$

某典型石英音叉陀螺驱动端的等效电路参数为 $R_1=3.3129\times10^5\Omega$、$L_1=6.3772\times10^4$ H、$C_1=1.9275\times10^{-15}$ F 和 $C_0=6.4859\times10^{-13}$ F，令 $K_{\mathrm{CA}}=5.1\times10^5$，可以求出 $\omega_{\mathrm{f}}=11.2025$rad/s，$K_{\mathrm{con}}=2.4850$。最后代入式（6-23）中，得到闭环传递函数为

$$G_{CL}(s)=\frac{70.9}{s^2+13.8s+100} \tag{6-26}$$

到这里，我们可以得到整个驱动电路的控制系统结构图，如图 6-21 所示。

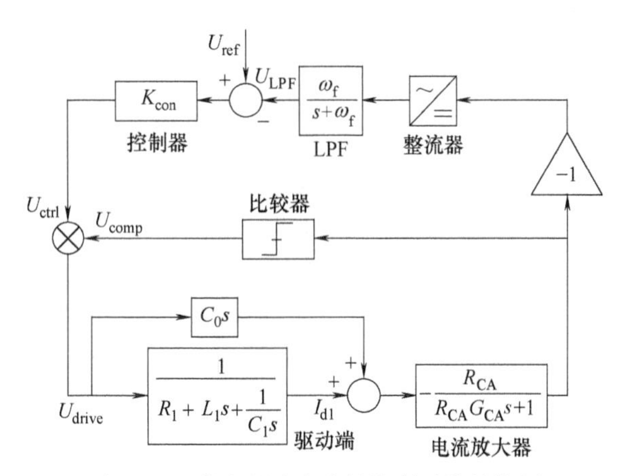

图 6-21　整个驱动电路的控制系统结构图

6.3.4　角速度（电荷）检测技术

微型化石英音叉谐振陀螺是利用压电效应检测科里奥利力实现角速度的检测的。因为角速度产生的科里奥利力的幅值非常微小，再加上压电效应较为微弱，所以该陀螺角速度检测技术较为困难。根据微型化石英音叉谐振陀螺的原理，检测梁的位移幅值中存在输入角速度，这样给我们提供了一个获取角速度的思路，就是通过解调方法获得检测梁电荷变化的幅值，从而获得加载的角速度。具体的角速度测量结构图如图 6-22 所示。沿 y 轴输入的角速度在驱动梁上产生科里奥利力，经过悬框结构到达检测梁，检测梁振动产生的电荷经过电荷放大器，和参考信号 U_{comp} 相乘，然后通过 LP 滤波器可以获得检测梁振动速度信息，最后可以求得输入角速度。

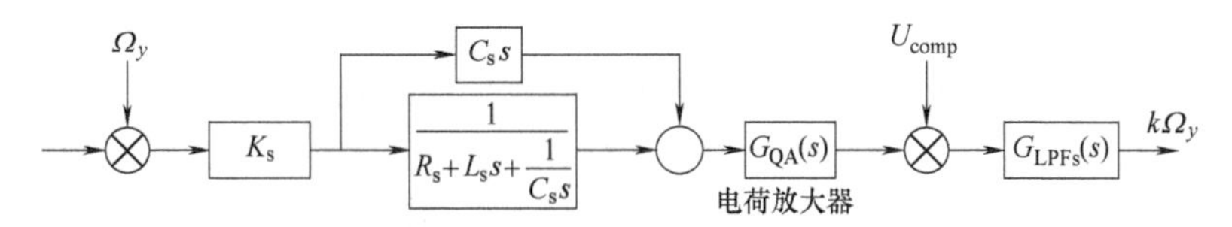

图 6-22　检测电路结构图

6.3.5　几种典型的石英音叉陀螺

目前，全球研究微机械石英音叉陀螺的结构主要有单端音叉的微机械陀螺、双端音叉的微机械陀螺、双端固定微机械音叉陀螺、双“T”型微机械音叉陀螺、双“Hammer”型微机械音叉陀螺和“Triangle”型微机械音叉陀螺。

瑞典的乌普萨拉大学（Uppsala University，Sweden）提出了一种单端音叉的微机械陀螺，如图 6-23（a）所示。石英晶体的加工方式为湿法腐蚀，表面电极利用溅射的方法图形化到石英表面。该陀螺的厚度为 600μm，叉指的长度和宽度分别为 3500μm 和

500μm，驱动振型的谐振频率为 35.8kHz，其标度因数为 30pA/[(°)/s]，分辨率为 0.4°/s，驱动模态和检测模态的品质因数（Q_D 和 Q_S）均约为 13700。这个陀螺的温度敏感性为 1°/(s·℃)。

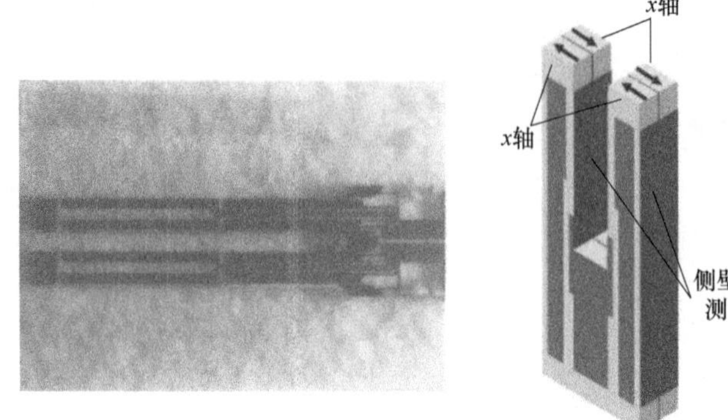

(a) 乌普萨拉大学的微机械陀螺

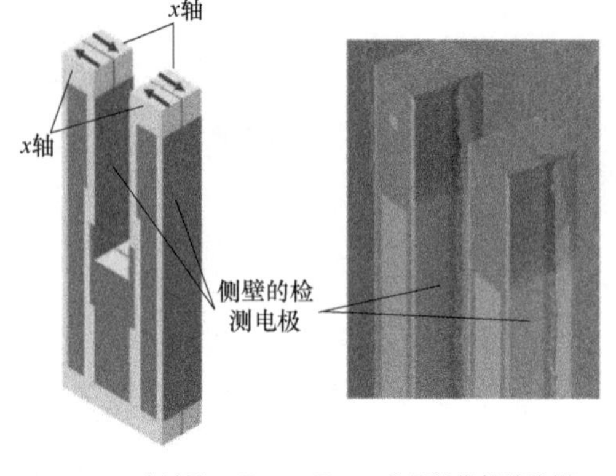

(b) Nihon Dempa Kogyo公司的微机械陀螺

图 6-23　单端音叉的微机械陀螺

日本 Nihon Dempa Kogyo 公司报道了一种单端音叉的微机械石英陀螺，其制备方法是先将两片石英晶圆反晶向键合，然后再通过 MEMS 工艺图形化石英陀螺并进行电极的制备，其尺寸为 5.3mm×0.94mm×0.24mm，如图 6-23（b）所示。之后，该公司又对结构进行了进一步优化，使得陀螺的动态测量范围扩展到±240°/s，其标度因数为 0.67mV/[(°)/s]。

法国航空航天研究中心（ONERA）与巴黎第十一大学（University of Paris-Sud）联合报道了一种带解耦框的单端音叉石英微陀螺，如图 6-24 所示。该陀螺在单端音叉的四周添加了石英解耦框，可以减小机械耦合误差，品质因数可以达到 150000。该陀螺尺寸直径约为 20mm，叉指长 6mm。在变温−50～80℃范围内，其动态范围是±1000°/s，标度因数是 2mV/[(°)/s]。

美国的 BEI 报道了一种双端音叉的石英微陀螺，如图 6-25 所示。双端音叉陀螺是把驱动音叉和检测音叉分开，这样可以更好地减小机械耦合误差。该陀螺的长度为 8.12mm，宽度为 4.2mm，采用的石英晶圆厚度为 250μm，带宽不小于 60Hz，零偏稳定性不大于 0.01°/s，变温−40～80℃的范围内，其动态测试范围是±1000°/s。

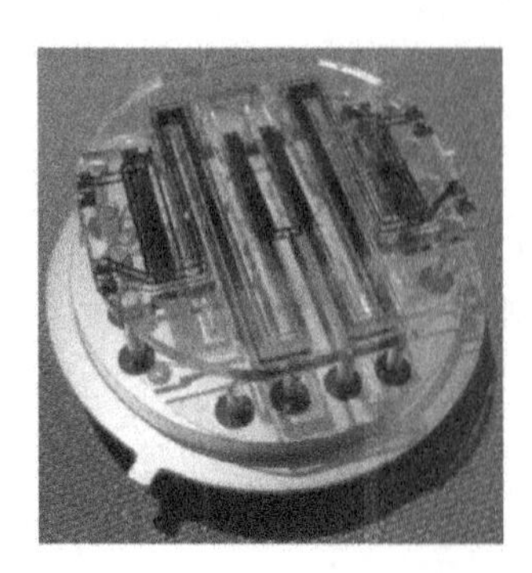

图 6-24　法国航空航天研究中心的石英微陀螺图

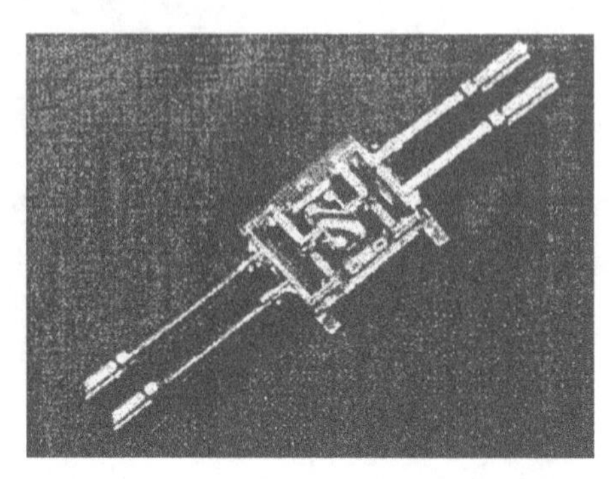

图 6-25　美国 BEI 公司的石英微陀螺

国防科技大学报道了一种拥有框架结构的锤头式石英陀螺仪，采用单锤头式的结构，如图6-26所示，该陀螺的封装尺寸为20.9mm×18.4mm×4.5mm，标度因数为1.45mV/[(°)/s]，驱动频率为13.38kHz，在±200°/s的动态范围内，非线性度为3.6%。2010年，又报道出一种拥有框架结构的双锤头式石英陀螺仪，该陀螺的结构尺寸为13mm×12.2mm×0.5mm，标度因数为23.9mV/[(°)/s]，在动态测试范围±150°/s中，非线性度为1.1%，零偏稳定性为0.37°/s。

图6-26　国防科技大学研制的石英微陀螺

图6-27是西安交通大学与陕西麟德惯性电气有限公司研制的石英音叉微机械陀螺的结构图。该石英音叉微机械陀螺仪利用石英晶体的晶体结构对陀螺结构进行设计，并对晶体腐蚀产生的晶棱进行调平，具有较低的零位输出和较高的灵敏度。陀螺预期达到的技术指标为：综合精度指标小于1°/h；测量范围为±50～±500°/s；功耗≤50mW；分辨率≤0.01°/s；带宽≥50Hz。

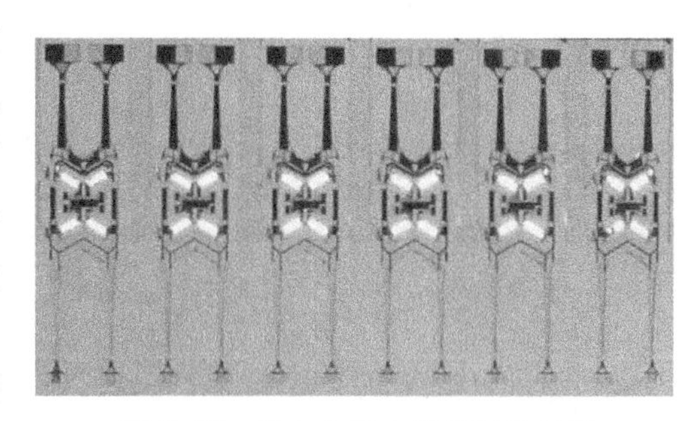

图6-27　西安交通大学研制的石英音叉微机械陀螺

参考文献

[1]　史文策，许江宁，林恩凡．陀螺仪的发展与展望[J]．导航定位学报，2021，9(03)：8-12.

[2]　Wang Y C，Cao R，Li C，et al. Concepts，Roadmaps and Challenges of Ovenized MEMS Gyroscopes：A Review [J]. IEEE SENS J，2021，21 (1)：92-119.

[3]　刘宇．固态振动陀螺与导航技术[M]．北京：中国宇航出版社，2010.

[4]　Alper S E，Akin T. A single-crystal silicon symmetrical and decoupled MEMS gyroscope on an insulating substrate [J]. J MICROELECTROMECH S，2005，14 (4)：707-717.

[5]　Gavcar H D，Azgin K，Alper S E，et al. An Automatic Acceleration Compensation System for a Single-Mass MEMS Gyroscope [C] //18th International Conference on Solid-State Sensors，Actuators and Microsystems (TRANSDUCERS)，2015：19-22.

[6]　Leoncini M，Bestetti M，Bonfanti A，et al. Fully Integrated，406 mu A，5 degrees/hr，Full Digital Output Lissajous Frequency-Modulated Gyroscope [J]. IEEE T IND ELECTRON，2019，66 (9)：7386-7396.

[7]　Dellea S，Rey P，Langfelder G. MEMS Gyroscopes Based on Piezoresistive NEMS Detection of

Drive and Sense Motion [J]. J MICROELECTROMECH S，2017，26（6）：1389-1399.

[8] Gadola M，Buffoli A，Sansa M，et al. 1.3mm^2 Nav-Grade NEMS-Based Gyroscope [J]. J MICROELECTROMECH S，2021，30（4）：513-520.

[9] Geiger W，Folkmer B，Sobe U，et al. New designs of micromachined vibrating rate gyroscopes with decoupled oscillation modes [J]. SENSOR ACTUAT A-PHYS，1998，66（1-3）：118-124.

[10] 关冉，张卫平，陈文元，等. 石英微机械陀螺的研究进展 [J]. 微纳电子技术，2012，49（3）：8.

[11] Soderkvist J. Electrostatic excitation of tuning fork shaped angular rate sensors [J]. J MICROMECH MICROENG，1997，7（3）：200-203.

[12] Ohtsuka T，Inoue T，Yoshimatsu M，et al. Development of an Ultra-Small Angular Rate Sensor Element with a Laminated Quartz Tuning Fork [C] //2006 IEEE International Frequency Control Symposium and Exposition，2006：129-132.

[13] Inoue T，Yoshimatsu M，Okazaki M，et al. Miniaturization of angular rate sensor element using bonded quartz tuning fork [C] //IEEE International Frequency Control Symposium and PDA Exhibition/17th European Frequency and Time Forum，2003：1007-1011.

[14] Megherbi S，Levy R，Parrain F，et al. Behavioral modelling of vibrating piezoelectric micro-gyro sensor and detection electronics [C] //2007 International Conference on Thermal，Mechanical and Multi-Physics Simulation Experiments in Microelectronics and Micro-Systems. EuroSime 2007，2007：564-567.

[15] Descharles M，Guerard J，Kokabi H，et al. Closed-loop compensation of the cross-coupling error in a quartz Coriolis Vibrating Gyro [J]. SENSOR ACTUAT A-PHYS，2012，181：25-32.

[16] Parent A，Le Traon O，Masson S，et al. Design and Performance of a PZT Coriolis Vibrating Gyro（CVG） [C] //2006 15th IEEE International Symposium on Applications of Ferroelectrics，2007：219-222.

[17] Madni A M，Costlow L E，Knowles S J. Common design techniques for BEI GyroChip quartz rate sensors for both automotive and aerospace/defense markets [J]. IEEE SENS J，2003，3（5）：569-578.

[18] 邓景跃. 石英音叉陀螺模态特性与结构参数分析 [D]. 北京：北京理工大学，2006.

[19] 谢立强. 基于剪应力检测的新型石英微陀螺关键技术研究 [D]. 长沙：国防科学技术大学，2010.

第7章 智能加工切削力传感器

切削力与切削振动、刀具磨损、切削热等切削现象联系密切，是影响切削加工精度、刀具寿命、切削效率的重要因素，也是反映切削状态变化的可靠指标。测量和分析切削力对于监测切削状态、研究切削机理、提高加工精度具有重要作用。本章将分别介绍国内外切削力传感器的研究现状、压阻式切削力传感器的设计制造以及新型智能刀具切削力传感器的发展等。

7.1 切削力概述

7.1.1 切削力的来源

切削加工的本质是产生切屑和形成已加工表面的过程。在切削加工过程中，工件表面的材料在刀具推挤作用下发生弹性和塑性变形，最终被切离工件表面成为切屑。切屑在脱离工件的过程中与刀具之间发生摩擦和相对运动，并产生切削力。

工程应用中，人们习惯将切削力 F 划分为互相垂直的三个切削分力，即主切削力 F_c、进给力 F_f 和吃刀抗力 F_p，如图7-1所示。其中，主切削力 F_c 垂直于基面，与切削

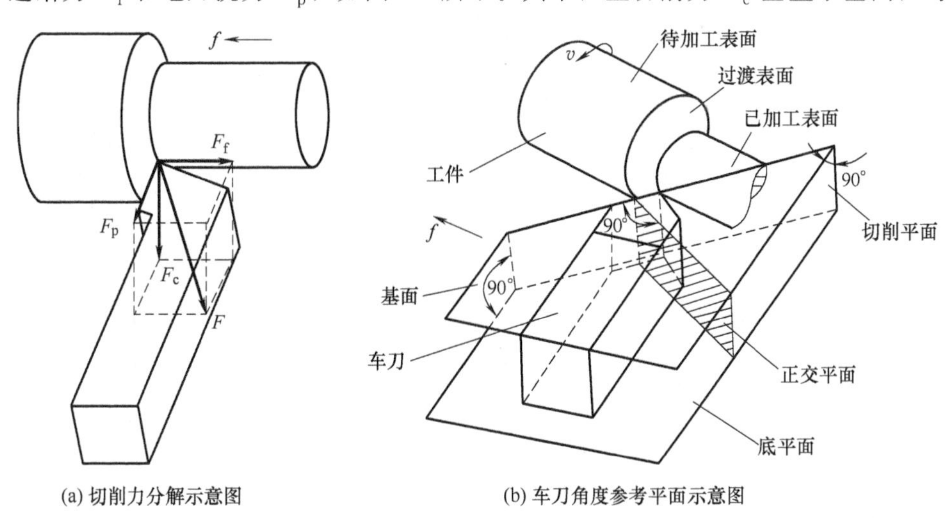

(a) 切削力分解示意图　　(b) 车刀角度参考平面示意图

图7-1 切削分力及车刀角度参考平面示意图

速度 v 方向一致；进给力 F_f 作用于基面内，与进给方向 f 平行；吃刀抗力 F_p 作用于基面内，与进给方向垂直。并且，切削力分量和切削力之间存在以下关系：

$$F=\sqrt{F_c^2+F_f^2+F_p^2} \tag{7-1}$$

7.1.2 切削力测量的重要性

切削力是反映切削状态变化的可靠指标，切削力与切削变形、切屑形状、切削热以及刀具磨损和切削振动等现象有着密切联系，是影响切削质量、刀具寿命、切削功率和加工效率的重要因素。

首先，由切削力异常导致的加工误差是数控加工误差中的主要原因之一。准确测量和分析切削力的异常变化，有利于优化切削参数、及时更换刀具、减小切削振动和噪声，对于提高加工精度和效率、降低制造成本具有重要作用。其次，切削力是影响机床切削功率和工艺系统变形的决定性因素，测量切削力能够为监测切削状态、评价机床性能提供可靠依据，进一步为设计机床、优化刀具几何参数等提供原始数据。此外，测量切削力是验证切削机理研究的一种有效实验手段。多年来，国内外学者在切削机理研究方面做了大量工作，提出了多种切削模型和切削力计算理论公式，通过切削力测量可以验证相关切削模型和理论的正确性，进而推动基础切削理论和金属加工工艺研究的深入发展。

7.2 切削力传感器的研究与发展

切削力传感器是一种在机械加工过程中进行切削力测量的专用仪器。国内外关于切削力传感器研究和发展的历史大致可以分为四个阶段：第一阶段是切削力测量的早期探索阶段；第二阶段是切削力传感器研究的快速发展时期，以应变式切削力传感器为代表；第三阶段是动态切削力传感器的研究和商业化应用时期，典型代表是压电式切削力传感器；第四阶段是智能刀具切削力传感器研究。

7.2.1 切削力传感器研究早期探索阶段

在19世纪后半期，各国学者进行了切削力测量原理的不断探索，研制出机械式、油压式、电感式、电容式、电流式、电阻应变式和压电式等不同测量原理的切削力传感器。较早出现的是如图7-2所示的机械式和电感式车削力传感器，它们的工作原理相似，当切

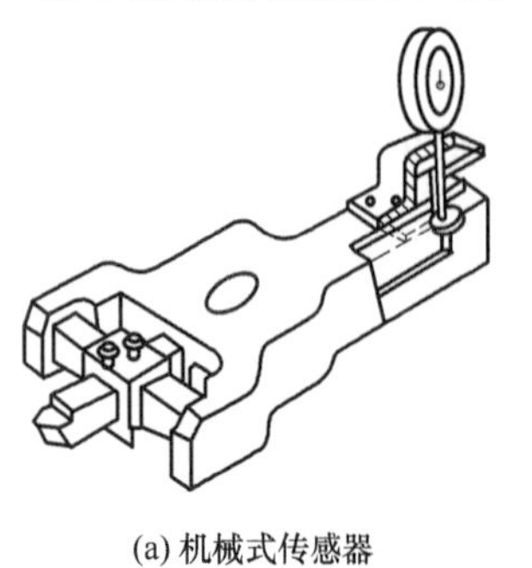

(a) 机械式传感器

电感1
电感2
电感3
测力仪
车刀

(b) 电感式传感器

衔铁
δ
铁芯
线圈

(c) 电感结构示意图

图 7-2 早期切削力传感器

削力作用于刀具上并引起传感器变形元件或电感磁芯产生弹性位移，导致相应仪表指针偏转或电感变化，从而表征切削力的大小。这类传感器结构简单、使用方便，但是传感器的固有频率低，只能测量切削力的稳态均值，无法准确反映切削过程的动态特性；并且电感属于非比例环节，线性度不理想，抗干扰能力差，缺乏实际应用价值。

7.2.2　切削力传感器快速发展阶段

经过早期探索阶段，切削力传感器的研究进入快速发展时期。应变式切削力传感器以可靠性高、成本低、测量范围广等特点成为研究热点。电阻应变式切削力传感器以电阻应变计作为转换元件，其工作原理如图 7-3 所示，在传感器的弹性敏感元件表面粘贴一定数量的电阻应变计并组成惠斯通电桥，当传感器受到切削力作用时，弹性敏感元件发生弹性变形，导致粘贴在其表面的电阻应变计也产生变形，电阻应变计将该变形转换为电阻值的变化，引起惠斯通电桥失去平衡，从而输出与切削力大小相对应的电信号。通过静态标定实验可以确定输出电信号的大小与切削力之间的关系，从而实现切削力的测量。

① 切屑变形产生切削力

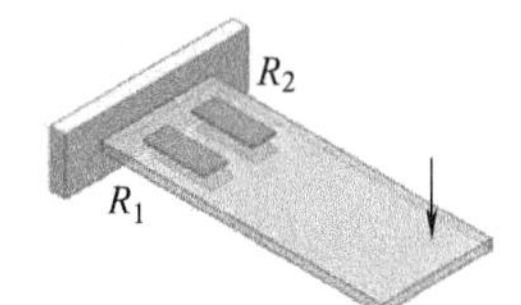

② 弹性元件变形&应变计电阻值变化

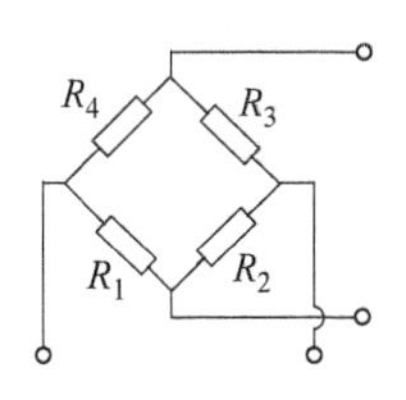

③ 测量电桥失衡输出电信号

④ 切削力信号A/D转换、采集与显示

图 7-3　应变式切削力传感器工作原理

国内较早开展应变式切削力传感器研究的是哈尔滨工业大学的袁哲俊教授团队，在应变式切削力传感器方面进行了大量卓有成效的研究，其研制的立式平行八角环三向车削力传感器解决了传感器受力点位置变化影响测量准确性的问题，如图 7-4（a）所示。1984 年单忠臣研制了如图 7-4（b）所示的小八角环刀杆式车削力传感器，将车刀和传感器合二为一，提高了传感器的灵敏度、刚度等性能指标。2009 年，北方工业大学的王娟研究了基于薄壁圆筒式弹性敏感元件的车削力传感器，解决了原有车削力传感器使用不便、拉压方向信号偏弱等问题，提高了传感器的固有频率。2012 年华东理工大学的蔡纪卫提出了一种三向车削力测量刀架的设计方案，采用小型高精度和高刚度的压力传感器作为测力元件，通过滚珠导轨式的机械结构，实现三维切削力的单独测量。

国外关于应变式切削力传感器的研究也非常多。2002 年前后，土耳其的 Ulvi Seker 研制了如图 7-5（a）所示的基于载荷单元的三维车削力传感器。2006 年土耳其的 Süleyman Yaldiz 设计了基于八角环结构的车削力传感器，如图 7-5（b）所示，传感器量程为 0～3500N，线性误差范围为 1.2%～1.4%。2012 年巴西 T. H. Panzera 等人研制了一种以双端固定的空心圆柱作为弹性敏感元件的应变式车削力传感器，如图 7-5（c）所示。2013 年土耳其 Balikesir 大学的 Ergun Ates 等人研制了一种整体式两向车削力传感器，避免由于多零件组装给传感器精度、刚度带来不利影响，如图 7-5（d）所示。此外，德国 TELC 公司自主开发的应变式车削力传感器系统，能够进行切削力的测量、存储、

(a) 立式平行八角环三向车削力传感器

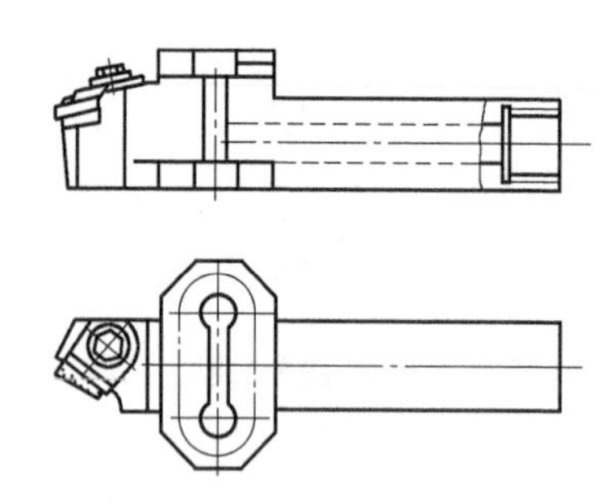

(b) 小八角环刀杆式车削力传感器

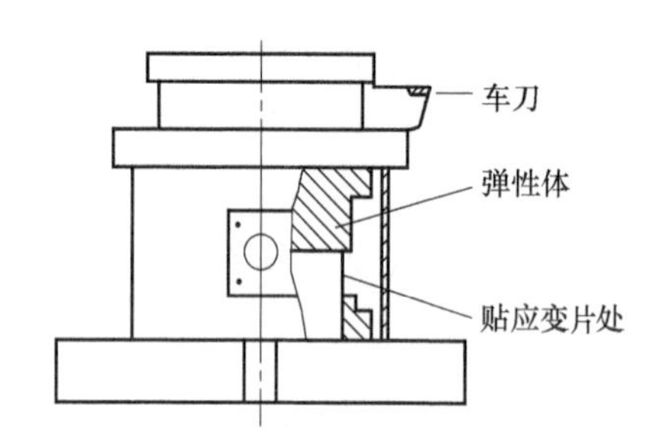

(c) 薄壁圆筒式弹性敏感元件的车削力传感器

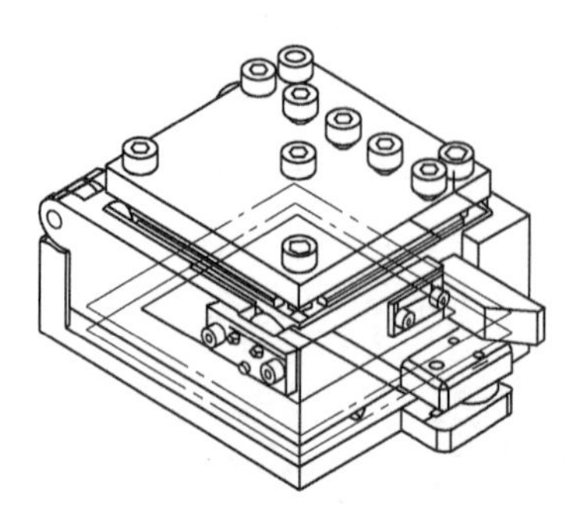

(d) 三向车削力测量刀架设计方案

图 7-4 国内应变式切削力传感器典型研究成果

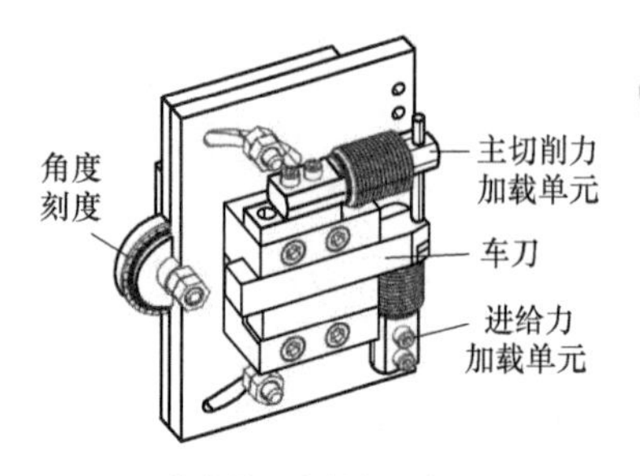

(a) 载荷单元车削力传感器

(b) 八角环车削力传感器

(c) 空心圆柱式车削力传感器

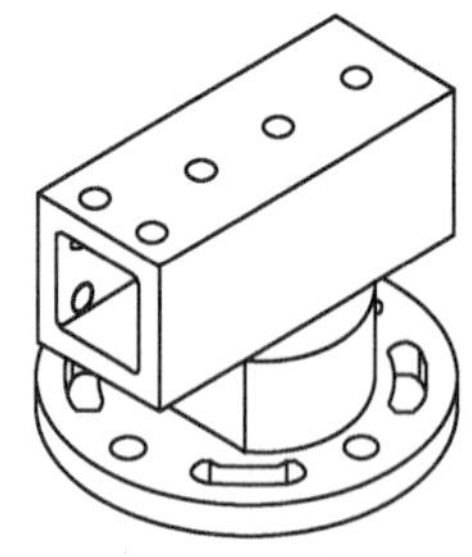

(d) 整体式两向车削力传感器

(e) 德国TELC公司应变式车削力传感器及显示系统

图 7-5 国外应变式切削力传感器典型研究成果

分析以及故障预警等，如图 7-5（e）所示。

应变式切削力传感器具有性能可靠、精度高、测量范围广、价格低廉等优点，相关技术已非常成熟，配套仪器也已经标准化，因此应变式切削力传感器获得了较为广泛的应用。但是该类型传感器输出信号相对较弱、抗干扰能力差，灵敏度和刚度之间相互矛盾，传感器固有频率低，对动态力的测量精度不够理想。从这一方面看，压电式传感器对测量动态力具有天然的优势，几乎可以认为是“无位移”型传感器（一般压电材料的变形限度为 10^{-12}m），具有灵敏度高和受力变形小的特点，很好地解决了应变式传感器灵敏度与刚度之间的矛盾问题。

7.2.3　切削力传感器商业化阶段

压电式切削力传感器的工作原理是基于石英材料压电效应（图 7-6）。压电效应是指某些电介质在沿一定方向上受到外力作用而变形时，其内部会产生极化现象，在它的两个相对表面上同时出现正、负相反的电荷。当外力去掉后，它又会恢复到不带电的状态，这种现象称为正压电效应。石英晶片是良好的压电材料，具有重量轻、刚度大和受力变形小的优点，利用石英材料制作的力传感器结构简单、工作可靠、固有频率高、灵敏度和信噪比高。

对于压电式切削力传感器，切削力作用于传感器并引起石英晶体产生极化电荷，该电荷经过高阻抗电荷放大器放大后形成可被数据采集卡识别的模拟信号，经过数据采集卡的 A/D 模块转换为数字信号被采集和存储，并在上位机界面进行显示。

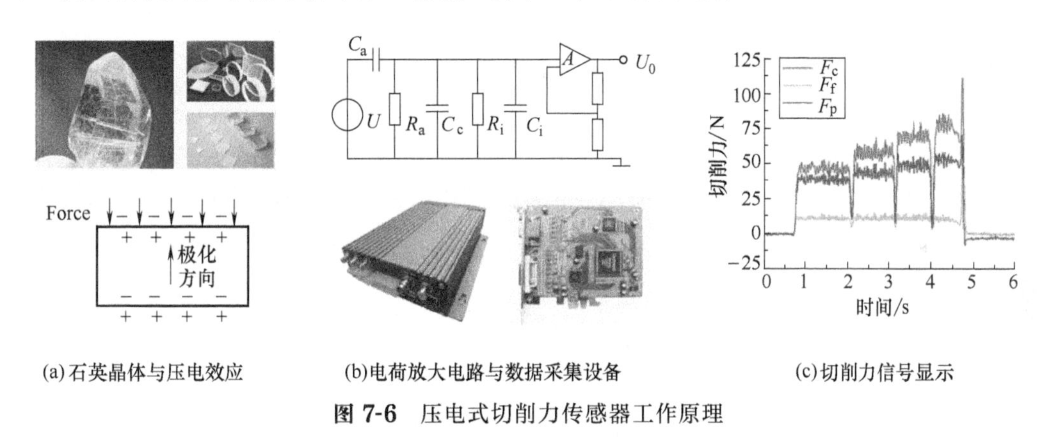

(a) 石英晶体与压电效应　(b) 电荷放大电路与数据采集设备　(c) 切削力信号显示

图 7-6　压电式切削力传感器工作原理

国内较早开展压电式切削力传感器研究的是大连理工大学，孙宝元教授带领的团队自 20 世纪 70 年代开始在压电机理和压电材料等方面进行了大量的研究探索，积累了丰富的技术经验。YDC-Ⅲ89 系列压电车削力传感器是该团队较为典型的研究成果，该传感器结构紧凑，具有良好的静、动态特性，如图 7-7 所示。

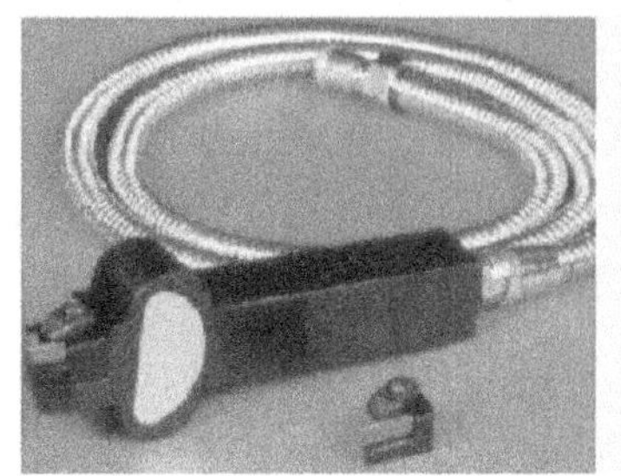

图 7-7　YDC-Ⅲ89 A 型和 YDC-Ⅲ89 B 型压电式车削力传感器

国外关于压电式切削力传感器的研究始于第二次世界大战时期，最具代表性的是瑞士的奇石乐公司，该公司生产的切削力传感器具有结构紧凑、分辨率高、刚度大、固有频率高、测量频带宽等优点，占据了国际切削力传感器市场的主要份额，如图 7-8 所示。以 9129A 型车削力传感器为例，该传感器三向测量灵敏度分别为 8pC/N、4.4pC/N 和 8pC/N，满量程线性度误差≤0.3%，交叉干扰误差均低于±3%，固有频率分别为 1.5kHz、1.5kHz 和 2.5kHz。

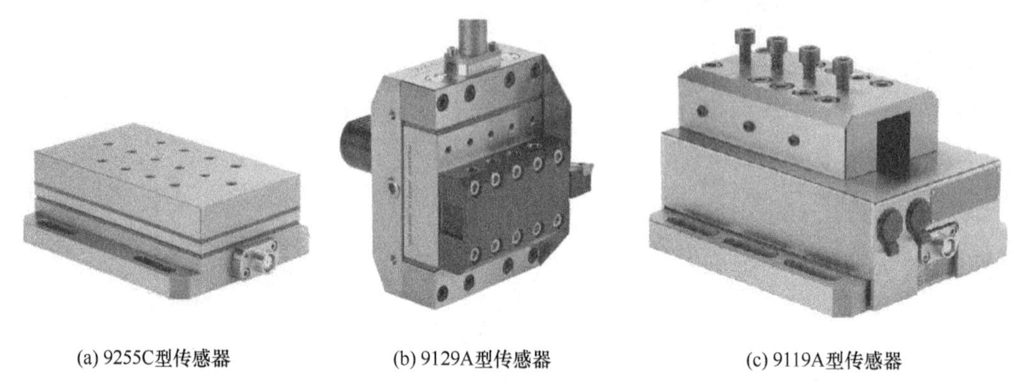

(a) 9255C型传感器　(b) 9129A型传感器　(c) 9119A型传感器

图 7-8　奇石乐不同型号压电式切削力传感器

压电式切削力传感器具有良好的动态特性，适合于高速切削过程中的动态切削力测量。但是压电式传感器也存在一些缺陷：①压电晶体的单向性不够，传感器三向力之间存在干涉，独立性不强；②压电晶体加工和装配精度要求高，对潮湿环境敏感，给传感器的封装和维护带来了挑战；③传感器使用成本高，必须配备价格不菲的高阻抗电荷放大器才能使用。基于以上原因，压电式切削力传感器主要用于实验研究，正式进入大规模工业应用还未见报道。

7.2.4　智能刀具切削力传感器

以上所介绍的切削力传感器均具有鲜明的性能特点，为不同切削加工条件下切削力的测量提供了丰富的选择空间。随着切削加工技术和高性能数控机床的快速发展，切削力测量在实际工业应用中的需求愈发迫切，这对切削力传感器的兼容性和互换性提出了更高的要求。而目前应变式和压电式切削力传感器由于在使用中需要拆除机床原有刀架，会影响机床本身精度和刚性，不满足实际生产应用的要求。因此，国内外学者提出了智能刀具切削力传感器的概念，通过在刀具上集成切削力测量单元，使刀具同时具备加工零件和测量切削力的能力。

2012 年起，哈尔滨工业大学的肖才伟等人分别提出了基于压电薄膜和压电感知单元的智能刀具设计方案，分别如图 7-9 (a)、(b) 所示。所设计的智能刀具在 X 和 Z 方向的测量范围为±5N，并能够准确测量 0.1N 大小的切削力，两个方向的固有频率约为 11.6kHz，传感器综合测量误差为 4.2%～4.4%。2013 年英国 Brunel 大学的程凯教授团队报道了如图 7-9 (c) 所示的压电薄膜嵌入式智能刀具。在刀片和垫片之间封装压电薄膜测量主切削力。该传感器的交叉干扰为 5.97%，最大静态偏差为 4.6%。该设计方法离刀尖很近，能够更加直接、准确地测量切削力，但是给传感器的封装带来挑战。2013 年，哈尔滨工业大学的李文德提出了一种基于声表面波原理的智能刀具设计方案，在车刀杆的上下表面粘贴声表面波谐振器，根据切削力对声表面波谐振器频率偏移的影响辨识切削力信号，如图 7-9（d）所示。该智能刀具的测量灵敏度为－40Hz/N，最小分辨率为 2.5N。2014 年，中北大学武文革教授团队研制了一种镍铬合金薄膜微传感器，并将其封装在车刀的刀杆上进行切削力测量。

(a) 基于压电薄膜的智能刀具
1—高速钢刀具；2—保护层；3—压电薄膜；4—凹槽

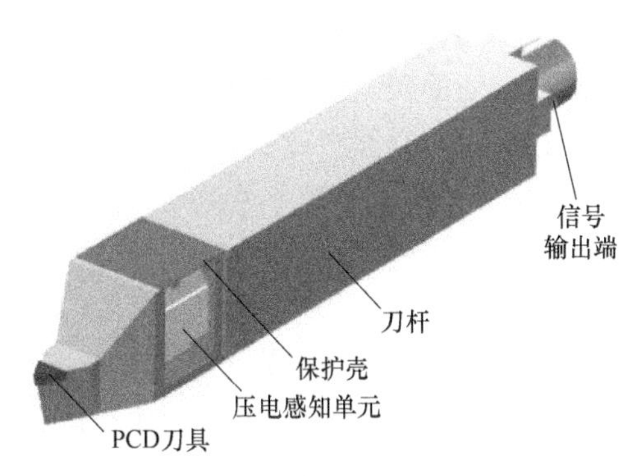

(b) 基于压电感知单元的智能刀具

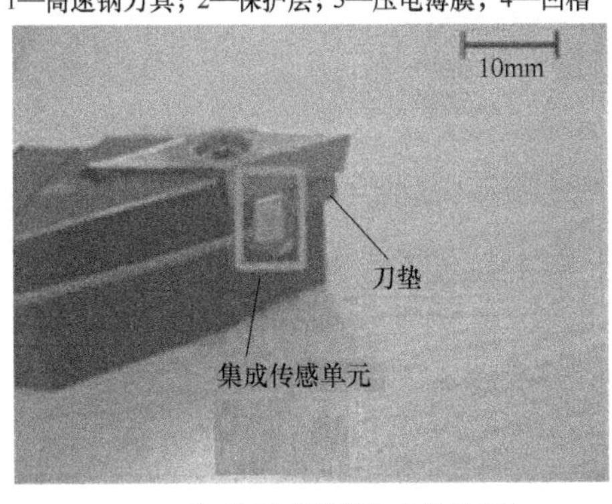

(c) 基于压电薄膜嵌入式智能刀具

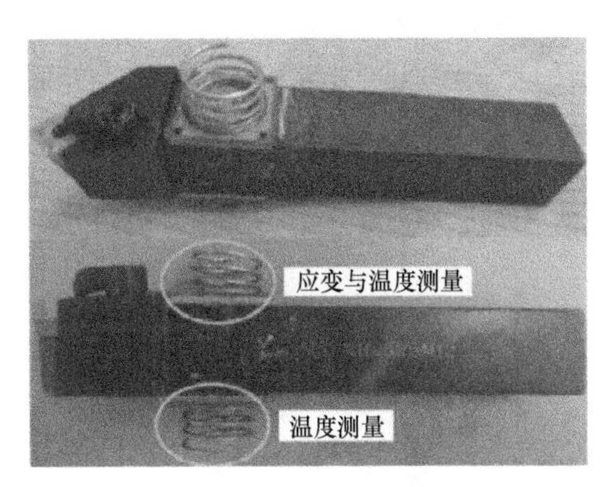

(d) 基于声表面波原理的智能刀具

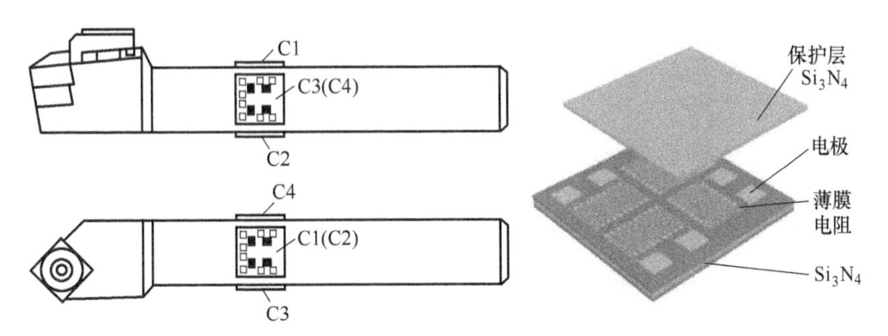

(e) 合金薄膜式智能刀具传感器结构示意图

图 7-9　国内外智能刀具切削力传感器典型研究成果

智能刀具切削力传感器是一种新兴的切削力测量手段，相比于以往的切削力测量手段，具有结构简洁、使用方便、精度高、响应快的特点。但是由于刀具在切削过程中直接与切屑以及切削液接触，由此给传感器的封装技术带来挑战，传感器与刀具的深度集成技术以及传感器稳定性提升技术的研究有待进一步完善。

7.3 集成化三维车削力传感器设计制造与测试

7.3.1 传感器设计原理与方法

7.3.1.1 车削力测量原理及压阻效应

本节所介绍的集成化三维车削力传感器主要由弹性敏感元件、转换元件和测量电路三部分组成。其中，弹性敏感元件在切削力的作用下发生弹性变形，其表面产生相应的应变/应力；转换元件将弹性敏感元件表面的应变/应力转换为自身电阻值的变化；测量电路由于转换元件电阻值的变化而产生与切削力对应的电信号。

集成化三维车削力传感器选择半导体电阻应变计作为传感器的转换元件，由于半导体材料具有明显的压阻效应，其材料灵敏系数主要由材料电阻率的变化引起，具有比金属材料高 2～3 个数量级的灵敏系数，因此使用半导体电阻应变计有利于提高传感器测量灵敏度，从而增强传感器抗干扰能力。

7.3.1.2 车削力传感器结构设计

力传感器常用的弹性敏感元件结构有很多，包括筋式结构（悬臂梁、双端固定梁、轮辐式十字梁、桁架结构等）、环式结构（圆环、八角环及其衍化的扁平环）和薄壁圆筒结构等。在传感器弹性体结构模型的选择中需要综合考虑灵敏度、刚度、结构稳定性和可加工性等因素，综合以上分析与对比，选择八角环作为传感器的弹性敏感元件基本结构，如表 7-1 所示。

表 7-1 几种常用弹性敏感元件结构的灵敏度和刚度指标

名称	简图	灵敏度	静刚度系数
悬臂梁	b, h, L	$\frac{6L}{Ebh^2}$	$\frac{Ebh^3}{4L^3}$
双端固定梁	b, h, L	$\frac{3L}{4Ebh^2}$	$\frac{16Ebh^3}{L^3}$
轮辐十字梁(轴向)	h, b, 2L	$\frac{2L}{Ebh^2}$	$\frac{4Ebh^3}{L^3}$

续表

名称	简图	灵敏度	静刚度系数
轮辐十字梁(径向)	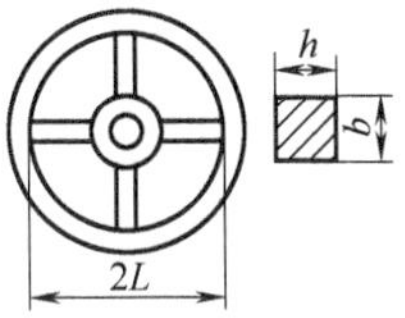	$\frac{1.64}{Ebh}$	$\frac{2.44Ebh}{L}$
桁架结构	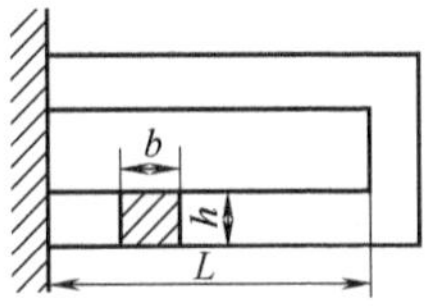	$\frac{3L}{4Ebh^{2}}$	$\frac{16Ebh^{3}}{L^{3}}$
圆环(径向)	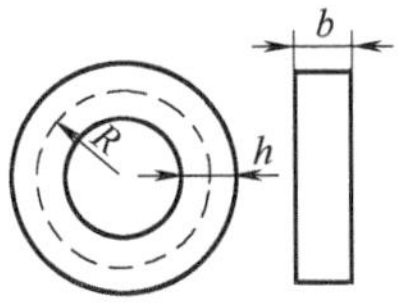	$\frac{1.09R}{Ebh^{2}}$	$\frac{Ebh^{3}}{1.785R^{3}}$
圆环(切向)	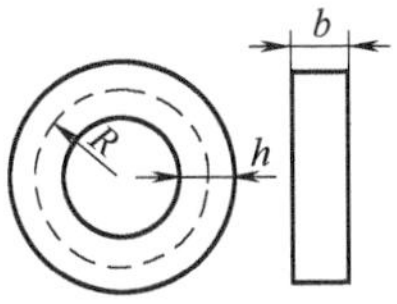	$\frac{2.31R}{Ebh^{2}}$	$\frac{Ebh^{3}}{9.425R^{3}}$
八角环(径向)	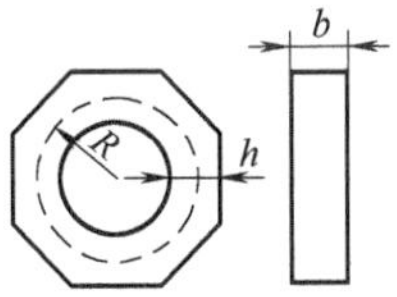	$\frac{0.7R}{Ebh^{2}}$	$\frac{Ebh^{3}}{R^{3}}$
八角环(切向)	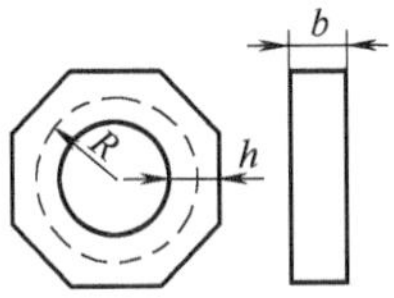	$\frac{1.4R}{Ebh^{2}}$	$\frac{Ebh^{3}}{3.7R^{3}}$
薄壁圆筒(轴向)	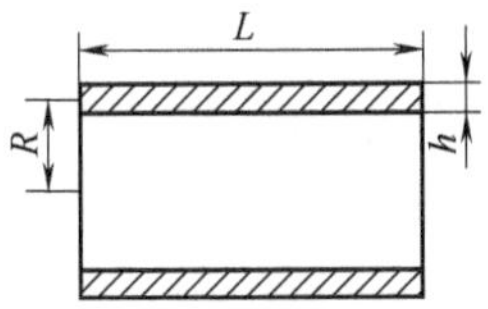	$\frac{1}{2\pi ERh}$	$\frac{2\pi ERh}{L}$

为了研究八角环结构在外力作用下表面应力的分布情况，通过商业软件 ANSYS 对八角环结构进行仿真分析。研究八角环在受到水平力 F_c、竖直力 F_p 和轴向力 F_f 作用下的表面应力分布情况，如图 7-10 所示。

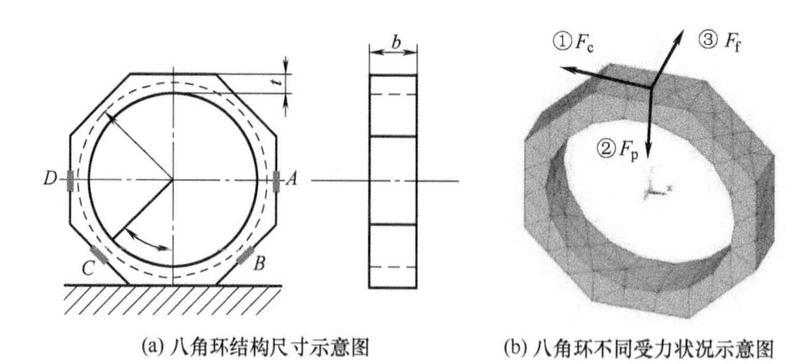

(a) 八角环结构尺寸示意图　　(b) 八角环不同受力状况示意图

图 7-10　八角环受力分析示意图

有限元分析过程中使用的单元类型为 Solid 92，选取 17-4PH 不锈钢作为弹性敏感元件材料，其弹性模量 $E=210\text{GPa}$、泊松比 $\mu=0.269$。仿真获得八角环结构表面应力分布云图如图 7-11 所示。

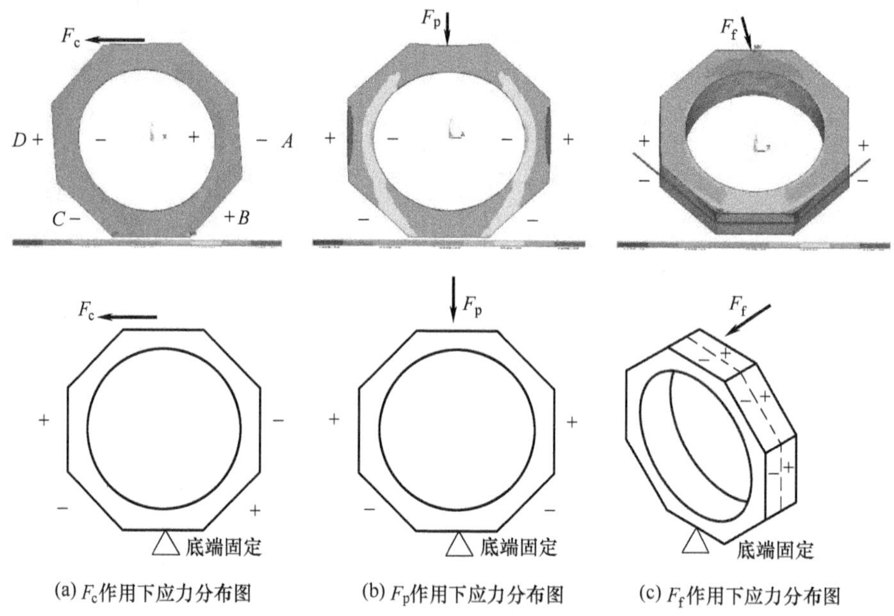

(a) F_c作用下应力分布图　　(b) F_p作用下应力分布图　　(c) F_f作用下应力分布图

图 7-11　八角环表面应力分布规律图

表 7-2 给出八角环在不同受力情况下表面应力符号分布规律：①F_c 作用下，B、C 位置处应力大小相等，符号相反；F_p 作用下，B、C 位置处应力大小相等，符号相同。②F_c 作用下，A、D 位置处应力大小相等，符号相反；F_p 作用下，A、D 位置处应力大小相等，符号相同。③八角圆环内外表面对应位置处应力大小相等，符号相反。

表 7-2　八角环表面应力分布规律

作用力	应力符号			
	A 附近	B 附近	C 附近	D 附近
F_c	−	+	−	+
F_p	+	−	−	+
F_f	+、−各半	+、−各半	+、−各半	+、−各半

根据八角环结构的受力分析结果，再结合实际车削过程中三维切削力的划分规则，提出基于“双正交八角环”结构的弹性敏感元件设计方案，将三维车削力分量分解到两个互相垂直的八角环平面内，每个八角环平面内分担两个切削力分量，如图 7-12 所示。两个八角环上一共封装 12 个半导体应变计，组合成三组惠斯通全桥电路，实现对三维车削力分量的解耦测量，所设计的车削力传感器如图 7-13 所示。车削时，车刀安装在车刀插槽内并通过螺栓固定在传感器上，位于传感器中间位置的是双正交八角环弹性敏感元件结构。在八角环表面封装有半导体电阻应变计作为转换元件，这些应变计相互连接并组成测量电路用于测量三维车削力分量。传感器的尾部是一个条状长柄，用于将整个传感器像车刀一样固定在机床刀架或刀塔上。

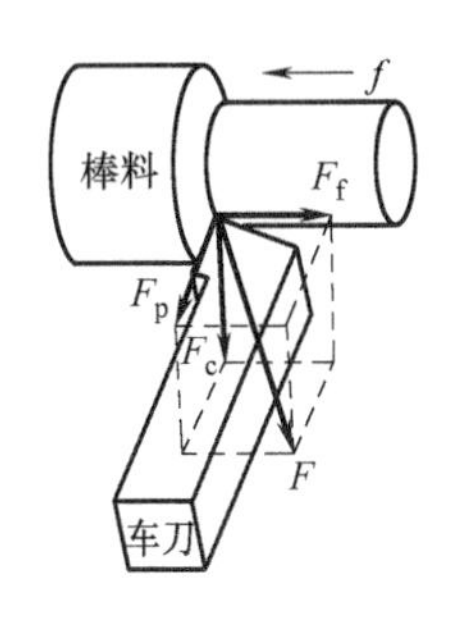

(a) 三维切削力示意图

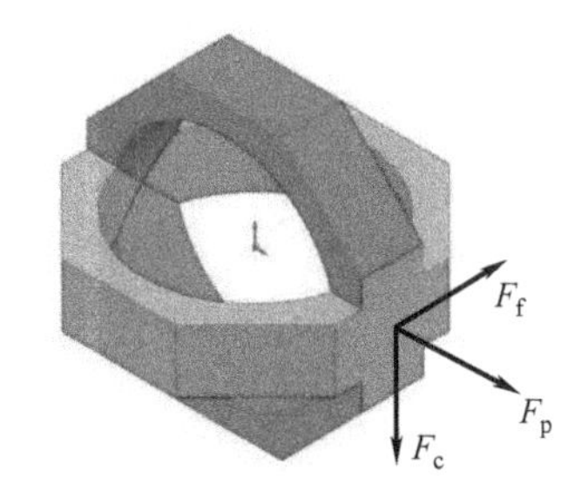

(b) 双正交八角环结构示意图

图 7-12　双正交八角环结构三维力分解测量示意图

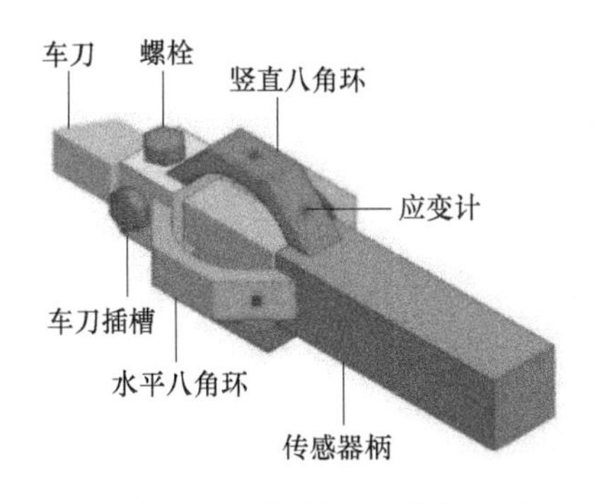

(a) 集成化三维车削力传感器结构示意图

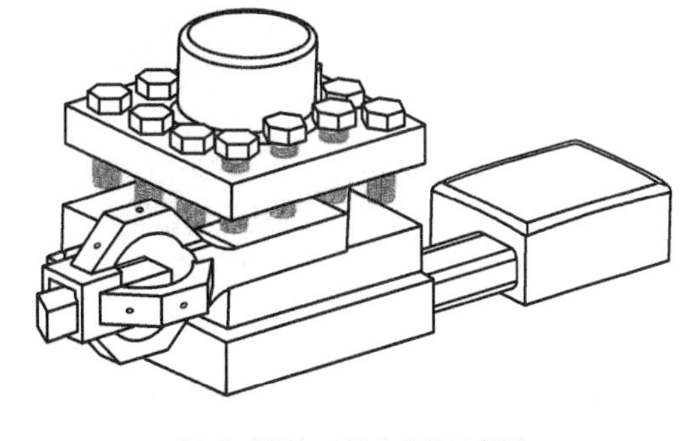

(b) 传感器在刀架上安装示意图

图 7-13　集成化三维车削力传感器设计方案

综合考虑刀具安装尺寸、系统固有频率、测力仪安装空间等因素，设计了如图 7-14 所示集成化三维车削力传感器。根据以上设计的测力仪结构尺寸以及传感器在机床上的安装使用条件，建立了传感器结构的简化模型，按照 17-4PH 不锈钢力学性能设置分析参数（弹性模量 $E=210\text{GPa}$，泊松比 $\mu=0.269$，密度 $\rho=7.8\times10^3\text{kg/m}^3$），进行了有限元静态受力分析。考虑到精加工和半精加工过程中机床转速高、切削量小，实际切削力数值一般在 100N 左右，根据实际需要，设定传感器的测量范围为 0～200N。

根据传感器的测量范围，同时在刀具前部施加各 200N 的主切削力 F_c、进给力 F_f 和吃刀抗力 F_p，将传感器后端完全固定，模拟传感器在机床刀架上实际安装情况，计算在三向切削力满载荷条件下传感器弹性体结构的等效应力。计算结果如图 7-15 所示，从图

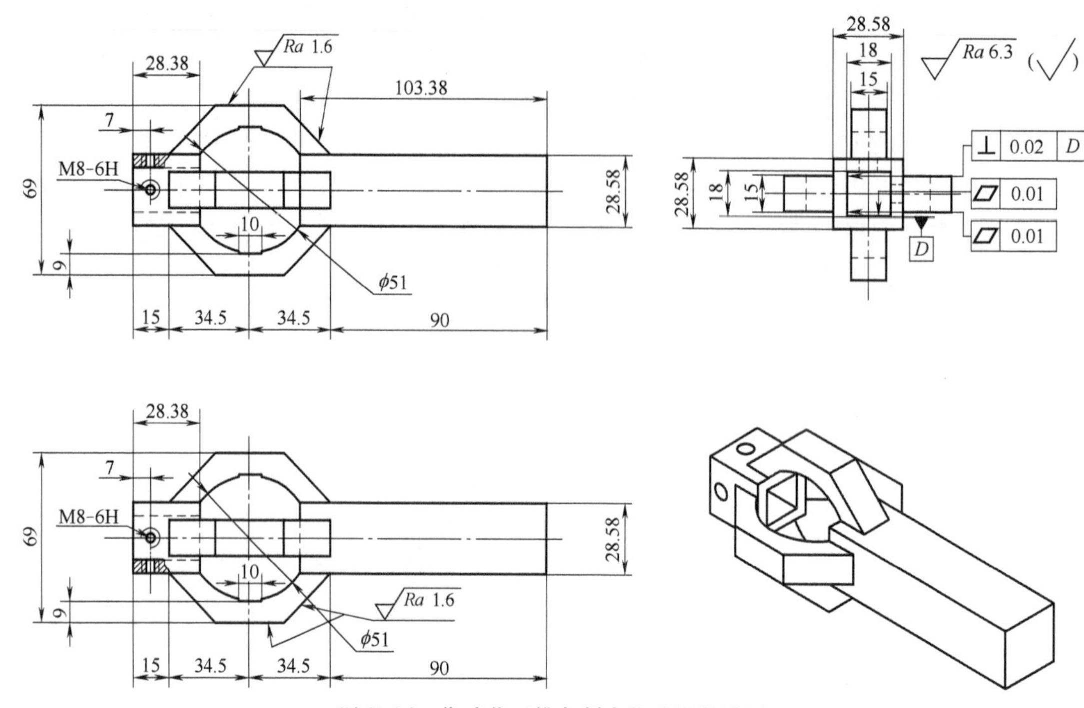

图 7-14　集成化三维车削力传感器设计图

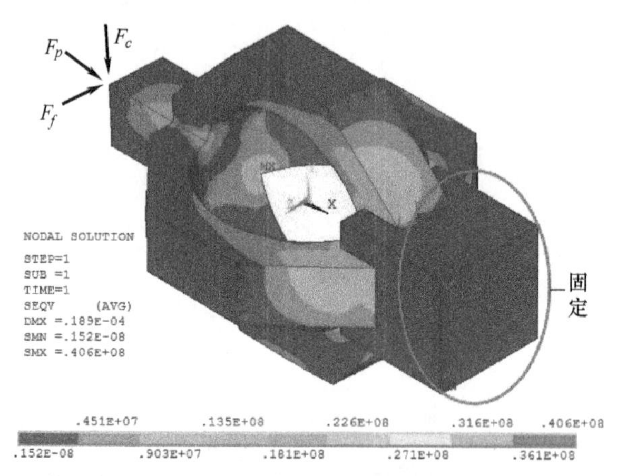

图 7-15　集成化三维车削力传感器等效模型有限元仿真等效应力云图

中可以看出，在满量程范围内，传感器弹性敏感元件的最大等效应力为 40.6MPa（等效应变 193$\mu\varepsilon$），主要集中在弹性元件的尖角位置处。

以最大应力对测力仪简化结构进行安全校核计算：

$$\sigma_{\max} \leqslant [\sigma] = \frac{\sigma_s}{n_s} \tag{7-2}$$

式中，$\sigma_{\max}$ 为材料最大工作应力，本研究中为 40.6MPa；$[\sigma]$ 为材料许用应力；σ_s 为材料屈服极限，17-4PH 不锈钢屈服极限为 1850MPa；n_s 为塑性材料安全系数，一般静载下取 1.5～2.0。因此所设计车削力传感器在满量程测量范围内最大工作应力远小于材料的许用应力，该设计安全可靠。

测量电桥负责将转换元件随输入量的变化以电信号的形式输出，测量电桥设计的好坏关系到测力仪的测量灵敏度、抗交叉干扰能力以及测量精度等。测力仪设计中常用的测量电桥为惠斯通电桥，粘贴在测力仪弹性敏感元件表面的电阻应变计作为桥臂电阻被组合到测量电桥内，根据实际参与被感知量测量的桥臂电阻的数量多少可以分为1/4桥电路（4个桥臂电阻中只有1个用于测量被感知量，其余均为固定电阻）、半桥电路（4个桥臂电阻中有2个用于测量被感知量，另2个为固定电阻）和惠斯通全桥电路（4个电桥电阻全部用于测量被感知量）。由于惠斯通全桥电路具有最大的输出灵敏度，因此选择惠斯通全桥电路作为测量电路。

图7-16为传感器弹性敏感元件上半导体应变计的粘贴位置和测量电路组合示意图。其中，应变计R_1、R_2、R_3、R_4布置在竖直八角圆环的外表面，组合成F_c测量电路；应变计R_5、R_6、R_7、R_8布置在水平八角圆环的外表面，组合成F_f测量电路；应变计R_9、R_{10}、R_{11}、R_{12}分别位于两个垂直八角圆环上，组合成F_p测量电路。以上三组测量电路在理论上能够独立测量三维切削力分量并达到相互抑制交叉干扰的效果。

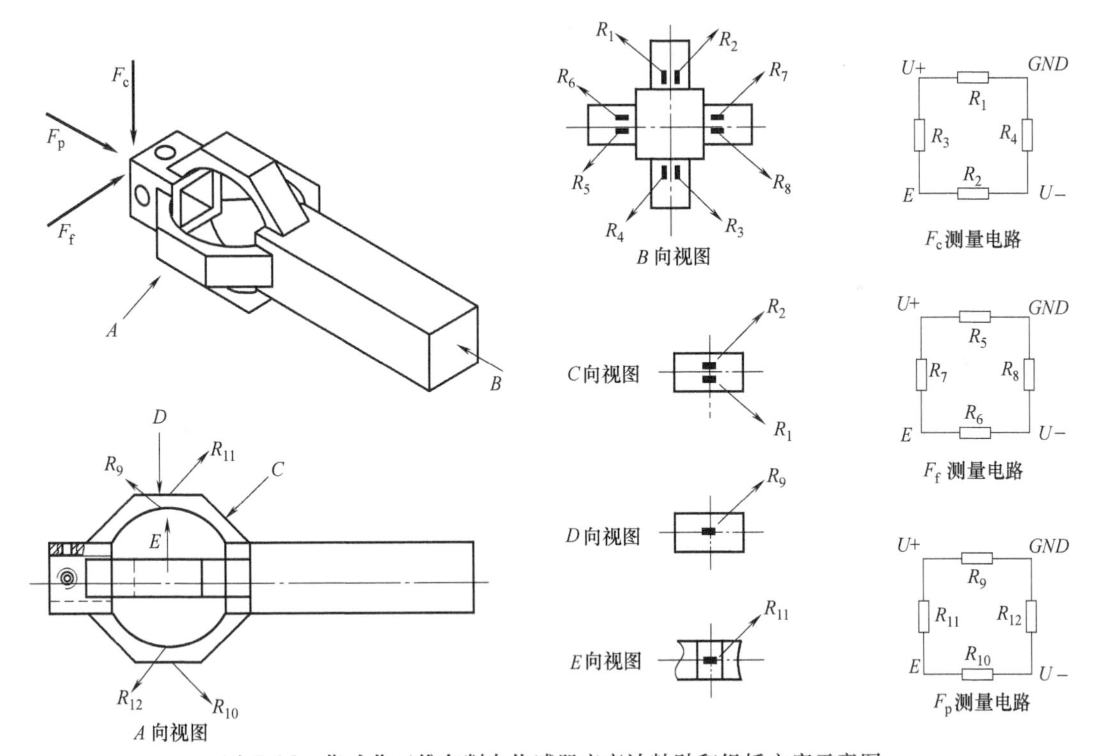

图7-16　集成化三维车削力传感器应变计粘贴和组桥方案示意图

根据各车削分量对八角圆环表面应力的影响规律，将应变计电阻变化归纳如表7-3所示。假设F_c、F_f和F_p单独作用于车刀时，导致各电阻的变化大小分别为r_1、r_2、r_3，各电阻初值均为R。

（1）对于F_c测量电路

① 仅考虑F_c对各敏感电阻的影响，测量电路输出为：

表 7-3 电阻应变计阻值在三维切削力分量作用下阻值变化表

切削力	电阻值变化量											
	R_1	R_2	R_3	R_4	R_5	R_6	R_7	R_8	R_9	R_{10}	R_{11}	R_{12}
F_c	$+r_1$	$+r_1$	$-r_1$	$-r_1$	$-r_1$	$+r_1$	$+r_1$	$-r_1$	$-r_1$	$+r_1$	$+r_1$	$-r_1$
F_f	$+r_2$	$-r_2$	$-r_2$	$+r_2$	$+r_2$	$+r_2$	$-r_2$	$-r_2$	0	0	0	0
F_p	$-r_3$	$-r_3$	$-r_3$	$-r_3$	$-r_3$	$-r_3$	$-r_3$	$-r_3$	$+r_3$	$+r_3$	$-r_3$	$-r_3$

$$
\begin{aligned}
U &= U_+ - U_- = \frac{R_1}{R_1+R_3}E - \frac{R_4}{R_2+R_4}E \\
&= \left[\frac{R+r_1}{(R+r_1)+(R-r_1)} - \frac{R-r_1}{(R+r_1)+(R-r_1)}\right]E \\
&= \frac{r_1}{R}E
\end{aligned} \tag{7-3}
$$

② 同时考虑 F_c、F_f 和 F_p 对各敏感电阻的影响，测量电路输出为：

$$
\begin{aligned}
U &= U_+ - U_- = \frac{R_1}{R_1+R_3}E - \frac{R_4}{R_2+R_4}E \\
&= \frac{R+r_1+r_2-r_3}{(R+r_1+r_2-r_3)+(R-r_1-r_2-r_3)}E - \\
&\quad \frac{R-r_1+r_2-r_3}{(R+r_1-r_2-r_3)+(R-r_1+r_2-r_3)}E \\
&= \frac{r_1}{R-r_3}E \approx \frac{r_1}{R}E
\end{aligned} \tag{7-4}
$$

（2）对于 F_f 测量电路

① 仅考虑 F_f 对各敏感电阻的影响，测量电路输出为：

$$
\begin{aligned}
U &= U_+ - U_- = \frac{R_5}{R_5+R_7}E - \frac{R_8}{R_6+R_8}E \\
&= \left[\frac{R+r_2}{(R+r_2)+(R-r_2)} - \frac{R-r_2}{(R+r_2)+(R-r_2)}\right]E = \frac{r_2}{R}E
\end{aligned} \tag{7-5}
$$

② 同时考虑 F_c、F_f 和 F_p 对各敏感电阻的影响，测量电路输出为：

$$
\begin{aligned}
U &= U_+ - U_- = \frac{R_5}{R_5+R_7}E - \frac{R_8}{R_6+R_8}E \\
&= \frac{R-r_1+r_2-r_3}{(R-r_1+r_2-r_3)+(R+r_1-r_2-r_3)}E - \\
&\quad \frac{R-r_1-r_2-r_3}{(R+r_1+r_2-r_3)+(R-r_1-r_2-r_3)}E \\
&= \frac{r_2}{R-r_3}E \approx \frac{r_2}{R}E
\end{aligned} \tag{7-6}
$$

（3）对于 F_p 测量电路

① 仅考虑 F_p 对各敏感电阻的影响，测量电路输出为：

$$
\begin{aligned}
U &= U_{+} - U_{-} = \frac{R_9}{R_9 + R_{11}}E - \frac{R_{12}}{R_{10} + R_{12}}E \\
&= \left[\frac{R + r_3}{(R + r_3) + (R - r_3)} - \frac{R - r_3}{(R + r_3) + (R - r_3)}\right]E \\
&= \frac{r_3}{R}E
\end{aligned} \tag{7-7}
$$

② 同时考虑 F_c、F_f 和 F_p 对各敏感电阻的影响，测量电路输出为：

$$
\begin{aligned}
U &= U_{+} - U_{-} = \frac{R_9}{R_9 + R_{11}}E - \frac{R_{12}}{R_{10} + R_{12}}E \\
&= \frac{R - r_1 + 0 + r_3}{(R - r_1 + 0 + r_3) + (R + r_1 + 0 - r_3)}E \\
&\quad - \frac{R - r_1 + 0 - r_3}{(R + r_1 + 0 + r_3) + (R - r_1 + 0 - r_3)}E \\
&= \frac{r_3}{R}E
\end{aligned} \tag{7-8}
$$

由以上分析可以看出，在理想状态下，F_p 测量电路可以实现单独测量吃刀抗力 F_p 而不受主切削力 F_c 和进给力 F_f 的影响，即不会产生交叉干扰；而 F_c 测量电路和 F_f 测量电路则不能完全排除其他方向切削分力的干扰。以 F_c 测量电路为例，其误差可以计算如下：

$$
\Delta_{error} = \frac{\frac{r_1}{R - r_3}E - \frac{r_1}{R}E}{\frac{r_1}{R - r_3}E} \times 100\% = \frac{r_3}{R} \tag{7-9}
$$

$$
\frac{r_3}{R} = (\pi E + 1 + 2\mu)\varepsilon = K\varepsilon \tag{7-10}
$$

式中，Δ_{error} 为理论误差；$(\pi E + 1 + 2\mu)$ 为应变计的灵敏系数 K。

由于所选用的半导体应变计的灵敏系数为 150，传感器弹性体结构静态仿真结果显示最大应变值为 $193\mu\varepsilon$，因此最大误差应该为：

$$
\Delta_{error} = \frac{r_3}{R} = K\varepsilon = 150 \times 1.93 \times 10^{-4} = 2.895\% \tag{7-11}
$$

以上结果是在忽略应变在传递过程中的损失，以仿真结果的最大值进行计算获得的最大误差。由于电阻应变计需要通过胶黏剂粘贴在弹性敏感元件表面，弹性元件表面应变传递到电阻应变计中需要经过胶黏剂和应变计薄膜两层传递，必然存在一定损失，因此实际情况下的误差将比理论计算值要小。此外，还将通过静态标定建立传感器解耦矩阵抑制传感器输出误差和交叉干扰。

7.3.2　传感器制造与封装技术

（1）弹性敏感元件加工

选择 17-4PH 不锈钢加工制作传感器弹性敏感元件。17-4PH 不锈钢不仅强度高、硬度好，同时其塑韧性和耐腐蚀性也非常好，并且具有良好的机械加工性能，因此常被用于制作各类应变式传感器弹性敏感元件。

传感器弹性敏感元件的加工工艺流程如图 7-17 所示。①对 17-4PH 不锈钢棒料进行车削加工，获得外形尺寸以及表面质量满足集成化三维车削力传感器进一步加工的圆柱棒料坯体；②对获得的圆柱棒料坯体进行线切割加工，获得满足图纸尺寸和形状要求的传感器主体结构；③对加工获得的集成化三维车削力传感器结构采用电火花加工，形成车刀插槽方形孔以及去除双正交八角环结构内部由线切割工艺留下的多余材料，获得双正交八角环内部空心结构；④通过钻孔和攻螺纹的方法在车刀插槽的侧面加工螺纹孔；⑤对具备集成化三维车削力传感器初步尺寸形状的零件进行铣削和磨削加工，去除零件表面在前期加工中未能切削的多余材料以及在电火花加工中产生的变质层，使传感器达到图纸中规定的尺寸和形状要求；⑥完成加工，获得集成化三维车削力传感器弹性敏感元件。

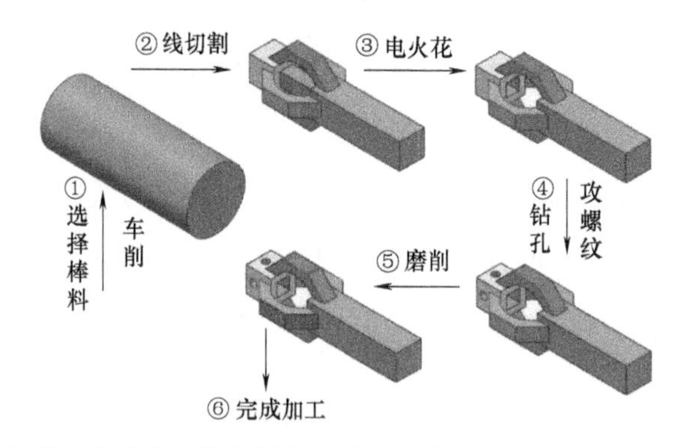

图 7-17　集成化三维车削力传感器弹性敏感元件加工工艺流程

(2) 压阻式半导体应变计加工

由于普通扩散型半导体应变计在温度升高以后 P-N 结存在漏电现象，应变计绝缘电阻大大减小，严重影响其使用性能。因此，采用基于高能氧离子注入 SIMOX（Separation by Implantation of Oxygen，Separation with Implanted Oxygen）技术的半导体应变计加工方法，在高温条件下将氧离子注入到单晶硅层中形成 SiO_2 隔离层，实现完全介质隔离并具有功耗低、耐高温的特点。应变计具体加工工艺流程如图 7-18 所示。

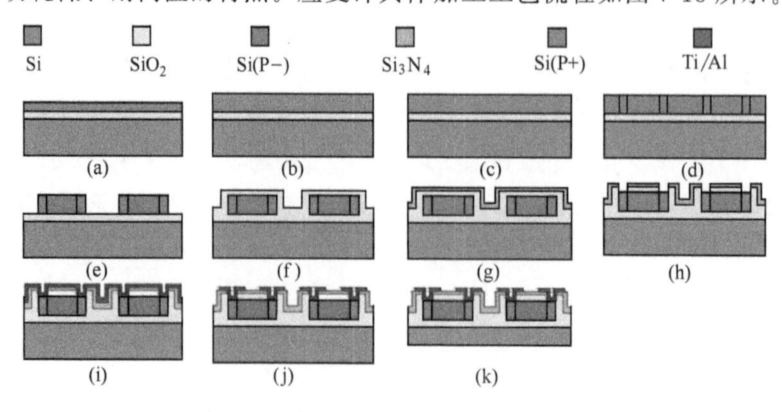

图 7-18　半导体应变计加工工艺流程图

图7-18中：(a)氧离子注入，在表层Si材料下形成一层SiO_2隔离层，形成SOI(Silicon-On-Insulator)材料；(b)通过低压化学气相沉积(LPCVD)技术在SOI材料表面外延生长单晶硅，使表层单晶硅厚度达到1.2～1.7μm；(c)硼离子注入形成测量电路层，并在氮气氛围中进行离子注入后的驱入和活化过程；(d)光刻欧姆接触区并再次进行硼离子注入，形成低阻欧姆接触区；(e)通过光刻及等离子体刻蚀(RIE)技术在已经制备好的测量电路层上制作浮雕式电阻；(f)在测量电路层上表面通过热氧化工艺形成一层SiO_2从而提高测量电路层的稳定性；(g)LPCVD外延生长Si_3N_4，进行Si_3N_4外延生长的主要原因是，一方面上一步中在硅层表面生成的二氧化硅会对测量电路造成应力影响(硅与二氧化硅的热胀系数不一致)，通过外延生长一层氮化硅对该应力影响进行补偿(氮化硅具有与硅相近的热胀系数，有助于抵消二氧化硅对硅层的内应力影响)，减小应力影响，另一方面是通过覆盖一层氮化硅改善测量电路层的热稳定性；(h)光刻电极引线孔窗口，刻蚀SiO_2和Si_3N_4膜形成内引线通道；(i)多层化金属溅射Ti/Al层；(j)利用金属引线板刻蚀除金属电极以外的其他Ti/Al层，形成金属引线；(k)通过背面湿法腐蚀的方法减薄硅衬底，划片获得单个半导体应变计。加工获得的半导体应变计实物如图7-19所示。

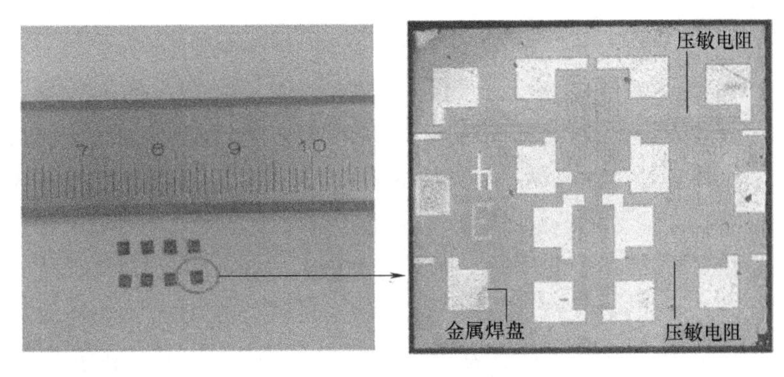

图7-19　半导体电阻应变计及其显微照片

(3)切削力传感器封装技术

应变计在传感器弹性体上的粘贴工艺对传感器测量精度、线性度等静态特性具有重要影响，合理的应变计粘贴工艺能够实现半导体应变计与钢制弹性体的良好接合，并将封装效应对应变计综合性能的影响降到最低，使应变计粘贴后能够最大限度地发挥其性能优势。使用美国Mcro-Measurement公司生产的半导体应变计专用粘接剂M-Bond 610进行半导体应变计的封装。首先选择结构完整、电阻值相近的应变计，按照芯片粘贴工艺手册将半导体应变计粘贴在八角环弹性体指定位置；然后在应变计周围粘贴带有金属焊盘的PCB转接板，并通过金丝球焊技术实现应变计与PCB板的电连接，对完成焊接后的金丝和半导体应变计涂敷硅胶实施保护；最后进行导线连接以及测量电路的组合，并添加传感器保护罩和导线防护蛇皮管。关键封装过程实物照片如图7-20所示。

① 挑选半导体应变计

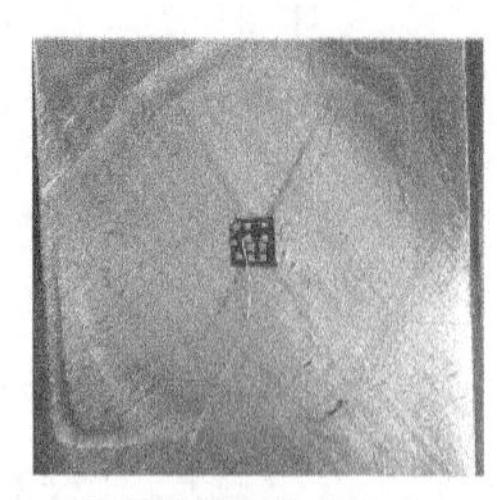
② 粘贴半导体应变计

③ 贴装PCB焊盘和焊接金丝

④ 涂敷硅胶保护

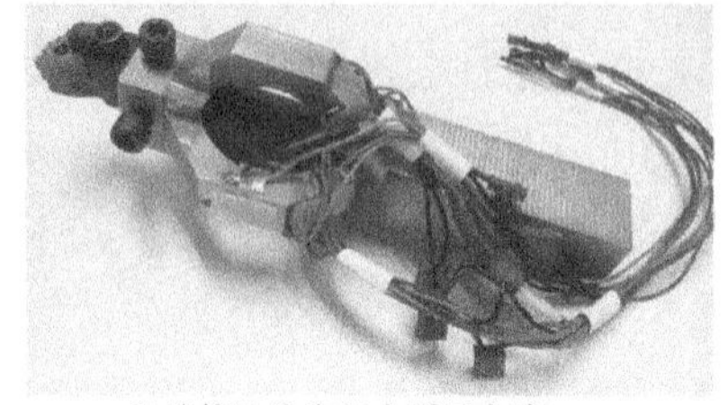
⑤ 连接导线和组合测量电路

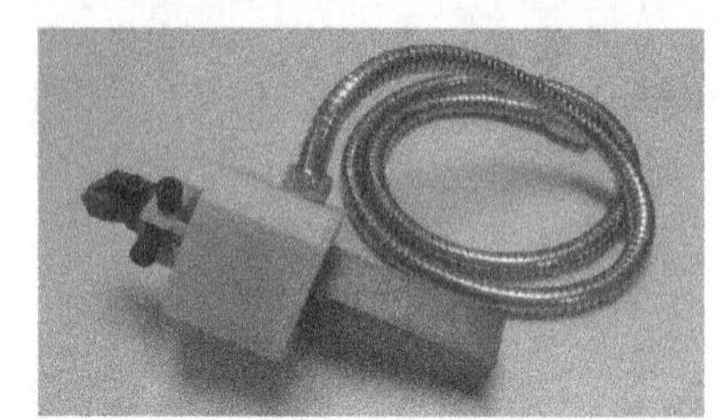
⑥ 添加外部保护罩和蛇皮管

图 7-20　切削力传感器封装过程及实物照片

7.3.3　传感器性能测试与分析

（1）静态标定实验

以万能电子试验机为主要实验设备搭建了如图 7-21（a）所示的传感器静态标定实验系统。实验中将安装有切削刀具的传感器通过专用夹具固定在万能电子试验机底座上；通过稳压直流电源给传感器供电，激励电压为 5V；实验过程中通过万能电子试验机施力顶针对车刀刀尖施加等间隔变化的标准静态力，通过数字万用表测量并记录传感器在静态标定过程中的输出信号。图 7-21（b）～(d）分别是传感器静态标定实验结果。从图中可以看出，传感器具有良好的输出线性度。表 7-4 为计算得到的传感器主要静态特性指标。其中，主切削力和进给力的测量灵敏度为 0.32mV/N；线性度、迟滞和重复性误差指标均小于 5%，其中主切削力和进给力测量电路输出线性度和迟滞误差仅千分之几；各切削力分量之间的交叉干扰也都控制在 5%以内（F_c 对 F_p 方向的交叉干扰除外），尤其以主切削力测量电路的交叉干扰指标最好，分别是 0.19%和 1.19%。

表 7-4　集成化三维车削力传感器静态性能参数

测量电路	量程/N	灵敏度/(mV/N)	线性度/%	迟滞/%	重复性/%	精度/%	交叉干扰/%		
							F_c	F_f	F_p
F_c	200	0.32	0.46	0.17	3.61	3.64	—	2.66	80.40
F_f	200	0.32	0.48	0.35	1.22	1.36	0.19	—	4.27
F_p	200	0.05	1.97	4.45	12.93	13.82	1.19	2.22	—

传感器在 F_p 方向上的静态特性指标不够理想，尤其是重复性和交叉干扰指标，这主要是由于切削力传感器在 F_p 方向上受力不对中、半导体应变计定位误差等原因导致的。为了进一步抑制传感器各方向切削力分量之间的交叉干扰，建立了集成化三维车削力传感器输入-输出矩阵，如下：

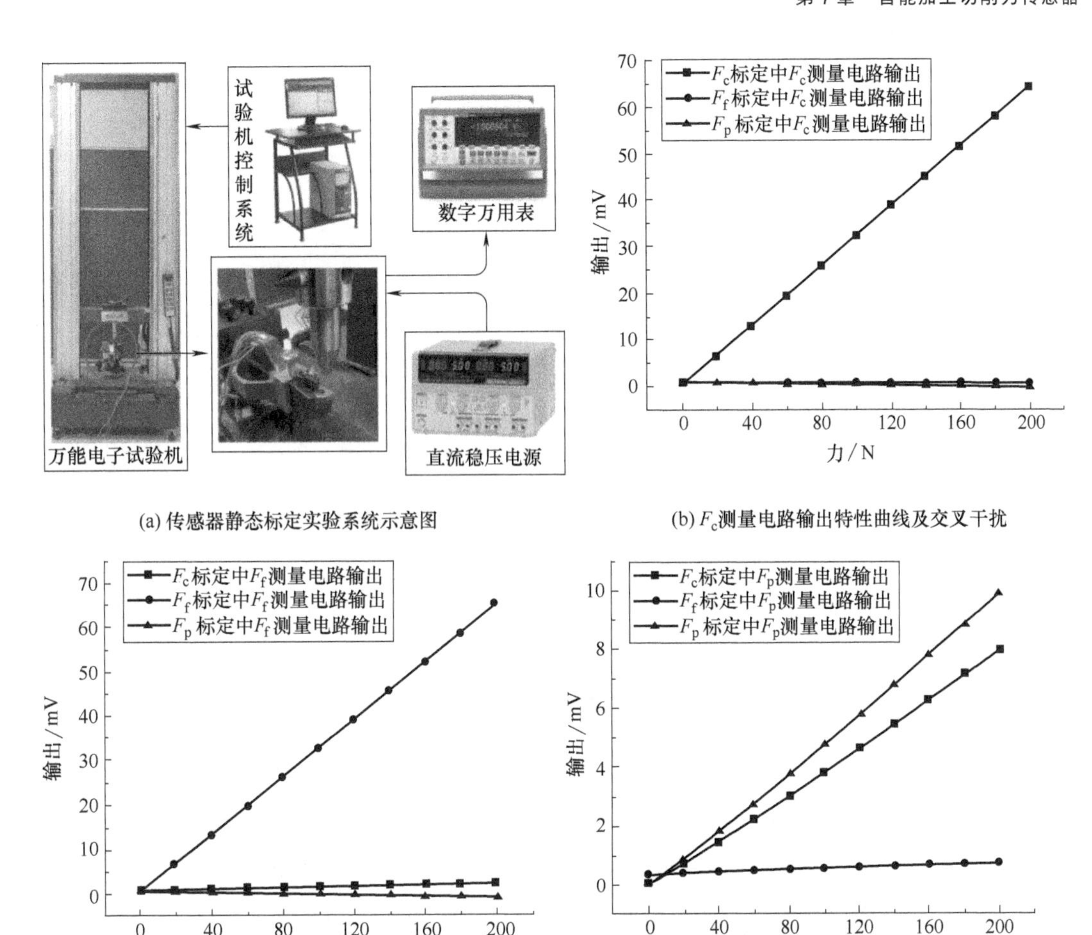

(a) 传感器静态标定实验系统示意图　(b) F_c测量电路输出特性曲线及交叉干扰

(c) F_f测量电路输出特性曲线及交叉干扰　(d) F_p测量电路输出特性曲线及交叉干扰

图 7-21　静态标定实验系统及传感器输出特性曲线

$$\begin{bmatrix} V_1 \\ V_2 \\ V_3 \end{bmatrix} = \begin{bmatrix} a_{11} & a_{12} & a_{13} \\ a_{21} & a_{22} & a_{23} \\ a_{31} & a_{32} & a_{33} \end{bmatrix} \begin{bmatrix} F_c \\ F_f \\ F_p \end{bmatrix} + \begin{bmatrix} b_1 \\ b_2 \\ b_3 \end{bmatrix} \tag{7-12}$$

式中，a_{ij}（$i=1\sim3$，$j=1\sim3$）、b_k（$k=1\sim3$）为线性常系数。根据实验结果，取传感器静态标定实验结果的总平均值代入式（7-12）进行计算，获得传感器输入-输出函数系数，表示如下：

$$\begin{bmatrix} V_1 \\ V_2 \\ V_3 \end{bmatrix} = \begin{bmatrix} 0.3207 & 0.298\mathrm{e}-3 & -0.0037 \\ 0.0086 & 0.3259 & -0.0072 \\ 0.0400 & 0.0018 & 0.0496 \end{bmatrix} \begin{bmatrix} F_c \\ F_f \\ F_p \end{bmatrix} + \begin{bmatrix} 0.4594 \\ 0.3431 \\ 0.0449 \end{bmatrix} \tag{7-13}$$

由此可以得到三维切削力解耦方程，如下所示：

$$\begin{bmatrix} F_c \\ F_f \\ F_p \end{bmatrix} = \begin{bmatrix} 3.0896 & -0.0041 & 0.2299 \\ -0.1365 & 3.0661 & 0.4349 \\ -2.4867 & -0.1080 & 19.9601 \end{bmatrix} \left\{ \begin{bmatrix} V_1 \\ V_2 \\ V_3 \end{bmatrix} - \begin{bmatrix} 0.4594 \\ 0.3431 \\ 0.0449 \end{bmatrix} \right\} \tag{7-14}$$

据以上计算获得的解耦矩阵，对传感器的交叉干扰指标进行了第二次标定实验。观察并记录各测量电路输出信号，并根据式（7-14）计算三维切削力分量。实验结果如表 7-5 所示。可以看出，经过算法补偿的集成化三维车削力传感器各切削分力之间的交叉干扰系数和测量误差均低于 5%，甚至已经达到千分之几。

表 7-5　集成化三维车削力传感器补偿后交叉干扰实验结果

标准力	传感器测量值/N			交叉干扰/%			误差/%
	F_c	F_f	F_p	F_c	F_f	F_p	
F_c=200N	199.73	0.875	4.750	—	0.44	2.49	0.14
F_f=200N	1.445	199.507	6.931	0.72	—	3.63	0.25
F_p=200N	2.518	1.754	191.154	1.26	0.88	—	4.42

（2）传感器动态性能测试

切削力传感器不仅要具有良好的静态特性，而且要具备良好的动态性能以满足对动态切削力信号的测量需求。在传感器的动态特性中最关心的是固有频率，要求传感器在机床系统上安装后的固有频率至少是主轴旋转频率的 4 倍以上。采用如图 7-22 所示的 LMS Test. Lab 模态锤击实验系统对传感器在机床系统上安装后的固有频率进行测量。

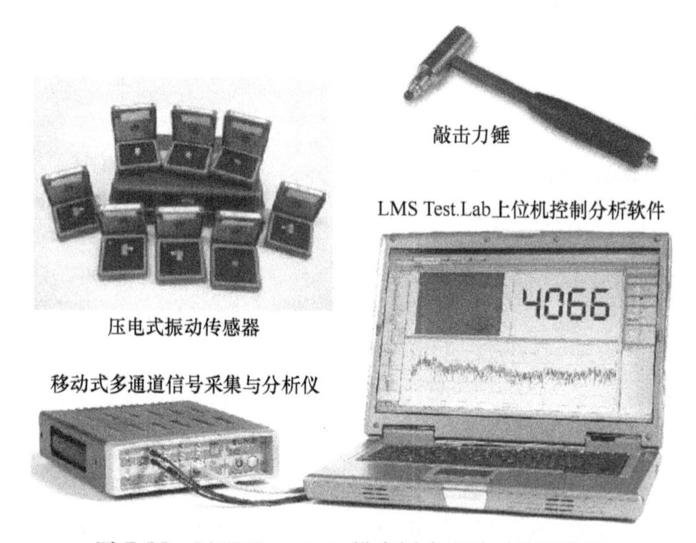

图 7-22　LMS Test. Lab 模态锤击实验系统示意图

实验中将待测的传感器按照实际使用情况安装在机床刀架或刀塔上，然后将振动传感器用石蜡固定在切削力传感器上；振动传感器和敲击力锤通过信号线连接到移动式数据采集与分析系统；用力锤沿测试方向敲击传感器输入激励信号；上位机数据分析系统对敲击力锤的输入信号和传感器输出的振动信号进行分析处理后获得传感器的幅频特性曲线；分别在 F_c、F_f、F_p 方向上进行模态锤击实验并获得传感器在对应方向上的固有频率。

从图 7-23 曲线中可以看出传感器在 F_c、F_f、F_p 方向上的固有频率分别为 1284Hz、1290Hz 和 2838Hz。工程应用中要求传感器的固有频率至少是机床主轴旋转频率的 4 倍以上，在实际使用中 F_c 方向与主轴旋转方向一致，因此选择 F_c 方向固有频率计算得到机床主轴旋转频率上限为 f =1284/4=321（Hz），即该传感器可适用于机床主轴转速不超

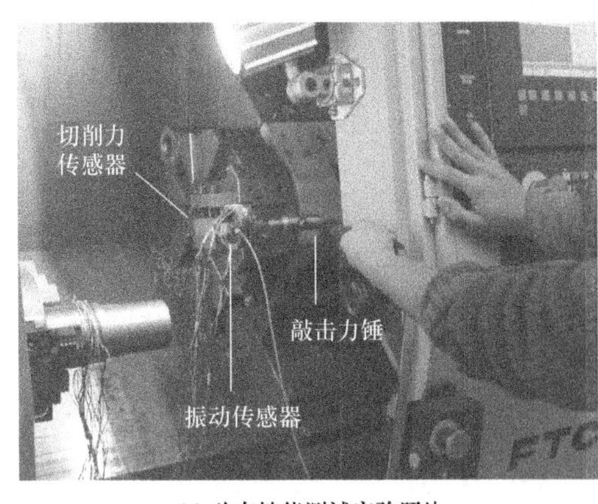

(a) 动态性能测试实验照片

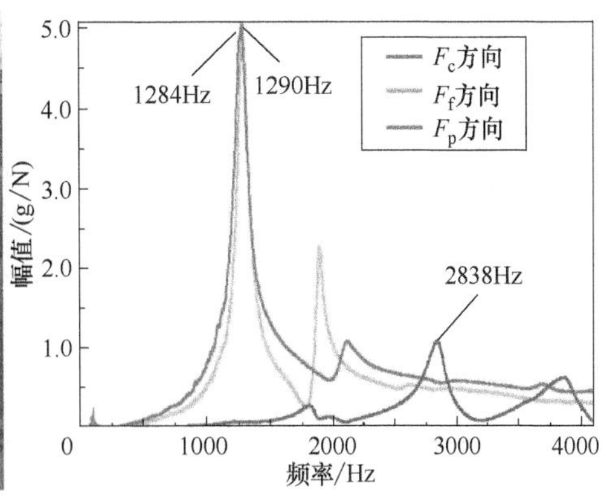

(b) 传感器动态性能实验结果

图 7-23　传感器动态性能测试及实验结果

过 321×60=19260（r/min）条件下动态切削力的测量。该主轴转速已经达到常用精密和高速切削中主轴转速范围，因此该三维车削力传感器能够满足高速切削条件下动态切削力信号的测量。

（3）切削力测量实验

为了验证传感器在实际切削力测量中的应用效果，分别选用研制的三维车削力传感器和大连理工大学研制的压电式车削力传感器（YDC-Ⅲ89 B 型），在如图 7-24 所示的数控机床上进行了切削力测量对比实验。

(a) FTC-20数控机床

(b) 切削力传感器安装照片

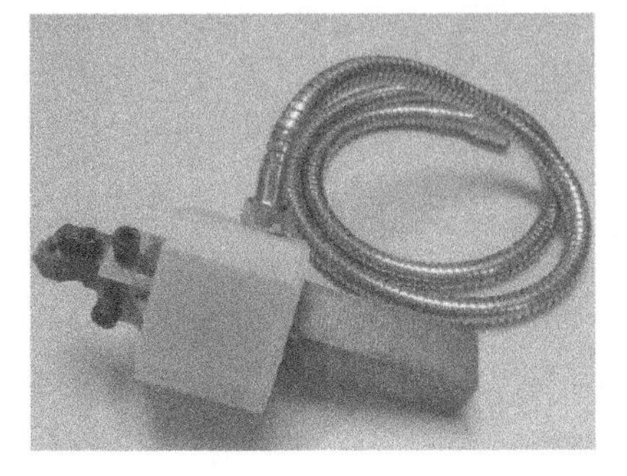

(c) 集成化切削力传感器

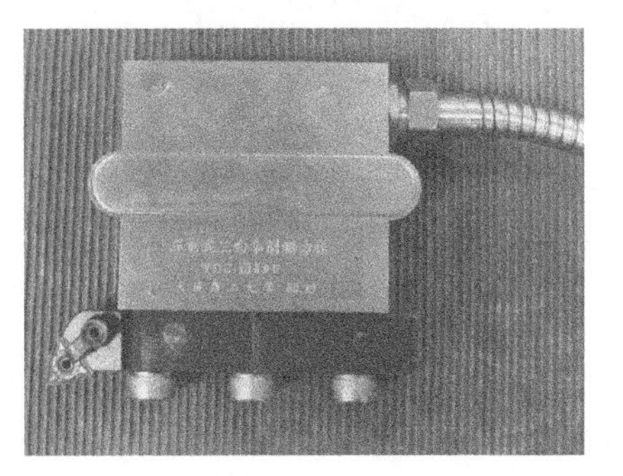

(d) 大连理工压电式车削力传感器

图 7-24　动态切削力测量实验设备照片

所选用大连理工大学的压电式车削力传感器的测力范围为0～2000N，满量程线性误差范围为0.33%～0.47%，固有频率≥4kHz，分辨率为1N。实验采用控制变量法，保持被切削棒料的材质和尺寸相同、棒料装夹条件相同、切削参数相同（包括机床主轴转速、切削深度、进给量等）、切削刀具相同（包括刀具形状、材质和安装后刀具角度等），仅改变切削加工的进给量，实验参数如表7-6所示。

表7-6　动态切削力测量实验切削参数

主轴转速/(r/min)	棒料直径/mm	吃刀深/mm	进给量/(mm/r)			
1800	60.2	0.1	0.15	0.20	0.25	0.30

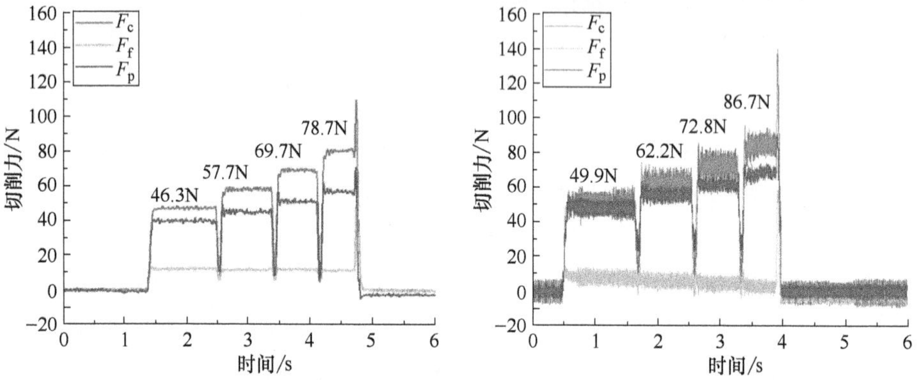

(a) 本研究传感器切削力信号

(b) 压电式传感器切削力信号

图7-25　不同传感器对比实验中切削力信号

从图7-25所示对比中可知，所研制的集成化三维车削力传感器所测量得到的切削力信号与大连理工大学研制的压电式车削力传感器所测量的切削力信号在数值上较为接近，具有较好的一致性。两者测量结果之间的差异主要是因为，在实际切削过程中，棒料安装位置精度、传感器安装位置精度、传感器预紧状态、刀具对准精度等因素都会对实际切削过程中切削力的形成和测量产生影响。

参考文献

[1] 陈锡渠，彭晓楠．金属切削原理与刀具［M］．北京：北京大学出版社，2006．

[2] 单忠臣，王新乐，曹正泉．小八角环刀杆式车削力测力仪［J］．船工科技，1984，(01)：31-36．

[3] 王娟，徐宏海，白传栋，等．基于ANSYS的三维动态切削力测力仪的结构优化［J］．机械设计与制造，2010，(04)：158-160．

[4] 蔡纪卫．三向车削力测量系统的研制［D］：上海：华东理工大学，2012．

[5] Gunay M，Seker U，Sur G．Design and construction of a dynamometer to evaluate the influence of cutting tool rake angle on cutting forces［J］．Materials & Design，2006，27 (10)：1097-1101．

[6] Gunay M，Korkut I，Aslan E，et al．Experimental investigation of the effect of cutting tool rake angle on main cutting force［J］．Journal of Materials Processing Technology，2005，166 (1)：44-49．

[7] Yaldiz S，Unsacar F，Saglam H，et al．Design，development and testing of a four-component milling dynamometer for the measurement of cutting force and torque［J］．Mechanical Systems and Signal Processing，2007，21 (3)：1499-1511．

[8] Panzera TH, Souza PR, Rubio JCC, et al. Development of a three-component dynamometer to measure turning force [J]. International Journal of Advanced Manufacturing Technology, 2012, 62 (9-12): 913-922.

[9] Ates E, Aztekin K. Design, Manufacturing, and Calibration Process of One Piece Lathe Dynamometer for Measurement in Two Axes [J]. Journal of Manufacturing Science and Engineering-Transactions of the Asme, 2013, 135 (4): 044501.

[10] 王幸. 顶尖式压电测力仪的研制 [D]: 大连: 大连理工大学, 2013.

[11] 李琦. 合金薄膜传感器测量切削力技术的研究 [D]: 太原: 中北大学, 2014.

[12] https: //www. kistler. com/zh/.

[13] Xiao CW, Ding H, Li WD, et al. Design and Analysis of a Novel Sensing Cutting Tool for Precision Turning [J]. Proceedings of Precision Engineering and Nanotechnology (Aspen2011), 2012, 516: 373-377.

[14] 肖才伟. 基于切削力感知的智能切削刀具设计及其关键技术研究 [D]: 哈尔滨: 哈尔滨工业大学, 2014.

[15] Wang C, Rakowski R, Cheng K. Design and analysis of a piezoelectric film embedded smart cutting tool [J]. Proceedings of the Institution of Mechanical Engineers Part B-Journal of Engineering Manufacture, 2013, 227 (B2): 254-260.

[16] 李文德. 基于声表面波原理的智能刀具系统关键技术研究 [D]: 哈尔滨: 哈尔滨工业大学, 2013.

[17] 李学瑞. 刀具嵌入式切削力测量用薄膜传感器关键技术研究 [D]: 太原: 中北大学, 2014.

[18] 李琦, 武文革, 成云平, 等. 一种嵌入式薄膜切削力传感器的设计与研究 [J]. 组合机床与自动化加工技术, 2014 (01): 80-82.

[19] 成云平. 刀具嵌入式薄膜微传感器切削力测量技术的基础研究 [D]: 太原: 中北大学, 2015.

第8章 基于非晶碳薄膜压阻效应的新型压力传感器

目前，MEMS压阻式传感器的压敏电阻多采用N型或P型的重掺杂或者高温扩散来完成，成本高，且加工过程中使用大量有毒气体。随着新型压阻材料的发展，石墨烯、碳纳米管、多晶硅、非晶碳膜等材料作为敏感转化薄膜被转移或者直接生长在硅基底上，硅基底仍然作为敏感结构，通过与MEMS加工工艺相兼容，制备出新型薄膜MEMS压阻式传感器。虽然石墨烯、碳纳米管、金刚石薄膜等压阻材料表现出优秀的压阻特性，但硅纳米线和金刚石薄膜加工难度较大，成本较低，石墨烯和碳纳米管不能直接沉积在硅基底上，需要转移且转移工艺难度较大，因此一般应用在柔性基底上。

非晶碳膜的禁带宽度较大且可调，近年来，研究者们发现它的压阻因子最高可以达到1200和1000，并且制备简单，沉积效率高，具有与MEMS技术相互融合的潜质。此外，非晶碳膜耐磨耐腐蚀，并兼具有高硬度、高模量、耐腐蚀等其他性能优势，具有材料和工艺两方面的优势。因此本章介绍以非晶碳膜作为压阻材料，并利用其自身优势开发超薄敏感结构，从材料和结构两方面提升压力传感器的性能并简化其加工工艺，结合厚度为485nm的超薄平膜结构来设计制作微压力传感器。

8.1 非晶碳膜压阻材料基础

敏感元件的性能直接影响MEMS传感器的性能，制备稳定可靠的非晶碳膜电阻条是获得性能优良的MEMS压阻式传感器的前提。在进行结构设计之前需要对压阻材料进行探讨。首先对其内部组分进行表征；接着对其制备工艺进行了研究，确定沉积综合性能优异的非晶碳膜的工艺参数；最后对制备出的非晶碳膜的性能进行了研究，测试其物理性能参数、膜基结合力、压阻系数以及温度电阻特性，为后续传感器的设计制作提供参数基础。

8.1.1 非晶碳膜材料表征

非晶碳膜具有优异的力学性能和化学惰性，因此其一直以来主要被用作耐磨耐腐蚀材料研究。近年来研究发现，非晶碳膜禁带宽度大且可调，并且具有优秀的压阻性能，制备工艺简单，可以大面积地沉积在多种类型基底上，膜基结合性能优秀，具备和CMOS技术兼容的潜质，因此将其作为传感器敏感材料十分具有吸引力。

非晶碳膜是一种由金刚石结构（sp^3）、石墨结构（sp^2）和氢（H）三种相组合形成的碳膜，如图 8-1 所示，三种相含量的差异使得非晶碳膜存在多种形式：四面体非晶碳膜（ta-C）、含氢四面体非晶碳膜（ta-C：H）、溅射制备的不含氢或含氢非晶碳膜［a-C(：H)］、玻璃碳（glassy carbon）等。利用拉曼光谱（Raman spectra）和 X 射线光电子能谱分析技术（X-ray photoelectron spectroscopy，XPS）对非晶碳膜进行表征，可以得到其内部 sp^2 团簇的大小和相含量。

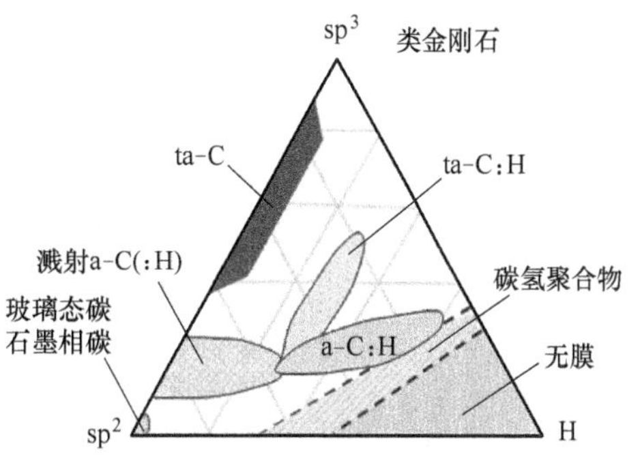

图 8-1　非晶碳-氢三元相图

拉曼光谱是一种散射光谱，基于印度科学家 C. V. 拉曼（Raman）发现的拉曼散射效应，分析与入射光频率不同的散射光谱，得到分子振动、转动等信息，可以用于分析分子结构。如图 8-2 所示，对非晶碳膜进行拉曼表征测试，通过高斯分峰拟合得到 D 峰和 G 峰面积，通过其面积比与相应的公式，可以计算得到 sp^2 团簇大小。

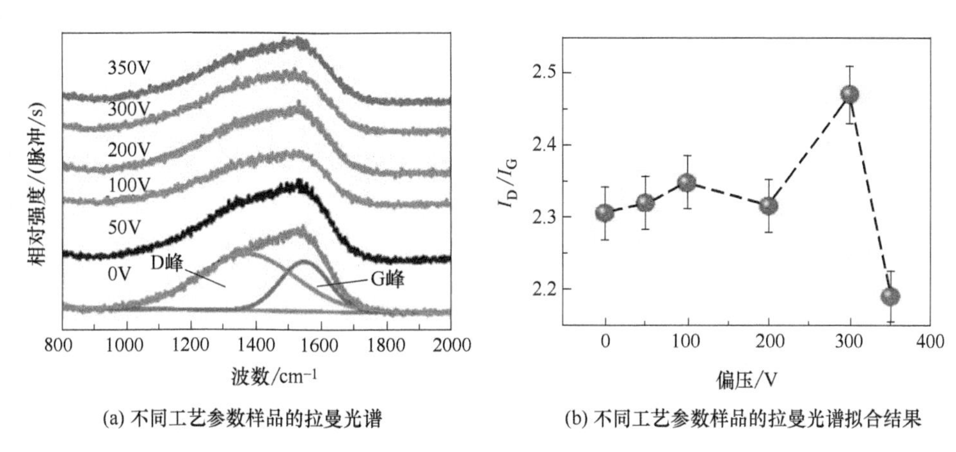

(a) 不同工艺参数样品的拉曼光谱　　(b) 不同工艺参数样品的拉曼光谱拟合结果

图 8-2　不同工艺参数制备的非晶碳膜拉曼光谱及分峰拟合结果

XPS 是利用 X 射线辐射样品，使得原子或分子的内层电子或价电子受激发射出来。被光子激发出的电子称为光电子，测试其能量，以其动能作为横坐标，相对强度（脉冲/s）作为纵坐标做出光电子能谱图，可以得到待测物的组成。如图 8-3 所示，利用 XPS 技术定量表征非晶碳膜中 sp^2、sp^3 及 C-O 等不同的成键方式，并对其进行分峰拟合，得到其内部相含量。

目前对于非晶碳膜的压阻机理的研究尚未有明确结论，有研究人员基于厚膜理论提出了一种对于非晶碳膜内部结构的猜想，如图 8-4 所示，在非晶碳膜内部，导电的 sp^2 团簇和绝缘的 sp^3 团簇混合随机排列，团簇之间通过载流子跃迁或隧穿传输，应力作用下，隧穿概率等发生变化，导致非晶碳膜的电阻率改变。由于非晶碳膜非晶态的各向同性结构，其压阻系数不受晶向影响，因此其压阻矩阵是各向同性的，但与传统压阻材料十分类似的是，非晶碳膜在拉应力和压应力作用下压阻系数符号相反，绝对值相近，其数值最高可以

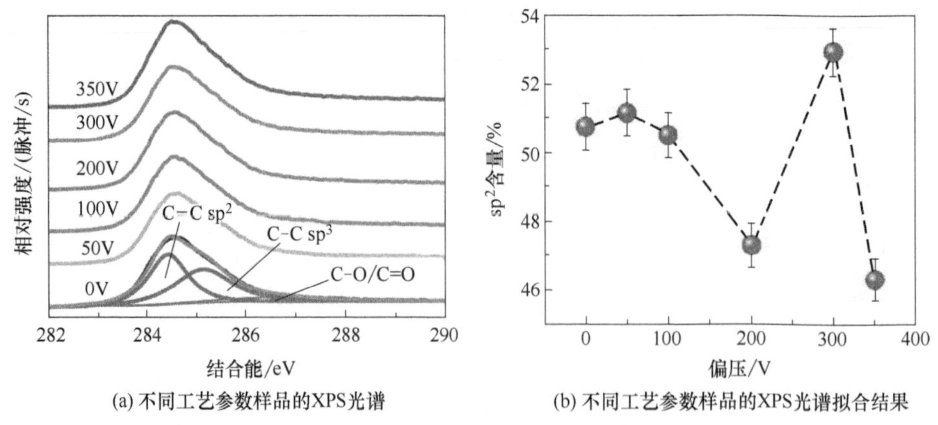

(a) 不同工艺参数样品的XPS光谱　(b) 不同工艺参数样品的XPS光谱拟合结果

图 8-3　不同工艺参数制备的非晶碳膜 XPS 能光谱及分峰拟合结果

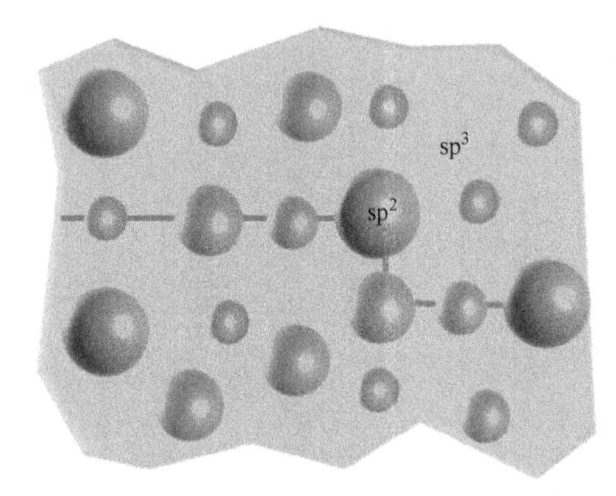

图 8-4　非晶碳膜内部结构示意图

达到传统体硅压阻的 4～5 倍甚至更高。

非晶碳膜压阻系数高，使其具有作为 MEMS 压阻式传感器敏感材料的能力；非晶碳膜耐磨耐腐蚀，使其有作为 MEMS 传感器结构和封装保护材料的能力；非晶碳膜制备工艺简单，只需一道工艺，无需退火等后处理工序，并且能与多种基底牢固结合，可以与 MEMS 工艺很好地兼容。因此，以非晶碳膜作为 MEMS 压阻式微压力传感器芯片的敏感材料。

8.1.2　非晶碳膜制备工艺研究

与其他压阻材料相比，非晶碳膜在制备工艺方面有着许多明显优势，主要体现在：①可实现批量制造，其能够大面积原位沉积且加工成本低，能够发挥出 MEMS 批量化制造的优势；②应用广泛，其制备温度低，一般低于 50℃，且适用基底广泛，可沉积在几乎所有刚性及柔性基底上；③绿色制造，其制备工艺气体为氩气、甲烷、乙炔等，与离子注入等工艺相比没有毒害，对环境也几乎没有污染；④工艺简单，无需退火等后处理工艺。

非晶碳膜制备工艺的研究是设计制作非晶碳膜 MEMS 压阻式微压力传感器的基础，如果工艺参数选择不恰当，可能会制备出有裂纹或者直接从基底剥落的非晶碳膜，进而导致后续所有测试都无法进行。研究非晶碳膜制备工艺参数的目的在于为传感器芯片提供稳定可靠且具有优秀压阻性能的非晶碳膜压敏电阻。非晶碳膜作为涂层材料已经有超过 60 年的研究基础，其制备工艺主要分为两类：一种是物理气相沉积法，一般采用高纯碳靶作为碳源，或者结合其他靶材或反应气体来进行掺杂；另一种是化学气相沉积法，一般采用甲烷、乙炔等作为碳源，结合电场、磁场的辅助对其进行离化。与物理气相沉积相比，化学气相沉积一般会在非晶碳膜中引入氢元素，对其电学性能有显著的影响。本章主要对直流溅射制备非晶碳膜进行了介绍，展示通过调控溅射参数获得能够制备压阻系数高且稳定、电学力学性能良好或具有其他优秀性能的非晶碳膜的工艺参数。

直流溅射工艺中，影响薄膜性能的工艺参数有很多，包括基底偏压、溅射功率、基底温度、沉积时间、工作气压，甚至腔室大小、靶材洁净度等。采用控制变量法对直流溅射非晶碳膜的几项主要参数进行研究。

直流溅射设备工艺原理如图 8-5 所示。利用离化后的高能 Ar 等大原子序数粒子轰击碳靶材，并在要进行薄膜沉积的基底处施加电场诱导，使得溅射出的含能粒子逐渐沉积至基底上并最终形成非晶碳膜。在设备确定后，腔室尺寸的影响可不考虑，但需要保证腔室和靶材的洁净程度以防止其他元素的掺杂。

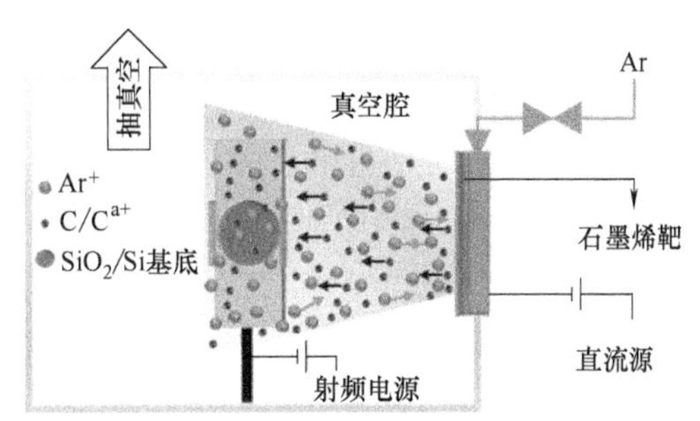

图 8-5　直流溅射镀膜工艺原理图

在直流溅射非晶碳膜的各项工艺参数中，基底偏压对溅射出的带正电的碳基团起到引导和能量传递的作用，沉积时间则直接影响碳膜的厚度，这两项参数能够明显影响非晶碳膜的内部结构，进而影响非晶碳膜的力学和电学性能，因此选择这两项参数进行研究。在控制变量法研究之前，首先进行探索性实验得到初始工艺参数，确保非晶碳膜能成功沉积在硅基底上。如表 8-1 所示，固定溅射功率、工作气压、沉积时间等参数后，在 0～350V 范围内调整基底偏压，制备出变基底偏压系列非晶碳膜。主要从压阻性能和残余应力两方面评价制备的薄膜质量，压阻性能通过后文中介绍的三点法进行测试评估，残余应力可通过薄膜与硅基底的结合性能来直观评价或通过划痕测试来精确评价。变基底偏压系列实验得到了压阻系数在 1.4～12.1 之间的非晶碳膜，均与硅基底表现出较好的膜基结合性能，未出现剥落、崩裂等现象，这一系列样品已经满足后续进行传感器芯片加工的要求。目前选择 200V 偏压这一参数，成功加工出了基于非晶碳膜的 MEMS 压阻式微压力传感器芯片。

表 8-1　调控基底偏置电压对薄膜性能的影响

基底偏压/V	0	50	100	200	300	350
压阻系数	3.5	2.5	3.3	7.1	1.4	12.1
结合性能	好	好	好	好	好	好
固定参数	控制溅射功率 2.1kW，工作气压 2.5mTorr，不加热，沉积时间 30min					

注：1Torr＝133.322Pa。

表 8-2　调控沉积时间对薄膜性能的影响

沉积时间/min	10	21	30	40	80
压阻系数	4.7	5.8	7.1		
结合性能	好	好	好	崩落	崩落
固定参数	控制溅射功率 2.1kW，工作气压 2.5mTorr，不加热，基底偏压 200V				

图 8-6　从基底上严重剥落的非晶碳膜样品

同样利用控制变量法制备变沉积时间系列样品，如表 8-2 所示，固定溅射功率、工作气压、基底偏压等参数后，在 10～80min 内调整沉积时间来制备不同厚度的非晶碳膜，不同的沉积时间制备的样品之间压阻系数差异较小，当沉积时间增加到 40min 以上，即薄膜厚度约为 300nm 以上时，如图 8-6 所示，非晶碳膜出现了严重的崩落现象，与基底结合力很差，无法对其进行性能测试。

8.1.3　非晶碳膜性能研究

8.1.3.1　非晶碳膜物理性能研究

在 500μm 厚的硅基底上沉积 200nm 厚的非晶碳膜并制作样品，对其杨氏模量、硬度及密度进行测试，首先采用纳米压痕仪对其杨氏模量和硬度进行测试，由于非晶碳膜某一小区域的杨氏模量、硬度等宏观属性可由其纳米压痕形变过程中产生的剪切带的尺寸、位置、形状等微观特征显示，因此可以通过记录压头压入样品中的载荷-位移曲线和对应公式来计算其杨氏模量和硬度，并利用 X 射线衍射技术（X-ray diffraction，XRD）对该样品的密度进行测试，XRD 通过对材料进行 X 射线衍射，对其衍射图谱进行分析，从而获得样品的成分、材料内部原子或分子的结构或形态等信息。

8.1.3.2　非晶碳膜与基底结合力研究

压敏电阻与硅基底之间良好的膜基结合力是制作传感器芯片的基础，非晶碳膜与硅基底之间的结合力过差导致后续工作无法顺利开展，原因在于非晶碳膜是脆性薄膜，其内部键的扭曲导致其具有数值较大的在 2～4GPa 之间的内应力，如果膜基结合力无法与其相抵消，就会导致薄膜脱离基底发生崩落。要解决这一问题，比较常见的办法为加热沉积或热处理，即促进 sp^2 相的生成，使得非晶碳膜内部原子逐渐有序化以减小内部应力。但是这一方法会导致非晶碳膜内部组分和结构发生巨大变化，影响其压阻性能。因此通过增大膜基结合力来避免剥落，即在沉积非晶碳膜前利用辉光刻蚀硅基底对其进行清洗和表面活化，促进薄膜与硅基底之间共价键的生成。通过这一方法，成功制备的碳膜需与基底结合牢固，且具有理想的力学性能和电学性能，图 8-7（a）所示为图形化后崩落的非晶碳膜电阻条以及处理基底后得到的理想图案。

在表面有氧化层的硅基底上沉积非晶碳膜并制作断面样品，使用扫描电镜（Zeiss，GeminiSEM 500）拍摄样品断面，如图 8-8（a）所示，非晶碳膜与氧化硅层之间结合良好，没有裂纹、剥落等现象出现。利用划痕法对非晶碳膜和氧化硅基底间的结合力数值进行测试。测试时将样品粘贴于合适尺寸的硬质合金基底上以方便载物台固定，加载力最大为 10N，测试速率为 1.5mm/min，总的划痕长度为 3mm，测试得到非晶碳膜与硅基底间的结合力数值在 7.2～8.9N 之间，如图 8-8（b）所示为两个代表性样品的测试结果，制

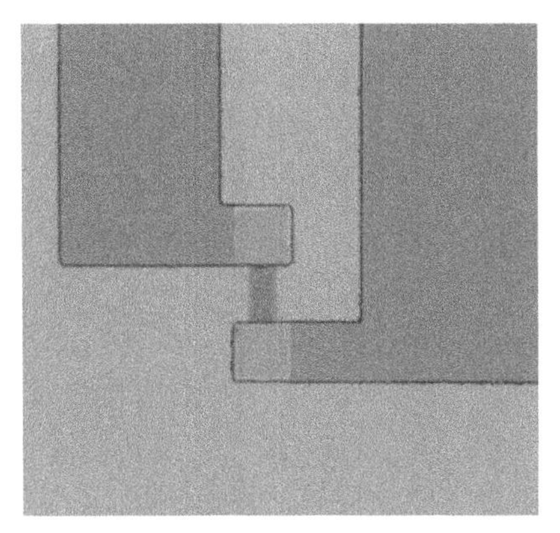

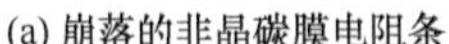

(a) 崩落的非晶碳膜电阻条

(b) 处理基底后得到的理想非晶碳膜电阻条

图 8-7 崩落的非晶碳膜电阻条和处理后得到的理想电阻条（电阻条有效尺寸 20μm×40μm）

备的非晶碳膜与硅基底之间的结合力水平能够满足后续工作的需求。

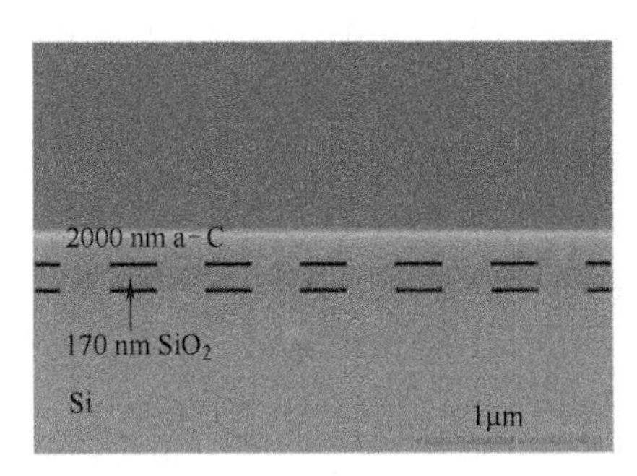

(a) 硅基底上非晶碳膜样品断面SEM照片

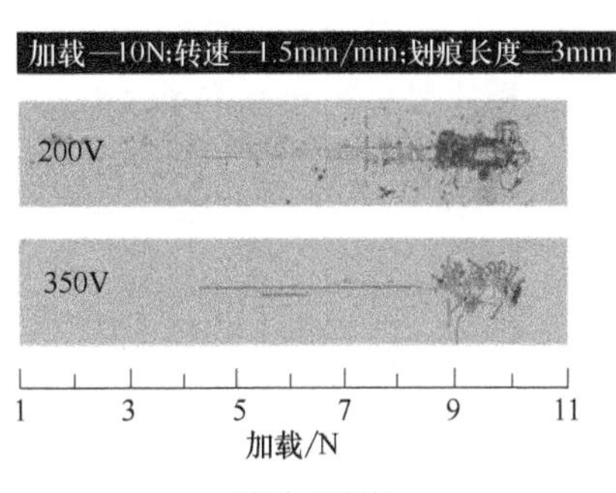

(b) 划痕法测试结果

图 8-8 非晶碳膜膜基结合力测试结果

8.1.3.3 非晶碳膜压阻特性研究

压阻效应最早由英国物理学家 W. Thomson 于 1856 年提出并被 B. W. Brigemen 于 1927 年通过实验验证，其具体内容为材料在受到外界应力作用下，电阻率会发生显著变化。长度为 l，横截面积为 S，电阻率为 ρ 的压阻材料初始电阻值为：

$$R=\rho\frac{l}{S} \tag{8-1}$$

外力作用下其阻值发生变化，其阻值变化与应变间的关系可表示为：

$$\frac{dR}{R}=\frac{d\rho}{\rho}+\frac{dl}{l}+\frac{dS}{S}=\pi\sigma+(1+2\mu)\frac{dl}{l}=(\pi E+1+2\mu)\varepsilon \tag{8-2}$$

式中，π 为该压阻材料的压阻系数；E 为该压阻材料的杨氏模量；μ 为该压阻材料的泊松比；ε 为该压阻材料所受应变；G 为该压阻材料的压阻因子，$G=\pi E+1+2\mu$。

式（8-2）阐明了压阻材料电阻值的相对变化率与其应变之间的关系。从关系式 $G=\pi E+1+2\mu$ 可以得到，压阻材料的压阻因子主要包括两部分：一部分是 $1+2\mu$，是由材料的形状变化引起的；另一部分是 πE，即材料电阻率的变化。对于金属等常见的压阻系数较小的材料，其电阻值变化主要由材料形变导致。对于半导体或非晶碳膜等材料，其压阻效应更大程度是由材料自身电阻率变化导致的。

不同制备工艺参数得到的非晶碳膜的压阻系数一般不相同，准确测试出其数值是对非晶碳膜进行研究的基础，较为成熟的测试压阻系数的方法包括三点法、四点法、悬臂梁法等。基于三点法的非晶碳膜压阻系数测试实验平台，如图 8-9 所示。三点法测试压阻系数的计算公式为：

$$G=\frac{l^2}{3t\Delta Y}\times\frac{\Delta R}{R_0} \tag{8-3}$$

式中，G 为非晶碳膜的压阻因子；l 为测试样品的长度；t 为样品的厚度；ΔY 为加载后测试样品中心处的位移；ΔR 为测试样品的阻值变化量；R_0 为测试样品的初始阻值。

图 8-10 所示为变基底偏压系列实验样品的压阻系数测试结果，可以看出非晶碳膜的压阻系数受其制备过程中基底偏压的影响很大，非晶碳膜的压阻系数与其内部 sp^2 团簇大小及相含量的变化趋势呈负相关。在 0～350V 基底偏压范围中，非晶碳膜的压阻系数在 1.4～12.1 之间变化，选取压阻系数较高且较为稳定的 200V 这一参数来加工传感器芯片。

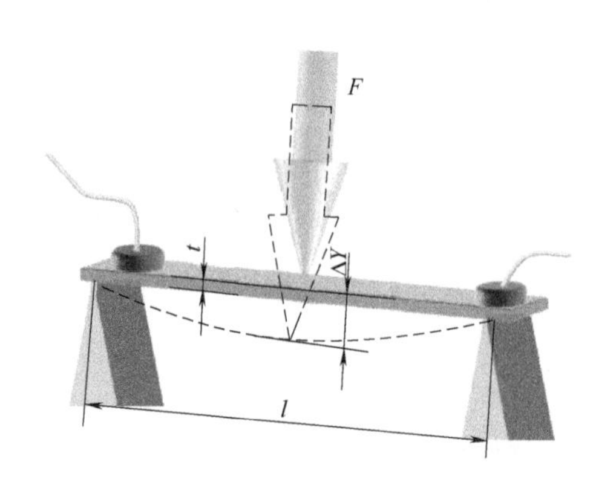

图 8-9 三点法测试压阻系数的测试装置示意图

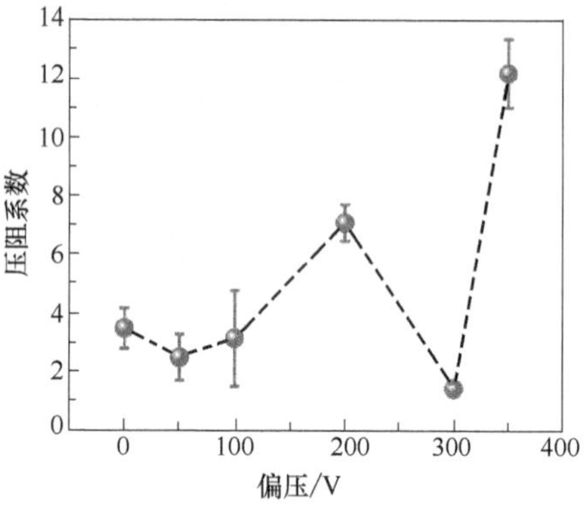

图 8-10 变基底偏压系列实验样品压阻测试结果

8.1.3.4 非晶碳膜温度电阻特性研究

在 MEMS 压阻式传感器的设计中，有一个通用性问题需要特别考虑，即传感器芯片的温度补偿，这一问题产生的原因在于压敏电阻对温度十分敏感。目前常用的温度补偿技术方案为采用恒流源供电或者使用后端软/硬件进行补偿，两者均可取得较好的效果。但是，压敏电阻自身对温度的敏感是无法避免的，这就使得研究人员始终要考虑传感器的温度补偿问题。近年来，有研究人员发现，金属掺杂非晶碳膜（a-C：Me）压敏材料的应用可能为彻底解决这一问题提供方案。

对非晶碳膜变基底偏压系列实验样品的温度电阻特性进行了测试，利用高低温烘箱（PSL-2 J，Espec）和六位半台式万用表搭建测试平台，由图 8-11 变基底偏压系列样品温度电阻特性曲线，可以看出，在－30～80℃范围内，基底偏压为0V、100V、200V、300V四个参数的样品的电阻率均表现出与温度良好的线性度，且不同参数的样品对温度的敏感程度不同，这一结果十分有利于传感器宽温域中的温度补偿。

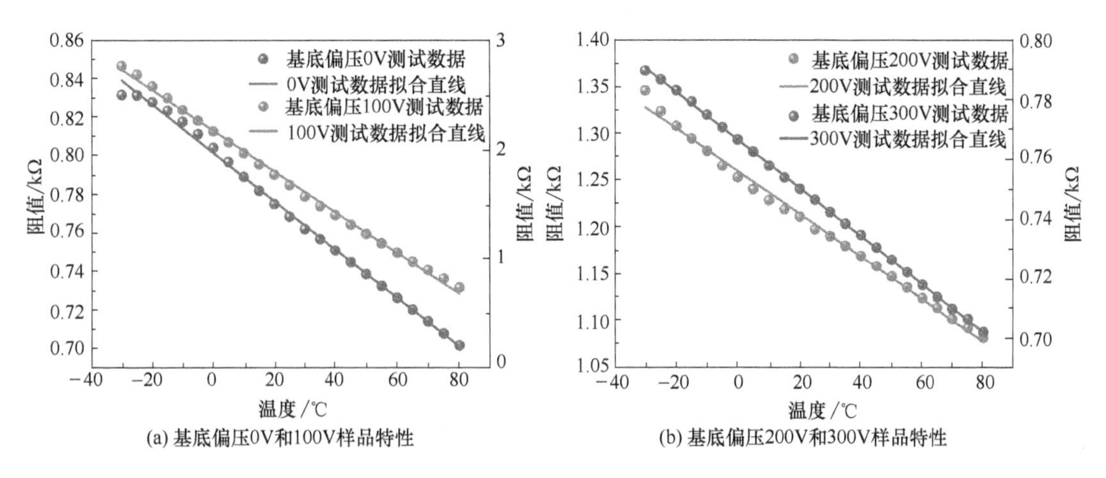

图8-11　变基底偏压系列样品温度电阻特性曲线

8.2　非晶碳膜的MEMS压阻式微压力传感器设计及加工

确定了微压力传感器的敏感材料和基体材料，并对典型的平膜结构进行理论分析，根据非晶碳膜自身的性能优势提出了一种具有亚微米级厚度薄膜的超薄平膜结构非晶碳膜微压力传感器模型，并对其进行了原理分析、电桥排布、关键尺寸优化，最后通过MEMS加工工艺制备芯片。

8.2.1　非晶碳膜微压力传感器设计

压阻式压力传感器是MEMS传感器中应用最早的一种，最为典型的平膜压力传感器结构如图8-12所示。首先进行理论分析，如图8-13所示为矩形膜片平膜结构的示意图，在均布压力作用下，长为a、宽为b的膜片上的挠度和弯矩呈轴对称分布，且该矩形平膜弹性曲面满足以下微分方程：

$$\frac{\partial^4\omega}{\partial X^4}+2\frac{\partial^4\omega}{\partial X^2Y^2}+\frac{\partial^4\omega}{\partial Y^4}=\frac{12q(1-\mu^2)}{Eh^3} \tag{8-4}$$

式中，ω为膜片的挠度；q为施加在膜片上的均布压力；μ为膜片材料的泊松比；E为膜片材料的杨氏模量；h为膜片的厚度。

由于矩形膜片的四周为固支边，其边界条件为：

$$(\omega)_{x=\pm\frac{a}{2}}=0,\left(\frac{\partial\omega}{\partial x}\right)_{x=\pm\frac{a}{2}}=0 \tag{8-5}$$

图 8-12 典型平膜结构

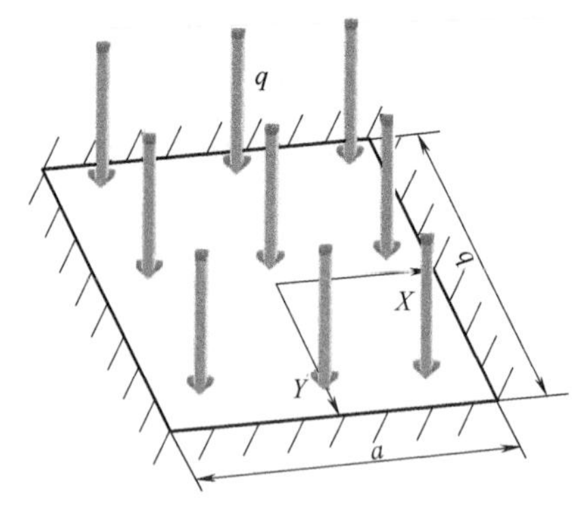

图 8-13 方形膜片力学模型

$$(\omega)_{y=\pm\frac{a}{2}}=0,\left(\frac{\partial\omega}{\partial y}\right)_{y=\pm\frac{a}{2}}=0 \tag{8-6}$$

将此系统中膜片的固支边简化成简支边，此时，除了作用在膜片上的均布压力 q 外，四条边上还作用着连续分布的弯矩：在图 8-13 中的两条水平边上作用着随各点 x 坐标变化的弯矩 $M(x)$，在两条竖直边上作用着随各点 y 坐标变化的弯矩 $M(y)$，利用迭代求解法得到，当矩形膜片长宽满足 $b/a=1$，即膜片为方形时，方形膜片中心的最大挠度为：

$$(\omega_{\max})_{x=0,y=0}=0.1876qa^4(1-\mu^2)/Eh^3 \tag{8-7}$$

式（8-7）中，a 为方形膜片的边长。

方形膜片中心的弯矩为：

$$(M_x)_{x=0,y=0}=(M_y)_{x=0,y=0}=0.231q\times(2a)^2=0.924qa^2 \tag{8-8}$$

方形膜片边缘中点的弯矩为：

$$(M_x)_{x=\pm a,y=0}=(M_y)_{x=0,y=\pm a}=-0.0513q\times(2a)^2=-0.2052qa^2 \tag{8-9}$$

方形膜片中心的最大应力为：

$$(\sigma_x)_{x=0,y=0}=(\sigma_y)_{x=0,y=0}=-0.554qa^2/h^2 \tag{8-10}$$

方形膜片边缘中点的最大应力为：

$$(\sigma_x)_{x=\pm a,y=0}=(\sigma_y)_{x=0,y=\pm a}=1.23qa^2/h^2 \tag{8-11}$$

从式（8-8）和式（8-11）可以看出，方形平膜结构的四个应力集中区分布在四个边缘的中点处，且方形平膜结构压力传感器的灵敏度与方形膜片的边长的平方成正比，与方形膜片的厚度的平方成反比，为提高传感器的灵敏度，就要使方形膜片尽可能大或尽可能薄。受其应用场景的限制，传感器芯片尺寸不宜过大，因此研究人员提高传感器灵敏度的途径主要是减小敏感结构的厚度，同时要避免厚度过小引发的传感器刚度不足问题。

对于基于掺杂硅的平膜结构压力传感器，受限于硅的物理性能，膜的边长与厚度比达到 300∶1 已经很困难。利用 KOH 溶液湿法腐蚀硅时遇到氧化硅自停止的特性，在平膜结构背腔减薄时，仅保留用于绝缘的厚度为 485nm 的氧化硅和氮化硅薄膜，并以此超薄敏感薄膜为基底，将非晶碳膜压敏电阻分布于其上的应力集中处，这样很容易就可以实现敏感薄膜的边长与厚度之比达到 3000∶1 甚至更高。此模型的优势在于：首先，非晶碳膜是一种耐热耐腐蚀的压阻材料，适用于 MEMS 工艺中的湿法腐蚀工艺。其次，在刻蚀平膜结构背腔时，使用干法刻蚀工艺难以均匀地控制刻蚀深度，容易产生敏感薄膜厚度不均的情况，而使用湿法腐蚀工艺并选择合适的自停止层，比较容易控制并保证得到设计的刻蚀深度。最后，采用的硅基底表面沉积有氧化硅和氮化硅，可以在湿法腐蚀中实现应力匹配，避免敏感薄膜的破碎。因此，对具有超薄敏感平膜结构的基于非晶碳膜的 MEMS 压阻式微压力传感器进行分析，其结构示意图如图 8-14 所示。

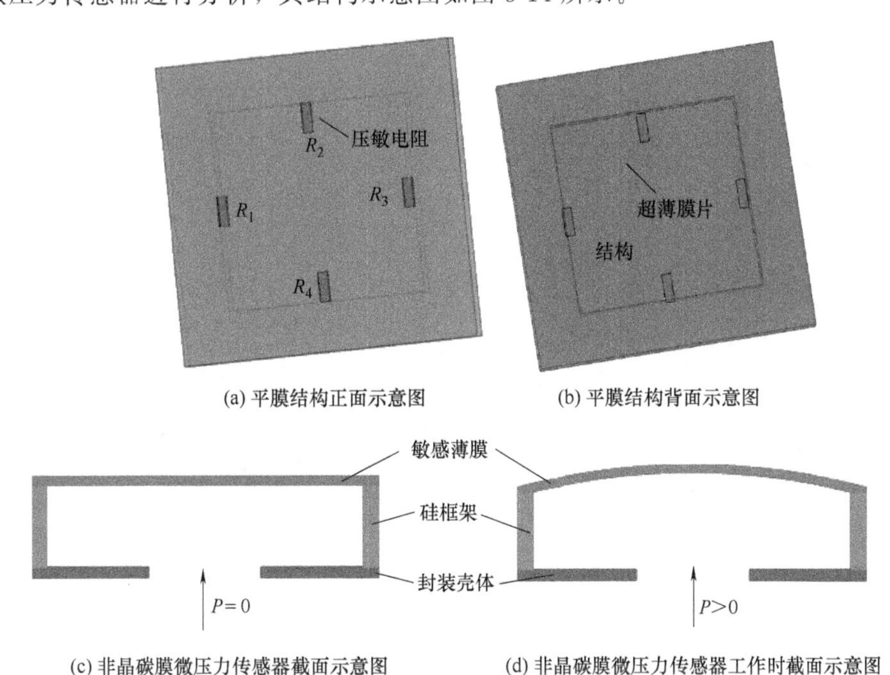

图 8-14 非晶碳膜微压力传感器示意图

流片加工得到的超薄平膜结构非晶碳膜微压力传感器芯片如图 8-15 所示，敏感薄膜呈现出很好的透光性。

图 8-15 非晶碳膜平膜结构微压力传感器芯片照片

8.2.2 传感器芯片的封装方案设计

利用定制的烧结座及螺纹管壳对传感器芯片进行了封装，烧结座的示意图如图 8-16

(a) 所示，烧结座基体的材料为316L钢材，将传感器芯片4利用环氧树脂胶固定在烧结座1的平面2上，镀金铜柱3沿圆周布置在烧结座基体上，利用金丝键合工艺通过金丝5将其与传感器芯片4上的焊盘相连，实现传感器芯片电信号的输入和输出。固定好传感器芯片并完成金丝键合的烧结座正面图如图8-16 (b) 所示。为了实现传感器性能测试，将烧结座装配进螺纹管壳中，如图8-16 (c) 所示，在烧结座上套有O形橡胶圈来填补烧结座与螺纹管壳内壁间的空隙，保证封装的气密性及与外界环境的隔绝，为传感器芯片性能测试提供条件。

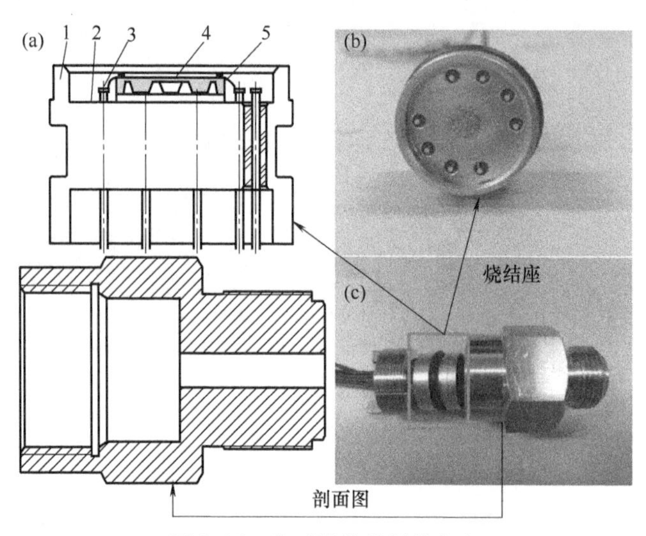

图8-16 传感器芯片封装方案

8.3 基于非晶碳膜的MEMS压阻式微压力传感器性能测试

为了验证理论分析和有限元仿真的正确性并获得超薄平膜结构非晶碳膜微压力传感器的实际性能指标，本章对上一节制作封装的传感器芯片进行相关的性能测试。非晶碳膜微压力传感器的主要性能参数包括灵敏度、线性度、迟滞、重复性、温度漂移系数和时间漂移系数等。

8.3.1 静态性能测试

非晶碳膜微压力传感器芯片上组成惠斯通电桥的四个压敏电阻的阻值一致性会影响传感器芯片的零位，因此，本章首先对传感器芯片上四个压敏电阻的阻值分别进行了测试，由于加工过程中采用真空蒸镀和浸泡丙酮试剂超声剥离工艺来制作金属引线，导致金属引线与基底结合不够牢固，在测试过程中，压力施加使得敏感结构上产生形变和应力，导致沉积在薄膜部分的金属引线个别区域剥落，无法形成电学连接。因此只对传感器芯片上有效压敏电阻的阻值进行了测试，测试结果如表8-3所示，加工的传感器芯片上非晶碳膜压敏电阻的阻值呈现良好的一致性，这得益于直流溅射制备的非晶碳膜具有良好的均匀性。搭建超薄平膜结构非晶碳膜微压力传感器的静态测试系统，如图8-17所示，该系统由精密气压源、压力表头以及万用电表组成。

表 8-3　微压力传感器芯片单个电阻条的阻值分布

芯片编号	1 号压敏电阻	2 号压敏电阻
1 号	1.4797kΩ	1.4754kΩ
2 号	1.3879kΩ	1.3887kΩ
3 号	1.4889kΩ	1.4475kΩ

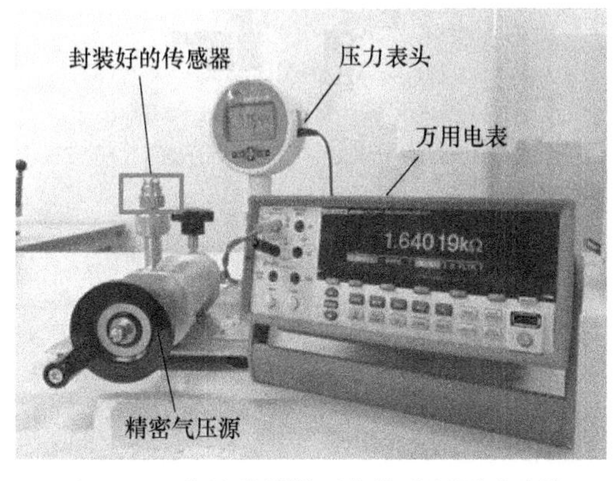

图 8-17　非晶碳膜微压力传感器测试系统

8.3.2　时间/温度漂移测试

为了评估超薄平膜结构非晶碳膜微压力传感器在长期工作中的稳定性，对其时间漂移特性进行了测试。制作的传感器产生零位时间漂移的原因可能有四方面：①随着时间的增加，结构特征会发生变化，敏感薄膜厚度为亚微米级别，刚度较小，结构易受影响；②传感器芯片加工封装过程中带来的附加应力也会使传感器输出信号随时间漂移；③非晶碳膜内部粒子无序随机排列，时间漂移可能与其内部非晶态结构有关；④通过用金丝连接芯片与烧结座上的焊盘引出传感器的电信号，金丝与焊盘之间的接触是否牢固会影响电学信号的输出。

在静态性能测试中，利用最小二乘法对测试数据进行拟合，通过计算即可获得传感器芯片的灵敏度、迟滞、重复性等基本性能指标。主要测试结果为：灵敏度为 0.059778Ω/kPa，基本精度为 20.6%FS，时间漂移特性为 175%FS/12h，温度漂移系数为 $-3.8℃^{-1}$，测试结果表明非晶碳膜可以成功应用于 MEMS 领域并可以实现对微小压力的有效测量。

参考文献

[1]　Robertson J. Diamond-like amorphous carbon [J]. Mater. Sci. Eng. R., 2002, 37 (4-6): 129-281.

[2]　MeškinisŠ, Vasiliauskas A, Andrulevičius M, et al. Diamond like carbon films with embedded Cu nanoclusters deposited by reactive high power impulse magnetron sputtering: Pulse length effects

[J]. Thin Solid Films, 2019, 673: 1-6.

[3] X Ma, Qi Zhang, YL Zhao, et al. Residual Compressive Stress Enabled 2D-to-3D Junction Transformation in Amorphous Carbon Films for Stretchable Strain Sensors. ACS Applied Materials & Interfaces, 2020, 40 (12): 4549-45557.

[4] Smith A D, Niklaus F, Paussa A, et al. Piezoresistive Properties of Suspended Graphene Membranes under Uniaxial and Biaxial Strain in Nanoelectromechanical Pressure Sensors [J]. ACS Nano, 2016, 10 (11): 9879-9886.

[5] Qi Zhang, Xin Ma, Meiling Guo, et al. Study on novel temperature sensor based on amorphous carbon film. International Journal of Nanomanufacturing, 2020, 16 (2): 173-183.

[6] Xin Ma, Peng Guo, Xiaoshan Tong, et al. Piezoresistive behavior of amorphous carbon films for high performance MEMS force sensors, Applied Physics Letters, 2019, 114.

[7] Xin Ma, Xiaoshan Tong, Peng Guo, et al. MEMS Piezo-resistive Force Sensor Based on DC Sputtering Deposited Amorphous Carbon Films, SENSORS AND ACTUATORS A-PHYSICAL, 2020, 303 (1): 111700.

[8] 陆学斌，于斌. 多晶硅纳米薄膜压阻和电学修正特性 [J]. 传感技术学报，2020，33 (07): 956-960.

[9] Petersen M, Bandorf R, Bräuer G, et al. Diamond-like carbon films as piezoresistors in highly sensitive force sensors [J]. Diam. Relat. Mater., 2012, 26: 50-54.

[10] 邢通. 类金刚石膜基界面调控及机械性能研究 [D]. 哈尔滨：哈尔滨工业大学，2018.

[11] Hui F, Lanza M. Scanning probe microscopy for advanced nanoelectronics [J]. Nature Electronics, 2019, 2 (6): 221-229.

[12] Jacob W, Moller W. On the structure of thin hydrocarbon films [J]. Appl. Phys. Lett., 1993, 63 (13): 1771-1773.

[13] Chen X, Zhang C, Kato T, et al. Evolution of tribo-induced interfacial nanostructures governing superlubricity in a-C: H and a-C: H: Si films [J]. Nat Commun, 2017, 8 (1): 1675.

[14] 赵立波，赵玉龙. 用于恶劣环境的耐高温压力传感器（英文）[J]. 光学精密工程，2009，17 (06): 1460-1466.

[15] Fraga M A, Furlan H, Pessoa R S, et al. Wide bandgap semiconductor thin films for piezoelectric and piezoresistive MEMS sensors applied at high temperatures: an overview [J]. Microsyst. Technol., 2013, 20 (1): 9-21.

[16] Bewilogua K, Hofmann D. History of diamond-like carbon films -From first experiments to worldwide applications [J]. Surf. Coat. Technol., 2014, 242: 214-225.

[17] Grein M, Gerstenberg J, Von Der Heide C, et al. Niobium-Containing DLC Coatings on Various Substrates for Strain Gauges [J]. Coatings, 2019, 9 (7): 11.

第9章 MEMS微爆轰测试传感器

随着高新武器装备技术的发展与应用，高效毁伤弹药和信息化弹药已成为武器弹药技术发展的重要方向之一，武器弹药逐渐朝着智能化、微型化、集成化等趋势发展。MEMS火工品是支撑新一代微型化武器和智能化弹药发展的关键技术，也是提高毁伤效能的重要手段，对加速行业技术跨越式发展具有巨大推动作用。MEMS火工品以MEMS工艺、微爆炸理论、微纳结构药剂、微机械安保、信息化嵌入技术为基础，实现了火工品的结构集成化、功能灵巧化和智能化。它的特点是药剂结构和换能结构尺度在微米量级，核心元器件尺度在亚毫米量级，系统整体尺度在毫米量级。MEMS火工品一般由微发火电路、微隔断单元、微换能元、微尺度装药等构成。其中，微尺度装药作为MEMS火工品的核心组成部分，对武器弹药的安全性、可靠性以及作战效能有着重大影响。爆压和爆速是表征微尺度装药输出性能的关键参数，对其进行精确测量已成为MEMS火工品基础理论研究以及工程化应用的前提。

微尺度装药是指装药直径介于临界直径和极限直径之间的装药，通常的形式有导爆索、微小直径传爆药柱和沟槽装药等。由于不同高能炸药的临界直径和极限直径有所不同，因此微尺度装药的直径在0.5～5mm之间，并具有壳体约束。微尺度装药的爆轰波虽然能够稳定传播，但爆压和爆速随装药直径和约束条件变化显著。由于尺度效应的影响，传统的爆压和爆速测试方法难以适用于微尺度装药输出性能测试。

本章首先深入分析传统的爆压与爆速测试方法，然后依据微尺度装药爆轰的特点，基于MEMS技术对传统的爆压与爆速测试传感器进行改进，形成典型MEMS微爆轰测试传感器，并对其测量原理、结构设计以及实验测试等内容进行详细介绍。

9.1 爆压测试方法

炸药爆轰波是沿爆炸物传播的强冲击波，通常采用ZND模型描述。如图9-1所示，该模型是基于欧拉的无黏性流体动力学方程，不考虑输运效应和能量耗散过程，只考虑化学反应效应，并把爆轰波看成是由前导冲击波和紧随其后的化学反应区组成的间断。前导冲击波阵面过后原始爆炸物受到强烈冲击压缩具备了激发高速化学反应的压力与温度条件，但尚未发生化学反应，反应区的末端截面处化学反应完成并形成爆轰产物，该断面称为CJ面。前导冲击波与紧随其后的高速化学反应区构成了一个完整的爆轰波阵面，它们

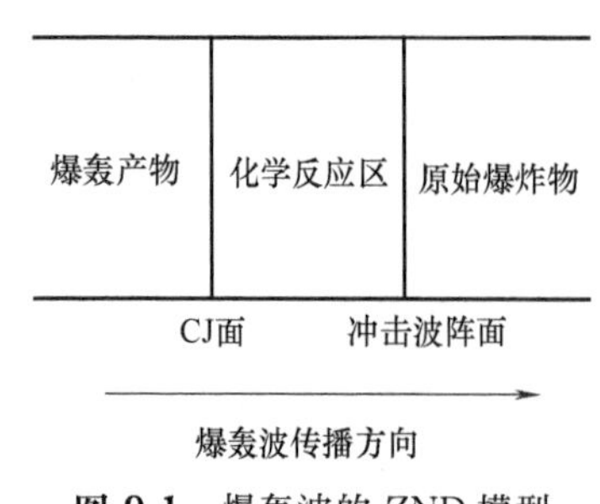

图 9-1 爆轰波的 ZND 模型

以同一爆速传播，并将原始爆炸物与爆轰产物隔开。

普通冲击波由间断面构成。因此，可以把一维平面爆轰波看作是带有化学反应区的冲击波。通过类比爆轰波和冲击波，若假设化学反应区前后两个面的传播速度相等，且仅着眼于考察炸药初始状态和最终爆轰产物状态之间的变化，不考虑反应区内的化学反应过程，则可以利用冲击波理论的基本关系式来确定爆轰波各参数之间的关系。具体地讲，一维平面爆轰波在数学上可视为一个无宽度的数学间断面，该波阵面通过前后介质的各个物理量发生跃变。由于爆轰波传播速度很快，故可把传播过程视为绝热过程。这样，便可利用动量守恒定律和质量守恒定律将波阵面通过前介质的初态参量与通过后介质跳跃到的终态参量联系起来。

炸药爆压是指炸药爆炸时爆轰波 CJ 面上的压力，一般称为 CJ 压力，它是表征炸药爆轰性能的重要参数。爆压一般具有三个特点：①压力可达 GPa 级别，具有强烈破坏性；②对介质作用时间短，可达 μs 级别；③伴随瞬态高温。目前，国内外学者发展了许多爆压测试方法，这些方法从压力计算原理的角度可分为：动量守恒法和阻抗匹配法。本节将对这两类爆压测试方法进行深入分析。

9.1.1 动量守恒法

如图 9-2 所示，设平面爆轰波以速度 D 向右传播，将坐标取在波阵面上，则在该坐标系上，将会看到未受扰动的原始物质以（$D-u_0$）的速度向左流入波阵面，而以（$D-u$）的速度从波阵面后流出。现取波阵面上的单位面积，按照动量守恒定律，爆轰波传播过程中，单位时间内作用于介质上的冲量等于其动量的改变，则有：

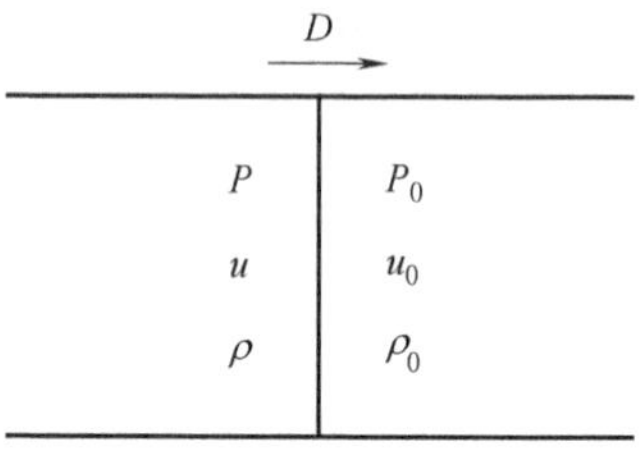

$$P-P_0=\rho_0(D-u_0)(u-u_0) \tag{9-1}$$

图 9-2 爆轰波间断面

式中，P_0、ρ_0 和 u_0 分别是炸药的初始压强、密度和质点速度；P、ρ 和 u 分别为爆轰波通过后产物的压强、密度和质点速度。

在 $u_0=0$ 条件下，P_0 视为一个大气压，与 P 相比可以忽略，故上式可化为：

$$P=\rho_0 Du \tag{9-2}$$

由式（9-2）可知，只要测出爆轰产物质点速度 u 即可计算出爆压。

在现有爆压测试方法中，电磁法和黑度法是通过测量爆轰产物质点速度 u 计算 CJ 压力。

（1）电磁法

如图 9-3 所示，将 Π 形铝箔嵌入炸药试样中，整个试样被放置在均匀磁场内。雷管引爆平面波发生器后在被测炸药中形成一维平面爆轰波。当爆轰波稳定传播到铝箔框 MN 处时，铝箔底框立即获得与 CJ 面产物质点相同的运动速度，并以此速度切割磁力线在电回路中产生感应电动势 U，此感应电动势通过与铝箔边框相连接的导线输入到示波器中。根据电磁感应定律，感应电动势为：

$$U=Bul\times10^{-4} \tag{9-3}$$

式中，U 为感应电动势，V；B 为磁感应强度，Gs（$1T=10^4Gs$）；u 为金属箔运动速度，mm/μs；l 为金属箔长度，mm。

实验中使用的铝箔极薄，一般厚度为 10～30μm、宽度为 1～5mm，长度为 5～10mm。由于铝箔很薄、很轻，故假设其不影响爆轰波传播，且在受到爆轰波冲击作用时，能迅速达到与 CJ 面产物质点相同的速度。

从示波器得到的电压-时间曲线上确定出感应电压，将其代入式（9-3）获得产物质点速度 u，然后利用式（9-2）计算出 CJ 压力。

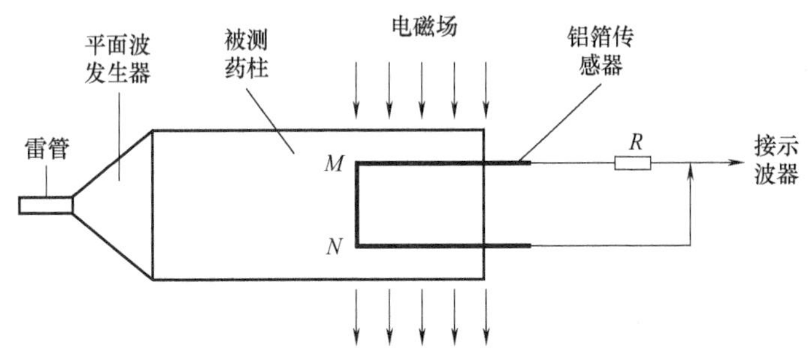

图 9-3　电磁法测量质点速度

电磁法的优点是：有较高的时间分辨率，操作简便并能直接测量炸药试样中的参数；缺点是：系统标定比较困难，并且只限于在非导体中测量。用该方法测量 CJ 面质点速度的精度约为 2%。

（2）黑度法

黑度法的基本原理是：通过适当的同步装置，用 X 闪光照相法拍摄炸药的爆轰，比较所得 X 光照片上爆轰波前后的光学密度，根据一定的标准确定 ρ_0/ρ 的比值，并将其代入质量守恒方程：

$$\rho_0 D=\rho(D-u) \tag{9-4}$$

求出爆轰产物的质点速度 u，再将 u 代入式（9-2）即可求出 CJ 压力。这种方法原理简单，无需任何假定。但是，对 X 光仪有特殊要求，且人为估计因素较多，测量精度较差。

9.1.2　阻抗匹配法

如图 9-4 所示，当爆轰波传播至介质 1 与介质 2 的接触界面时会形成两个方向相反的冲击波，即向右传入介质 2 的透射冲击波 D_t 和向左传入介质 1 的反射冲击波 D_r。

设 P_{i0}、u_{i0}、ρ_{i0} 分别为介质 1 的初始压力、质点速度和密度，其中 $u_{i0}=0$，P_{i0} 为一个大气压；P_i、u_i、ρ_i 分别为爆轰波通过后介质 1 的压

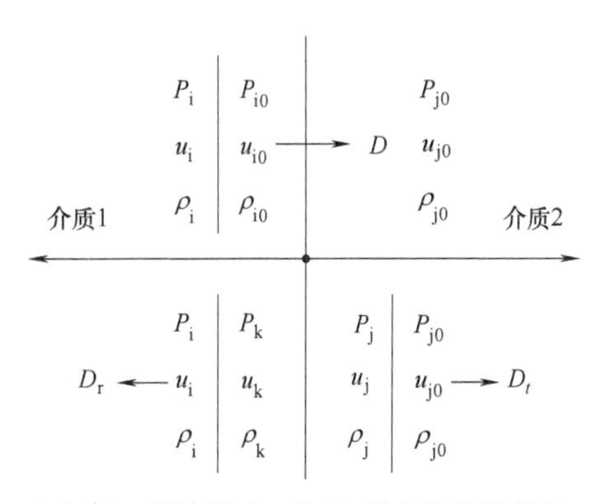

图 9-4　爆轰波在不同介质中的传播模型

力、质点速度和密度；D 是爆轰波速度；P_{j0}、u_{j0}、ρ_{j0} 分别为介质 2 的初始压力、质点速度和密度，其中 $u_{j0}=0$、P_{j0} 可视为一个大气压；P_j、u_j、ρ_j 分别为透射冲击波通过后介质 2 的压力、质点速度和密度；D_t 是透射冲击波的速度；P_k、u_k、ρ_k 分别为反射冲击波通过后介质 1 的压力、质点速度和密度；D_r 是反射冲击波的速度。

由质量、动量守恒定律以及分界面处压力和质点速度的连续条件可得：

$$\frac{P_i}{P_j}=\frac{\rho_{i0}D[\rho_{j0}D_t+\rho_i(D_r+u_i)]}{\rho_{j0}D_t[\rho_{i0}D+\rho_i(D_r+u_i)]} \tag{9-5}$$

当介质 2 不是刚性介质（不变形，波阵面后质点速度为零）时，反射冲击波可以被看作是弱冲击波。根据弱冲击波的声学近似公式可得

$$D_r=-\frac{(u_i-c_i)+(u_k-c_k)}{2} \tag{9-6}$$

式中，c_i 和 c_k 分别是反射波波前和波后的声速。对于弱冲击波来说，取 $u_i-c_i \approx u_k-c_k$ 所引起的误差很小。因此，采用声学近似后，式（9-5）可简化为：

$$\frac{P_i}{P_j}=\frac{\rho_{j0}D_t+\rho_{i0}D}{2\rho_{j0}D_t} \tag{9-7}$$

式中，$\rho_{i0}D$ 和 $\rho_{j0}D_t$ 分别为介质 1 和介质 2 的冲击阻抗。式（9-7）称为介质 1 和介质 2 的冲击阻抗匹配公式。

阻抗匹配法是通过测量炸药邻近介质中的冲击波参数，利用阻抗匹配公式来反推 CJ 压力。在现有爆压测试方法中，水箱法、CJ 点对应法和传感器法是利用阻抗匹配原理获得 CJ 压力。

（1）水箱法

水箱法是通过测量药柱在水箱中爆炸后所形成的水中冲击波的初始参数推算炸药 CJ 压力。对于炸药-水体系，阻抗匹配公式可写为：

$$P_i=P_w\frac{\rho_{w0}D_w+\rho_0D}{2\rho_{w0}D_w} \tag{9-8}$$

根据动量守恒定律有，$P_w=\rho_{w0}D_wu_w$。因此，式（9-8）可简化为：

$$P_i=\frac{1}{2}u_w(\rho_{w0}D_w+\rho_0D) \tag{9-9}$$

式中，下角 w 是指水介质。

已知在 $P_w \leqslant 45\text{GPa}$ 时，D_w 与 u_w 存在如下关系：

$$D_w=1.483+25.306\lg\left(1+\frac{u_w}{5.19}\right) \quad \text{mm}/\mu\text{s} \tag{9-10}$$

只要测得炸药的爆速 D 及爆炸后在水中形成的冲击波初始速度 D_w 就可利用式（9-9）和式（9-10）计算出 CJ 压力。

标准水箱法的测量原理是利用水的透光率随密度变化的特点，用强光源照射透明盛水容器，冲击波经过处水的密度变大，会形成暗层。利用高速摄像机记录冲击波传播过程，求出入水冲击波的初始速度，再结合炸药爆速等已知参数获得炸药爆压。但是上述实验过

程对水的透明度、强光源、高速摄像机、炸药起爆等有特殊要求，且需要单独测定炸药爆速。

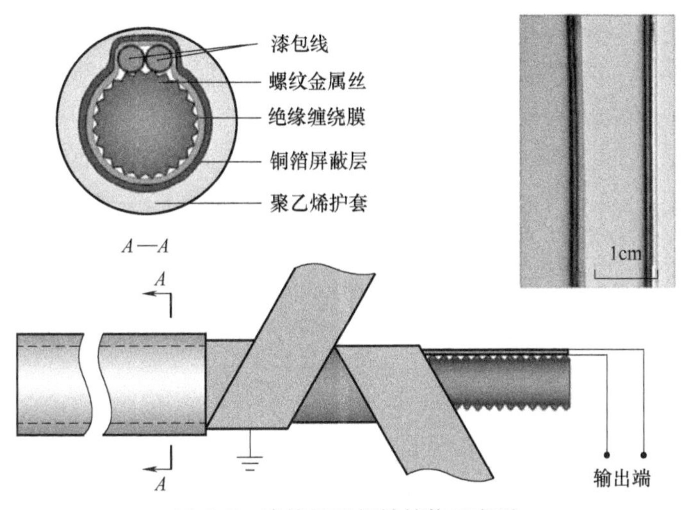

图 9-5　连续压导探针结构示意图

大连理工大学李晓杰等人提出一种连续压导探针，其内部结构如图 9-5 所示。该探针使用螺纹金属丝作为中心骨架，起到压致导通漆包丝的作用，漆包电阻丝平铺于金属丝表面，并由绝缘缠绕膜将两者包覆贴紧，然后使用铜箔作为屏蔽层，最后用塑料套管将整个结构固定并排出内部空气。整个结构需引出 3 根导线，漆包丝作为两个输出端，屏蔽层引出导线接地。该新型探针最大限度地避免了传统电阻丝探针杂波干扰的形成，除了可以在爆轰波高温高压下导通外，还可以在冲击压力下导通，从而拓展了此类探针的应用范围。

如图 9-6 所示，炸药起爆后，爆轰波沿药柱轴向传播，探针记录爆轰波阵面的运动轨迹；当爆轰波离开药柱后，在水中形成冲击波，从药柱中心延伸出的探针开始记录水中冲击波阵面的运动轨迹。于是利用单根连续压导探针就可在一次试验中获得界面两端炸药的爆速和介质冲击波的初始速度，然后利用阻抗匹配公式获得炸药爆压。与标准水箱法相比，改进后的方法省去了高速摄像机，使用单根压导探针便能获得炸药的爆速和爆压。

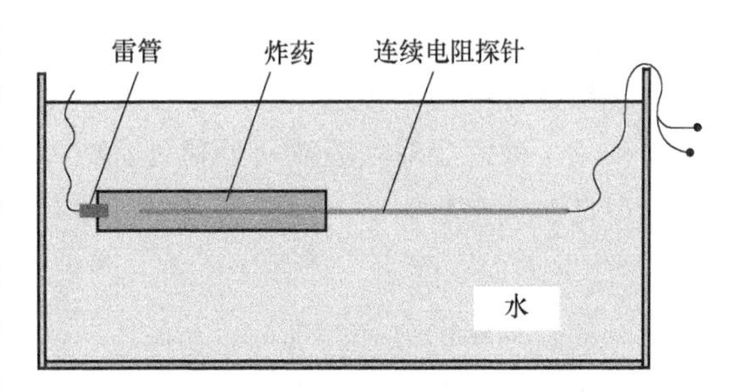

图 9-6　基于连续压导探针的水箱法

（2）CJ 点对应法

1）界面粒子速度法　按照 ZND 模型，爆轰前导冲击波阵面之后是一个压力迅速下降且不随传播距离变化的定态反应区，接着是压力下降较缓慢的自相似非定态 Taylor 波，反应区和 Taylor 波的连接点是一个转折点，这个转折点满足声速条件，该点的压力即为 CJ 压力。从爆轰前导冲击波阵面到 CJ 点的反应区内，压力或粒子速度等流体动力学参数随时间或距离变化的剖面不随爆轰波传播而改变，从 CJ 点开始的 Taylor 波是非定态的，其压力或粒子速度剖面随传播距离而变化。因此可以由不同厚度炸药的 Taylor 波曲线相交点确定 CJ 点对应的界面粒子速度，进而得到炸药爆压。

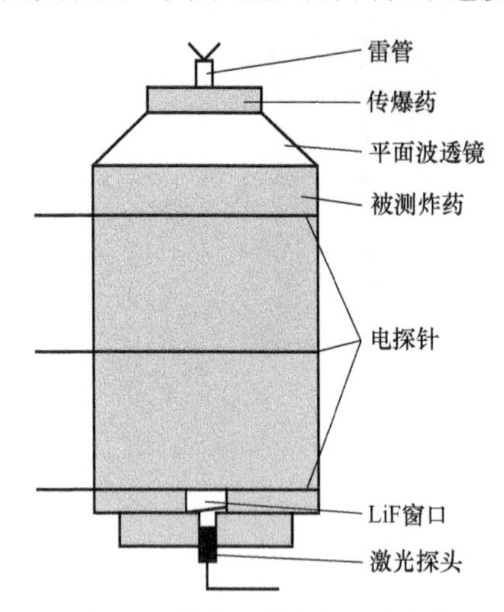

图 9-7　激光干涉技术测量炸药界面粒子速度装置示意图

如图 9-7 所示，药柱两端安装铜箔式电探针用于测量爆速，药柱底面安装镀有反射膜的 LiF 窗口，反射膜作为激光干涉测量的反射面，同时也是炸药爆轰产物的速度载体。为保证激光探头发射激光照射在透明窗前表面上时，其反射光不在激光探头的接受范围内，窗口前表面带 3°倾角。实验使用激光干涉测速仪记录炸药/LiF 窗口界面粒子速度剖面。

对于炸药-窗口体系，阻抗匹配公式可写为：

$$P_i=\frac{1}{2}u_m(\rho_{m0}D_m+\rho_0 D) \tag{9-11}$$

式中，ρ_{m0} 是窗口材料的初始密度；D_m 和 u_m 分别为爆轰波通过后窗口中的冲击波速度和质点速度。对于窗口材料，冲击波速度 D_m 与质点速度 u_m 之间存在线性关系：$D_m=c_0+\lambda u_m$，其中 c_0 和 λ 为窗口材料的冲击绝热参数。式（9-11）可变为：

$$P_i=\frac{1}{2}u_m[\rho_{m0}(c_0+\lambda u_m)+\rho_0 D] \tag{9-12}$$

通过激光干涉技术测量不同厚度炸药的界面粒子速度剖面，通过 Taylor 波曲线相交点确定 CJ 点对应的界面粒子速度 u_m，即可利用式（9-12）得到炸药爆压。

窗口材料在冲击波作用下，由于应变以及温度升高而引起折射率变化，从而引入附加多普勒频移，故需要对实验测得的速度进行修正。此修正项与窗口材料的折射率变化特性相关，而且对大多数窗口材料，此修正项值较大，不可忽略。

2）自由表面速度法　该方法是建立在测定不同厚度金属板在炸药爆轰波作用下所形成的冲击波参数基础上。

当样品中冲击波压力小于几十吉帕时，根据自由表面速度倍增定律有：

$$u_n=\frac{1}{2}u_f \tag{9-13}$$

式中，u_n 是金属板的质点速度；u_f 是金属板的自由表面速度。

对于大多数金属材料，冲击波速度 D_n 与质点速度 u_n 之间存在着线性关系，即 $D_n=a+bu_n$，其中 a 和 b 为金属材料特性参数。因此，阻抗匹配公式变为：

$$P_i=\frac{1}{4}u_f\left[\rho_{n0}\left(a+\frac{b}{2}u_f\right)+\rho_0 D\right] \tag{9-14}$$

上式表明，只要测定出爆轰波到达金属板时的自由表面速度 u_f，便可获得炸药爆压。但是，u_f 与金属板厚度有关。

按照ZND模型，爆轰波阵面内以及CJ面后产物压力沿空间的分布如图9-8（a）所示。金属板中的冲击波压力沿板厚的衰减规律如图9-8（b）所示。显然，金属板内冲击参数沿板厚的分布与爆轰波反应区内CJ面后产物的压力分布存在内在的动力学联系。图中的点M^*与爆轰波CJ点是对应的。因此，必须测得厚度为x_m^*处的冲击波参数u_f，才能获得真实的CJ爆压。

确定x_m^*可采取以下两种方法：

① 在$x_m<1mm$及$x_m>1mm$的范围内选取不同板厚，测定各种板厚的u_f，画出u_f沿x_m的分布曲线，找到与折点M^*相对应的u_f^*。但是由于$x_m<1mm$时，实验点散布大，确定M点的人为因素较大。

② 近似取$x_m \approx 1mm$，测定$x_m \geqslant 1mm$时不同板厚的u_f，画出u_f沿x_m的分布曲线，并外推至$x_m=1mm$，求得相应的u_f^*。

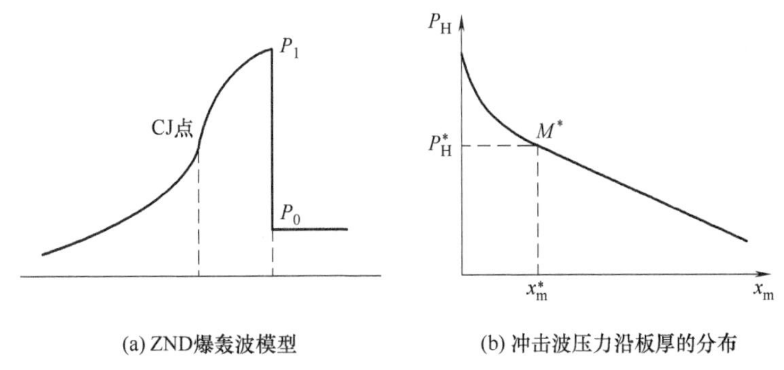

(a) ZND爆轰波模型　　(b) 冲击波压力沿板厚的分布

图9-8　入射爆轰波剖面以及相对应的板中冲击波压力沿板厚的分布

测量金属板自由表面速度u_f的方法主要包括：电容法和激光干涉法。

a. 电容法　该方法的基本原理是：如图9-9所示，将试件的自由表面作为板极（若试件为非导电固体，可预先在其自由表面上贴金属箔），而与之相平行放置另一板极，从而构成一个可变电容器，并在实验前给电容器充电。当炸药爆炸在试件中产生的冲击波传至自由表面时，由于反射稀疏波使得自由表面逐渐向右移动，结果引起电容C随时间t变化，进而引起回路容抗发生改变，这样使得电压变化输入到示波器中，从而显示出电压U随时间t的变化。电压U随时间t变化的历程与自由表面速度u_f随时间t变化的历程是相对应的。

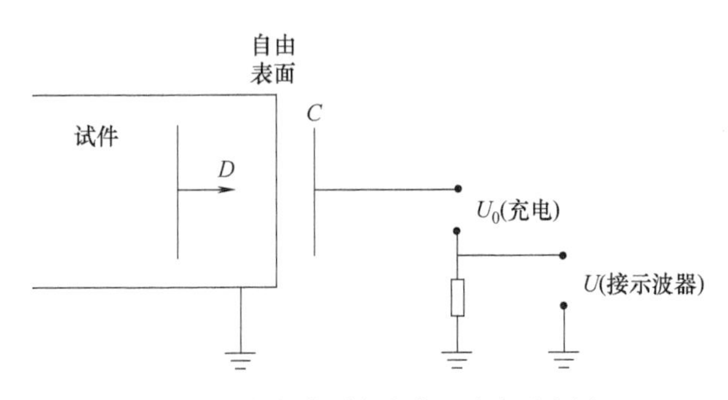

图9-9　电容法测自由表面速度示意图

为了获得较为理想的测量精度，电容器板极、样品自由表面和冲击波阵面三者应严格平行。当自由表面速度较高时，应将极板之间抽成真空，避免两极板之间空气电离对测量结果造成影响。

b. 激光干涉法　该方法使用最多的干涉仪包括法布里-珀罗（F-P）干涉仪、光子多普勒测速仪（PDV）和任意反射面速度干涉仪（VISAR）。

• F-P 干涉仪　如图 9-10 所示，F-P 测速系统由激光器、激光收集和传输系统、干涉仪和条纹相机组成。F-P 测速法依据多普勒频移效应和多光束干涉原理，由激光器发出的激光束经光纤耦合器耦合进发射光纤，经光纤探头照射在自由表面上，光纤探头再收集从自由表面反射的激光并耦合进接收光纤。若自由表面不断加速运动，由于光在反射过程中发生多普勒效应，从表面反射回波长不断变化的激光。反射回的激光经过光束准直器以一定发散角进入标准具，并在其中发生干涉现象，形成环形干涉条纹。当自由表面不断运动时，由于发生多普勒效应，环形干涉条纹的位置和间距都是变化的。环形干涉条纹的直径随时间的变化由条纹相机记录。

由于空间条纹的位置不受系统接收光强变化的影响，也不受光电响应特性的影响，因此 F-P 干涉测速技术有很好的稳定性。此外，干涉条纹锐度好，测速精度高，能测量镜面和漫反射面的运动速度，并能分辨很小的加速运动。

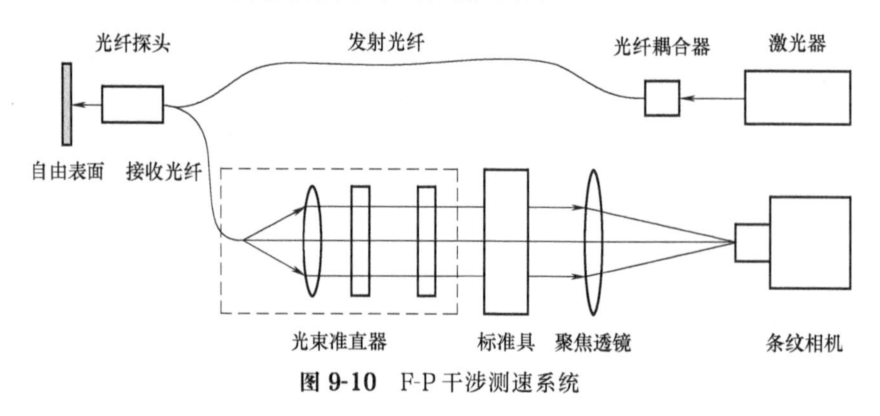

图 9-10　F-P 干涉测速系统

• PDV 测速仪　如图 9-11 所示，PDV 测速系统由激光器、光纤耦合器、环形器、探测器以及示波器组成。PDV 测速原理基于光的多普勒效应，激光器发射出的激光经过光纤耦合器被分为两路，其中一路作为参考光进入下一个光纤耦合器，另一路进入环形器射出后照射到物体自由表面，经表面反射后频率发生变化，称为信号光；信号光进入环形器后被传输到下一个光纤耦合器中，与参考光发生差频干涉形成差频信号，该信号由探测器探测并存储于示波器中。通过示波器中记录的差频大小即可计算出自由表面速度。

• VISAR 干涉仪　该方法是基于激光多普勒效应而建立起来的连续测量运动物体界面速度的一种精密测试技术。如图 9-12 所示，VISAR 干涉仪基本工作原理是：激光器发出的光束经过自由表面的漫反射后，由分光板分成两束光，一束光直接到达探测器，称为直接光束，另一束光经过标准具延时后（延时时间 τ）到达探测器，称为延迟光束。两光束满足光干涉条件，可形成稳定干涉条纹，通过该干涉条纹即可计算出界面速度。

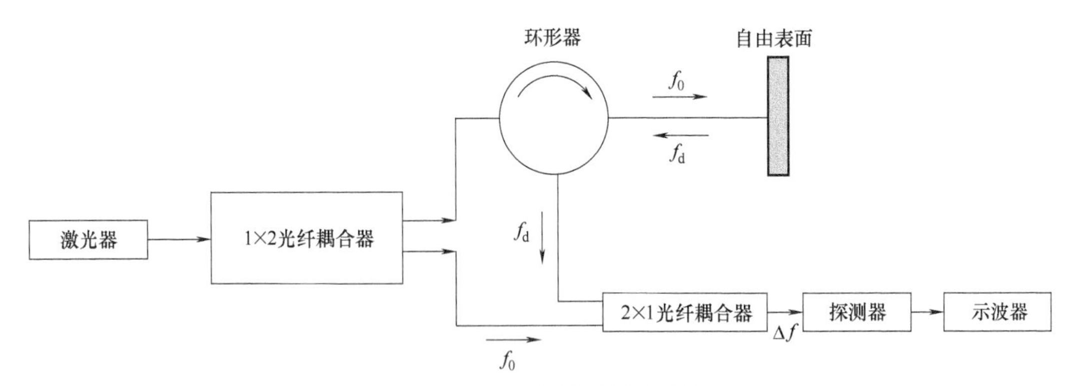

图 9-11 PDV 测速原理示意图

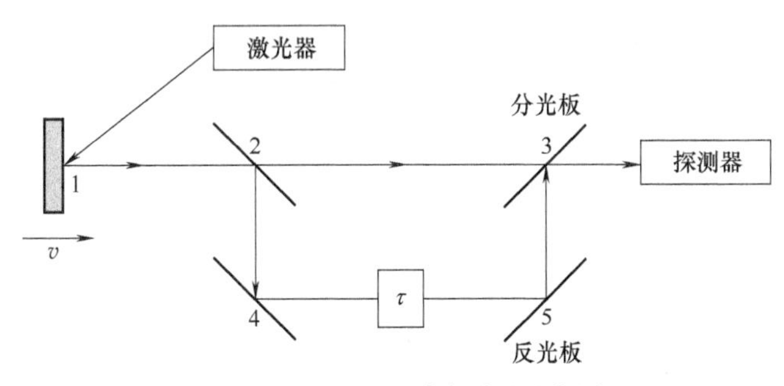

图 9-12 VISAR 测速原理示意图

(3) 传感器法

该方法主要是通过传感器测量密实介质中冲击波的动态压力参数，然后依据阻抗匹配原理推算爆压。用于测量爆压的传感器主要分为：压阻式和压电式。

① 锰铜压阻计　压阻式传感器是利用金属、合金及半导体的压阻效应制成传感器，常用材料有锰铜、镱、碳和硅等。其中，锰铜材料因具有制作工艺简单、量程高以及温度系数小等优点被广泛应用于动高压测量中。

大量实验表明，锰铜在一定压力范围内，其电阻变化与所受压力之间存在良好的线性关系：

$$\frac{\Delta R}{R}=KP \tag{9-15}$$

式中，$\Delta R/R$ 是锰铜的相对电阻变化；P 是锰铜计所承受的压力；K 是锰铜计的压阻系数。由于压阻系数与锰铜材料的成分、应变条件以及传感器结构等因素有关，故在使用前需对每批次锰铜计进行抽样标定。通常采用空气炮对锰铜计进行动态标定。因此，只要测得锰铜计的相对电阻变化值，即可利用动态标定曲线得到作用于锰铜计上的压力。

② PVDF 压电传感器　压电式传感器是利用物质的压电效应制成的传感器，常用材料有石英晶体、铌酸锂压电陶瓷和聚偏氟乙烯（PVDF）等，其中 PVDF 使用最为广泛。PVDF 压电传感器具有柔性好、响应快、压电系数大及灵敏度高等特点，可进行埋置式测量，其最大测压达 35GPa。

PVDF 压电传感器测量电路如图 9-13 所示。由于 PVDF 压电信号较强，可直接连接示波器，传感器与示波器用同轴电缆相连，但这会导致信号衰减失真。因此，在 PVDF 电极上并联电阻 R，作为传感器积分电阻。

当 PVDF 压电薄膜受冲击压力作用后，PVDF 产生电荷量 Q，Q 经电阻 R 放电形成电流回路 $I_R(t)$，用示波器采集放电电阻 R 的电压 $U_R(t)$，则可得 PVDF 压电传感器在受压过程中释放的总电荷量：

$$Q=\int_0^t I_R(t)\mathrm{d}t=\int_0^t \frac{U_R(t)}{R}\mathrm{d}t \tag{9-16}$$

故传感器测量的压力 P 为：

$$P=K\frac{Q}{A} \tag{9-17}$$

式中，K 是 PVDF 压电传感器的动态灵敏度系数；A 为 PVDF 压电传感器的工作面积。

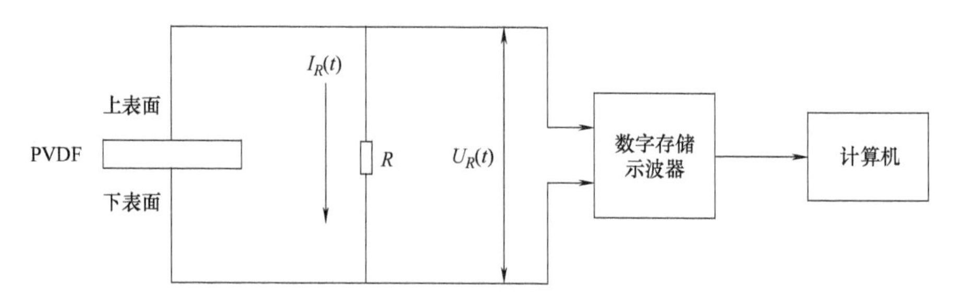

图 9-13 PVDF 压电传感器测量电路图

9.2 MEMS 微爆轰压力传感器

微爆轰是指微尺度下火工品换能引发的爆轰。它的显著特征是火工药剂结构在微米或纳米量级，采用原位生成、挤注、蒸镀、喷墨打印等装药方法，且装药尺寸在毫米或亚毫米级。微尺度装药爆轰波是典型的二维定常流动，其中爆轰波以稳定的速度传播，波形呈曲面，波阵面压力在中心处最大，并沿径向衰减，呈轴向对称分布。对于微尺度装药来说，爆压是曲面爆轰波阵面中心处的压力。

9.2.1 爆压测试方法分析

如图 9-14 所示，爆压测试方法从压力计算原理角度可分为动量守恒法和阻抗匹配法。该分类标准表明，上述方法在本质上是基于 ZND 爆轰波模型，它们的前提假设是爆轰波阵面属于一维平面波。传统爆压测试实验中药柱的装药尺寸通常为厘米量级，其爆轰波阵面可近似为一维平面波。但对于微尺度装药来说，现有爆压测试方法并不适用或不直接适用。

爆压测试方法从测量仪器角度还可分为光学测量法和电学测量法。该分类标准可以更

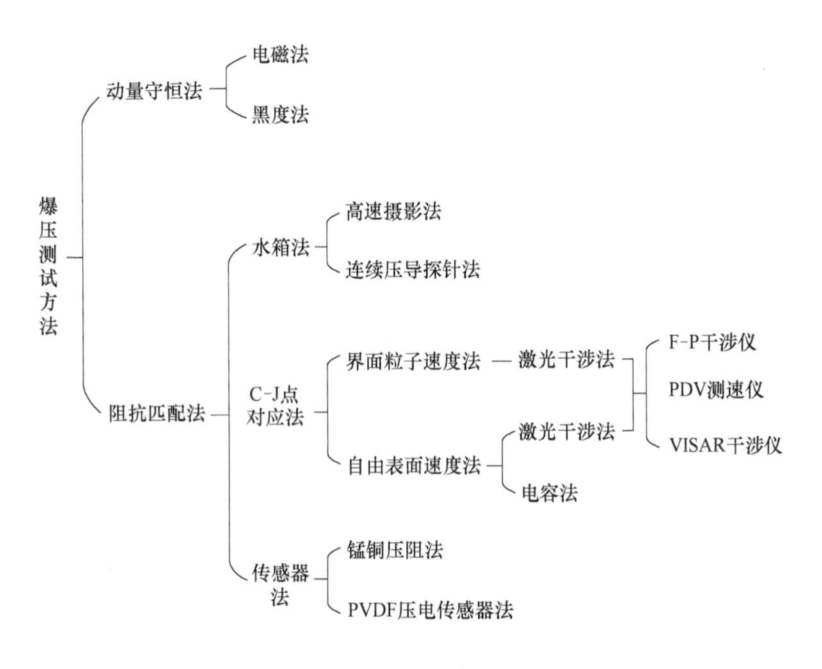

图 9-14 现有爆压测试方法

直接地说明测量方法对于微尺度装药的适用性。光学测量法包括：黑度法、高速摄影法和激光干涉法。这类方法涉及的光学仪器成本较高、操作复杂。电学测量法包括：电磁法、连续压导探针法、电容法和传感器法。其中，电磁法和连续压导探针法需要嵌入炸药装药中，这会对微尺度装药爆轰波产生较大影响，导致测量结果失真。电容法对电容器板极、样品的自由表面和冲击波阵面的平行度要求较高，这对弯曲爆轰波阵面来说很难满足。而传感器法具有制作成本低、与 MEMS 工艺相兼容、使用方便、测量精度较高、量程大等优点，经过改进后能够适用于微尺度装药。

微尺度装药爆轰有三个特点：装药直径为毫米或亚毫米级；爆轰波属于定常二维轴对称流动；爆压在吉帕量级，且伴随瞬态高温环境。这些特点对传感器设计有相应要求：敏感元件易小型化；测压上限高、范围宽；敏感元件受温度影响较小。锰铜材料可同时满足上述要求：首先，其理论测压上限可达 100GPa；其次，锰铜敏感元件可通过 MEMS 工艺实现微型化与薄膜化；最后，锰铜材料具有较低的电阻温度系数，在瞬态高温环境下受到的影响可以忽略不计。PVDF 压电传感器具有机械柔韧性、测压范围宽、可埋置性等优点，但它在微尺度爆轰中的应用受到三方面限制：PVDF 的电荷-应力曲线在 12GPa 以上具有明显的非线性；PVDF 材料的极化增加了工艺复杂度，容易降低成品率；PVDF 的热释电性使其在爆轰环境中易受温度影响。

综上所述，可以采用锰铜材料作为 MEMS 微爆轰压力传感器的敏感元件。

9.2.2 MEMS 微爆轰压力传感器设计

为了使锰铜压阻传感器适用于微尺度装药，必须研究微尺度装药爆轰波与传感器敏感元件之间的相互作用，将二维轴对称爆轰波阵面进行一维简化。这样可减弱弯曲爆轰波阵面对敏感元件的侧向拉伸作用，从而减小测量系统误差。如图 9-15 所示，当微尺度装药直径 d 与敏感元件区域直径 L 满足下式时，可将与敏感元件相互作用的二维轴对称爆轰波阵面 S_2 简化为一维平面爆轰波阵面 S_1。

$$L \leqslant 0.4d \tag{9-18}$$

当满足式（9-18）时，在理论上可以忽略爆轰波阵面弯曲效应对敏感元件的影响。由微尺度装药爆压定义可知，传感器敏感元件应尽可能地集中于爆轰波阵面中心处（即敏感元件尺寸越小越好）。但是，由于受到制作工艺以及对准操作等限制，敏感元件尺寸越大越好。因此，结合式（9-18）可将 $L=0.4d$ 作为传感器敏感元件尺寸的设计准则。例如，当被测药柱的装药直径为 1mm 时，传感器敏感元件所在区域直径应为 0.4mm。

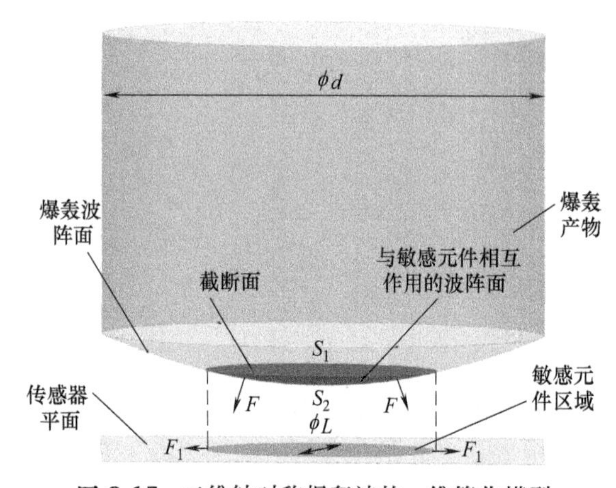

图 9-15 二维轴对称爆轰波的一维简化模型

对于微尺度装药来说，寻找一种与其具有相同冲击阻抗的材料非常困难。在测试过程中，微尺度装药爆轰波在传播过程中至少反射一次。理想情况就是将反射次数降至一次。这就要求测试过程中所需的传感器垫片、垫块以及传感器的绝缘层、基底都必须是同一种材料。该材料需满足以下条件：与 MEMS 工艺相兼容；高压物态方程已知。有机玻璃（PMMA）因其冲击阻抗与炸药接近而被广泛用作测量冲击波参数的隔板或保护介质，故选择 PMMA 作为传感器基底和封装层材料。如图 9-16 所示，PMMA 基微爆轰压力传感器采用三明治结构，基底是 0.5mm 厚的 PMMA，中间层是锰铜敏感元件和电极，绝缘层是 PMMA 薄膜。此外，为了避免由 PMMA 材料在高压下绝缘性能下降而引起的高压旁路效应，在 PMMA 基底与中间层之间以及中间层与 PMMA 绝缘层之间均增加一层 SiO_2 薄膜；为了减弱引线电阻和接触电阻的影响并提高传感器信噪比，锰铜敏感元件采用标准四引线法，即 A 和 B 两端连接高速存储示波器，C 和 D 两端连接脉冲恒流源。

9.2.3 传感器动态标定

从理论上讲，锰铜材料在高压作用下不会发生相变，其电阻值相对变化与所承受压力之间存在良好的线性关系。为了提高测量精度，在使用传感器之前需对其进行动态标定。此外，由于不同批次传感器的压阻材料成分有一定偏差，每批次传感器都应该作抽样动态标定。

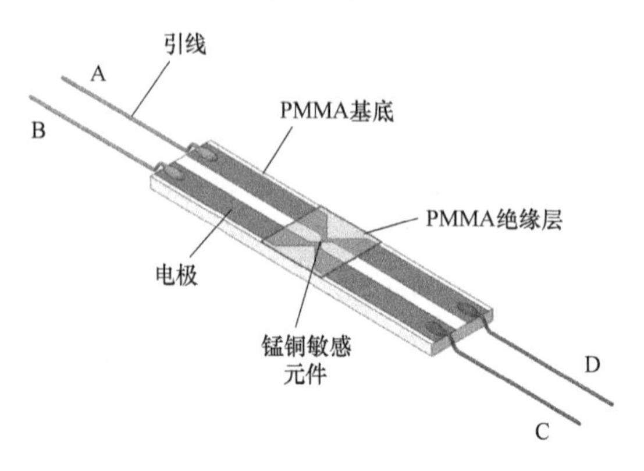

图 9-16 PMMA 基微爆轰压力传感器

通常采用高压气体炮对传感器进行标

定。高压气体炮主要包括压缩气体炮和二级轻气炮。压缩气体炮是一种低动压装置，是由高压容器向高压室充气到预定工作压力，作为驱动飞片运动的动力源，它主要用于低压量程段的超高压力传感器标定。二级轻气炮是一种高动压装置，它采用火药室和泵管组成一个高压耦合器来代替压缩气体炮中的高压容器，主要用于高压量程段的超高压力传感器标定。

如图 9-17 所示，高压气体炮中的飞片在发射管中完成加速后撞击到靶板上，导致靶板中产生冲击波，从而使得压力 P 作用在传感器上。同时，利用恒流源和示波器组成的系统测量传感器的输出电压相对变化值 $\Delta V/V_0$。

按照动量守恒定律有如下方程：

$$P_1=\rho_0 Du \tag{9-19}$$

式中，P_1 是靶板在冲击波作用后产生的压力；ρ_0 是靶板初始密度；D 为冲击波在靶板中的传播速度；u 是靶板中冲击波阵面后粒子速度。对于靶板材料，有如下冲击波速度-粒子速度的关系式：

$$D=C+\lambda u \tag{9-20}$$

式中，C 和 λ 是靶板材料的雨贡纽参数，只与材料有关。联立式（9-19）和式（9-20），则有：

$$P_1=\rho_0(C+\lambda u)u \tag{9-21}$$

在对称碰撞条件下（飞片与靶板采用同一种材料制成），靶板中冲击波阵面后粒子速度 u 等于飞片击中靶板时速度 φ 的一半，即

$$u=\frac{1}{2}\varphi \tag{9-22}$$

再联立式（9-21）和式（9-22）即可得到靶板中产生的冲击载荷：

$$P_1=\frac{\rho_0}{2}\left(C\varphi+\frac{\lambda\varphi^2}{2}\right) \tag{9-23}$$

若假设作用在传感器上的压力等于靶板中产生的冲击载荷，则有 $P=P_1$。

从式（9-23）可以看出，作用在传感器上的压力 P 与飞片击中靶板时的速度 φ 有关。通过改变飞片速度即可获得一组压力 P 与电压相对变化值 $\Delta V/V_0$，然后在 P-$\Delta V/V_0$ 平面上处理数据，即可确定传感器的动态标定曲线 $P(\Delta V/V_0)$。

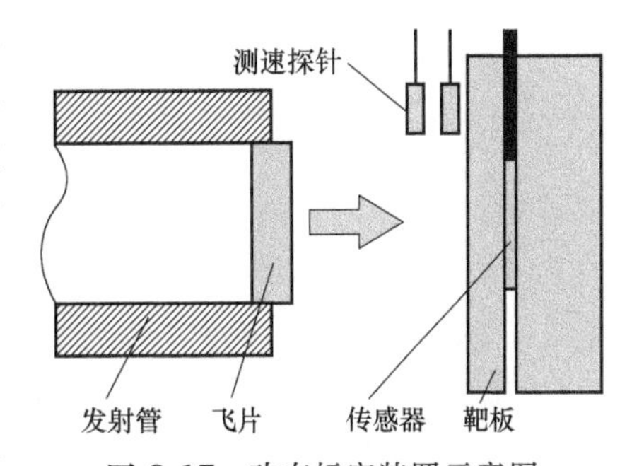

图 9-17　动态标定装置示意图

9.2.4　微爆轰实验测试

爆压测试系统由数字存储示波器、多通道高速同步脉冲恒流源、小型爆炸容器、微尺度装药和 MEMS 微爆轰压力传感器等组成。如图 9-18 所示，脉冲恒流源中通道 1 的恒流输出端引出两条线分别连接微尺度装药和示波器，通道 2 的恒流输出端连接传感器输入端，传感器输出端连接示波器输入端。当手动触发脉冲恒流源之后，通道 1 起爆微尺度装药并同步触

发示波器开始记录信号，同时，通道 2 开始给传感器供电。微尺度装药起爆后产生的爆轰波作用在传感器敏感元件上导致其电阻发生变化，示波器记录并存储整个过程中传感器的输出电压信号。利用电压相对变化值、传感器标定曲线以及爆压计算模型即可计算出微尺度装药的爆压。

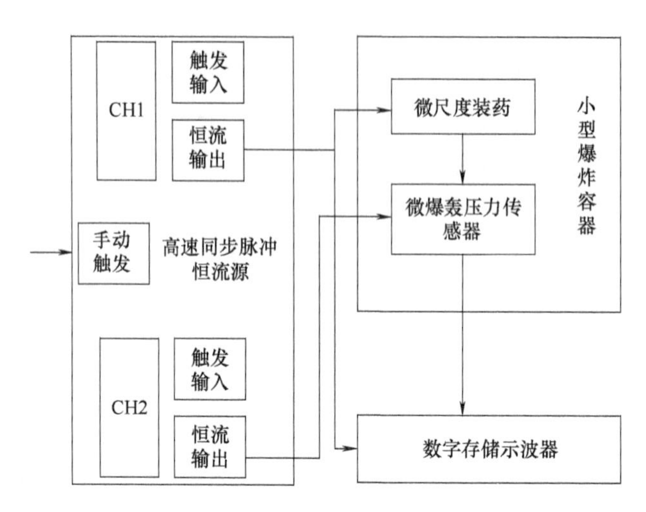

图 9-18　爆压测试系统连接图

如图 9-19 所示，爆轰波在微尺度装药和 PMMA 垫片的接触界面 A 上发生透射和反射，其透射波在 PMMA 垫片中发生衰减。由于传感器中间层很薄，所以不考虑冲击波能量损耗。又由于传感器绝缘层和基底与 PMMA 垫片、PMMA 承压块的冲击阻抗相同，故可认为传感器中间层两侧的压力 P_4 与 P_5 相等。经过传感器测量可得到压力 P_4，再通过反推即可获得爆压 P_1。需要说明的是，符号 P 的下标与图 9-19 中的编号相对应。

MEMS 微爆轰压力传感器的标定曲线为：

$$P_4=a_0+a_1\left(\frac{\Delta R}{R_0}\right)+a_2\left(\frac{\Delta R}{R_0}\right)^2+a_3\left(\frac{\Delta R}{R_0}\right)^3 \tag{9-24}$$

式中，a_0、a_1、a_2、a_3 的取值由标定结果给出。由于传感器接恒流源，故有 $\Delta R/R_0=\Delta V/V_0$，其中，$\Delta V$ 和 V_0 分别为传感器在测试过程中的电压变化量和初始电压值。根据式（9-24）可以计算出压力 P_4。

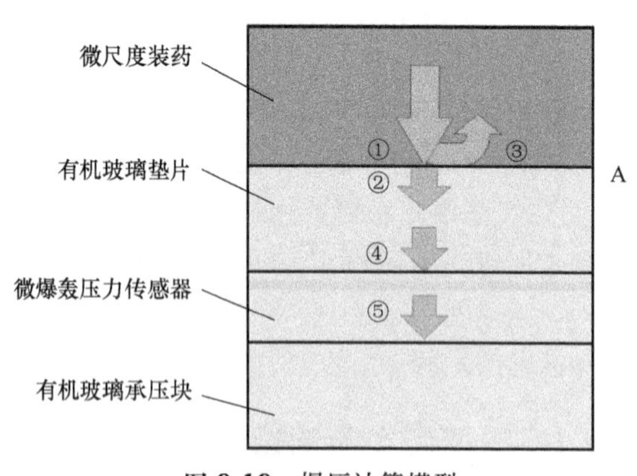

图 9-19　爆压计算模型

为进一步保护传感器敏感元件，以确保其结果的准确度，实验过程中需在敏感元件与微尺度装药之间添加 1mm 厚 PMMA 垫片。根据冲击波在 PMMA 中的衰减规律：

$$P_4=P_2\mathrm{e}^{-0.3587x}\ (0\leqslant x\leqslant 5\mathrm{mm}) \tag{9-25}$$

式中，x 为 PMMA 垫片厚度；P_2 为界面 A 处的透射波在 PMMA 垫片中产生的压力。由上式可得：

$$P_2=\frac{P_4}{0.6986} \tag{9-26}$$

根据平面冲击波的动量守恒方程和冲击波速度-波阵面后粒子速度方程联立求解可得，PMMA 中冲击波初始速度 $D_{0\text{-PMMA}}$ 的计算公式如下：

$$D_{0\text{-PMMA}}=\frac{\tau_0+\sqrt{\tau_0^2+4\delta_0\dfrac{P_2}{\rho_{0\text{-PMMA}}}}}{2} \tag{9-27}$$

式中，τ_0 和 δ_0 是表征 PMMA 的特性常数。将 P_2 代入式（9-27）可得到 PMMA 垫片中的冲击波初始速度 $D_{0\text{-PMMA}}$。

根据阻抗匹配公式可得，在界面 A 上有如下关系：

$$P_1=P_2\frac{(\rho_0D_0)_{\text{PMMA}}+(\rho_0D_0)_{\text{EX}}}{2(\rho_0D_0)_{\text{PMMA}}} \tag{9-28}$$

式中，$(\rho_0D_0)_{\text{EX}}$ 是微尺度装药的冲击阻抗。其中，$\rho_{0\text{-EX}}$ 是装药密度，$D_{0\text{-EX}}$ 为微尺度装药的稳定爆速。将上述参数代入式（9-28）即可求出微尺度装药爆压值 P_1。

9.3 爆速测试方法

爆速是爆轰波在炸药中的传播速度。爆轰波 ZND 模型采用如下假设：平面爆轰波阵面，化学反应区中的流动是一维；释热区末端与 CJ 面重合一致。满足上述假设的爆轰称为理想爆轰。根据理想爆轰理论，在其他同等条件下，爆速主要取决于反应区中释放的化学能量，而这个释放能量仅与炸药的化学组成有关。但是，实际上爆速还依赖以下因素：炸药装药的形状及尺寸；是否具有外壳以及外壳的封闭强度；装药的密度、结构和炸药颗粒度；炸药聚集状态以及起爆条件等。因此，真实的炸药爆轰并不理想，也即，横向尺寸有限的炸药装药产生的爆轰属于非理想爆轰。由于上述因素的影响，很难通过经验公式准确计算出爆速。因此，在非理想爆轰理论中，爆轰临界直径以及爆速与装药直径关系的研究均需依赖于爆速测试方法。

现有爆速测试方法从测量点分布情况可分为离散法和连续法。

9.3.1 离散法

离散法是指利用若干探针记录爆轰波经过已知距离所需的时间，从而获取一定长度炸药的平均爆速，主要包括道特里什法、电探针法和光纤探针法。

（1）道特里什法

道特里什法由法国科学家 H. Dautriche 发明，其装置简单且不需要专用计时设备，具有较好的精确度。该方法是根据两个爆轰波相遇叠加在软金属（铅、铝等）验证板上留下的清晰凹痕，把待测爆速与已知导爆索爆速进行比较。具体如下：如图 9-20 所示，将炸药均匀装入内径 20～30mm 的管壳，其一端封闭，另一端插入雷管。在管壳上固定距离处开设 A、B 两孔，A 和 B 之间的距离 L 根据需要而定，一般为 15～30cm。将一段已知爆速的导爆索两端插入 A 和 B 孔中，再将一块狭长的铅板固定在导爆索中部，铅板厚度一般为 3mm。导爆索中点在铅板上的位置为 C 点。用雷管将炸药起爆，爆轰波行进到 A 点后将导爆索 A 端起爆，行进到 B 点后将导爆索 B 端起爆。导爆索两端的反向爆轰在 D 点相遇，相遇点在铅板上会产生一个明显的凹痕。因为导爆索爆速是均匀的，故炸药爆轰波从 A 行进到 B 所需的时间就相当于导爆索经过 $2L_1$（L_1 是导爆索中点 C 到爆轰相遇点 D 间的距离）所需的时间。设炸药爆速为 D，导爆索爆速为 V，则有：

$$D=\frac{LV}{2L_1} \tag{9-29}$$

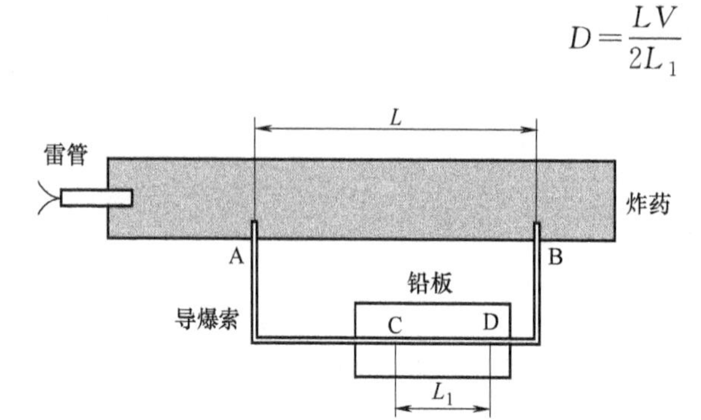

图 9-20　道特里什法爆速测试示意图

（2）电探针法

电探针法是利用炸药爆轰产物的较高电离度，通过电探针的断通或通断来获取信号。实验时，将两个或多个探针以一定间隔嵌入炸药试样，采用适当的电路使爆轰波前沿通过电探针时产生一个电脉冲信号，采用示波器等仪器测量各个脉冲信号之间的时间间隔，即可通过两个探针的间距计算出平均爆速。

该方法虽然简单方便，精度较高，但易受到空间电磁场的干扰，在强磁环境下无法应用；安装探针的间距需要大于某一临界值，否则会相互干扰，影响测试结果准确性；此外，该方法仅能测量探针之间的平均速度，不能实现连续测量。

（3）光纤探针法

炸药爆轰过程中爆轰产物的温度和压力很高，不仅本身可发出强光，还可以压缩周围的空气使其电离发光，光纤探针就是利用光导纤维对光的传输作用，将爆轰过程产生的光传输到另一端并被测试仪器所接收，通过高速数据采集设备测出光纤探针的时间间隔即可获得平均爆速。该方法是一种非接触式测量技术，它具有抗电磁干扰、响应特性良好、可密集安装、不会对爆轰流场产生影响等优点。

如图 9-21 所示，光纤探针测速系统主要由光纤探针、光电探测器、高频电缆以及示波器等组成，其工作原理是：光纤探针采集爆轰波阵面上的光信号，通过光电探测器将光信号转换为电信号，并由示波器记录这些时序脉冲信号。光纤探针沿横截面方向布设，探针间距固定，根据光信号时间差即可计算出平均爆速。

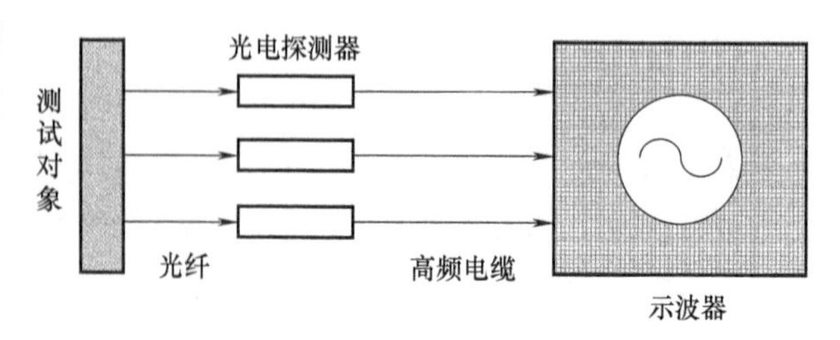

图 9-21　光纤探针爆速测试系统示意图

9.3.2　连续法

连续法是利用沿炸药轴向布置的电阻丝或光纤等记录炸药爆轰波的传播轨迹，从而获得爆速的连续变化，主要包括高速摄影法、微波干涉法、连续电阻探针法和啁啾光纤光栅法。

（1）高速摄影法

高速摄影法是利用高速摄像机记录炸药的爆轰过程，然后利用摄像机的帧率以及拍摄到的图像得到爆轰波传播距离时程曲线，通过计算曲线各点处的导数，即可获得炸药对应点的瞬时爆速。如果所测过程发光不够强，则可基于发光间隙效应使得爆轰过程可视化。例如，为了测量不透明约束外壳炸药的爆轰过程，需在装药外壳表面上安置透明薄片，形成很薄的空气间隙，当爆轰使得外壳膨胀时，空气间隙闭合从而导致空气受压缩发光，外壳的连续膨胀压缩会使空气连续发光，从而被高速摄像机记录。

虽然高速摄影法测量精度较高，且能测量炸药的连续爆速，但是其测试系统复杂昂贵，数据处理烦琐，仅限于有限药量的实验室测试。

（2）微波干涉法

微波干涉法是基于导体对电磁波的反射作用以及多普勒效应，当反射面移动时，其反射的电磁波频率和波长会发生相应变化。炸药爆轰时，爆轰波阵面产生离子层，并以爆速移动。对该离子层发射微波，利用从爆轰波阵面返回的信号与参考信号叠加，形成拍频信号。根据该拍频信号就可得到爆轰波连续速度历史。

微波干涉爆速测试系统如图 9-22 所示。雷管用于起爆炸药，光纤一端插入雷管与炸药装药界面处，另一端连接光电二极管，而光电二极管与示波器连接。聚四氟乙烯棒作为波导，一端固定于炸药末端，另一端插入微波干涉仪的端口。使用同轴电缆将微波干涉仪与示波器相连。雷管起爆后，雷管与炸药界面处产生的光信号通过光纤并经由光电二极管转换为电信号，从而同步触发示波器开始记录信号。微波干涉仪发射的 35GHz 微波经过波导进入炸药中，由于爆轰波阵面的介电不连续性以及电离层作用，微波被爆轰波阵面反射，并经过波导进入微波干涉仪。通过示波器获取的微波信号相位和频率变化即可计算出爆速。

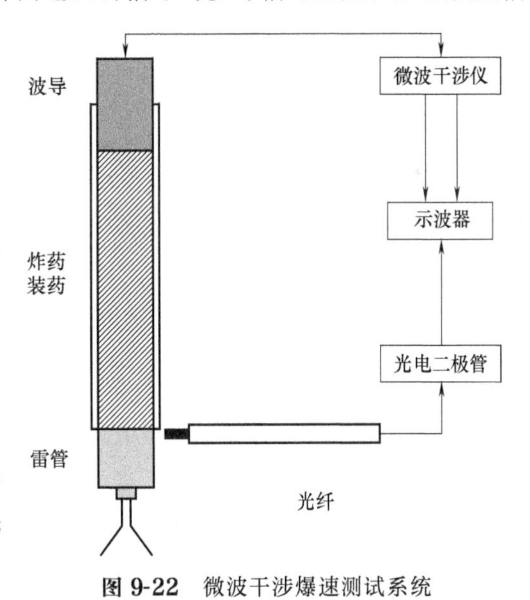

图 9-22　微波干涉爆速测试系统

微波干涉法仅适用于线性波导中的爆速测量，不能用于金属材料和某些液体材料中，且微波的焦斑尺寸较大，对爆速测量有较大影响。

（3）连续电阻探针法

连续电阻探针法是基于爆轰波传播使得接入电路中的电阻丝导通长度减少，电阻值持续减小的特点，通过测试电路记录下电阻丝两端电压的变化规律，即可推算出爆轰波的传播距离时程曲线。

具体测试方法：传统连续电阻探针的结构是将极细的漆包电阻丝穿入直径不超过1mm的金属细管，将电阻丝和管壳的一端短路，另一端分别作为电极输出。当爆轰波沿探针轴向传播时，电阻丝绝缘层在爆轰产物的高压作用下被破坏，电阻丝与金属细管因电离层导通，探针阻值随之产生连续变化。通过给电路提供恒定电流，就能记录探针的端电压。记录下的电压变化值与阻值变化成正比，根据电压变化值就可以计算出爆速：

$$D(t)=-\frac{l}{rI_0}\times\frac{\mathrm{d}V(t)}{\mathrm{d}t} \tag{9-30}$$

式中，r 与 l 分别为探针的初始电阻与长度；I_0 为提供给电路的恒定电流；$V(t)$ 为示波器测量的探针端电压值。探针电阻约为1～10Ω，工作电流通常为5～10A。为了避免温度上升引起探针电阻的变化，必须使用脉冲恒流源。

（4）啁啾光纤光栅法

啁啾光纤光栅（CFBG）属于光纤传感器。CFBG测量爆速的一个前提假设是：CFBG埋置在炸药内部，由于其芯径很小，对炸药内爆速的影响可忽略不计。

如图9-23所示，当爆轰波在炸药内传播时，爆轰波作用在CFBG上，CFBG的结构会逐步被破坏，长度 L 会逐步变短，部分反射光消失，反射谱线逐渐变窄，反射回来的光强逐渐减小，经过光电探测器后，光强信号转化为电压信号，通过测量电压信号，利用标定数据，即可推出啁啾光栅的瞬时长度，对其进行求导即可得到爆速。

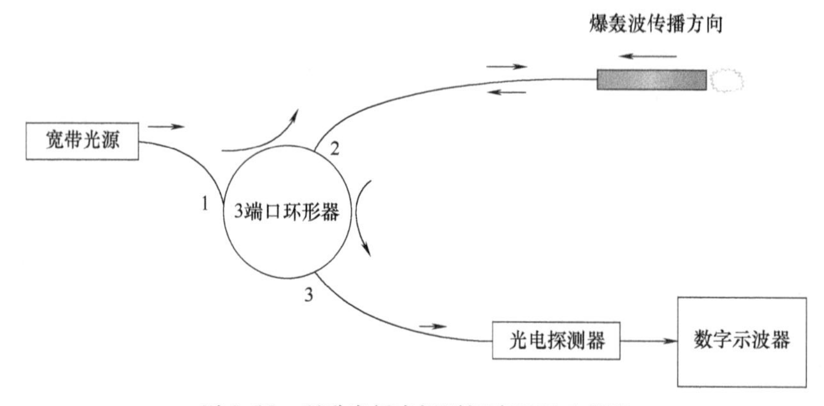

图9-23　啁啾光纤光栅测爆速原理示意图

啁啾光纤光栅测量爆速具有诸多优点：可测量炸药、材料界面的爆轰波/冲击波的速度变化；适用于任何炸药、材料中爆速的连续测量；CFBG体积小、重量轻，可布置在炸药内部，实现“原位”精确测量；抗电磁干扰能力强。

9.4 MEMS微爆轰速度传感器

根据ZND爆轰波模型，在不存在侧向能量损失时，爆轰波反应区结束断面应满足CJ条件，爆轰产物向后方膨胀所形成的轴向膨胀波不能侵入反应区，这样爆轰反应所放出的全部能量都被用来支持爆轰波的稳定传播。在这种情况下，爆轰波以与反应所释放的能量相对应的最大爆速传播，这种爆速称为炸药的理想爆速。对于一定密度的炸药，其理想爆速是一个特定值。

但是在实际炸药爆轰过程中，由于存在侧向膨胀，致使反应区的能量密度减小，波阵面的强度降低，所激发的化学反应速度降低，进而导致爆轰波传播速度下降，同时，使得反应区展宽。这又反过来使爆轰强度弱化。该循环使得当爆轰波反应区所释放的能量能补偿侧面损失能量时，爆轰波传播速度降低到某一数值，即降低到与该装药直径相对应的爆速值，并以该爆速沿炸药传播下去。当药柱直径减小，爆速也逐渐减小，药柱直径减小到一定值时，药柱中不能形成稳定爆轰波。因此，爆轰波尚能沿爆炸物继续传播下去的最小直径称为临界直径。此外，炸药的爆速随装药直径的增大而提高，并且当直径达到一定值后，爆速有最大值。因此，当装药直径增加到某一极限尺寸后，继续增加直径，爆速不再提高，此时的装药直径称为该炸药的极限直径。

微尺度装药爆轰波阵面呈曲面，不能采用ZND模型描述。因此，微尺度装药爆速难以利用公式进行计算，而必须依赖于微尺度装药爆速测试手段。

9.4.1　爆速测试方法分析

如图9-24所示，爆速测试方法从测量点分布情况可分为离散法和连续法。这种分类方法的本质区别是：离散法获得的是炸药稳定爆轰段的平均爆速，而连续法可获得炸药的连续爆速。微尺度装药直径通常在亚毫米量级，其产生的爆轰波容易受到外界因素的影响，故连续电阻探针法和啁啾光纤光栅法并不适用于微尺度装药；由于微尺度爆轰波阵面呈曲面，其对微波信号的反射影响测量结果，故微波干涉法也不适用于微尺度装药；高速摄影法设备昂贵，操作复杂，通常很少采用；道特里什法和光纤探针法需在装药壳体上开设安装孔，这会严重影响微尺度装药爆轰波传播，从而降低测量精度。

电探针法由于操作简单、精度较高，已成为测量爆速的主要手段。但是，当装药尺寸小到一定程度时，传统电探针会对微爆轰流场产生影响，从而导致测试精度降低。采用MEMS技术可将电探针微型化、薄膜化，这样既可以减小探针对微尺度爆轰波的影响，还可实现探针密集排布，并提高探针的定位精度。

综上所述，本章将对基于MEMS电探针的微爆轰速度传感器进行讨论。

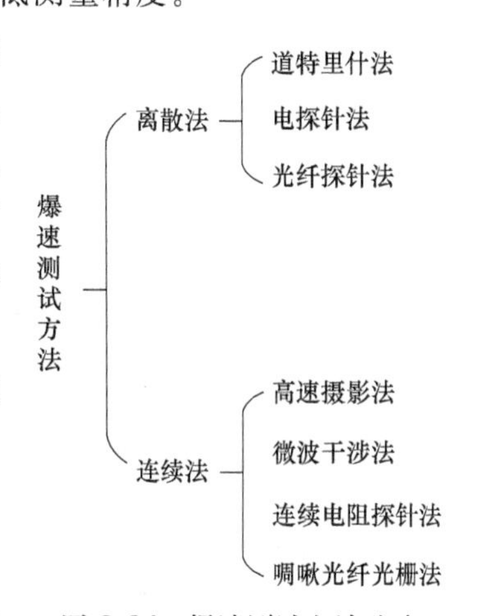

图9-24　爆速测试方法分类

9.4.2　MEMS微爆轰速度传感器设计

如图9-25所示，为了操作方便且在不同约束壳体上实现爆速测量，MEMS微爆轰速度传感器采用柔性聚酰亚胺（PI）衬底，这样可根据需要将传感器粘贴在不同工装载体上。此外，由于爆轰波阵面的电离特性，传感器采用断-通式电探针。电探针采用导电性良好且成本较低的铜材料制作而成。此外，为了将传感器与工装载体对准，实现电探针与微尺度装药的对齐，需在传感器上设计对准标记。为了减小电探针对爆轰波传播的影响，探针宽度通常为 50μm，厚度为 10μm，组内探针之间的间距为 300μm，每组探针之间的间距根据需要确定。

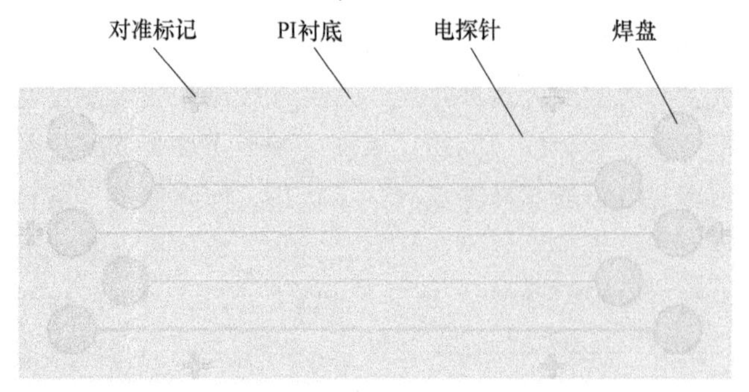

图 9-25 MEMS 微爆轰速度传感器结构示意图

9.4.3 MEMS 微爆轰速度传感器实验测试

如图 9-26 所示，微爆轰速度测试系统由多通道时间间隔测定仪、雷管及起爆系统、微尺度沟槽装药、MEMS 电探针式爆速传感器和小型爆炸容器等组成。起爆系统用于起爆雷管并同步触发多通道时间间隔测定仪开始记录信号；爆炸容器用于保证实验的安全性；多通道时间间隔测定仪用于记录各组电探针导通时的时间间隔。

具体实验步骤如下：

① 在传感器背面涂覆胶水，将其固定于传感器盖板上，并使传感器与对准标记对齐，如图 9-27 所示；

② 通过锡焊工艺引线，并做好标记；

③ 在装药底板上装填微尺度装药，将传感器盖板与装药底板对准并利用螺栓固定；

④ 将装配完成的装置放于小型爆炸容器内，接着安装雷管并利用漆包线将雷管引线与起爆系统连接；

⑤ 检查各设备是否连接正确，测试系统准备就绪后，引爆雷管；

⑥ 在时间间隔测量仪上读出各组电探针之间的时间间隔，并记录实验数据。

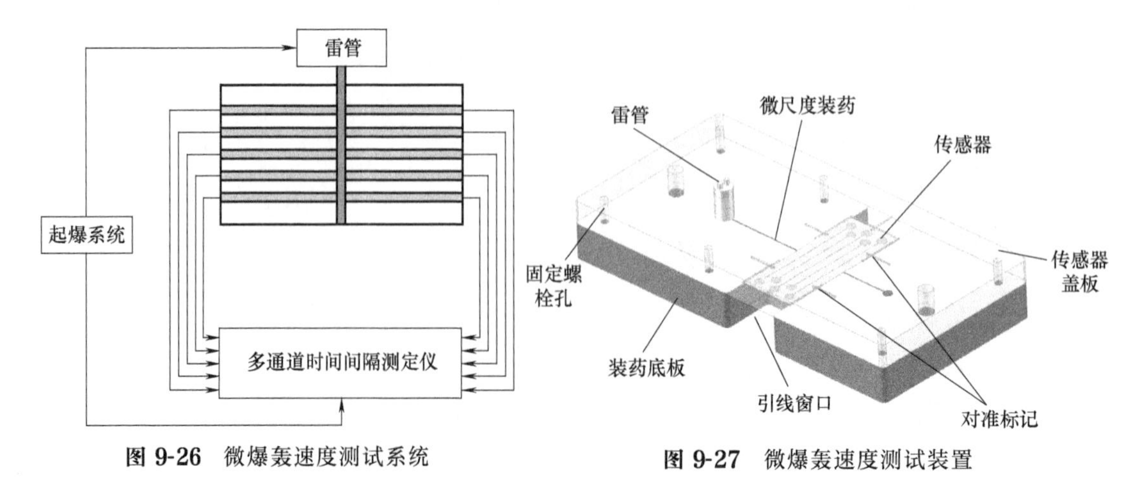

图 9-26 微爆轰速度测试系统

图 9-27 微爆轰速度测试装置

9.4.4　爆速测试数据处理

一组实验数据（x_i，t_i），$i=0$、1、2、…、n，其中 x_i 和 t_i 分别为电探针的位置和爆轰波到达该位置的时间。传统的 n 段爆速计算公式为：

$$D_a=\sum_{i=1}^{n}\frac{D_i}{n} \tag{9-31}$$

$$D_i=\frac{\Delta x_i}{\Delta t_i}=\frac{x_i-x_{i-1}}{t_i-t_{i-1}} \tag{9-32}$$

式中，D_a 为平均爆速，D_i 为第 i 段爆速。

实际上，由于电探针采用 MEMS 工艺制作，探针间距 Δx_i 与其平均值 Δx_a 相差很小；此外，炸药密度变化很小，传播过程中的时间间隔 Δt_i 与其平均值 Δt_a 相差也很小。因此，下式成立：

$$\Delta x_i-\Delta x_a\ll\Delta x_a \tag{9-33}$$

$$\Delta t_i-\Delta t_a\ll\Delta t_a \tag{9-34}$$

根据式（9-33）与式（9-34）有如下关系：

$$\Delta x_i=\Delta x_a+(\Delta x_i-\Delta x_a)\approx\Delta x_a \tag{9-35}$$

$$\Delta t_i=\Delta t_a+(\Delta t_i-\Delta t_a)\approx\Delta t_a \tag{9-36}$$

故，不难证明以下关系也成立，即

$$D_a=\sum_{i=1}^{n}\frac{D_i}{n}=\frac{1}{n}\sum_{i=1}^{n}\frac{\Delta x_i}{\Delta t_i}\approx\frac{1}{n}\sum_{i=1}^{n}\frac{\Delta x_a}{\Delta t_a}=\frac{\Delta x_a}{\Delta t_a}=\frac{x_n-x_0}{t_n-t_0} \tag{9-37}$$

式（9-37）表明，传统的 n 段爆速计算公式变成了单段爆速计算公式。所以当采用式（9-31）和式（9-32）计算爆速时丢失了许多有用的中间信息。因此，必须采用最小二乘法来处理实验数据，计算爆速的线性回归公式为：

$$D=\frac{\sum_{i=1}^{n}(t_i-t_a)(x_i-x_a)}{\sum_{i=1}^{n}(t_i-t_a)^2} \tag{9-38}$$

$$\gamma=\frac{\sum_{i=1}^{n}(t_i-t_a)(x_i-x_a)}{\sqrt{\sum_{i=1}^{n}(t_i-t_a)^2}\sqrt{\sum_{i=1}^{n}(x_i-x_a)^2}} \tag{9-39}$$

式中，γ 为相关系数。

相关系数 γ 的临界值与炸药试样的段数以及所给显著水平 α 有关。表 9-1 中给出显著水平 $\alpha=1\%$时，试样段数 n 与相关系数 γ 的临界值。仅当相关系数 γ 的绝对值大于表中相应的临界值时，所测爆速才有意义。

表 9-1 显著水平 $\alpha=1\%$时，试样段数 n 与相关系数 γ 的临界值

n	3	4	5	6	7	8
γ	1.000	0.990	0.959	0.917	0.874	0.834

线性回归的精度用剩余标准差 s 来表示，即

$$s=\sqrt{\frac{(1-r^2)\sum_{i=1}^{n}(x_i-x_a)^2}{n-2}} \tag{9-40}$$

$$x_a=\frac{1}{n}\sum_{i=1}^{n}x_i \tag{9-41}$$

若重复做 m 次多段爆速测量，则线性回归得到的爆速平均值 D_{lra} 为：

$$D_{lra}=\frac{1}{m}\sum_{j=1}^{m}D_j \tag{9-42}$$

它的标准差：

$$\sigma=\sqrt{\frac{\sum_{j=1}^{m}(D_j-D_{lra})}{m-1}} \tag{9-43}$$

参考文献

[1] 张宝坪，张庆明，黄风雷，等. 爆轰物理学 [M]. 北京：兵器工业出版社，2001：186.
[2] Rice MH，Walsh JM. Equation of state of water to 250 kilobars [J]. The Journal of Chemical Physics，1957，26 (4)：824-830.
[3] 李科斌，李晓杰，王小红，等. 基于连续压导探针的水箱法测量爆压 [J]. 高压物理学报，2019，33 (2)：60-66.
[4] 黄文斌，李金河，张旭，等. TA01 炸药爆压测量 [C]. 第六届含能材料与钝感弹药技术学术研讨会论文集，2014：488-489.
[5] 路建新. 冲击波实验中测量自由面速度的光学记录速度干涉仪的设计和建立 [D]. 北京：中国原子能科学研究院，2004.
[6] 陈光华，刘寿先，刘乔，等. 用于高速飞片测量的法布里-珀罗干涉测速技术 [J]. 激光与光电子学进展，2010，47 (11)：54-59.
[7] Barsis E，Williams E，Skoog C. Piezoresistivity coefficients in manganin [J]. Journal of Applied Physics，1970，41 (13)：5155-5162.
[8] 杜晓松，杨邦朝，周鸿仁. PVDF 冲击压力传感器的制备和应用 [J]. 功能材料，2002，33 (1)：15-18.
[9] 杜晓松. 锰铜薄膜超高压力传感器研究 [D]. 成都：电子科技大学，2002.
[10] 段卓平，关智勇，黄正平. 箔式高阻值低压锰铜压阻应力计的设计及动态标定 [J]. 爆炸与冲击，2002，22 (2)：169-173.
[11] 经福谦. 实验物态方程导引 [M]. 北京：科学出版社，1999：207.
[12] 韩秀凤，蔡瑞娇，严楠. 雷管输出冲击波在有机玻璃中传播的衰减的实验研究 [J]. 含能材料，2004，12 (6)：329-332.
[13] 赵生伟，王长利，李迅，等. 光纤探针应用于爆速测试实验研究 [J]. 应用光学，2015，(2)：

327-331.

[14] 武鹏，焦建设，胡艳，等．光纤结构参数对亚毫米沟槽装药爆速测试的影响研究［J］．爆破器材，2014，43（4）：6-10.

[15] Vuppuluri VS，Philip JS，Kelley CC，et al. Detonation performance characterization of a novel CL-20 cocrystal using microwave interferometry［J］. Propellants，Explosives，Pyrotechnics，2018，43（1）：38-47.

[16] David E. Kittell，Jesus O. Mares，Steven Son. Using time-frequency analysis to determine time-resolved detonation velocity with microwave interferometry［J］. Review of Scientific Instruments，2015，86（4）：044705.

[17] 刘智远．压导探针连续测量爆轰波与冲击波研究［D］．大连：大连理工大学，2013.

[18] 邓向阳，刘寿先，彭其先，等．测量炸药旁侧爆轰波速度的啁啾光纤布拉格光栅传感器技术［J］．爆炸与冲击，2015，35（2）：191-196.

[19] 魏鹏，郎昊，刘陶林，等．一种基于啁啾光纤光栅的爆轰波速度测量方法［C］．中国化学会第八届全国化学推进剂学术会议论文集，2017：186-189.

[20] 黄正平．爆炸与冲击电测技术［M］．北京：国防工业出版社，2006：149.

第10章 大输出位移电热微执行器

本章主要讲述执行器的概念、研究现状，并对电热驱动机理以及位移放大机构的设计等进行详细分析，最后，通过几种典型的应用进一步加深对大输出位移电热微执行器的理解。

10.1 微执行器概述

10.1.1 微执行器基本概念

执行器是指将外界电信号的变化转化为相应机械能（如力、位移、形变等）的器件，其工作过程可以看成是传感器的逆过程。微执行器作为 MEMS 系统的能量输出端，其输出性能将影响系统的整体性能，如何在有限的空间内使 MEMS 执行器同时满足高驱动力、大驱动位移、低能耗、高精度以及输出线性等特性，成为国内外相关领域的研究重点。

与传感器类似，执行器也可以通过多种效应来实现能量之间的相互转化，如静电效应、磁电效应、压电效应以及电热效应，此外，像超导微致动、凝胶等高分子致动、直接光驱动、超声波致动等新技术近年来也是备受瞩目。从微执行器制作技术的成熟度出发，这里只对静电、磁电、压电与电热效应进行介绍。

静电执行器是利用物体表面上静电荷的库仑力来产生相应运动的，因为其响应时间短、控制精度高而得到广泛的应用，但电场力的大小与极板间距成反比，即当距离较远时，电场力将急剧下降。故静电效应通常适用于产生较小位移的场所，同时在微执行器中电容面积较小，电容的驱动电压与标准集成电路的驱动电压有一定的差距，不利于器件与电路的集成。为了克服这一缺点，静电执行器通常采用多组平行极板组成阵列，形成梳状结构，此结构可以提高执行器的输出力，降低器件的工作电压，但这又会占用较大的器件面积。

磁电执行器主要是利用放置在磁场环境下的通电导体所受的洛伦兹力来工作的。磁电式微执行器的原理简单，所产生的执行力较大，但其与静电执行器的缺点一样，即场的作用范围有限，只有当作用距离很近时，洛伦兹力的效果才能显现。磁电执行器涉及了磁场与电场，变量更多且制作材料要求较高，制作方法较为复杂。

压电执行器是利用了压电体的逆压电效应，即当压电体受到外界电场作用时会在相应方向产生变形，具有体积小、响应快等特点。压电执行器的驱动电压高、输出位移较小，器件的制作相对比较复杂，另外，压电执行器有明显的迟滞效应，通常需要设计升压以及迟滞补偿电路，不易控制。

电热执行器主要是通过材料的热膨胀效应来实现的，其优势之一就是克服了静电驱动对距离有很大依赖的弱点，另一个优势就是执行力大，相对于静电力与磁场力而言，热应力使得热电执行器的应用范围更加广泛。

通过上述分析可知，微执行器的驱动原理多种多样，可以根据所使用的场合进行合理的选择。需要注意的是，微执行器作为 MEMS 系统的必要一环，其动作范围的大小、输出能量的高低、动作的可靠性等指标决定了系统的成败，特别在微光学系统、微操作平台以及微机器人等新兴领域。因此，开展具备大输出位移、低能耗等特征的高性能 MEMS 执行器的研究工作具有重要意义。

10.1.2　微执行器国内外研究现状

近年来，对于高输出力大输出位移 MEMS 执行器的研究得到了国内外许多科研院所的重视，并取得了一定的发展，其中以静电驱动与电热驱动 MEMS 执行器最为突出。

（1）静电驱动 MEMS 执行器

Michael J. Daneman 在 1996 年提出了一种振动式静电执行器，如图 10-1 所示。为了保障对齿条良好驱动，器件采用了对称式的布局，四组梳齿电极分成两组布置在齿条的两端，用于实现对齿条的双向驱动。整体器件采用了表面硅工艺完成制作，可以在 50V 直流信号与 6.25V 交流信号的共同控制下，成功地实现 350μm 的位移输出。受到制作工艺的限制，该器件的厚度不超过 2μm，由于其自身结构强度较低，其负载工作能力不足。

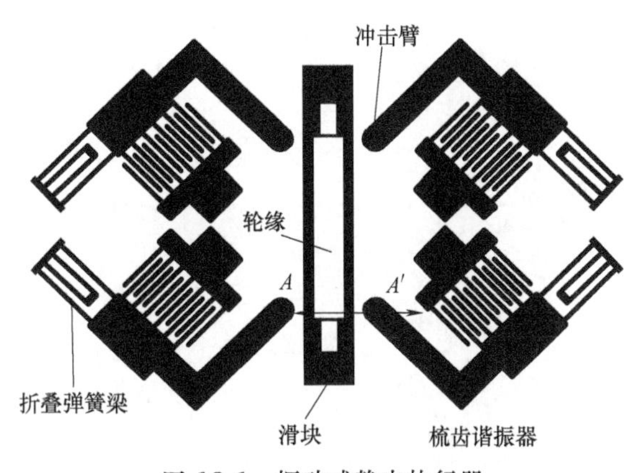

图 10-1　振动式静电执行器

Richard Yeh 在 2002 年提出了一种蠕动式静电执行器，如图 10-2 所示。器件整体采用了四组梳齿电极，共分为两组。为了可以模拟蠕虫向前爬动的动作，每组内的电极呈现相互垂直的布置方式，继而实现静电驱动器与滑动齿条之间的横向啮合、纵向拨动以及横向脱啮合等动作。器件在 SOI 硅片上完成制作，可以实现驱动位移为 80μm。虽然该器件制作完成后的芯片面积只有 3mm×1mm，但较小的驱动位移限制了它的应用。

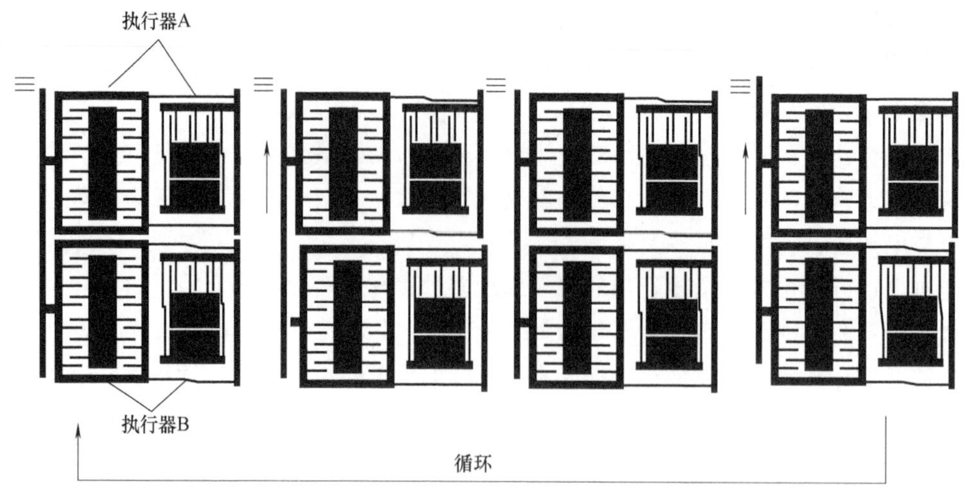

图 10-2　蠕动式静电执行器

Phuc Hong Pham 在 2015 年提出高负载静电执行器，如图 10-3 所示。整体器件主要由 6 组梳齿电极以及齿条组成，其中 2 组梳齿电极用于实现对齿条的夹紧与释放，剩下的 4 组用于实现对齿条的双向驱动。当驱动信号加载到器件上时，图中所示的 Clutch actuator 和 Ratchet actuator 相互配合，通过依次完成啮合、拨动、夹紧、脱啮合、释放以及再啮合等动作，来实现对齿条的驱动。整体器件在 SOI 硅片上制作，利用体硅工艺完成高深宽比结构的刻蚀。器件在 100V 交流信号的控制下，可以产生近 500μm 的输出位移与 352.97μN 的输出力。由于制作工艺的影响，齿条结构需要设计大量的工艺孔，这就极大地降低了齿条的结构强度，其负载能力受到了限制，因此，并不能实现真正意义上的高负载。

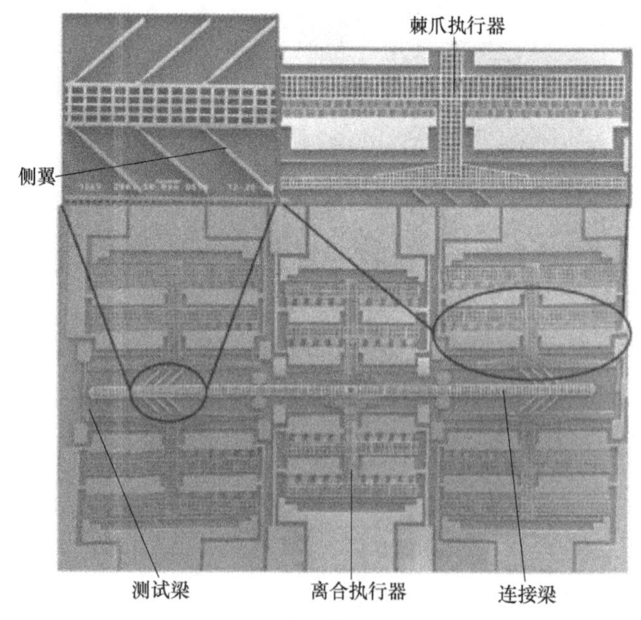

图 10-3　高负载静电执行器

静电执行器结构简单且响应速度快，适用于光学振镜等高速驱动的场合，但由于静电力较小，要产生足够的驱动位移，则需要制作大量的梳齿阵列，这就意味着相应的芯片面积也要成倍地增加。此外，静电执行器的驱动电压较高，在高电压以及多梳齿结构的共同作用下，很容易造成器件的失效。

（2）电热驱动 MEMS 执行器

电热驱动执行器是利用材料的热膨胀效应来实现相应输出的，其恰好可以克服静电驱动执行器的相应缺点。由于电热执行器驱动电压低、驱动力大、易于集成等优势，一直受到国内外相关研究机构的重视。

Jhon M Maloney 在 2004 年提出了一种摩擦式电热执行器，如图 10-4 所示。整体器件由 4 组电热执行器、滑板以及弹簧组成。4 组电热执行器以滑板呈现轴对称分布，通过外界信号，控制电热执行器与滑板产生周期接触，利用两者之间的摩擦力推动滑板产生位移变形。器件采用 SOI 硅片实现制作，整体结构简单，容易控制，在 12V 的驱动电压下，可以使滑板完成近 2mm 的位移输出。然而随着弹簧结构逐步变形，位移输出的阻力也会逐步增大，驱动位移的精度无法得到保证，并且当弹簧力等于驱动力时，执行器便无法正常工作。

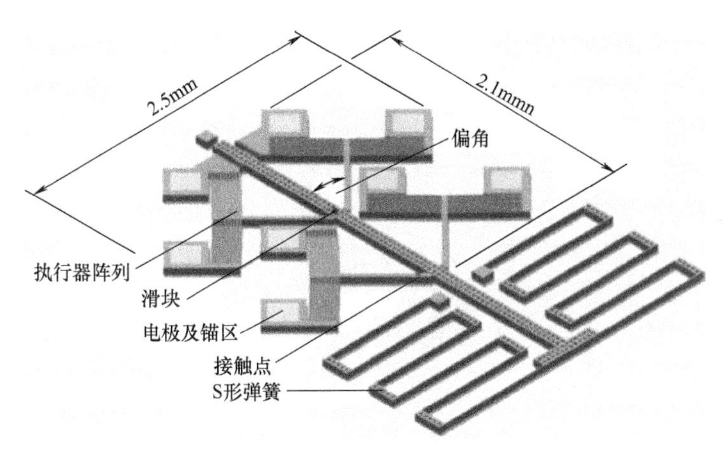

图 10-4　摩擦式电热执行器

Jemmy Sutanto 在 2005 年提出了双向步进式电热执行器，如图 10-5 所示。器件主要由 4 组电热执行器以及齿条组成，其中 2 组电热执行器水平布置，用于实现对齿条的双向驱动，剩余 2 组电热执行器竖直布置，用于实现对齿条相对位置的固定与解锁。器件采用了表面硅工艺完成了多达 5 层结构的制作，每层结构厚度不超过 $2\mu m$，采用 10V 驱动信号便可以实现 2mm 的位移输出（每步驱动位移为 $8.8\mu m$）。由于该器件结构过于复杂，其对制造工艺提出了极高的要求，在制作和使用过程中稍有偏差便会导致器件的失效，这在该作者的后续研究中有所报道。

Yongjun Lai 在 2006 年提出了一种堆叠式电热执行器，如图 10-6 所示。与之前文献所报道的结构不同，该器件没有滑板、齿条或者弹簧等复杂结构，只由多个 V 型电热执行器依次首尾相接组成。当直流电压加载到器件两端时，热膨胀效应会使每个 V 型梁产生竖直方向上的变形，通过对这些小变形进行累积，最终得到大位移输出。器件采用电铸

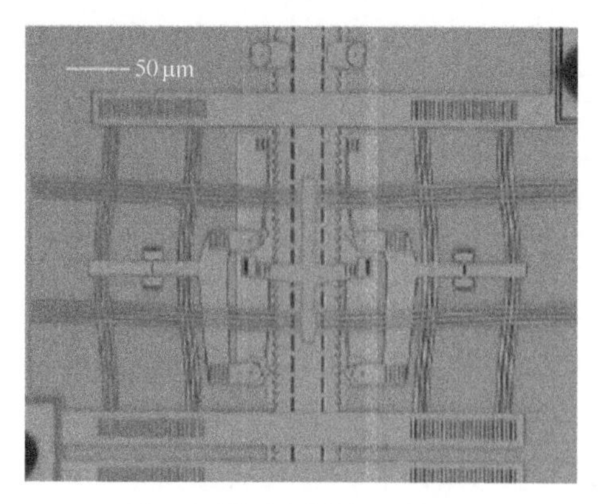

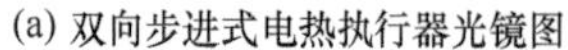
(a) 双向步进式电热执行器光镜图

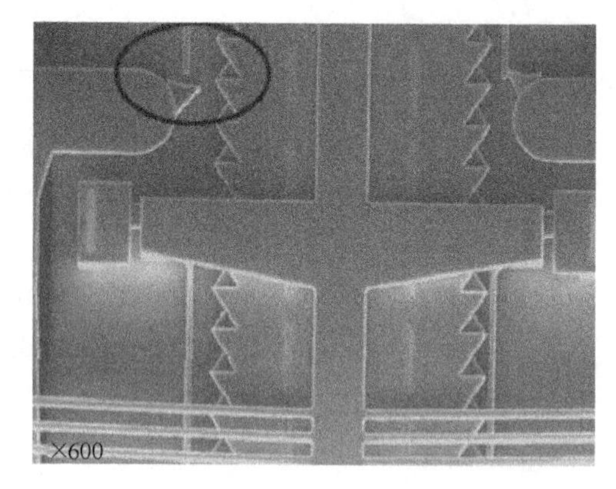

(b) 双向步进式电热执行器结构失效

图 10-5　双向步进式电热执行器

方式实现了镍基材料的制作，当通过直流电流时，根据电热执行器阵列个数的不同，最终可以产生 3～44μm 的位移输出。该器件结构简单，控制方便，但由于输出位移不高，不易满足实用需求。

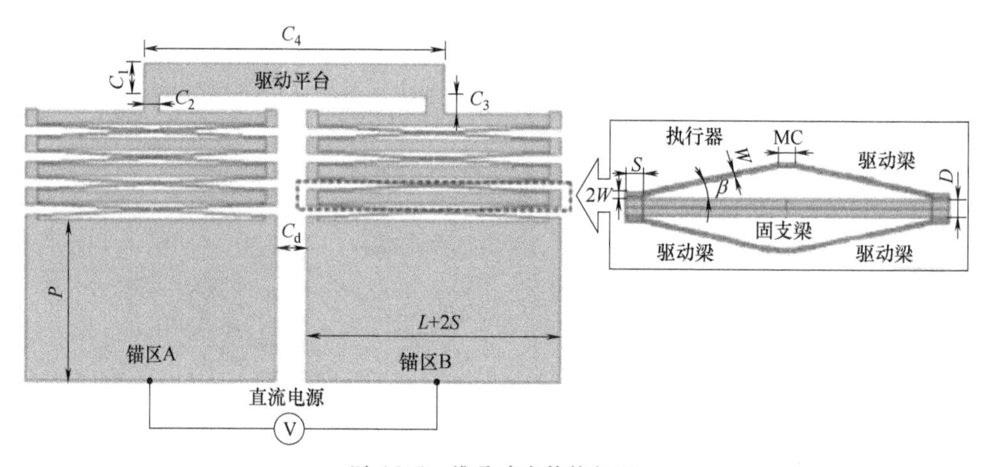

图 10-6　堆叠式电热执行器

Robert A. Lake 在 2010 年提出了一种轮式电热执行器，与之前所报道的相比，该器件只有 2 层结构，如图 10-7 所示，主要是由电热执行器阵列、棘爪以及轮盘组成，其中，电热执行器被布置在相互垂直的两个方向以完成相应位移的驱动，通过施加具有一定相位关系的电信号，就可以实现棘爪与轮盘间的啮合与脱啮合，从而推动轮盘的转动。与齿条不同，轮盘结构不需要设计回程机构，执行器只需要继续保持原有工作状态，驱动轮盘转动一周便可以实现状态之间的改变。该器件利用表面硅工艺制作，最高工作电压频率为 250Hz，产生 785μm 的回转位移需要约 325ms。由于缺少自锁结构，在没有控制信号的情况下，轮盘将处于自由状态，这对器件输出位移的可靠性带来了影响。

2017 年，石家庄军械工程学院提出了一种用于激光点火的电热执行器，如图 10-8 所示。器件由 2 组电热执行器组成，当器件接收到相应激励信号时，硅基电热执行器开始动作，推动光纤移动并完成两束光纤的相互对正。该器件采用体硅工艺在 SOI 硅片完成制

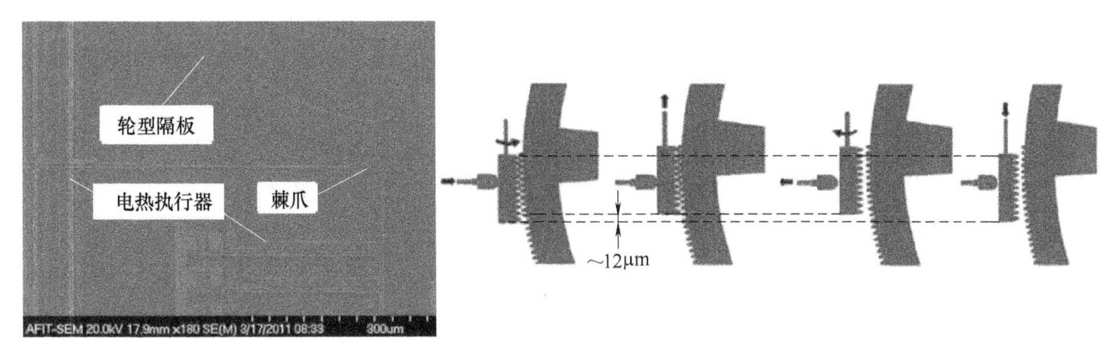

(a) 器件实物图　　(b) 工作原理

图 10-7　轮式电热执行器

作，在 56.3mA 直流电流的控制下，可以在 19ms 内产生近 120μm 的驱动位移，而整体尺寸小于 10mm×10mm×0.5mm。由于光纤需要对正才能实现能量的正常传输，则电热执行器需要长时间保持相应的位移输出状态，在没有自锁结构的情况下，电热执行器将产生较高能耗，同时，电热执行器产生的高温也会对光纤结构带来影响。

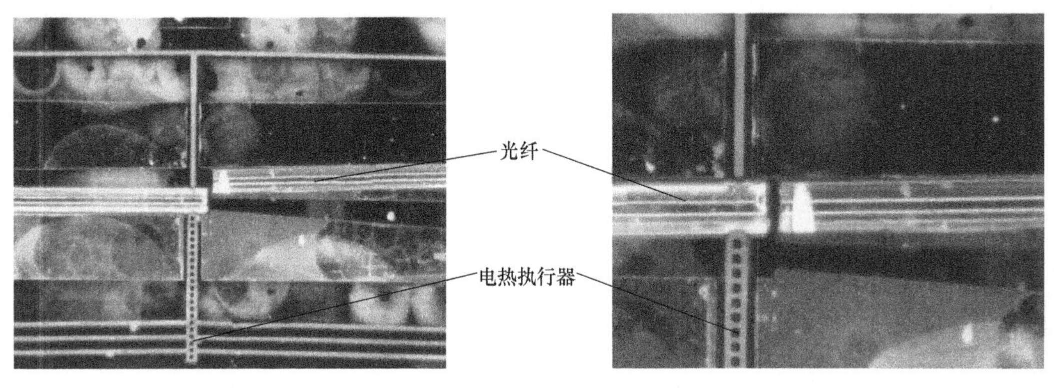

(a) 光纤错位　　(b) 光纤对正

图 10-8　电热执行器

由国内外研究现状分析可知，国外的研究机构在相关领域研究起步早，针对其各自研究背景所提出的不同驱动原理以及不同驱动方式的 MEMS 执行器均已出现报道，而国内在该领域的相关研究工作尚未完全展开，在 MEMS 执行器驱动机理、综合性能以及可靠性等方面还存在诸多待完善的地方。

10.2　大输出位移电热微执行器驱动机理与结构设计

10.2.1　电热微执行器类型

电热执行器主要是通过材料的热膨胀效应来实现的。常见的电热执行器按照结构的不同，可以划分为 V 型电热执行器与 U 型电热执行器。V 型电热执行器是通过将驱动梁设计成一定的夹角而实现热变形位移输出的，因其整体结构类似英文字母 V 而得以命名，如图 10-9 所示。当电流通过驱动梁时，在焦耳热的作用下，梁会沿着其轴线方向膨胀，由于结构的相互限制，V 型电热执行器将会在其梁的中点处产生向 y 方向的相应变形。由于 V 型驱动梁为双端固支约束，其结构的整体刚度较高，并且易于组成阵列以提高其输出性能。

U 型电热执行器又可以称为冷热臂电热执行器，主要是利用导体热变形的差异来实现机构的驱动，如图 10-10 所示。其结构主要由热臂、中间臂、冷臂以及弯曲臂组成，其中较为细长的臂为热臂，较为粗大的臂为冷臂。当电流由热臂流向冷臂时，由于宽度不同，两个臂上所产生的热量也就不同。热臂产生更多的热量，热膨胀量也就更大；冷臂上的热量较少，故其热膨胀量也会相应减小。由于有弯曲臂与中间臂的约束，整个器件最终会产生由热臂向冷臂方向的弯曲变形。U 型电热执行器的约束类型可以近似为悬臂梁，结构的整体刚度较低，同样，每个单元也可以相互组合并构成阵列。

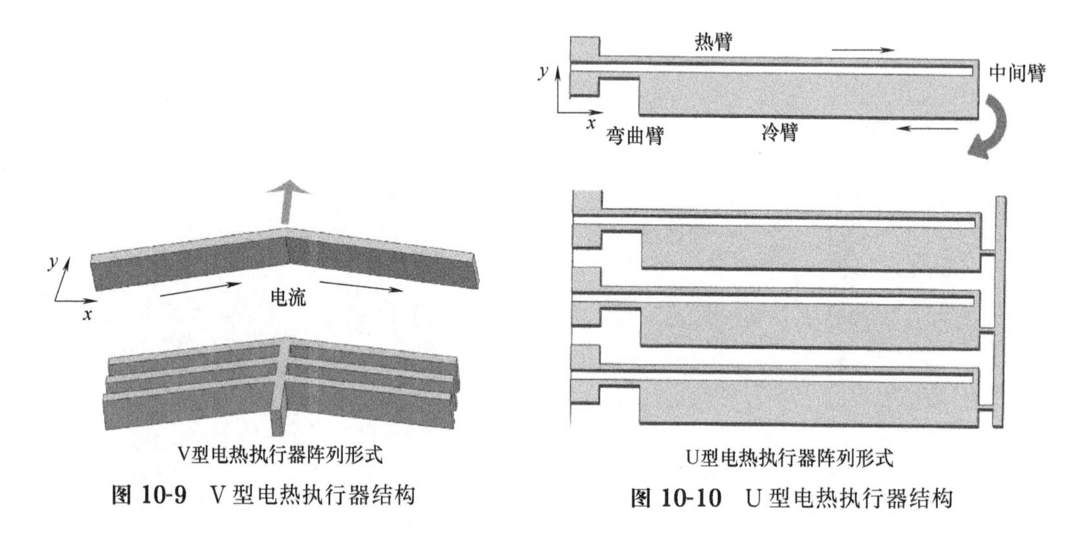

图 10-9 V 型电热执行器结构　　**图 10-10** U 型电热执行器结构

由于 V 型电热执行器结构刚度更高，易于集成与制作，因此，多数电热执行器的设计以 V 型结构为主。

10.2.2 电热微执行器驱动原理

(1) V 型电热执行器温度分布分析

电热微执行器是基于材料的焦耳热效应和热膨胀原理进行工作的，是一种典型的电-热-机耦合系统。热应力是结构内力，只要保证驱动结构能够获得一定热能就能产生相应的形变，从而完成驱动。电热微执行器作用力大，在 MEMS 器件中的应用范围日趋广泛。

当电流流过导体时会产生一定的焦耳热，热量将通过热传导、热对流以及热辐射三种形式向外传递。当电热执行器内部生成的热与向外界传递的热达到动态平衡时，导体上的温度分布将会达到稳定，此时相应的热变形也会确定。具体到本章所讨论的执行器中来，热量向外界传递的具体路径为：热量经梁向两端锚点传导；热量经梁向衬底传导；梁与周围空气的热对流；以及梁与周围环境的热辐射，如图 10-11 所示。

当静止流体与不同温度的固体表面相接触时，会产生对流换热现象。微观下的流体行

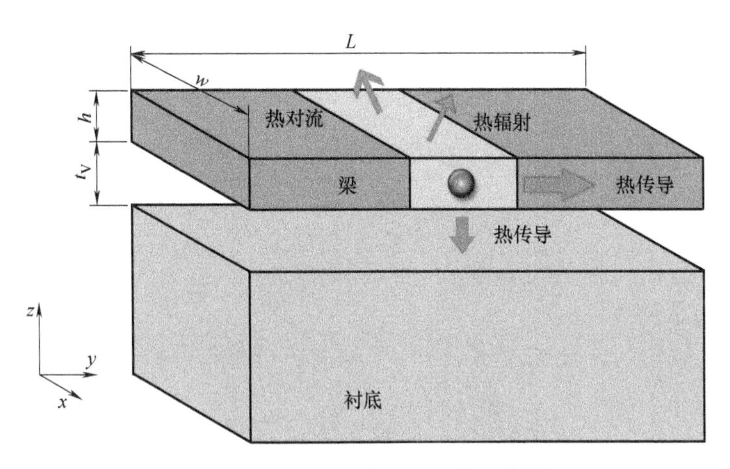

图 10-11　V 型电热执行器稳态热模型

为与宏观下的流体行为有很大差异，流体速度不仅与浮升力有关，而且还会受到黏滞力的影响。对于微米尺度而言，与空气浮升力相比，空气黏滞力对空气速度的影响起决定作用，并且由于空气黏滞力的存在，空气流动得很慢，热对流的散热形式可以忽略。

热辐射值的大小与物体表面温度的四次方有关，但在微尺度下，热辐射所产生的热量损失与总热量相比不到其 1%，即使温度为 1000℃，热传导所产生的热量损失也是热辐射的 100 倍，硅的熔点为 1410℃，作为电热执行器，其正常工作温度也不宜过高，因此，在微尺度下，热辐射所带来的热量流失也可以被忽略。

根据上述讨论，V 型电热执行器的热量生成方式主要是电流通过导体时的焦耳热，热量的流失方式主要为通过梁向两个锚点传导以及热量通过梁向衬底传导。在微尺度下，V 型电热执行器的梁在其轴向方向的尺寸远大于其截面尺寸，因此，电热执行器的模型可以简化为一维稳态热模型。

根据傅里叶定律，沿 V 型梁 x 方向的热传导净热量为：

$$Q_c = k_p wh \frac{d^2 T}{dx^2} dx \tag{10-1}$$

同理，梁通过空气与衬底的热传导净热量为：

$$Q_s = Sw \frac{T - T_S}{R_T} dx \tag{10-2}$$

其中，S 是指微元体形状对热量传递的影响因子，显示了微元体侧面和底面共同向衬底的热传导和仅有底面向衬底的热传导的区别。根据相关文献可以查得其表达式为：

$$S = \frac{h}{w}\left[\frac{2t_V}{h} + 1\right] + 1 \tag{10-3}$$

这里，t_V 是指 V 型梁下表面与衬底上表面之间的空气层厚度。

式（10-2）中，R_T 是指 V 型梁与衬底之间的热阻，反映了热量由梁向衬底传导的强度，具体表达式为：

$$R_T = \frac{t_V}{k_V} \tag{10-4}$$

式中，t_V 指梁和衬底之间的空气厚度；而 k_V 是指相应的热传导系数。

当电流通过 V 型梁时会产生相应的欧姆热，令梁的电阻率为 ρ，在微元体积下所产生的热量可表示为：

$$Q_i = I^2 R = I^2 \rho \frac{dx}{wh\cos\theta} = J^2 \rho wh\, dx \tag{10-5}$$

$$J = \frac{I}{wh} = \frac{V\cos\theta}{\rho L} \tag{10-6}$$

这里，J 为电流密度。

将式（10-1）、式（10-2）以及式（10-5）联立，可以得到执行器的一维热稳态方程：

$$k_p \frac{d^2 T}{dx^2} + J^2 \rho = \frac{S}{h} \times \frac{T - T_S}{R_T} \tag{10-7}$$

其中，k_p 为多晶硅热传导率。将式中变量与常数项进行整理，就可以得到：

$$\frac{d^2 T}{dx^2} - \frac{S}{k_p h R_T} T = -\frac{S T_S}{k_p h R_T} - \frac{J^2 \rho_0}{k_p} \tag{10-8}$$

为了便于求解，这里将式（10-8）简化为：

$$\frac{d^2 T}{dx^2} - A^2 T = B \tag{10-9}$$

与式（10-8）对应，式（10-9）的相关系数为：

$$A^2 = \frac{S}{k_p h R_T} \tag{10-10}$$

$$B = -\frac{S T_S}{k_p h R_T} - \frac{J^2 \rho_0}{k_p} \tag{10-11}$$

由高等数学的相关知识可以得到微分方程的通解，即 $T = C + D e^{Ax} + E e^{-Ax}$，代入上述方程，得：

$$C = -\frac{B}{A^2} = \frac{J^2 \rho_0 h R_T + S T_S}{S} \tag{10-12}$$

梁的温度边界条件为：$T(0) = T(L) = T_S$

将温度边界条件代到通解表达式中求解系数 D 和 E，得：

$$D = \frac{(T_S - C)(1 - e^{-AL})}{e^{AL} - e^{-AL}} \tag{10-13}$$

$$E = \frac{(T_S - C)(e^{AL} - 1)}{e^{AL} - e^{-AL}} \tag{10-14}$$

将 A、B、C、D、E 参量代入方程，就可以得到相应电压下稳态时梁上的温度分布。考虑到这里所讨论器件尺度，为方便起见，将数据单位设置为微米级，所采用的各个单位如表 10-1 所示。

⊡ 表 10-1　V 型热电执行器所用单位

项目	长度	质量	温度	时间	电压	电流	力
单位	μm	kg	K	s	V	pA	μN

V 型电热执行器的相关数据如表 10-2 所示，将相关参数代入式（10-7）中进行求解，便可以得到 V 型电热执行器梁上的稳态温度分布曲线。

采用 ANSYS 软件对相应结果进行验证。选取 SOLID226 单元来构建热电执行器的三维实体。在建模过程中需要注意，ANSYS 软件输入的参数是没有单位的，需要先把数据单位进行统一再进行相关的计算。这里采用 μMKSV 单位制，与表 10-1 所采用的单位保持一致。相应仿真结果如图 10-12 所示。

⊡ 表 10-2　V 型热电执行器相关参数

项目	数值	单位	项目	数值	单位
k_p	100×10^6	pW/(μm·K)	t_V	2	μm
ρ	0.02	Ω·cm	k_V	2.44×10^4	pW/(μm·K)
T_S	273	K	E	169000	MPa
L	1000	μm	u	0.3	
h	50	μm	V	14	V
w	10	μm	α	2.6×10^{-6}	K^{-1}
θ	5	(°)			

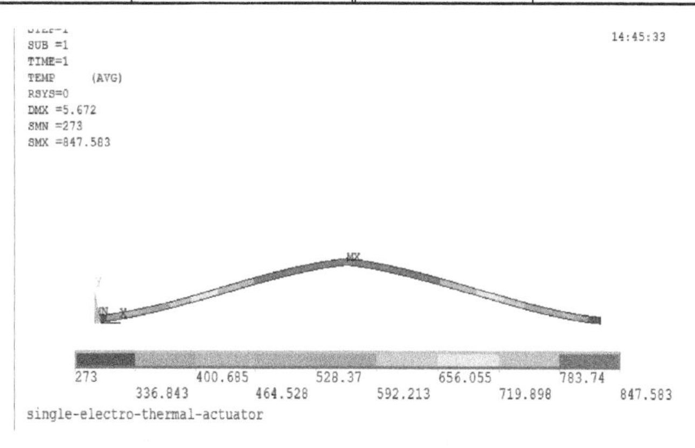

图 10-12　V 型电热执行器稳态时梁上的温度分布

从图 10-12 可以看出，V 型梁稳态时的温度分布呈现出良好的对称性，这与之前理论分析所作出的假设一致。其中，V 型电热执行器的最高温度为 847.583K，出现在梁的中部；梁的两端锚点处由于与衬底相连，故其温度仍与周围温度相同，为 273K。这里，将 V 型梁进行均分，取有限个点来代表相应区域的稳态温度以及输出位移，并将其与相应的理论值进行对比，结果如图 10-13 所示。

图 10-13 中，将温度分布与输出位移分布曲线相互重叠，可以发现 V 型电热执行器的最大温度与最大位移输出均出现在 V 型梁的中点处，其中理论推导的最大温度为 839.64K，而 ANSYS 结果为 847.58K，结果误差为 0.94%；理论推导只能给出最大输出位移，其值为 5.408μm，而仿真结果可以给出 V 型梁上的位移输出分布曲线，其最大输出位移为 5.67μm，两者之间的误差为 4.8%。这里需要指出的是，V 型电热执行器上梁

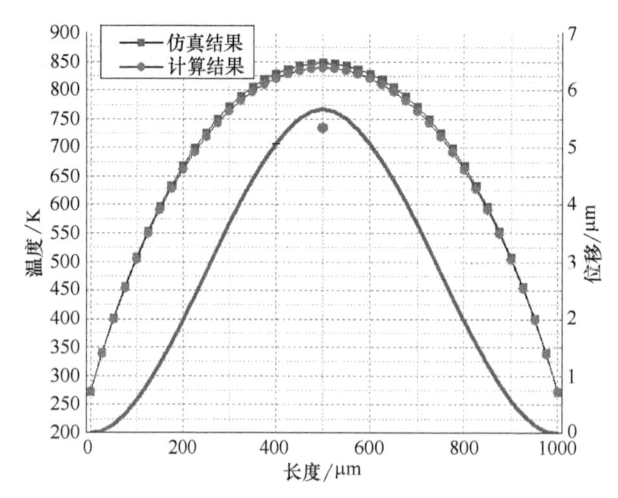

图 10-13　V 型电热执行器稳态温度与输出位移

的变形呈现出非线性，由于主要是依靠梁中点处的变形来驱动其他相关部件进行运动，故这里只要能对 V 型梁中点处的位移做出预测即可。两者之间的误差约为 5%，即 0.262μm，而 MEMS 器件的特征尺寸通常都在微米以上，因此，此大小的位移误差仍可以满足需求。

（2）V 型电热执行器输出力分析

不同于微传感器，执行力是评价微执行器性能优良的关键指标之一。对于电热执行器来说，执行力可以定义为将已经产生的热膨胀变形恢复到初始状态的外力。电热执行器具有较大的执行力，一般在几百微牛到几毫牛之间，可以在相对较低的电压下产生所需的输出。这里可以将 V 型电热执行器简化为两端固定的超静定梁，采用结构力学中的力法分析来求解执行器的最大输出力。

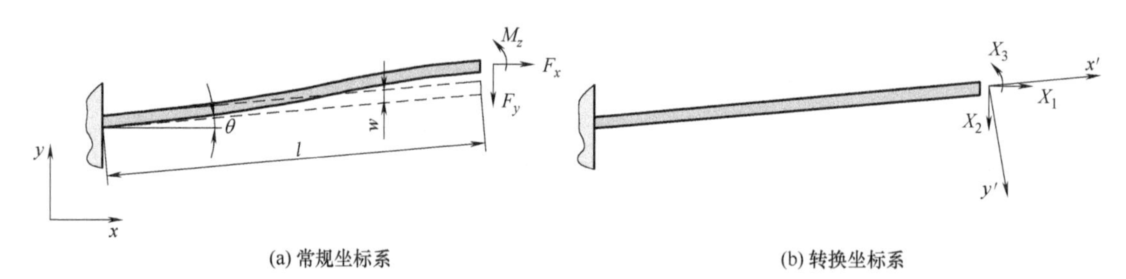

图 10-14　V 型电热执行器力学模型

利用 V 型电热执行器梁的对称性，其力学模型可以简化为如图 10-14 所示，其中 F_y 为外载荷，即执行力，这里用 X_2 表示，X_1、X_3 分别为端点截面处水平方向的支反力 F_x 以及平面内的力矩 M_z，若将 δ_{ij} 设为力 j 在 i 方向所产生的位移，Δ_i 为 i 方向总位移，则可以得到相应平衡方程：

$$\begin{cases}\delta_{11}X_1+\delta_{12}X_2+\delta_{13}X_3+\alpha l\Delta T=\Delta_1\\ \delta_{21}X_1+\delta_{22}X_2+\delta_{23}X_3=\Delta_2\\ \delta_{31}X_1+\delta_{32}X_2+\delta_{33}X_3=\Delta_3\end{cases} \tag{10-15}$$

根据微执行器结构的相关特征，可以确定相关系数，其中，当载荷为0时，竖直方向产生的位移最大，具体数值应与微电热执行器最大位移相同；而当载荷不为0时，该方向的位移会相应降低，当位移降低至0时，此时对应的载荷 P 就为微电热执行器的最大执行力。在最大执行力的作用下，执行器可以看成没有发生变形，故方程（10-15）右端系数均为0。为方便计算，将坐标系进行旋转，如图10-14（b）所示，即可以得到 x' 方向、y' 方向以及转动方向上的合力，分别为：

$$\begin{cases} F_{x'} = X_1\cos\theta - X_2\sin\theta \\ F_{y'} = X_1\sin\theta + X_2\cos\theta \\ M_{z'} = X_3 \end{cases} \tag{10-16}$$

转换坐标后，新的结构方程为：

$$\begin{cases} \delta_{11}F_{x'} + \delta_{12}F_{y'} + \delta_{13}M_{z'} + \alpha l\Delta T = 0 \\ \delta_{21}F_{x'} + \delta_{22}F_{y'} + \delta_{23}M_{z'} = 0 \\ \delta_{31}F_{x'} + \delta_{32}F_{y'} + \delta_{33}M_{z'} = 0 \end{cases} \tag{10-17}$$

其中：

$$\begin{cases} \delta_{11} = \dfrac{l}{EA} \\ \delta_{12} = \delta_{21} = \delta_{13} = \delta_{31} = 0 \\ \delta_{22} = \dfrac{l^3}{3EI} \\ \delta_{23} = \delta_{32} = \dfrac{l^2}{2EI} \\ \delta_{33} = \dfrac{l}{EI} \end{cases} \tag{10-18}$$

将式（10-18）代入方程（10-17）进行求解，并简化得：

$$\begin{cases} \dfrac{l}{EA}F_{x'} + \alpha l\Delta T = 0 \\ \dfrac{l^3}{3EI}F_{y'} + \dfrac{l^2}{2EI}M_{z'} = 0 \\ \dfrac{l^2}{2EI}F_{y'} + \dfrac{l}{EI}M_{z'} = 0 \end{cases} \tag{10-19}$$

解得：

$$\begin{cases} F_{x'} = -\alpha EA\Delta T \\ F_{y'} = 0 \\ M_{z'} = 0 \end{cases} \tag{10-20}$$

将式（10-20）代入式（10-19）中，可以得到：

$$\begin{cases}X_1=-\alpha EA\Delta T\cos\theta\\X_2=\alpha EA\Delta T\sin\theta\\X_3=0\end{cases}\tag{10-21}$$

利用 V 型电热执行器梁的对称性，则其执行力应为：

$$P=2X_2=2\alpha EA\Delta T\sin\theta\tag{10-22}$$

由式（10-22）可以看出，V 型电热执行器的最大执行力与其材料属性、截面面积以及温度变化的大小有关，若将表 10-2 中的相关数据代入上式，则 V 型电热执行器的最大执行力为 14.68mN，当电热执行器组成阵列形式时，器件的输出力将成倍提高。

上述方法使用结构力学的相关知识求解得到，可以发现其推算过程过于烦琐。在微观尺度，单晶硅具有良好的弹性，故可以将整个 V 型梁看成相应的弹性系统，当 V 型梁的角度 θ 在 5°～10°之间，则系统的弹性系数 k_y 以及执行力 P 可以表示为：

$$k_y=\frac{4EA\sin^2\theta\cos\theta}{L}\tag{10-23}$$

$$P=k_yd\tag{10-24}$$

这里 d 代表的是 V 型电热执行器梁工作时所产生的最大位移。同理，将表 10-2 中的数据代入式中，可以得到电热执行器的最大执行力为 13.83mN。计算结果与结构力学的结果相比，两者的误差为 5.8%。将相关数据代入 ANSYS 软件进行模拟，V 型电热执行器中点处采用位移约束，对中点处的支反力进行求解，可以得到其单个 V 型电热执行器所产生的最大执行力为 14.32mN，结果与式（10-22）的结果相比，误差为 2.5%，与式（10-24）相比，误差为 3.4%，说明 V 型电热执行器的等效力学模型具有一定的可行性。

（3）V 型电热执行器结构参数与输出性能的关系

对于电热执行器来说，电压的高低将会直接影响到器件上温度的高低，进而影响到执行器的输出位移大小。将电压由 0V 到 14V 逐步进行改变，观察电热执行器在不同电压控制下所产生的最大稳态温度以及最大稳态位移，结果如图 10-15 所示。

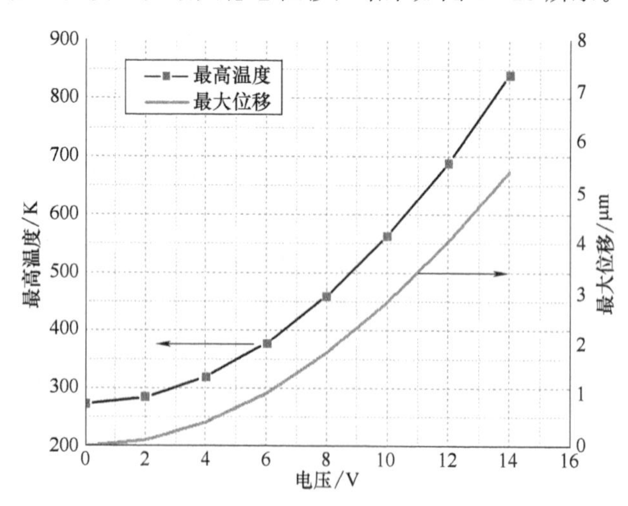

图 10-15　V 型电热执行器最高温度与最大位移同电压的关系曲线

从图 10-15 中，可以看到 V 型电热执行器的最高温度与最大位移输出均随着施加电压的增加而呈二次曲线增加。可以看出，当电压在 0～6V 时，电热执行器的输出位移并不明显，当电压在 6～14V 时，执行器输出位移会随着电压的升高有明显的变化。

除了工作电压外，V 型电热执行器的结构参数也会对器件的整体性能产生影响，因此通过研究结构参数与微执行器输出关系曲线的变化趋势，可以帮助找到执行器输出较大而几何尺寸较小的一组或几组最优解，这会为器件的性能优化以及与微位移放大机构部件的集成带来很大的方便。V 型电热执行器的结构参数主要有梁的长度、宽度、厚度、夹角、空气间隙厚度以及阵列个数等，现在分别对其进行分析。

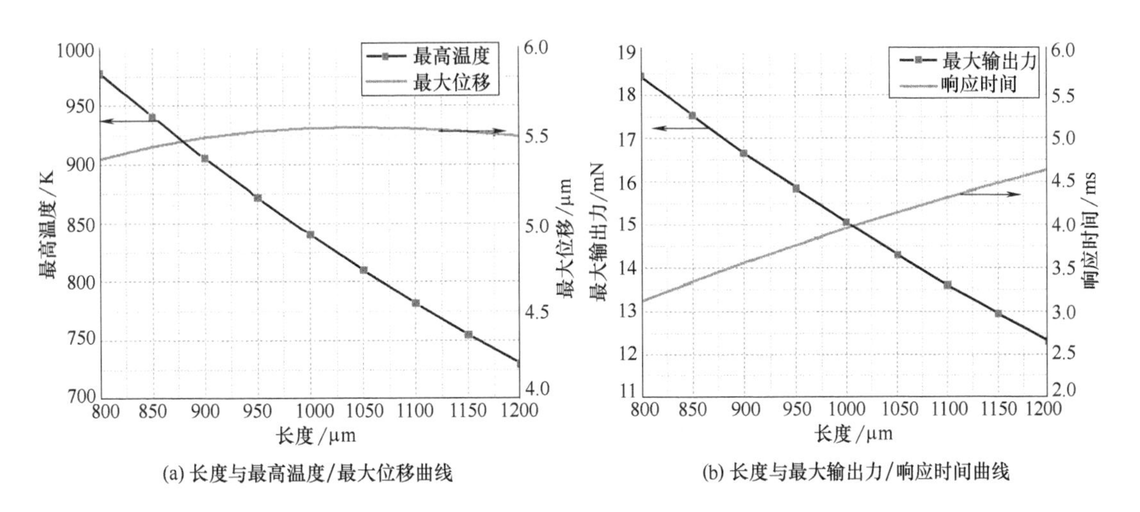

(a) 长度与最高温度/最大位移曲线　　(b) 长度与最大输出力/响应时间曲线

图 10-16　V 型电热执行器梁长度与输出性能曲线

图 10-16 为 V 型电热执行器梁长度与其输出性能变化曲线。可以看出在相同电压的加载下，执行器的最高温度以及最大输出力会随着其长度的增加而逐步下降，这是由于较长的梁不仅会增加热量由梁向两端锚点以及衬底的传递，使得器件的整体温度下降，并且也会导致结构整体刚度的下降。执行器所产生的最大位移会随着长度的增加而缓慢增加，当到达一定限度后，最大输出位移反而会开始下降，这主要是因为热膨胀变形是受到器件长度以及温度的共同影响，在一定的范围内，温度降低所带来的性能下降会由长度增加来补偿，因此会出现输出位移先升后降的变化趋势。

图 10-17 与图 10-18 分别为 V 型电热执行器梁宽度、厚度与输出性能变化曲线。宽度的变化范围为 10～50μm，厚度的变化范围为 20～70μm，可以看出，V 型电热执行器的最高温度、最大输出位移以及响应时间都会随着宽度与厚度（即横截面积）的增加而增加，变化的趋势会逐步趋于平缓，主要是因为当宽度增加并超过执行器梁的厚度时，器件在平面向外方向的刚度会低于平面内的刚度，因此产生的热变形将会向平面外发展。电热执行器的输出力会随着梁横截面积的增加而线性增加。

图 10-19 为 V 型电热执行器梁夹角与输出性能变化曲线。由于结构设计的需要，梁夹角通常都较小，在 2°～10°之间变化，此范围大小角度的变化基本不会对电热执行器结构尺寸带来较大变化，当 V 型梁夹角增加到原来的 5 倍时，最高温度也仅下降了 1.96%，

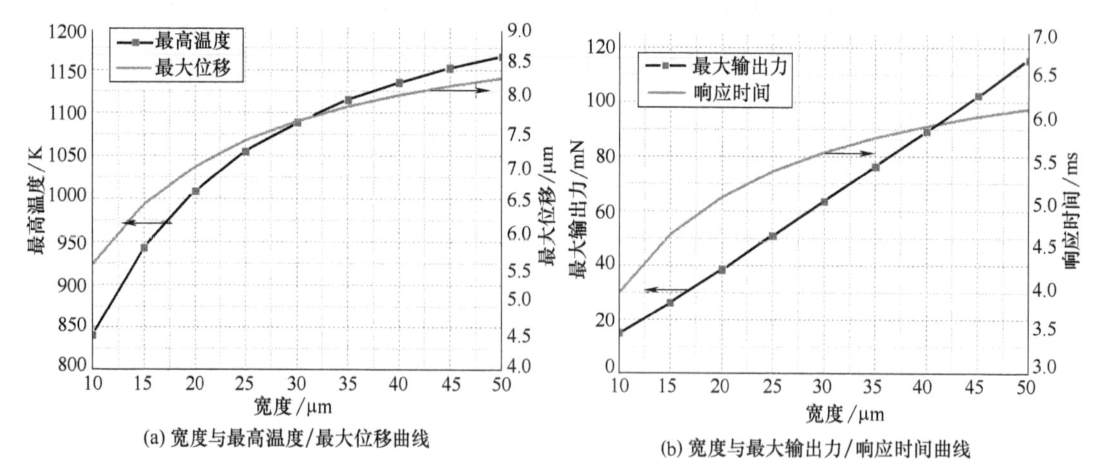

(a) 宽度与最高温度/最大位移曲线

(b) 宽度与最大输出力/响应时间曲线

图 10-17 V型电热执行器梁宽度与输出性能曲线

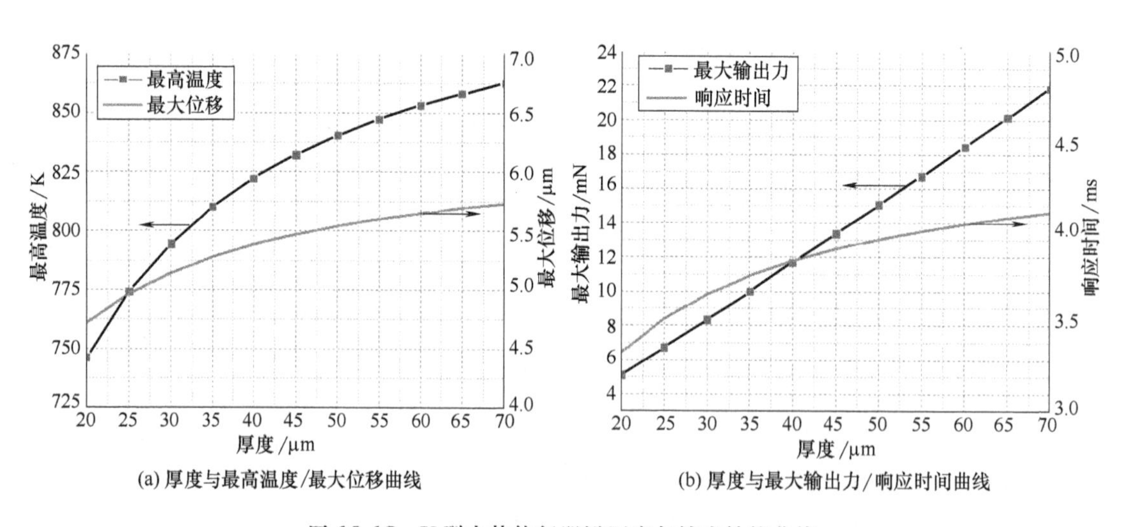

(a) 厚度与最高温度/最大位移曲线

(b) 厚度与最大输出力/响应时间曲线

图 10-18 V型电热执行器梁厚度与输出性能曲线

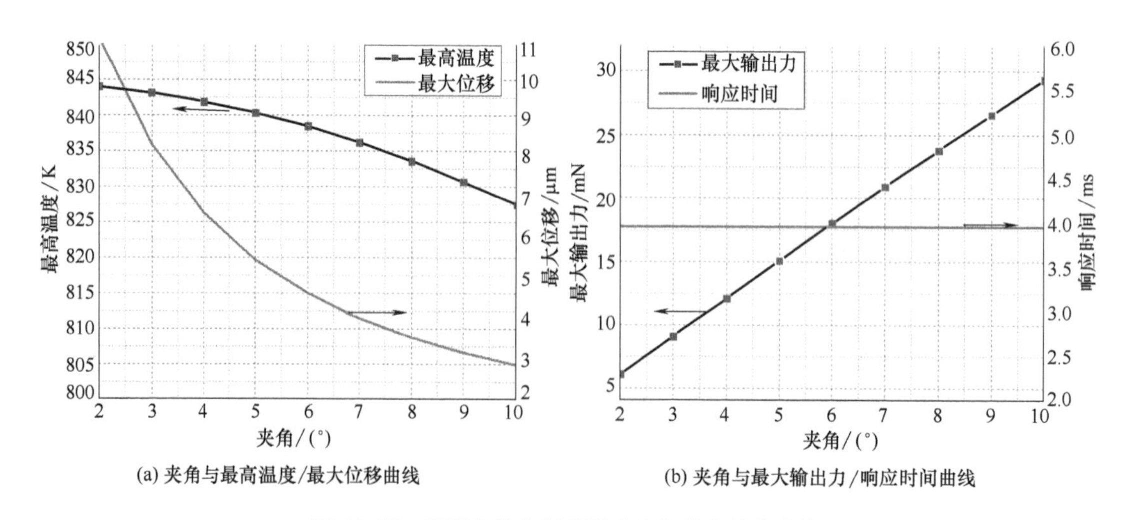

(a) 夹角与最高温度/最大位移曲线

(b) 夹角与最大输出力/响应时间曲线

图 10-19 V型电热执行器梁夹角与输出性能曲线

而其对响应时间所带来的变化更是可以忽略，因此，最大温度以及响应时间基本不会随 V 型梁夹角的改变而改变。V 型电热执行器的输出位移与输出力会受到夹角变化而有较大变动，其中输出位移会随着夹角的增加而快速下降，而输出力则会随着夹角增加而线性增加，这主要是因为 V 型梁的夹角越小，变形方向上的刚度就越低，相对应的位移变形就越大而输出力就越小。

V 型电热执行器下表面与衬底上表面的空气层厚度会强烈影响热量在两者之间的传递，如图 10-20 所示。可以看出，执行器最高温度、最大输出位移、最大输出力以及响应时间均会随着空气层厚度的增加而增加。空气层厚度越大，说明梁与衬底之间的热阻越高，热量就越不容易在两者之间进行传递，梁上的温度会相应升高，与之相关，执行器所产生的最大位移也会增加。

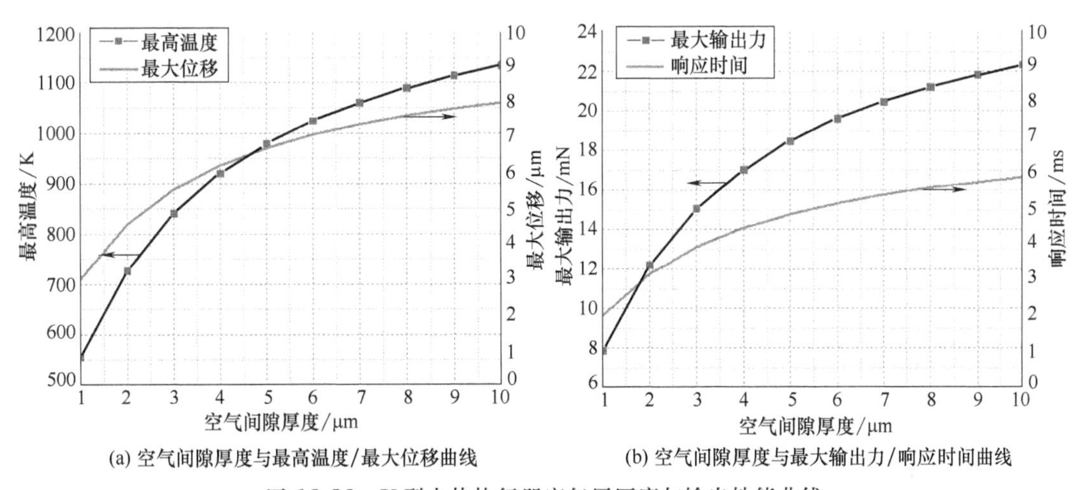

(a) 空气间隙厚度与最高温度/最大位移曲线　(b) 空气间隙厚度与最大输出力/响应时间曲线

图 10-20　V 型电热执行器空气层厚度与输出性能曲线

由之前的讨论可以知道，V 型电热执行器的一大优势就是其结构简单并且可以方便地制作成阵列形式，从而提高其相应的输出性能。图 10-21 就说明了阵列个数对 V 型电热执行器输出性能的影响规律。可以发现，阵列个数只会对执行器的最大输出力有影响，增

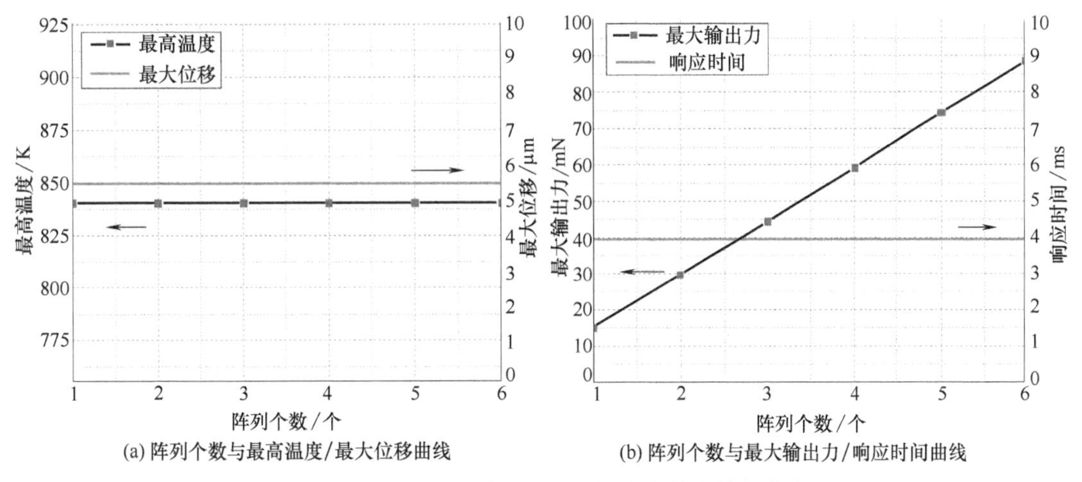

(a) 阵列个数与最高温度/最大位移曲线　(b) 阵列个数与最大输出力/响应时间曲线

图 10-21　V 型电热执行器阵列个数与输出性能曲线

加阵列个数会提高器件的整体高度，因此其值大小会随着阵列个数的增加而呈线性增加。

根据上述对V型电热执行器结构尺寸与其输出性能的讨论可以发现，执行器的最高温度变化趋势与其最大输出位移的变化趋势保持一致（V型梁长度方向上的变化对最大输出位移的影响较小），故可以得到一个结论，即不论电热执行器的结构参数如何变化，只要器件最终的温度上升，其产生的最大输出位移必然增大，增大的幅度与结构尺寸相关。而提高器件上的最高温度可以通过提高加载电压、增加V型梁横截面积以及增加空气间隙厚度的方式来实现。提高加载电压较为方便，但受到应用场合的限制，电压最高值不能超过25V，且电压过高也会造成与器件相连金丝导线的熔断；增加梁的横截面积会提高相应的位移以及力输出，但也会增加器件的整体尺寸，不利于系统的小型化；空气间隙厚度会影响电热执行器的热阻，虽然只有几微米的变化，但却可以强烈影响器件上热量的传递，因此可以通过改变空气间隙厚度来实现对执行器输出性能的大幅调控。虽然V型梁的夹角不能改变执行器的最高温度，但其会影响执行器的最大输出位移以及最大输出力，两者与夹角的变化趋势恰好相反，为了使器件同时具备加大的输出力以及输出位移，夹角通常在3°～5°范围内变化，此外，还可以增加阵列个数来弥补输出力的不足。

10.2.3 位移放大机构设计

（1）三角放大机构分析

电热执行器主要是利用了材料的热膨胀效应来完成器件的相应驱动，而材料的热胀系数通常较小，以硅材料为例，其热胀系数为2.6×10^{-6}，长度在1mm的硅梁在300℃的环境内，其增长的位移变形也仅为$0.78\mu m$，如此微小的位移变化将很难在相关领域得到应用，因此，需要设计位移放大机构来实现对微小位移的放大。常见的位移放大机构主要为三角放大机构、柔性杠杆机构以及微弹簧机构，现在分别对其分析。

三角放大机构不仅可以实现位移的放大，而且可以改变位移的输出方向，其具体原理如图10-22所示。

图中，l为斜边的长度；θ为初始状态斜边与底边的夹角；α为最终状态斜边与底边的夹角；x为输入位移；y为输出位移。故这里机构的放大倍数可以表示为：

$$A=\frac{y}{x} \tag{10-25}$$

由几何关系可知：

$$x=l\cos\theta-l\cos\alpha \tag{10-26}$$

$$y=l\sin\alpha-l\sin\theta \tag{10-27}$$

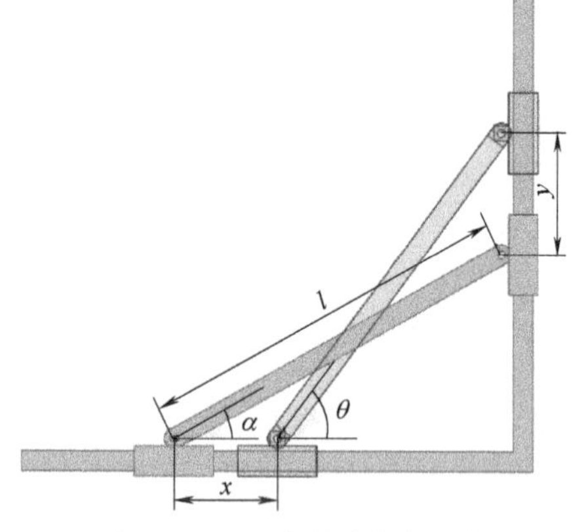

图10-22 三角放大机构结构

将式（10-26）与式（10-27）中α消去，可得到：

$$0=x^2+y^2-2xl\cos\theta+2yl\sin\theta \tag{10-28}$$

将式（10-25）代入式（10-28）进行进一步化简，可得：

$$l=\frac{x+A^2x}{2\cos\theta-2A\sin\theta} \tag{10-29}$$

长度 l 必定大于零，因此角度 θ 就必须满足 $\cot\theta>A$ 的条件。结合式（10-29）可以发现，当放大系数很大时，角度 θ 就必须非常小，而同时长度 l 必须很长，这必然造成器件结构的不合理，故该三角放大机构适合用于放大系数较小的场合。

（2）柔性杠杆放大机构分析

柔性机构是一种依靠结构中柔性梁的弹性变形（拉伸、压缩以及弯曲）来传递位移和力的器件，具有结构紧凑、运动平稳、无需润滑、不需要装配、无机械摩擦与回退空程等特点。柔性梁以其简单而高效的结构，在精密工作台、超精密加工、微夹持与微装配等领域得到了广泛的应用。与宏观尺度下传统销钉与销孔配合的铰链结构不同，柔性铰链的结构主要有四种形式，如图 10-23 所示。

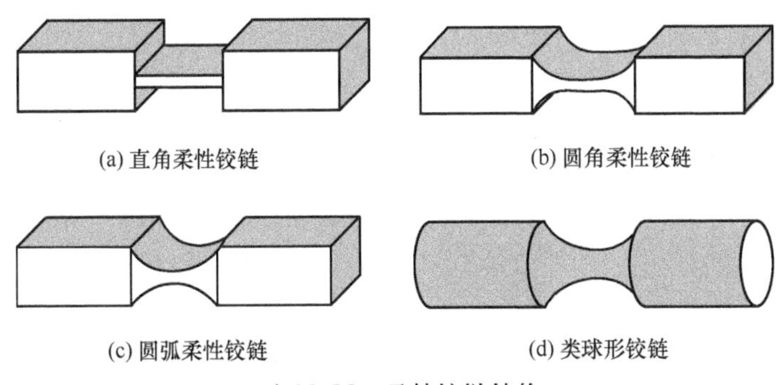

图 10-23　柔性铰链结构

图 10-23 中除去（d）以外，（a）～（c）三种结构都只能在一个平面内运动，其加工方便，可以利用 MEMS 中刻蚀技术实现。本章所讨论放大机构的柔性铰链为结构（a）。

由柔性铰链所组成的柔性杠杆放大机构如图 10-24 所示，与宏观的杠杆放大机构类似，其放大倍数也主要由杠杆的臂长与支点所在位置来决定。

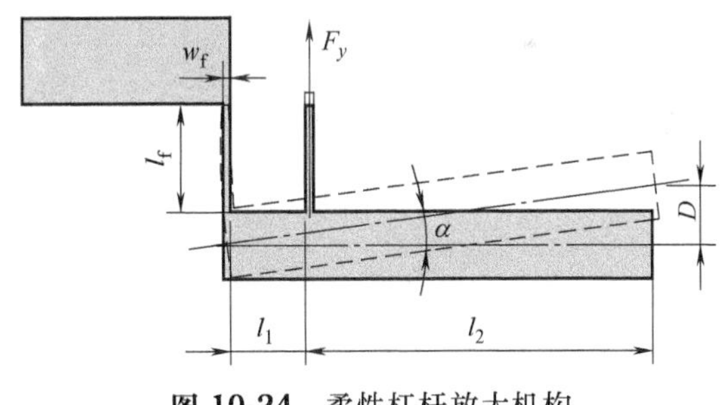

图 10-24　柔性杠杆放大机构

对柔性杠杆机构进行受力分析，可以得到相应的结构变形矩阵：

$$\begin{bmatrix} \frac{l_f^3}{3EI} & 0 & \frac{l_f^2}{2EI} \\ 0 & \frac{l_f}{EA} & 0 \\ \frac{l_f^2}{2EI} & 0 & \frac{l_f}{EI} \end{bmatrix} \begin{bmatrix} F_x \\ F_y \\ M_z \end{bmatrix} = \begin{bmatrix} \Delta x \\ \Delta y \\ \Delta\alpha \end{bmatrix} \tag{10-30}$$

式中，E 为材料的杨氏模量；A 为柔性梁的横截面积；I 为柔性梁的惯性矩。由于杠

杆机构在 x 方向上受力为零，即 $F_x=0$，则式（10-30）可以进一步化简，得到柔性梁的变形方程：

$$\begin{cases}\Delta x=\dfrac{l_1 l_f^2 F_y}{2EI}\\ \Delta y=\dfrac{l_f F_y}{EA}\\ \Delta\alpha=\dfrac{l_f F_y l_1}{EI}\end{cases}\tag{10-31}$$

则柔性杠杆输入端的位移 y_i 以及输出端的位移 y_o 可以表示为：

$$\begin{cases}y_i=\Delta y+\Delta y'=\Delta y+l_1\sin(\Delta\alpha)=\dfrac{l_f F_y}{EA}+l_1\sin\dfrac{l_f F_y l_1}{EI}\\ y_o=\Delta y+D=\Delta y+(l_1+l_2)\sin(\Delta\alpha)=\dfrac{l_f F_y}{EA}+(l_1+l_2)\sin\dfrac{l_f F_y l_1}{EI}\end{cases}\tag{10-32}$$

柔性杠杆机构的放大倍数为 y_o/y_i，其大小会随着输入力 F_y 的增加而增加，考虑在微尺度下，机构的结构尺寸以及受力都很小，因此式（10-32）中的 Δy 项可以忽略不计，相应的放大倍数的表达式可以简化为：$y_o/y_i=(l_1+l_2)/l_1$，可以发现，微尺度下柔性杠杆机构与宏观杠杆机构类似，其放大倍数只与杠杆臂长之比有关。

（3）微弹簧放大机构分析

弹簧是另一种常见的位移放大机构，其既可以提供弹性力，又可以传递能量，由于受到制作工艺的限制，微弹簧多为平面结构，主要有 S 型以及 L 型等不同的结构，如图 10-25 所示。

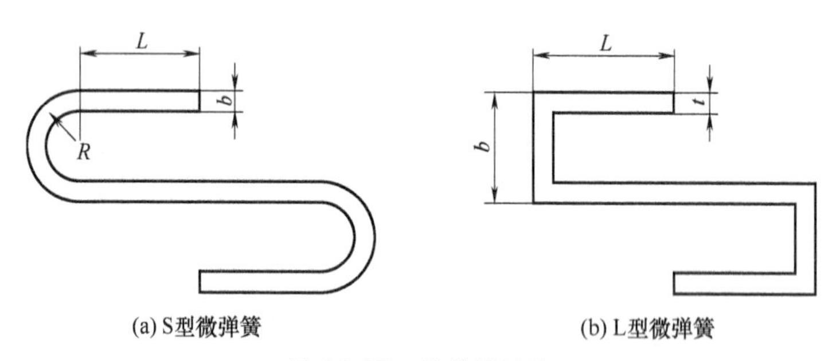

图 10-25　微弹簧机构

微弹簧在结构上具有非常明显的周期特征，因此可以对其中的单元进行单独分析，以 S 型微弹簧为例，当其受到外力 F 作用时，结构内部的弹性变形能 U 可以表示为：

$$U=\frac{F^2L^3}{12EI}+\frac{F^2R\pi}{2EA}+\frac{F^2R^3\pi}{2EI}+\frac{F^2L^2R\pi}{4EI}+\frac{2F^2R^2L}{EI}\tag{10-33}$$

外力 F 在其相应的位移方向对弹性体做的功 W 为：

$$W=\frac{F\delta_0}{2}\tag{10-34}$$

当微弹簧受力平衡时，可以认为外力对其做的功全部以弹性变形能的形式储存在微弹簧内部，即 $U=W$，则可以得到 S 型微弹簧的刚度表达式为：

$$K_0=\frac{F}{\delta_0}=\frac{1}{\frac{L^3}{6EI}+\frac{R\pi}{EA}+\frac{R^3\pi}{EI}+\frac{L^2R\pi}{2EI}+\frac{4R^2L}{EI}} \tag{10-35}$$

此方法可以扩展到 n 节弹簧中去，则式（10-35）可以进一步表示为：

$$K=\frac{K_0}{n}=\frac{1}{n}\times\frac{Ehb^3}{2L^3+b^2R\pi+12R^3\pi+6L^2R\pi+48R^2L} \tag{10-36}$$

同理可以得到 L 型微弹簧弹性系数的表达式：

$$K=\frac{Eb^3h}{n\left[16(L-b)^3+24\left(L-\frac{b}{2}\right)^2(t-b)+2b^2(t-b)\right]} \tag{10-37}$$

可以看出，两种形式微弹簧的弹性系数只与其结构参数有关，当相关尺寸固定后，微弹簧的输出力与输出位移之间将呈现出良好的线性关系。考虑到 L 型微弹簧在其拐点处会有较大的应力集中，在高过载环境力下容易产生结构破坏，因此，选用了 S 型微弹簧来进行相关设计。由公式（10-36）可知，微弹簧的弹性系数会随着节数 n、弹簧长度 L、弹簧节间距 R 的增加而下降，随着弹簧厚度 h 以及弹簧宽度 b 的增加而增加。

综合之前的相关分析可以发现，位移放大机构不能作为一个单独的器件存在，其只是整个系统的一部分，需要得到相应的输入才能获得特定的输出，因此，微位移放大机构需要与微执行器相结合才能实现驱动需求。

10.3 大输出位移电热微执行器的应用

10.3.1 基于三角放大机构的电热执行器

针对输出位移在 200μm 以内的设计目标，基于三角放大机构的压曲结构可以满足设计要求。该机构与杠杆放大机构只有一端有约束不同，其两端都有放大臂进行约束，所以经过合理的尺寸优化可以获得较大的水平刚度，也就是说，可以不采用预锁死的方式，机构本身就能抵挡较大的干扰加速度，同时由于是一步直接完成位移放大，所以动态响应时间较短，可以较快地输出较大的位移。将 V 型梁电热驱动单元和压曲放大机构结合起来，最终形成的器件结构如图 10-26 所示。该作动机构经过合理的尺寸优化，能够可靠地快速

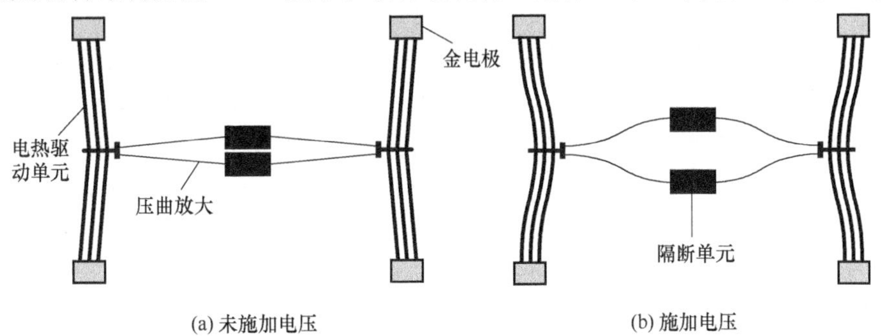

图 10-26　压曲放大式电热执行器

输出较大的位移。该作动机构由两个对称分布的V型梁电热驱动单元以及两个对称分布压曲放大机构组成。当两个V型梁电热驱动单元同时通电，压曲放大机构对称输入位移，最终在中心单元处产生放大后的位移。

对压曲放大式电热执行器施加电压，其位移、功率与电压的变化曲线如图10-27所示。由测试数据可知，当驱动电压较低时，电热执行器基本没有位移输出，这是因为尽管采用防粘连的结构设计，但是，结构层和基底层依然有微弱的黏附力起阻挡作用。当工作电压为18V时，可以产生293.31μm的相对位移，如图10-28所示。

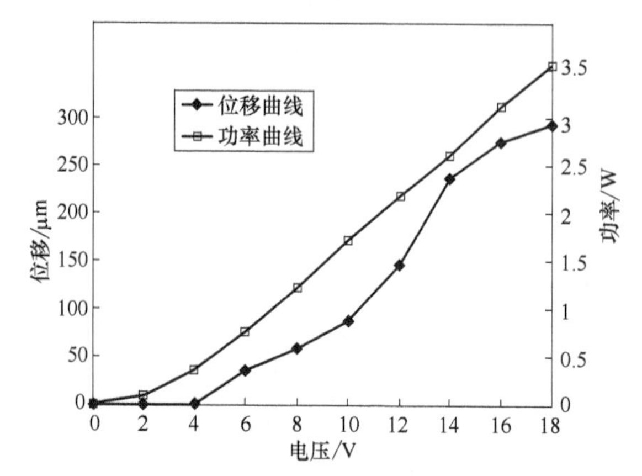

图10-27 压曲放大式电热执行器输出特性曲线

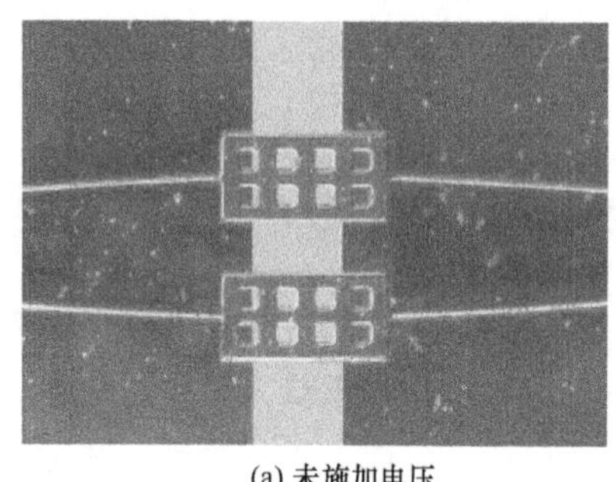

(a) 未施加电压

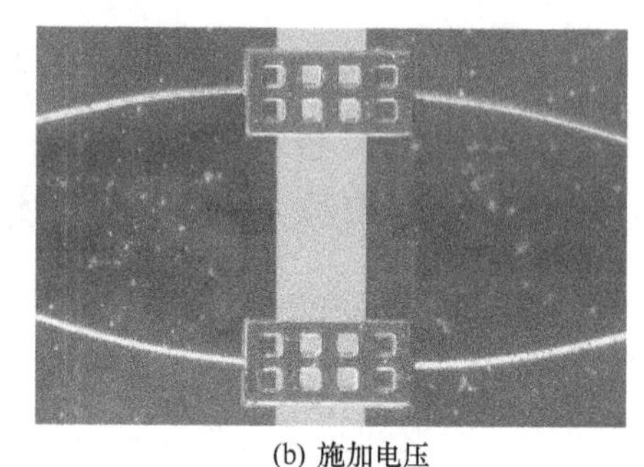

(b) 施加电压

图10-28 压曲放大式电热执行器稳态输出照片

10.3.2 基于柔性杠杆放大机构的电热执行器

杠杆放大式电热执行器主要是针对输出位移在0～500μm范围内的要求而设计的，其具体结构如图10-29所示。执行器整体呈现出中心对称的结构，主要由4组V型电热执行器、柔性杠杆机构以及隔板组成。V型电热执行器的输出端与柔性杠杆机构的输入端相连，为了提高器件的输出性能，这里将执行器制作成阵列结构，隔板直接制作在柔性杠杆机构的输出端，在隔板上设计了相应的齿槽结构，采用此种形式恰好可以与其相邻结构形成互锁，只有当4组驱动信号同时加载在特定的执行器上时，隔板才能完全打开。

杠杆放大式电热执行器的工作原理为：驱动信号加载到相应电热执行器上，在热膨胀效应的作用下，电热执行器产生位移变形，经过柔性杠杆机构，可以将微小的热膨胀变形

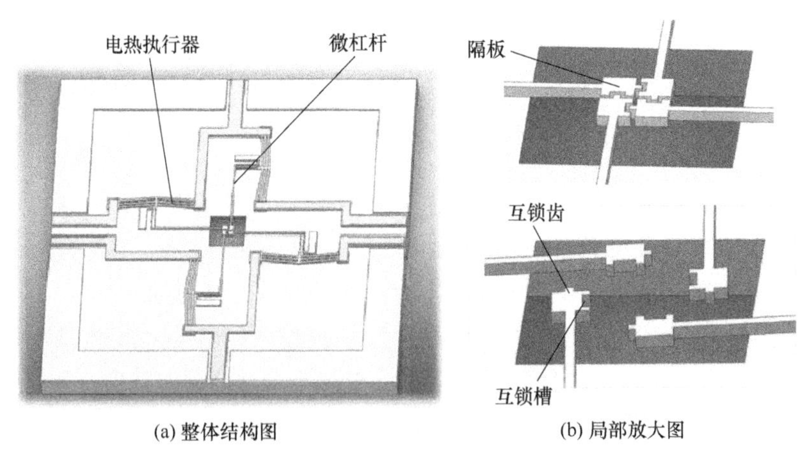

图 10-29　杠杆放大式电热执行器

放大，并驱动制作在柔性杠杆机构上的隔板移动；当驱动信号消失时，电热执行器会由于热量的耗散而迅速恢复到初始状态，柔性杠杆机构会在自身弹性力的作用下将隔板拉回原位。当遇到错误驱动信号时，部分电热执行器被激励，虽然可以产生相应的热膨胀变形，但是受到相邻隔板中齿槽结构的相互约束，隔板不会被打开。

杠杆放大式电热执行器位移输出测试平台由电热执行器、显微镜、保护电阻以及直流电源组成。由于器件中增加了柔性杠杆机构与隔板等相应负载，故将 V 型电热执行器的阵列个数制作为 6 组，并对加载电压的范围进行适当扩大，得到的位移输出结果如图 10-30 所示。

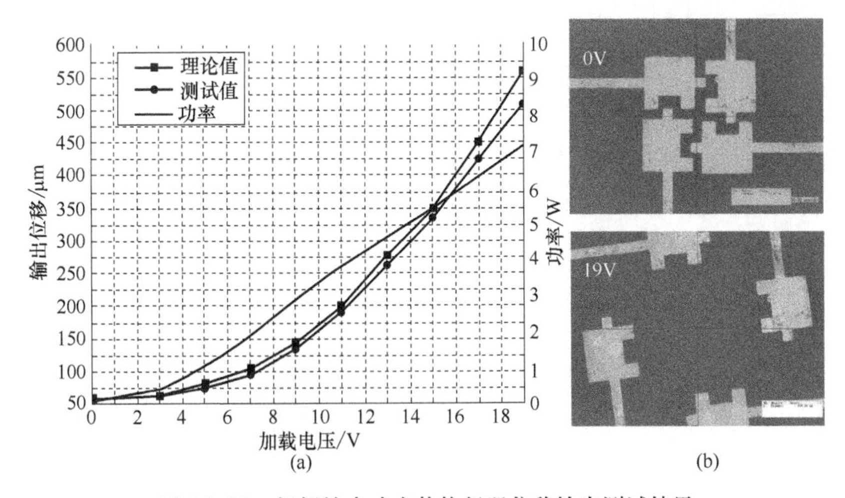

图 10-30　杠杆放大式电热执行器位移输出测试结果

图 10-30（a）为杠杆放大式电热执行器输出位移/功率与加载电压变化曲线，可以看出随着加载电压的升高，器件的输出位移与功率均逐步上升，当加载电压升高到 19V 时，四隔板驱动器的输出位移达到最大，如图 10-30（b）所示，所测出的驱动位移为 508.98μm，而理论值则为 560μm，两者误差为 10.02%。这里误差较大的原因主要是由于器件悬空部分较多，隔板位置处的刚度较低，在缺少了 SiO_2 层支撑的情况下，器件整

体结构会向衬底方向自然下垂，造成相应的空气间隙减小，进而增加电热执行器上热量的流失，因此器件相应的输出位移也会随之减小。

10.3.3 基于微弹簧放大机构的电热执行器

为了在不增加芯片占片面积的约束下进一步提升器件的位移输出能力（驱动位移在0～1mm之间），设计了弹簧放大式电热执行器，如图10-31所示。器件整体结构呈现轴对称的布局，主要由4组V型电热执行器、柔性杠杆机构、S型微弹簧以及滑动隔板组成。按照器件的对称轴，可以将电热执行器分为左右两对，每对由两个V型电热执行器以及柔性杠杆机构组成，这两个执行器呈相互垂直的布局结构，可以实现两个方向的位移驱动。柔性杠杆机构的末端制作了棘爪机构，并与滑动隔板两侧的齿形结构形成配合。S型微弹簧与滑动隔板的一端相连，起到位移输出的作用。

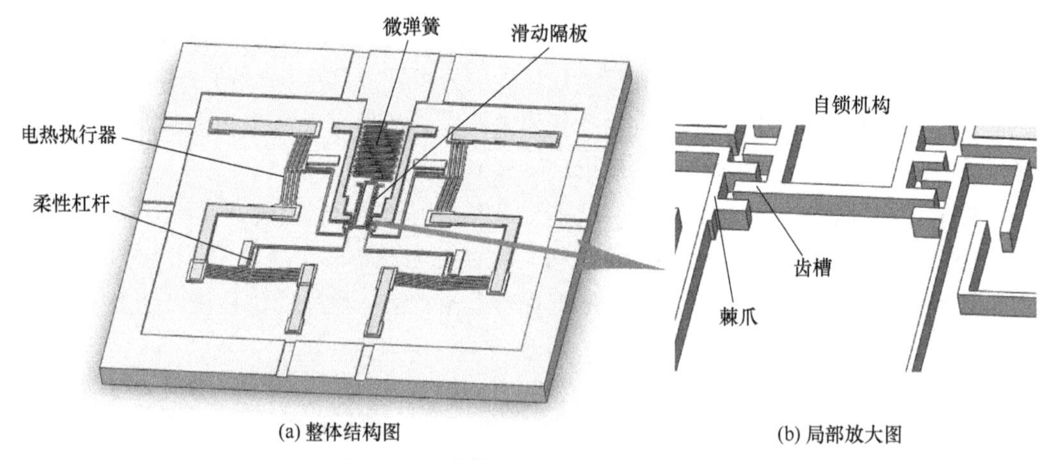

(a) 整体结构图　　(b) 局部放大图

图10-31　弹簧放大式电热执行器结构

弹簧放大式电热执行器主要是依靠对微小位移的不断积累来最终实现大位移的输出，类似于变形的齿轮齿条以及棘爪棘轮机构，通过电热执行器驱动柔性杠杆机构运动，进而控制棘爪与滑动隔板相互配合，在机构之间形成多次啮合、移动、保持、脱啮合以及再啮合等动作，最终完成大位移的输出，如图10-32所示。

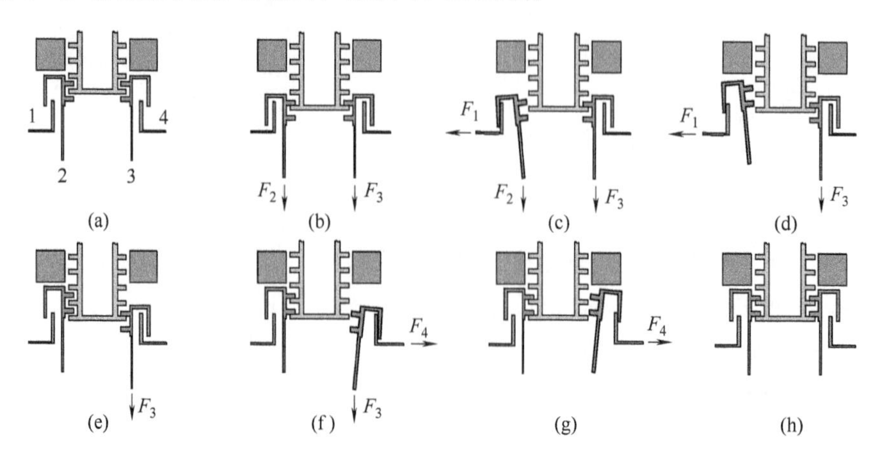

图10-32　弹簧放大式电热执行器驱动原理

弹簧放大式电热执行器需要使用四路信号来完成相应动作，并且信号之间必须满足特定的相位关系才能实现对隔板的驱动，否则隔板将保持在初始位置，相应的驱动信号如图 10-33 所示。

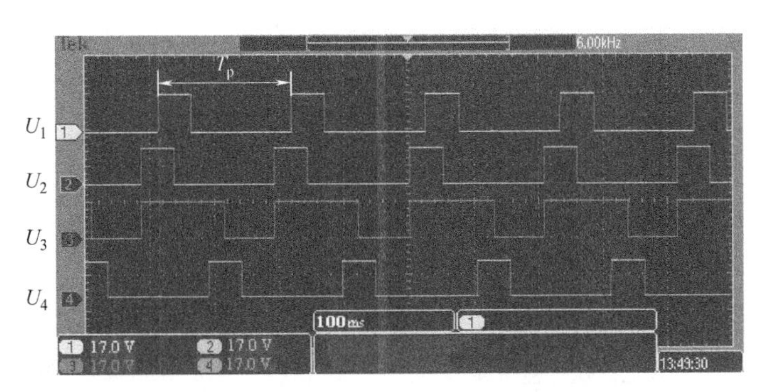

图 10-33　弹簧放大式电热执行器驱动信号

单隔板驱动器每步驱动都由八个驱动子步组成，为了对每个驱动子步进行观察与测试，这里将驱动周期设置为 100ms，所得到的子步驱动结果如图 10-34 所示。对每个子步中执行器的动作进行测试，可以发现实际驱动步骤与设计步骤保持一致。其中，在下拉动作当中，执行器 2、3 可以在竖直方向产生 100μm 的驱动位移，用来实现拉动隔板的移动；在脱啮合以及对正动作当中，执行器 1、4 可以在水平方向产生 50μm 位移变形，可以实现隔板与棘爪之间的脱啮合。

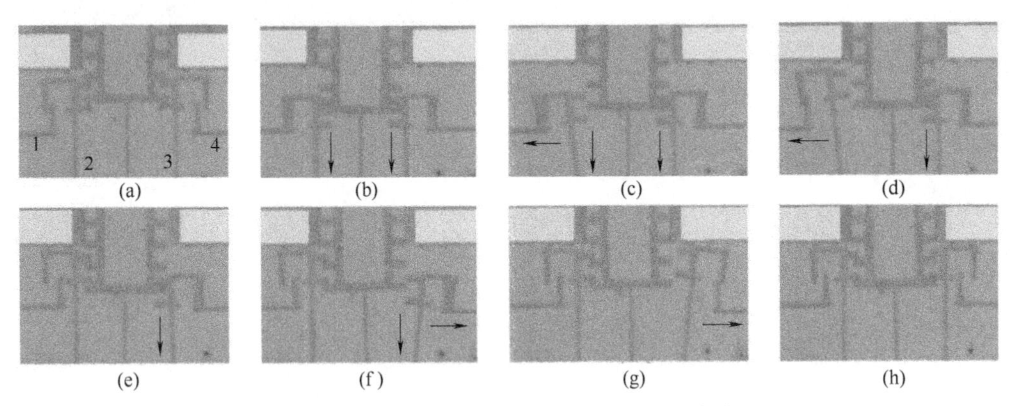

图 10-34　弹簧放大式电热执行器子步驱动结果

图 10-35 为弹簧放大式电热执行器位移输出图，可以看出在所设计的驱动范围内，每步的输出位移与步数呈现出良好的线性关系，经过测量，第一步所产生的位移为 83.5μm，而设计值为 100μm，两者之间的差距主要是由于棘爪与隔板齿槽之间的间隙造成的，为了便于机构之间的脱啮合与再啮合，将结构间隙设计为 15μm，再考虑到微弹簧在驱动时所产生的反力，使隔板上的输出位移进一步减小。由于隔板上齿槽之间为固定的 100μm 间距，此后驱动步之间的驱动位移差将固定不变。

图 10-36 为单隔板驱动器相应的驱动结果，为了便于对结果进行分析，这里选取了三个典型的驱动步作为代表，即第二步、第四步以及第十步。第二步所产生的驱动位移为

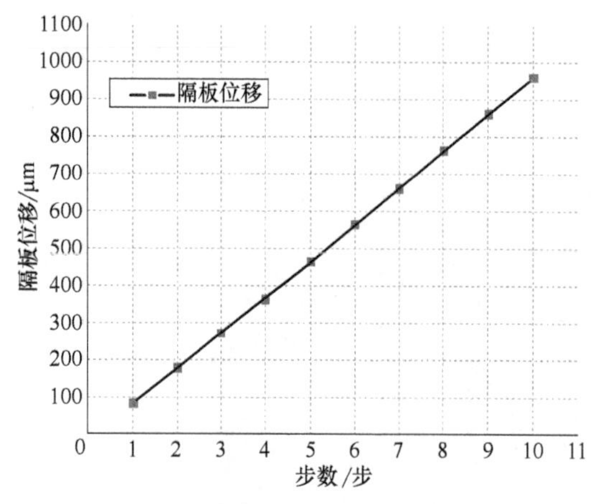

图 10-35　弹簧放大式电热执行器位移输出

180μm，实际测试出来的位移仍然比设计位移稍小，主要原因是微弹簧变形所带来的反力限制了棘爪机构的位移输出；第四步所产生的驱动位移为 375μm，此时在弹簧力的作用下，棘爪的顶部会与限位块接触，受到限位块的阻挡作用，棘爪不会继续产生变形，此时滑动隔板所产生的输出位移将保持稳定；单隔板驱动器在第十步产生的输出位移为 975μm，对应相应的驱动步数可以发现滑动隔板的输出位移不再减小，说明所设计的限位块结构起到了相应的作用。

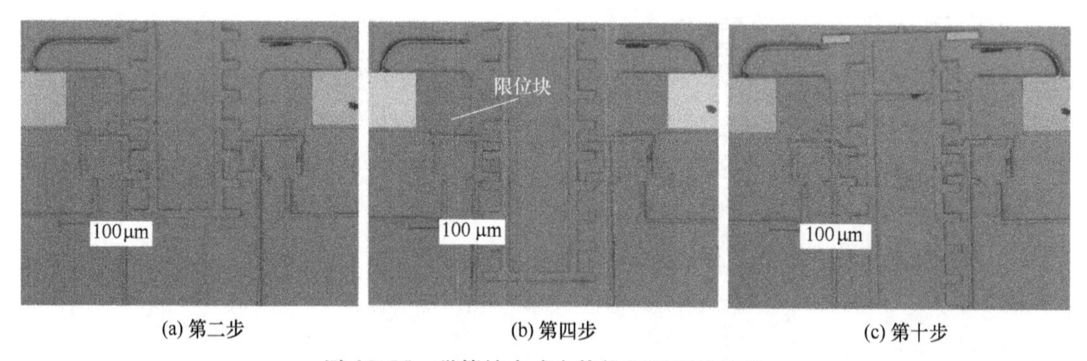

(a) 第二步　　(b) 第四步　　(c) 第十步

图 10-36　弹簧放大式电热执行器驱动结果

参考文献

[1]　褚恩义，张方，张蕊，等. 第四代火工品部分概念初步探讨 [J]. 火工品，2018，1：5.

[2]　孔俊峰，李兵. 新一代火工技术及其应用 [J]. 国防技术基础，2010，7：40-51.

[3]　钟杰华，娄依志，张沥. 新型火工品技术在未来武器系统的应用分析 [J]. 科技创新与应用，2018，13.

[4]　刘静波. 火工品集成技术的发展机遇与途径解析 [J]. 科技视界，2017，8：168.

[5]　Zhang J，Li D. Failure analysis of set-back arming process of MEMS S&A device [J]. Sensors & Transducers，2014，166 (3)：66-72.

[6]　王彭颖恺，隋丽，李国中. MEMS 保险机构加载模拟装置 [J]. 探测与控制学报，2015，37，173 (06)：19-22.

[7]　刘章，牛兰杰，赵旭，等. 硅基 MEMS 悬臂梁支撑的离心驱动隔离装置 [J]. 兵器装备工程学报，2018，39：240.

[8]　Young TT. DoD MEMS Fuze Reliability Evaluation [C]. 59th Annual Fuze Conference，2016.

[9]　Tengjiang Hu，Yulong Zhao，You Zhao，et al. Integration design of a MEMS based fuze [J]. Sensors and Actuators A，2017，268：193-200.

[10]　隋丽，石庚辰，穆斌. 火工品 MEMS 机构微装配研究 [J]. 探测与控制学报，2008，30 (3)：

64-67.

[11] Fan L, Beggans M, Chen E, et al. MEMS fuze assembly [P]. US, US7913623 B1, 2011.

[12] Robert Renz. MEMS Based Fuze Technology [C]. 58th Annual Fuze Conference, 2015.

[13] Jihun Jeong, Junseong Eom, et. al. Miniature mechanical safety and arming device with run-awayescapement arming delay mechanism for artillery fuze [J]. Sensors and Actuators A, 2018, 279: 518-524.

[14] Wang D, Lou W, Feng Y, et al. Design of High-Reliability Micro Safety and Arming Devices for a Small Caliber Projectile [J]. Micromachines, 2017, 8 (8).

[15] 邹振游. 火工品安保一体化设计及制备方法研究 [D]. 南京：南京理工大学，2016.

[16] 李志超. 微机电安全与解除保险机构驱动器设计 [D]. 南京：南京理工大学，2011.

[17] Wang F, Lou W, Yue F, et al. Parametric research of MEMS safety and arming system [C]. IEEE International Conference on Nano/micro Engineered and Molecular Systems. 2013: 767-770.

[18] Seok J O , Jeong J , Eom J , et al. Ball driven type MEMS SAD for artillery fuse [J]. Journal of Micromechanics and Microengineering, 2017, 27: 15-32.

[19] Yu Qin, Liangyu Chen, Yongping Hao, et al. A study on the elastic coefficients of setback micro-springs for a MEMS safety and arming device [J]. Microsystem Technologies, 2020, 26: 583-593.

[20] Feng HZ, Lou WZ, Wang DK, et al. Design, test and analysis of a threshold-value judging mechanism in silicon-based MEMS safety and arming device [J]. Journal of Micromechanics and Microengineering, 2019, 29.

第11章 超高温传感技术

11.1 引言

航空发动机作为飞机的核心，决定着飞机的性能和安全。发动机一旦出现故障，很可能导致非常严重的航空事故，造成巨大的人员伤亡和经济损失。温度是反映航空发动机工作状态的重要过程参数，温度信号的有效测量对发动机的控制、状态监控、安全性、可靠性和可维护性具有重要意义。

超高温度测量是对测温技术的重大突破，这有利于完善温度测量体系，为航空发动机设计提供指导。温度传感器预期测试涡轮前温度和涡轮叶片温度这两个发动机中重要的温度。研究分析发动机涡轮前温度，解决实现航空发动机涡轮叶片的热环境分析测量和在线监视重要问题。测试涡轮叶片的温度分布，分析其表面温度场，清楚其热应力分布，以便在叶片材料、冷却、结构、工艺、安装上采取有效的措施，提高叶片的工作可靠性。设计出的温度传感器可以精确、可靠地控制涡轮环境的温度，防止偶然的超温破坏，保证发动机热端部件的使用寿命，延长发动机的使用寿命，降低发动机的成本。

11.2 薄膜热电偶测温技术

11.2.1 金属型薄膜热电偶测温技术

(1) 技术原理

薄膜热电偶采用温差电效应为测量原理。1821年，德国科学家塞贝克（Seebeck）报道了一个有趣的实验结果：当把一个由两种不同导体构成的闭合回路置于指南针附近时，若对该回路的其中一个接头加热，指南针就会发生偏转。当时，塞贝克认为这是一个与磁有关的现象，并企图依此将地球的磁现象归因为赤道与两极之间存在温差。尽管塞贝克当时未能对这个现象做出正确的解释，但这并未妨碍他对许多材料进行的比较研究，从而为后来的温差电研究打下了基础。在他所研究的众多材料中，有一些就是后来称为半导体的材料。这个系列与我们今天的温差电系列非常类似。实际上，如果当时塞贝克从他的系列中挑选出第一种材料和最后一种材料构成一只温差电偶，那么就可以实现效率约为3%的热电转换。这个数值已经能与当时效率最高的蒸汽机相比拟。尽管塞贝克错过了这样的机会，也未能对现象给出正确的解释，但正因为他首先观察到并仔细地阐述了这一现象，所以塞贝克是第一个发现温差现象的人。之所以称为温差电，是因为后来人们认识到指南针的偏转是由于温差使回路产生电流而引起的。

1850年后，瑞利（Rayleigh）研究了利用温差电现象发电的可能性。他第一个计算了温差发电的效率，不过他的计算方法并不正确。后来到1909～1911年间，德国的阿特克希（Altenkirch）提出了一个令人满意的温差电制冷和发电的理论，将其性能用一个所谓的温差电优值来描述。其定义为$Z=\alpha^2\sigma/\lambda$，α和σ分别为塞贝克系数和电导率；λ为热导率。

简单地说，热电偶是一种热电型的温度传感器，它可以将温度信号转换成电势（mV）信号，通过可以测量电势信号的仪表或转换器，实现温度的测量或温度信号的转换。

从微观角度来看，薄膜内部的一个电子，会在外加电场下加速运动，直到它与声子等晶格缺陷相碰撞。连续金属薄膜的导电性质与膜厚有关的现象属于尺寸效应。在尺寸效应下，当膜厚d与电子的平均自由程λ相近时，薄膜的上下表面对电子的运动施加了几何尺寸的限制，导致金属薄膜的电导率与块体材料不同，组成薄膜热电偶热电极材料的绝对热电势S_A、S_B也发生变化，最终影响薄膜热电偶的塞贝克系数S_{AB}。

理论上讲，凡是两种不同的金属或合金材料均可组成热电偶，但实际上却是不可以的。必须满足以下两点要求：

① 物理化学性质稳定，电阻温度系数小，力学性能好，所组成的热电偶灵敏度高，复现性好。

② 热电偶与温度之间的函数关系能呈线性关系。

薄膜热电偶设计逻辑图如图11-1所示。

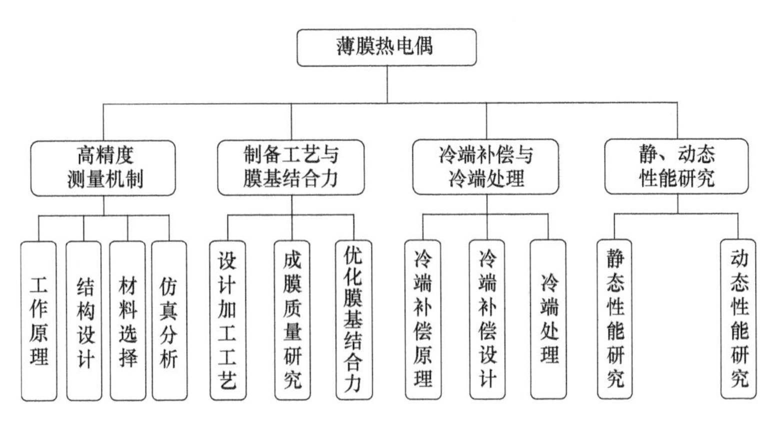

图11-1　薄膜热电偶设计逻辑图

（2）制作方法

目前，热电偶电极材料种类很多，不同材料由于具有不同的特性，使得所组成的热电偶在不同温度范围内表现出较大的差异性能。热电偶的分类没有严格的标准，但根据习惯会有以下几种不同的分类方法：

① 按其热电势和温度的关系以及使用性能可分为常用热电偶和特殊热电偶。

② 按其适用的温度范围可分为低温热电偶、中温热电偶和高温热电偶。

③ 按其结构形式的不同可分为铠装式、插入式和裸线式热电偶。

薄膜的成膜方法很多，其中一种是按干式和湿式对成膜方法进行分类。在干式法中，有以真空蒸镀、溅射镀膜和离子镀为代表的物理气相沉积（PVD）和气体化学沉积（CVD）等。在湿式法中，有化学镀、电镀、LB技术、阳极氧化、溶胶-凝胶以及厚膜印刷法等，见表11-1和表11-2。

表11-1 物理制膜各种方法比较

物理制膜法	优点	缺点
真空蒸镀	成膜的薄厚可控制，通过掩模易于形成所需要的图案，且工艺简单，纯度高	低蒸气压物质难以成膜
溅射镀膜	附着性好，易于保持化合物或合金的组成比例	需利用精制的靶材，且利用率低，不便于采用掩模沉积
离子镀	附着性好，可用于化合物、合金或非金属的成膜	需引入气体放电，装置操作复杂，不便于采用掩模沉积
等离子喷射	可制作高熔点材料膜层，微小触点	噪声大，工作的环境差
等离子喷涂	附着性好，可制化合物、合金 或非金属膜及大面积复合膜	
切削	可保证块体材料的组织结构	很难获得大面积试样
压延轧制	获得特定取向的加工组织	脆硬材料不能成膜，且很难获得极薄膜层

表11-2 化学制膜各方法比较

化学制膜法	优点	缺点
热分解	装置简单	反应处于高温，很难控制膜厚，难以通过掩模形成需要的图形
气相反应		
聚合反应	不需要溶剂，且蒸发的能量小，混入的杂质少，同时可促进反应的进行	膜层生长速率较低，反应气体的选择受到限制
吸附反应	不需要溶剂，且蒸发的能量小，混入的杂质少	
光聚合反应	可进行局部处理和大面积处理，且激发能量小，能量变化范围小，对膜层的损伤范围小，成膜时杂质少，可低温成膜	需要选择适当的光源
蒸镀聚合	蒸发能量小，反应平稳，成膜质量好	适用对象受到限制
放电聚合	激发能量范围宽，可制备各种不同的膜层，应用对象范围宽	生成机制复杂

每种成膜方法都有各自的优缺点，磁控溅射是目前应用最广泛的一种溅射沉积方法，其沉积速率比其他溅射方法高出一个数量级。

（3）材料选择

能制成薄膜热电偶的导体或半导体材料很多，除了国家规定的标准热电偶材料以外，还有钨铼等金属基薄膜材料，铟锡氧化物等导电氧化物型薄膜材料和 $CrSi_2$/TaC 陶瓷型薄膜材料等。它们的最大耐受温度可达 1900℃，而不发生相变，且在一定测温范围内线性度良好，灵敏度高，在航空发动机高温测试中有着广阔的应用前景，并已得到初步应用。

1999 年弗吉尼亚理工大学使用射频磁控溅射在氧化铝基底上沉积 TaC 和 TiC 薄膜，用四探针仪测量薄膜的电阻率。依据沉积速率和膜层电阻确定最优的溅射参数，并在真空环境下对薄膜热电偶进行输出测试。膜层电阻主要受到溅射参数如溅射中的基底温度、溅射气压和射频功率的影响。优化溅射参数可以获得室温下较低的膜层电阻。溅射参数不同可以获得最优的膜层电阻和较大的沉积速率。溅射的靶材和参数具体如下：使用纯度为 99.5%的 2in（1in＝25.4mm）TiC 和 TaC 靶材，溅射功率为 50～200W，基础压力保持在 $3\times10^{-7}\sim10\times10^{-7}$ Torr（1Torr＝133.322Pa），氩气作为溅射气体，气压从 2～3mTorr；使用氧化铝作为基底，沉积时的基底温度从室温至 850℃。使用质量测量和 Dektak 轮廓仪测量膜厚，在仅改变功率时，功率低于 100W 时膜层电阻随着功率的增加而降低，在 100W 之后膜层电阻几乎不受功率增大的影响。这是由于钛、钽、碳的溅射产率的差异造成的，在溅射功率较低时，钽的沉积速率高于钛，而钛的沉积速率高于碳的沉积速率；在较高的溅射功率时，相对沉积速率几乎没有差异。与之前所报道的碳含量的减小会使 TiC 和 TaC 的电阻增大相符合，考虑到设备的情况，100W 是最优的溅射功率。在 100W 下使用不同的溅射气压制备薄膜，膜层电阻随着溅射气压的增大而增大，在较高的溅射气压下，钽、钛、碳的沉积速率存在较大差异，使得元素含量相对比例发生变化，造成膜层电阻增加。组成分析显示，在较高的溅射气压下，氧气会进入薄膜中，氧气的存在可能也导致了薄膜的膜层电阻的增加。沉积期间衬底温度对 TiC 和 TaC 薄膜的薄层电阻也有影响，对于 TaC 薄膜，当衬底温度从室温升至 400℃时，薄膜电阻急剧下降，接下来衬底温度的增加导致膜层电阻轻微增加。对于 TiC 薄膜来说，膜层电阻随着衬底温度缓慢上升。这可以用致密化或晶粒生长和表层氧化来解释，前者使膜层电阻降低，后者导致膜层电阻增加。从结果看出，电阻率的增加非常小，同时大约 400℃的衬底温度对于碳化物薄膜溅射是最佳的。在沉积速率方面，溅射功率越大，撞击靶表面的颗粒数量越多，导致从靶释放的物质数量增加，造成沉积速率增大。保持溅射功率为 150W 时，溅射气压的增大会造成沉积速率的提高。这是由于随着腔室中的溅射气压增大，等离子体中的粒子密度增加，导致更大的沉积速率。从获得大沉积速率和低膜层电阻来衡量，得到 TiC 和 TaC 薄膜的最优溅射参数为射频溅射功率 150W，衬底温度 100℃，氩气气压 2mTorr，膜厚为 300nm。薄膜在加热和冷却过程中，输出电势没有显著变化，在温度高于 1350K 时薄膜失效。TiC / TaC 薄膜热电偶在真空或惰性气氛的高温测量应用具有很好的潜力。

2000 年开始，相关研究有了很大的进展：2013 年，美国罗德岛大学研究了 K 型、S 型、铂钯薄膜热电偶，同时研究了铟锡氧化物（ITO-In_2O_3）导电氧化物材料及其衍生材料的薄膜热电偶。各类型薄膜热电偶比线状热电偶的稳定性更优异而漂移率接近。掺氮后薄膜热电偶的性能更优异，实验发现该热电偶在1400℃高温条件下具有优良的化学和电稳定性，在20～1200℃的测试范围内线性度良好，最高输出热电势达到120mV，可靠工作时间达到10h。不同类型的薄膜溅射参数存在差异，溅射之前保持2.7×10^{-4}Pa的背景压力，溅射时先进行10min的预溅射以去除表面污染物并释放吸附的水分，溅射金属材料时保持氩气压力为1.2Pa，氧化物材料的气压为1.3Pa，基底温度保持在100℃。制得的金属薄膜厚度1～5μm，氧化物薄膜10～12μm。所有的薄膜都在500℃的氮气中退火5h以消除点缺陷，包括溅射时困在膜中的氮气，并使薄膜致密化。将氧化物型薄膜在1200℃的空气中退火2h，以防止测试期间不均匀的加热造成微观结构的不均匀性，造成漂移并最终导致薄膜热电偶发生故障。K型薄膜热电偶即使在低温下输出也不稳定，由于氧化及蒸发的影响漂移显著；S型薄膜热电偶的输出也不稳定。在许多室温至800℃的热循环中，Pt：Pd薄膜热电偶比K型和S型都更稳定。基于In_2O_3的薄膜热电偶中的氧空位补偿不均衡导致冷结点和热结点的微结构之间的不均匀性，这导致高温循环期间发生漂移并最终导致器件失效。在纯氩气和含氧气、氩气的气氛中制备的氧化铟薄膜的塞贝克系数比在氩气和氮气中制备的薄膜的塞贝克系数高。对于非简并半导体如氧化铟，载流子浓度的降低会增加塞贝克系数的大小。因为氮在半导体氧化物中充当价带受体，从而降低了这些材料的热点输出。ITO的塞贝克系数计算公式与金属材料的相同，而将氮掺入ITO由于活化能的增加而降低了载流子浓度以及费米能级，这增加了ITO的塞贝克系数。实验结果显示，氧氮化物相对于氧化物的漂移速率降低了一个数量级，但是牺牲了部分总热电输出。同时热循环期间的热点输出的滞后由于掺氮而降低。氮化物膜上形成致密化表面层，可以在热循环期间抑制氧扩散。但是，氧化物型薄膜热电偶还处于初步研究阶段，存在许多需要解决的问题，比如：缺乏适合材料的高温补偿线将热电偶的冷端引出，ITO此种氧化物在温度超过1500℃时会发生相变，测温范围受限制。Gaithersburg国家标准与技术研究所化学科学与技术实验室在2000年，开发了用于快速热处理的辐射温度测量校准晶片，并在NIST进行校准，还采用铂钯线热电偶实现了0.48℃的组合标准不确定度，实现了薄膜热电偶结在900℃的温度测量。他们在热氧化硅晶片上使用钛键合涂层的铂、钯、铑和铱薄膜，用二次离子质谱法分析从金属膜到硅的扩散分布，在热处理之后，使用电子显微镜和光学显微镜来跟踪热电薄膜的劣化。此外，测试了薄膜热电偶材料的失效机理及局限性，讨论了在测温性能方面的滞后和漂移数据。研究认为，纯元素比合金和化合物具有优势。由于成分的选择性反应，热敏元件对氧化敏感。铂-硅薄膜上的钯薄膜热电偶如果厚度小于1mm，作为RTP校准晶片使用的实际限制大约在850℃。增加厚度，加入晶粒生长抑制剂如不溶性沉淀物，并覆盖氧化物可以延缓材料的聚结。Glasgow大学在2015年研究了热电偶电绝缘对测量表面温度的影响。通过数值和实验分析了热电偶线电绝缘对温度测量的影响，将直径为80mm和200mm的K型热电偶，具有不同的暴露线长度（0mm、5mm、10mm、15mm和20mm）被用来测量各种表面温度（4℃、8℃、15℃、25℃和35℃），测量与热电偶直接接触表面，导线垂直延伸并暴露于自然对流。结果发现，绝缘导线确认临界半径和速率没有特定值。热电偶丝周围的热流密度随着导线直径的增加而不断增加。某种膜层界面图如图11-2所示。

国内关于薄膜热电偶温度传感器的研究工作主要集中在制备工艺的研究和传感器的标定上面。随着薄膜制备技术日趋多样化，热电偶薄膜的制备工艺也越来越复杂，工艺的优劣将直接关系到薄膜热电偶温度传感器的各项性能指标，因此，研究制备工艺在其研究中占据非常重要的地位。到目前为止，由于缺乏相关理论基础和有效的实验途径，动态标定依然困扰薄膜热电偶的发展，同时也是急需解决的关键问题。近来，国内外相关研究人员从材料物理性能角度出发对薄膜热电偶展开研究，并取得了一定的研究成果，这些都推动了其进一步发展。

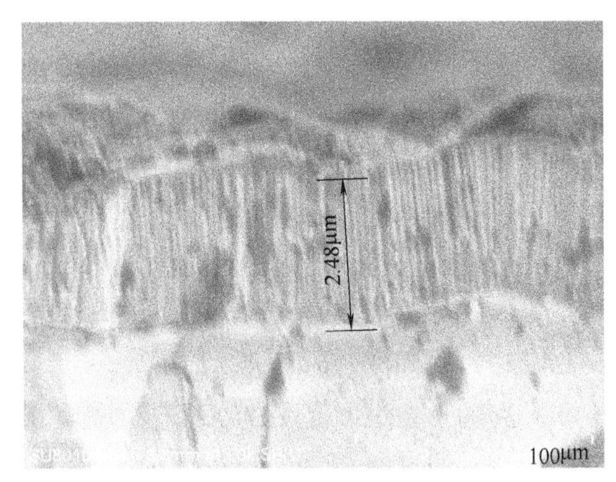

图 11-2　某种膜层界面图

钨铼热电偶的特点与我们日常见到的灯泡很相似，把钨铼偶丝比作是灯丝，保护管比作是灯泡的玻璃外壳最恰当不过了。灯泡的灯丝只能在真空中或惰性气体中才能正常发光，一旦灯泡的气密性变差或玻璃外壳突然损坏，接通电源灯丝会立即被氧化。钨铼热电偶适用于真空、氢气、氮气、氦气、氩气等惰性气体保护的气氛中。因为该保护气氛与钨铼偶丝及钼保护管有很好的亲和力，而铂铑偶丝在该保护气氛中存在着很容易劣化的特点。为此，钨铼热电偶在真空等气氛保护炉中得到了广泛的应用。

钨铼热电偶的应用比较广泛，在真空及气氛保护炉中其优越性更显突出，使用寿命是铂铑热电偶的 4～5 倍，价格是铂铑热电偶的 0.5～0.8 倍，目前国内制造钨铼热电偶的厂家不是太多，尤其是能制造出使用寿命长、稳定性好的厂家不足 10 家，其原因是采用的内保护管不合适，不能有效地隔绝炉内腐蚀气氛的进入。

钨铼热电偶具有以下优点：耐高温，最高使用温度为 2300℃；可在还原性气体中长期使用；电势值大；准确、重复性好；价格低廉。钨铼热电偶的品种有 WRe3/25、WRe5/26、WRe5/20、WRe10/20 等，其中因特性优良而被标准化的钨铼热电偶有 WRe3/25、WRe5/26（ASTM E696—84 及 E988—84、中国 ZB5003—88）、WRe5/20。我国 ZB5003 给出了 0～2100℃的分度表，其他性能指标均不低于 ASTM E988 和 E696 标准的规定。

（4）技术特点

西安交通大学对金属型薄膜热电偶测温技术开展了相关研究，通过对该传感器的研究得到了以下结论：

① 基于塞贝克效应测温原理，以钨铼合金作为热电极薄膜材料，设计了一种多层膜结构的薄膜热电偶温度传感器。并对设计的薄膜热电偶进行了热电、热应力耦合仿真，通过仿真和实验结果验证了设计的镀膜层能够缓解热电极薄膜内的应力集中，分析了影响薄膜热应力大小的主次因素。

② 设计了薄膜热电偶的加工工艺流程，基于磁控溅射技术在基底上沉积各个膜层结

构，制备出薄膜热电偶传感芯片；采用台阶仪、SEM和XPS对钨铼热电极薄膜进行了形貌表征，观察不同退火条件下钨铼热电极薄膜的表面形貌，确定最佳退火条件。

③ 设计了性能测试实验方案，对薄膜热电偶进行了静态性能测试，获得了传感器的各项静态性能指标；动态性能测试，实验证明了钨铼基薄膜热电偶能够承受短时连续的强热冲击，具有良好的动态响应，实现对外界环境时变温度的测量。

④ 在地面航空发动机点火平台上，进行了涡轮温度测量实验。实验结果表明，研制的钨铼基薄膜热电偶能够在某型号地面航空发动机正常工作下，实现对燃烧室出口燃气温度，即涡轮进口温度的测量。

研究表明：在最高温度1700K下，钨铼薄膜热电偶的最大输出为35.25mV，输出热电势整体波动小于0.5%，重复性误差为9.64%FS，灵敏度29μV/K，相比于传统铠装热电偶其灵敏度有很大提高。其结构如图11-3所示。

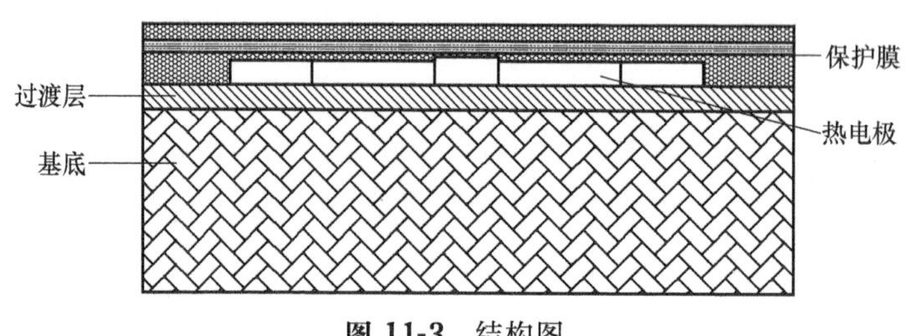

图11-3　结构图

（5）技术发展趋势

① 温度敏感膜的测温范围、测温精度及阻温系数还有待优化，需要寻求更为稳定、测温范围更高的功能薄膜材料，以及开展合金薄膜热电偶和金属间化合物薄膜热敏电阻研究。

② 稳定性和可靠性在薄膜温度传感器技术中极其关键，目前仍需改善高温下温漂对传感器件测温的影响，提高器件的稳定性，增强敏感膜与衬底间的绝缘度和附着力，开发出高温下性能更为优越的绝缘薄膜。

③ 动态响应时间短是薄膜热电偶的最重要特征之一。在瞬态温度测量中，若传感器动态性能不佳，就无法快速、准确地反映被测温度的变化，因而，需要对传感器的动态性能进行研究，动态响应时间作为评价薄膜热电偶动态性能的主要指标，应该得到广泛关注。

④ 高温薄膜温度传感器芯片的物理和化学机理尚不明晰，特别是敏感膜在高温下的电学特性，以及与衬底及绝缘膜之间的动力学和化学相互作用还需进一步研究。

现代航空涡轮叶片上传热和表面温度分布的分析和计算，要求对预测结果进行试验验证。但是，现有的常规试验技术不能满足这一需要，而将先进的光学技术应用于狭窄的冷却流道内困难较大。国内外的研究表明，目前，先进的薄膜热电偶技术是成功解决发动机涡轮动叶和静叶表面温度测量的理想方法，凭借其优异的性能和技术特点，能够承受恶劣的航空发动机试验环境，可用于高温下的研究试验，不会对附着流的流谱或热流轨迹及厚壁产生扰动，显著地提高局部温度测量的精度，用于测量涡轮发动机热端部件的表面瞬态温度和局部换热率测量，从而为涡轮的寿命预估和冷却结构设计提供重要依据。

11.2.2 氧化物型薄膜热电偶测温技术

随着现代航空发动机推进系统的发展，为了提高燃油效率以及提供大推力高涵道比，其使用温度越来越高，甚至高达1900K以上，这就为结构验证以及安全运行监测带来了极大的挑战，如何获得高可靠度的实时温度数据就显得更加突出。目前用于高温测量的手段有很多，如光纤温度传感、声学温度传感、热阻传感器以及热电偶，但是在航空发动机这样极端使用环境以及紧密合条件下，所受环境干扰较强且测量误差较大，并且传统的反推进场温度误差大，从而导致发动机内部温度测不到、测不准。对于传统的热电偶，作为一种被动浸入式传感器，具有测量系统低廉以及维护方便的优势。另外，当热电偶制备成薄膜型以后，可以直接沉积在被测发动机部件表面，提供高可靠、结构简单的原位测量，这种具有微纳米尺度的传感器，由于其质量几乎可以忽略，从而几乎对发动机内部流场无影响，并且其很小的热容质量将很大地提高温度测量响应速度。同时，薄膜热电偶也很容易大面积制备以实现对航空发动机内部表面高分辨率的测温。正是由于航空发动机的特殊性，其对薄膜热电偶的构成材料的热稳定提出了很高的要求。而热电偶作为一种由两种具有不同化学势的导体或半导体构成的简单测温器件，其两热电极须符合高温可靠性才能使用。为了解决这些问题，前人针对具有耐高温特性的贵金属、耐温金属、碳化物、硅化物以及导电氧化物来构建薄膜热电偶。目前，研究较多的主要集中在贵金属类薄膜热电偶，如Pt、Rh、Ir及其合金，对于这类薄膜热电偶其使用温度一般不超过1000℃，并且像Rh在600～900℃时很容易氧化且Pt等高温下的缩聚以及与基底材料的反应都极大地影响了输出信号的稳定性，导致难以达到预期效果。基于此，美国NASA对陶瓷型热电偶进行了大量的研究，像碳化物很容易在空气或氧化气氛中氧化，所以这类材料只能使用在真空、还原气氛以及较低温度的氧化环境下。对于硅化物，在氧化气氛中使用会导致表面生成SiO_2保护层，这就要求在使用过程中需要补充Si元素，当其为薄膜形式时会更容易产生元素偏析失效。对于普遍使用于真空或还原气氛下的耐温金属如钨铼等合金，报道其薄膜热电偶可以通过外层包覆耐温致密保护层来达到空气下测量较高温度的需求，而增加复合保护层会在一定程度上对传感器的响应速度有影响，同时增加制备成本。而导电氧化物作为一种可以在空气或氧气中使用的具有耐高温特性材料，从而成为最有希望的电极替代材料。

目前，基于氧化物导电材料用于高温测量的材料主要集中于对In_2O_3或ITO构成的薄膜热电偶的研究，并且已开展了许多有意义的工作。20世纪90年代Kreider及其合作者首先溅射了ITO和In_2O_3陶瓷膜构建薄膜热电偶，但是其制备的热电偶测温至900℃时输出变得较差。随后，Otto J. Gregory等在制备高温应变传感器时发现90%（质量分数）In_2O_3和10%（质量分数）SnO_2的组分的ITO具有很大的灵敏度、低的电阻温度系数以及低的漂移率，甚至达到1500℃。于是，Otto J. Gregory针对ITO系列薄膜热电偶进行了系列研究，可将测量温度提高到1273℃ 。实践表明ITO/ In_2O_3在1200℃以上会随着温度的升高而挥发加剧导致输出信号不稳定而出现较大的漂移率。在此基础上，通过掺氮制备的氮氧化铟系列薄膜热电偶由于其在薄膜表面形成一层致密的保护层而阻碍了挥发，从而使得制备的薄膜热电偶在高温下具有更好的热稳定性。

为了填补国内对更高温度的客观需求，国内学者开展了一系列的研究工作。一方面，继续基于 In_2O_3/ITO 体系，通过对其损毁激励和工作中的服役特性的研究，改进薄膜制备工艺，减缓薄膜热电偶工作过程中的热损毁趋势，提高其高温服役特性，已经取得了一系列卓有成效的结果；另一方面，通过开发新型的电极替代材料来获得具有更优异性能的新型热电偶。

（1）氧化物型热电偶机理

在制备 In_2O_3/ITO 薄膜热电偶时，通过采用磁控溅射的方法，控制溅射参数（氧压比、溅射功率以及溅射时间）来控制成膜质量以及薄膜层厚度，并且通过空气中后退火来减少缺陷并使冷热端材料性质基本保持一致。为了研究热电偶电极材料对高温热处理温度以及时间的热稳定性，对其各电极热处理后的形貌以及膜厚度进行了观察。随着温度的变化，两种薄膜的表面会存在演化，并且在温度升高的过程中存在热挥发现象。

为了有效地提高 In_2O_3/ITO 薄膜热电偶的热服役特性，课题组通过两种方法来改进，一方面是在薄膜表面增加保护层来阻隔电极层的热挥发；另一方面是改进工艺（丝网印刷）增加电极材料厚度。

从有包覆和无包覆 Al_2O_3 的 ITO 薄膜在 1250℃下不同煅烧时间后厚度变化趋势可以看出，不论是有无包覆 Al_2O_3，ITO 薄膜的厚度都在减小，并且有包覆的样品的减小幅度相较无包覆的小，从而对 ITO 薄膜起到保护抑制挥发的作用。

同样，对构成热电偶电极的另一材料 In_2O_3 薄膜在 1250℃下不同煅烧时间后厚度变化趋势进行了表征计算。通过对比可以明显地得出 In_2O_3 薄膜的热稳定性较 ITO 好得多。总之，对薄膜热电偶采用包覆 Al_2O_3 的途径能够有效地抑制材料的热挥发，并且将测量温度可以进行一定的提升。

（2）丝网印刷制备氧化物型薄膜热电偶

在增加电极厚度时，为较容易地制备热电偶而采用了丝网印刷工艺。首先，将 ITO 和 In_2O_3 的纳米粉作为制备原料，而后加入适量的松油醇和乙基纤维素，为了增强厚膜的附着力，在此加入一定量的玻璃粉（主要含 CaO 和 SiO_2），并混合均匀制备成丝印浆料。随后，将制备好的浆料丝印在清洗后的 Al_2O_3 基底上，在 100℃下流平 1h。样品在 600℃下处理 1h 后再在 1250℃下热处理 1h。最后，样品冷端黏合铜引线便于测量。丝网印刷的厚膜型 ITO/In_2O_3 热电偶可以提高此类热电偶性能并可测温到 1270℃。

（3）新型氧化物型薄膜热电偶

$LaCrO_3$ 作为一种 ABO_3 型导电氧化物，具有较好的耐腐蚀、低挥发和抗热震性，其熔点约为 2500℃，为 P 型半导体。铬酸镧在 1000℃时具有较好的电导率（0.6～1.0S/cm）和较宽氧分压下出色的化学稳定性，其导电过程几乎为电子型导电，直到 1250K 时其离子传导率都低于 0.05%。由于 $LaCrO_3$ 在很高的温度下具有一定的挥发性，其挥发主要是由于三氧化二铬，但是即使是纯的铬酸镧其挥发率要比纯的三氧化二铬低得多。通过对 $LaCrO_3$ 的 A 和 B 位的掺杂可获得致密的和预期的热、电性能的铬酸镧。Sr 和 Ca 可取代 A 位，Mn、Co、Fe、Ni、Ti、Cu 和 Al 等过渡金属可取代 B 位。A 位掺杂是受主型掺杂，能够提高致密性和电导率。B 位掺杂能保持晶体的热性能和结构的稳定性，并且进一步可以提高导电性（产生氧空位从而离子导电）。陶瓷样品在 1770K 下进行长达近 120h 的热处理后，其重量变化也很小，并且掺杂 Sr^{2+} 的样品具有更好的稳定性。

作为热电偶的组成材料，一方面需要有较好的热稳定性；另一方面，其 Seebeck 系数需为一不随温度变化的常数，或者及时随温度变化，其变化幅度与另一热电极的 Seebeck 系数之间基本保持一常数才能尽量使最终的热电偶输出随温度的变化为线性。当 $LaCrO_3$ 掺杂一定量的 Sr 以后其 Seebeck 系数基本不随温度变化，表现为常数。结合其自身的高熔点以及 Seebeck 基本为常数的特性，铬酸镧体系成为很有希望的热电偶替代材料。

由于目前广泛研究且具有最高测量温度的氧化物类薄膜热电偶所使用的是 ITO/In_2O_3，为了验证本体系材料同 ITO/In_2O_3 耐热性对比以期验证可行性，将通过相同制备工艺的丝印厚膜印刷于 Al_2O_3 基底上并在 1500℃下煅烧 1 h。通过煅烧前后对比，可以明显发现 ITO 和 In_2O_3 厚膜已经挥发消失掉，而 $LaCrO_3$（LCO）和 $La_{0.8}Sr_{0.2}CrO_3$（0.2LSCO）仍能完整地保持，说明所选体系具有优良的耐热性能。

为了构建用于更高温度测量的热电偶，在正负电极材料选择上采用具有同种性质而不同 Sr 掺杂量的 LCO 材料。同 ITO/ In_2O_3 制备过程一样添加玻璃粉来增强附着力。对纯 LCO 添加不同含量的玻璃粉进行热电性能测试，其中每条 LCO 电极通过热端使用氧化铝夹具将其与 Pt 丝紧密压合，考虑到 Pt 自身的 Seebeck 系数很低，且接触点的接触电势在紧密压合后会较低，所以此时测的电压输出基本来源于 LCO 自身的变化。

对制备的 LCO-0.2LSCO 厚膜热电偶进行重复性和长期稳定性测试，说明制备的热电偶具有很好的重复再现性，并且对升降温进行线性拟合，可以得到升降温阶段的灵敏度，即平均 Seebeck 系数分别为 107.8μV/℃和 114.9μV/℃。当热端温度在 1550℃保温 10h 后，热电偶依然具有较好的电压输出，漂移率为 4.67℃/h，相比 S 型热电偶的 13.6℃/h 具有很好的稳定性。所以，制备的基于铬酸镧的厚膜热电偶具有很好的超高温测量能力。

为了制备附着力更强以及更薄更灵敏的新型热电偶，采用磁控溅射的工艺将 LCO 和 0.2LSCO 靶材溅射于氧化铝基底，并对其进行研究。当溅射于基底上的薄膜材料在高于 1300℃的马弗炉中进行热处理后，发现薄膜材料基本从基底上挥发或者剥落掉，相比于丝网印刷厚膜的高温稳定性减弱，研究发现铬酸镧在高温下与基底氧化铝在一定程度上会发生反应，更不利于薄膜材料的稳定性，同时发现溅射后的纯 LCO 即使煅烧以后电阻也较大，不宜用于热电偶。为此主要集中于研究 P-N 型的 0.2LSCO-In_2O_3 薄膜热电偶。

为了研究电学性能随温度的变化，薄膜的形貌以及厚度变化需要进行观察。通过 SEM 观察的 0.2LSCO 薄膜的表面和截面图，可以看出，在未退火情况下，表面不规则和较大的晶粒主要是氧化铝基底的形貌，并且晶界较模糊，这主要也是由于表面有晶态的 0.2LSCO 薄膜存在。然而，退火后的 0.2LSCO 薄膜样品在其表面可以观察到多孔且梭型的结构。同时退火前后样品的膜厚基本一致，表明后退火未使得薄膜有明显的挥发。但是退火前后截面的亮暗程度不同，这表明其导电性是有差异的，对于非晶的 0.2LSCO 薄膜其为绝缘体，而退火晶化的样品有较好的导电性。对退火前后样品的表面元素成分分析发现，原子摩尔比基本都和其化学计量比类似，表明溅射样品在退火前后成分稳定性较好。

为了研究 0.2LSCO 自身的热电性能，将其与 Pt 溅射薄膜构成热电偶。由于 Pt 薄膜的耐温性较差，样品的测温最高为 900℃，可以发现热电压和热端温度具有很好的变化趋势，并且多次循环以后，样品的重复性保持了很好的一致。在 900℃下对其进行长达 10h 的测试，样品仍保持了较好的热电性，这表明 0.2LSCO 薄膜是可以用于热电偶构建的。实物图如图 11-4 所示。

(4) 技术趋势

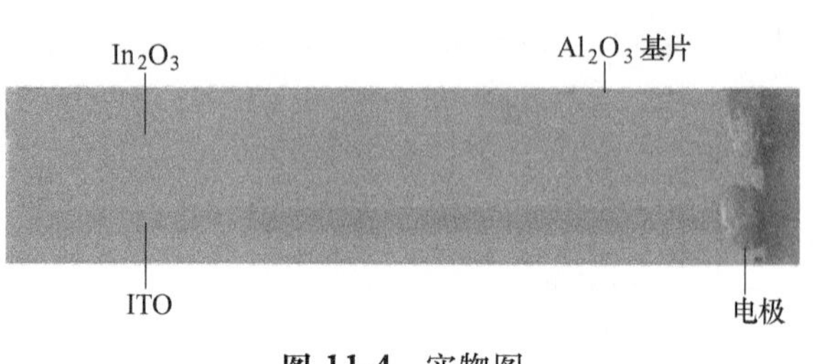

图 11-4 实物图

导电氧化物组成的薄膜热电偶具有在空气或者氧化氛围中可高温使用的特性，为此避免了复杂的隔氧保护措施。ITO-In_2O_3 薄膜热电偶通过研究其挥发机制，发现 ITO 相比 In_2O_3 的耐温性差，其原因主要来自于其 Sn 元素的挥发。为此，通过对薄膜热电偶包覆 Al_2O_3 保护层和丝网印刷较厚热电极的方法可以显著地提高 ITO-In_2O_3 薄膜热电偶的高温服役特性。另外，通过应用铬酸镧耐高温导电材料来制备新型薄膜热电偶实现高温和高灵敏度的测量，制备的 LCO-0.2LSCO 厚膜热电偶可实现 1550℃的测温。与此同时，发现使用 0.2LSCO 和 In_2O_3 分别作为电极构成的 P-N 型热电偶具有超高的输出电压，以至于可以用于高温下高灵敏测温的需求。然而，通过磁控溅射的薄膜样品却耐温较差，容易和基底氧化铝发生高温反应，为此寻找合适的基底材料以及抑制薄膜层的挥发和剥落将会是很大的挑战。同时，继续寻找合适的具有更高热稳定性的电极替代材料仍将会是以后很长一段时间的目标。最后，如何实现制备的样品到真实航空发动机的测温应用仍将会是一极具挑战的课题。

11.2.3 大曲率涡轮叶片薄膜温度传感研究

涡轮叶片是航空发动机中热功转换的核心部件，也是发动机的动力核心。然而，其长期工作于高温、高压、高速燃气冲击等极端恶劣条件下，承受由于高温、冲击环境所带来的高温应力、高温氧化和燃气腐蚀等多种作用，因此其失效及安全性等问题是关系航空发动机运行安全的重要因素。随着新一代航空发动机的研制，为了满足发动机在保证结构小、重量轻的前提下获得更大的推力，目前的主要措施为进一步提升燃气温度，这也导致涡轮叶片承受温度被进一步提高，对其运行安全提出了更高的要求。同时，发动机内复杂多变的工况也导致了燃气温度不断变化，使得涡轮叶片必须承受多次热冲击。由此可见，航空发动机涡轮叶片是发动机内部承受热载荷和力载荷最大的部件，对涡轮叶片的结构设计、冷却方式和材料选择提出了极高的要求。为满足在极端恶劣环境下的可靠工作，复杂的气动外形、内腔气冷结构及耐高温新材料等均被引入当代涡轮叶片的制造工艺中。

为给以上关键设计提供数据支撑，提升航空发动机的运行安全，必须详细了解涡轮叶片在不同工况下的温度分布情况，表征涡轮叶片所受的热载荷。因此，精确、有效地获取涡轮叶片表面温度对提高涡轮叶片安全性、冷却效率及运行效率极为重要。

为实现高效的热-功转化效率和对高温恶劣环境的耐受性，航空发动机的涡轮结构设计极为复杂，不仅需要考虑叶片表面的气动外形结构，还需要考虑内部冷却通道的设计。另一方面，大量的复合涂层也被应用于涡轮叶片表面热防护，用以提升涡轮叶片对高温恶劣环境的耐受能力。

以涡轮叶片的叶身结构为例，叶片的叶身造型对航空发动机的相关性能具有决定性作用，且其造型极为复杂，如何合理设计叶身造型一直是研究的热点问题。叶片的叶身主要有以下2个主要特点：自由曲面的外形结构和复杂的冷却通道。航空发动机涡轮叶片形状的不规则及复杂性，使得叶片建模较为困难，也导致有限元仿真计算在涡轮叶片表面温度场分析、应用上受限。另一方面，针对涡轮叶片的冷却需求，在现代涡轮叶片的设计及加工过程中内部涉及复杂的冷却结构，其表面也会存在大量的气膜孔，这些设计满足了现代航空发动机高性能的需求，但也使得其表面温度计算难度大大增加。

目前国内外研究人员仍需要通过试验来确定叶片在不同工况条件下所受的热载荷。通过实际测试，设计者能够获得较为准确的叶片表面温度分布状态，并可以以此为数据基础，进一步优化叶片的外形结构、冷却结构及气膜孔的位置和角度。通过针对性优化，可以使得叶片温度场的分布情况达到最佳，提高叶片对极端恶劣环境的耐受能力。因此，表面温度的准确测量对于提升涡轮叶片设计及结构优化是必要前提，也是验证其设计结果的重要应用。

（1）涡轮叶片表面温度测量手段分析

航空发动机涡轮叶片表面温度精确测试是目前公认的前沿热点及难题，也是优化涡轮叶片结构设计的必要前提。然而，目前发动机叶片多为复杂的三维薄壁结构且内部冷却通道复杂，对其表面温度的精确测量提出了更大的挑战。现有的涡轮叶片表面温度测量手段主要分为以下几种：辐射测温法、示温漆法及内埋式热电偶法。

伴随着国内外在光学测温领域的进步，众多研究人员对辐射式测温法展开了深入的研究，其也被广泛应用于航空航天等高温测量领域。非接触式测量的一个重要优点是不破坏被测物体的基本结构，能够较为准确地获取物体的表面温度分布状态，因此其一个重要应用就是测量在复杂恶劣环境下的涡轮叶片表面温度分布情况。辐射测温法的基本原理为普朗克辐射定律、维恩公式及全辐射强度定律。

普朗克辐射定律是用于描述黑体在不同温度下对外辐射量的大小，其具体关系如式(11-1)所示：

$$M_0(\lambda, T)=2\pi hc^2\lambda^{-5}(e^{\frac{hc}{k\lambda T}}-1)^{-1}=C_1\lambda^{-5}(e^{\lambda T}-1)^{-1} \tag{11-1}$$

式中，M_0（λ，T）为物体A在波长为λ、温度T下的辐射出射度；c为光速；h为普朗克常数（6.626176×10^{-34} J·s）；k为玻尔兹曼常数（1.38066244×10^{-23} J/K）；C_1为第一辐射常数（3.7418×10^{-16} W·m^2）；C_2为第二辐射常数（1.4388×10^{-12} m·K）；T为绝对温度。

维恩公式［式(11-2)］则是在理论上描述了黑体在各个温度下能量、波长分布的规律：

$$M_0(\lambda,T)=C_1\lambda^{-5}e^{\frac{C_2}{\lambda T}} \tag{11-2}$$

从维恩公式中可以看出，黑体的辐射是波长与温度的函数，当波长一定时，黑体的辐射能力就仅仅是温度的函数，因此可以进一步推出斯蒂芬-波尔兹曼定律（全辐射强度定律），及温度为 T 的黑体在单位面积元于半球方向上所发射出全部波长的辐射出射度与温度的关系。如式（11-3）所示：

$$M_0(T)=\int_0^{\infty}M_0(\lambda,T)\mathrm{d}\lambda=\int_0^{\infty}C_1\lambda^{-5}(e^{\frac{C_2}{\lambda T}}-1)^{-1}\mathrm{d}\lambda=\frac{2\pi^5k^4}{15c^2h^3}T^4=\sigma T^4 \tag{11-3}$$

式中，σ 为斯蒂芬-波尔兹曼常数，值为 $5.66961\times10^{-3}\ \mathrm{W/(m^2\cdot K^4)}$。

上式即为黑体辐射法的测温基本原理，通过测量辐射计所接收的辐射量即可获取被测物体的实时表面温度。但考虑到涡轮叶片并非严格意义上的黑体材料，因此针对不同的测量环境，还需要在此基础上建立进一步的修正公式，从而提高温度的测量精度。

基于辐射法测量表面温度分布状态的主要测量系统有红外测温及光电高温计等。通过红外探测器获取被测高温物体表面所辐射出来的红外辐射，并通过放大器对信号进行放大处理，从而推算出被测物体的温度值。如果进一步将不同光谱响应的探测芯片进行均匀布置，并把滤光片整合到 CCD 芯片上，还可以实现从 0～3700℃的大范围温度测量。

不同于红外辐射测量，光电高温计是针对某一特定波长的辐射式温度测量，因此其在某些特定条件下，如小目标和窄谱带时，其特点显著，不仅分辨率高，而且辐射源尺寸影响很小，具有较高的测量精度。除此以外，在 800～2200℃内，其优点更为明显，置信水平为 0.99 时，扩展不确定度为 1.0～2.4℃。通过光电高温计获取的温度值具有很高的测量精度。但复杂的光学系统及较低的系统集成度限制了其在航空发动机内部实时在线测量的可能性。

示温漆是一种可直接涂覆在被测物体表面上的热敏涂料，它内部存在对温度较为敏感的颜料成分，在不同温度下漆料的颜色会发生一些物理或化学变化，进而导致示温漆分子结构和分子形态产生对应的变化，改变示温漆的表面颜色属性。通过对涂层颜色进行识别即可获取被测物体所经受的最高温度。在使用示温漆进行温度测量之前，首先要对示温漆在不同温度条件下变色情况进行标定与分析，获取在不同温度下对应的等温线变化情况。实验结果表明，其最高判读精度可达±10℃。

由于示温漆具有易于涂覆、对流场无破坏等诸多优点，因此在涡轮叶片温度测试中有广泛的应用。通过将示温漆直接涂覆于涡轮导向叶片表面，再将涡轮导向叶片置于试验试车台中即可以获取在实际试验中不同位置处的温度变化情况。示温漆测试结果可以很明显地获取涡轮导向叶片不同区域承受的温度分布情况，为叶片结构的定制化优化提供实验与数据支撑。示温漆可以测量其他方法不易测量到的部位的峰值温度分布，在不破坏流场的情况下进行原位测量，与其他需要引线的测量方式相比优势明显。但其局限在于只能显示最高工作温度，无法实现实时在线的测量，因为热敏涂料变色的过程是不可逆的。

晶体测温法在国外的叶片温度测量方面较为成熟，也是较为常用的涡轮叶片温度变化测量方法。国内如沈阳发动机研究所、四川燃气涡轮研究院和天津大学等也对该技术开展了相应的研究。其测量的基本原理为将微小的测温晶体嵌入涡轮叶片中。根据晶体自身的“温度记忆效应”即可实现对温度的高精度测量。当测温晶体经历的温度越高时，残余缺陷浓度就越低，因此根据晶体测量前后的残余缺陷浓度可获得测温晶体所在区域承受的最高温度。晶体测温法测量的温度精确度高且对叶片的结构破坏较小。但应用该方法的一个难点是需要获得一致性较好的测温晶体，并且将测温晶体牢固安装于被测温度部位。因为测温晶体尺寸较小，较为容易丢失与损坏。同时，晶体测温法也只能用于对比试验前后的温度变化值，无法捕捉被测对象在试验过程中的温度变化情况。

热电偶是最为常用的高温测量手段，其测量原理是当温度差施加在热电偶两端时，热电偶会输出对应的热电势。通过测量热电偶的输出热电势和冷端温度即可实现对温度的有效测量。当将热电偶应用于涡轮叶片表面温度测量时，一种方法为将细丝状热电偶内嵌于涡轮叶片中，从而获得在不同工况下涡轮叶片的温度分布情况。由于该种方法对实验设备要求较低，无需复杂的测量系统，并且可以获得实时、在线的温度变化情况，因此在涡轮叶片温度测量领域被广泛应用。在测试实验中，在涡轮叶片表面开直径约为 0.5 mm 深的槽，将丝状热电偶嵌入槽中，并通过表面涂覆涂层的方式保证叶片的气动外形表面不被破坏。

相比于传统的丝状热电偶，薄膜热电偶是将热电偶材料通过磁控溅射、气相沉积或者等离子喷涂等多种制膜工艺加工于叶片表面，其厚度仅为几微米，因此可以在不破坏原流场的前提下实现准确的表面温度测量。其主要特征为可实现对基底无破坏、对流场无扰流和超高时空分辨率的高精度温度测量，因此在涡轮叶片表面温度测量领域有其独特的优越性和重要的应用价值。

基于以上优点，早在 1975 年，美国宇航局（NASA）劳伦斯中心就已经开始了薄膜热电偶在涡轮叶片表面温度测量的研究，并成功在金属基叶片上实现沉积镍铬-镍铝热电偶，实验采用硬掩模对热电偶进行图形化，表面沉积有氧化铝保护膜。进一步，NASA 格林研究中心于 1982 年研制出最高测量温度达 1370K、准确度为±0.75%的 S 型薄膜热电偶。

在最近的研究中，研究人员更加注重将陶瓷材料应用到薄膜热电偶中，一方面相比于传统的金属材料，陶瓷拥有更强的抗氧化性能和在恶劣环境下稳定的化学结构，另一方面陶瓷材料的 Seebeck 系数较大，高温下有更高的灵敏度。NASA 刘易斯中心于 1998 年开始了对陶瓷薄膜热电偶的研究工作，并联合罗德岛大学的 Otto 教授等人开展了 ITO 薄膜热电偶的研究工作。通过实验测试与理论分析，所制备的 ITO 薄膜热电偶极限测量温度达到了 1300℃，并且 Seebeck 系数可达 160μV/℃，体现了陶瓷薄膜热电偶优异的高温测量特性。

（2）涡轮叶片表面温度测量技术

国内，西北工业大学和电子科技大学也在薄膜热电偶方面展开了系统性研究。2015 年，西北工业大学制备了基于 SiC 陶瓷基底的 K 型薄膜热电偶和基于 Al_2O_3 陶瓷的 ITO 薄膜热电偶，其中采用新型 ITO 陶瓷材料制备出的薄膜热电偶最高测量温度可达 1300℃，并可持续工作10h，达到了国际先进水平。同时，考虑到航空涡轮发动机的实际测温需求，西北工业大学还研制出了一套完备的工艺路线用于制备基于大曲率涡轮叶片的薄膜热电偶。通过多膜层耦合，该热电偶能够实时、准确地检测涡轮叶片的表面温度，并且最高测量温度可达1100℃，为日后我国航空发动机工作状态的在线、实时监测提供了一种有效的测量手段。

在使用薄膜热电偶测量涡轮叶片表面温度时还存在以下的问题需要攻克。

倾斜溅射时薄膜热电性质控制问题。由于在大曲率涡轮叶片表面沉积薄膜时，不同于平面溅射，同一片叶片表面沉积的薄膜热电偶厚度及成分都会出现差异，这些差异导致了在同一个涡轮叶片上制备出来的同一批次薄膜热电偶还存在着一致性差的问题。因此如何有效地提升热电薄膜在涡轮叶片表面制备的热电一致性也是值得深入研究的难题。只有详细了解在同一片叶片表面不同位置处沉积薄膜的热电特性，才能实现对涡轮叶片表面温度的高精度测量。因此，在涡轮叶片表面制备薄膜热电偶时，首先需要考虑的是设计合适的夹具及成膜方式，实现均匀薄膜层的制备。

耐高温的复合膜层热应力耦合问题。由于涡轮叶片表面是复杂的自由曲面，其热应力分布方式也极不均匀，而在高温环境下热应力对薄膜的破坏作用是导致薄膜热电偶失效的主要方式。为了提高薄膜热电偶对高温恶劣环境的耐受性能，需要针对不同结构的涡轮叶片，设计出针对性较强的复合膜层，用以满足薄膜热电偶对绝缘性、高温可靠性的需求，从而提升薄膜热电偶对超高温环境的耐受能力。考虑到薄膜热电偶的薄膜与基底一般由不同种材料构成，热膨胀系数及杨氏模量等参数都不尽相同，因此，产生的残余应力及热应力在高温环境下就显得尤为突出。残余应力或热应力过大会导致薄膜的结构变形与损伤，造成断裂、皲裂、薄膜与基底的脱粘与分层等情况的发生。同时，由于薄膜热电偶为多层膜结构构成，因此必须要基于多层膜理论对薄膜热电偶的失效进行分析，通过建立相应的物理、数学模型用来分析薄膜在高温环境下的热应力分布情况。通过合理运用该模型实现对薄膜热电偶的结构优化，从而缓解薄膜在高温环境下的热应力过大问题。

耐高温引线问题。由于航空发动机叶片结构较为复杂，且常工作于高温、高压及燃气冲击的恶劣环境，因此可靠的薄膜信号的引出是实现高精度温度测量的必要前提。然而，耐高温的薄膜引线技术一直是国际难题，高温下传统MEMS焊接方式如锡焊、超声波焊、金丝球焊等容易失效，而常规的高温焊接手段如激光焊接、氩弧焊和氧焊等达不到焊接的精度要求。

针对这一问题，国内外对此提出很多新方法，如针对薄膜引线连接技术，NASA格林研究中心做了大量研究。在1990年之前，其采用的主要连接方式为热压法，将直径为0.075mm、长度为20mm的引线，在1140K的温度环境下进行2h热压焊接，形成较稳定的薄膜引线连接。1990年NASA又提出了一种新的焊接方法：平行间隙焊。相比于热压焊，平行间隙焊能瞬间形成连接键，并且连接处可耐受与器件本身一样的高温，并能承受1000℃的高温环境测试。

随后又出现了高温合金焊接、火焰喷涂焊接等较为先进的引线手段，但离实际使用还存在很大的差距。基于以上原因，目前薄膜热电偶在涡轮叶片表面温度测量方面仍大多停留在地面部件试验阶段，尚无法实现在发动机实际试车中实时在线的涡轮叶片表面温度测量。

（3）涡轮叶片表面温度测量技术展望

随着航空发动机涡轮叶片设计、制造技术的迅速发展，对其表面温度的高精度测量需求更加迫切。其中非接触式测量具有测量温度极限高、无破坏、勿扰流等特点，在叶片地面试验中具有很好的应用前景，但其复杂的测量系统限制了其在发动机实际使用过程中实时、在线的应用。示温漆及测温晶体法是一种非干涉、非侵入式的方式，同样不破坏流场的原位测量，但是只能记录某一温度的分布情况，不具备实时性。

能够实现实时、在线测量叶片表面温度的方式主要还是以热电偶为主，尤其是随着微机电系统（MEMS）技术的发展，高温薄膜热电偶被广泛研究。这一新型热电偶具有热容量小、体积小、对测试环境干扰小等特点，通过薄膜沉积技术，可将绝缘层、器件层等结构直接沉积在待测涡轮叶片表面，实现表面瞬态温度的原位测量，极大提高测量的准确性和可靠性，并可以实时在线监测涡轮叶片的工作状态，为航空发动机 PHM 系统提供数据支持。

参考文献

[1] Tougas IM. Metallic and ceramic thin film thermocouples for gas turbine engines [J]. Sensors, 2013, 13 (11): 15324-15347.

[2] Komanduri R., Z. B. Hou. A review of the experimental techniques for the measurement of heat and temperatures generated in some manufacturing processes and tribology [J]. Tribology International, 2001. 34 (10): p. 653-682.

[3] Kyeongtae Kim, Pramod Reddy, Woochul Lee, Wonho Jeong. Ultra-High Vacuum Scanning Thermal Microscopy for Nanometer Resolution Quantitative Thermometry [J]. ACS NANO, 2012. 6 (5): 4248-4257.

[4] Uchida K, Takahashi S, Harii K, et al. Observation of the spin Seebeck effect [J]. Nature, 2008. 455 (7214): 78-781.

[5] S. K. Mukherjee, P. K. Barhai, S. Srikanth. Comparative evaluation of corrosion behaviour of type K thin film thermocouples and its bulk counterpart [J]. Corrosion Science: The Journal on Environmental Degradation of Materials and its Control, 2011, 53 (9): 2881-2893.

[6] R. Bernini, A. Minardo, L. Zeni. An accurate high-resolution technique for distributed sensing based on frequency-domain Brillouin scattering [J]. IEEE Photonics Technology Letters, 2006, 18 (1): 280-282.

[7] Hackemann P A. Method for measuring rapid changing surface temperature and its application to gun barrels [Z]. Theoretical Research Translation, Armament Research Departmentc: 1-46.

[8] Richard D. Morrison, Richard R. Lachenmayer. Thin Film thermocouples for Substrate Temperature Measurement [J]. Review of Scientific Instruments, 1963, 34 (1): 106-107.

[9] R Marshall, L Atlas, T Putner. The preparation and performance of thin film thermocouples [J]. Journal of Scientific Instruments, 1966, 43 (3): 144-149.

[10] F. Alizon, P. Guibert, P. Dumont, et al. Convective Heat Transfers in the Combustion Chamber of an Internal Combustion Engine Influence of In-Cylinder Aerodynamics [C]. Vehicle Thermal

Management Systems Conference and Exhibition，2005：677-691.

[11] F. H Aloysius，S. K Walter. Thin-film sensors for space propulsion technology [R]. Cleveland：National Aeronautics and Space Administration Lewis Research Center，1989.

[12] Gregg E. Aniolek，Otto. J. Gregory. Thin film thermocouples for advanced ceramic gas turbine engines [J]. Surface and Coatings Technology，Volumes 68-69，1994，70-75.

[13] Kevinrivera，Tommymuth，Johnrhoat，et al. Novel temperature sensors for SiC-SiC CMC engine components [J]. Journal of Materials Research，2017 (17).

[14] Tougas I M，Gregory O J. Metallic and ceramic thin film thermocouples for gas turbine engine applications [J]. Sensors，2013 IEEE，2013：1-4.

[15] Ren，Donovan，Watkins，et al. The surface eroding thermocouples for fast heat flux measurement in DIII-D. [J]. The Review of Scientific Instruments，2018.